"十四五"时期国家重点出版物出版专项规划项目

电磁安全理论与技术丛书

静电放电控制程序手册

he ESD Control Program Handbook

[英] 杰里米·M. 斯莫尔伍德（Jeremy M. Smallwood） 著

高志良 周 黎 程千钉 马姗姗 孙丽丽 王若珏 等 译

人民邮电出版社

北 京

图书在版编目（CIP）数据

静电放电控制程序手册 /（英）杰里米·M. 斯莫尔伍德（Jeremy M. Smallwood）著；高志良等译. -- 北京：人民邮电出版社，2024. --（电磁安全理论与技术丛书）. ISBN 978-7-115-65943-9

Ⅰ．TN07-62

中国国家版本馆 CIP 数据核字第 2024RT3841 号

版权声明

The ESD Control Program Handbook (9781118311035) by Jeremy M. Smallwood
Copyright@2020 John Wiley & Sons Ltd
All Rights Reserved. Authorized translation from the English language edition published by John Wiley & Sons Limited. Responsibility for the accuracy of the translation rests solely with Posts & Telecom Press Co.,Ltd, and is not the responsibility of John Wiley & Sons Limited. No part of this book may be reproduced in any form without the written permission of the original copyright holder, John Wiley & Sons Limited.
Copies of this book sold without a Wiley sticker on the cover are unauthorized and illegal.

授权翻译自 John Wiley & Sons 公司出版的英文版本。翻译的准确性由人民邮电出版社独家负责，与 John Wiley & Sons 公司无关。没有原版权方 John Wiley & Sons 公司的许可，本书任何部分不得以任何方式复制。

本书封底贴有 Wiley 防伪标签，无标签者不得销售。

版权所有，侵权必究。

◆ 著　　　[英] 杰里米·M. 斯莫尔伍德（Jeremy M. Smallwood）
　　译　　　高志良　周黎　程千钉　马姗姗　孙丽丽　王若珏等
　　责任编辑　贺瑞君
　　责任印制　马振武

◆ 人民邮电出版社出版发行　北京市丰台区成寿寺路 11 号
　邮编　100164　电子邮件　315@ptpress.com.cn
　网址　https://www.ptpress.com.cn
　北京瑞禾彩色印刷有限公司印刷

◆ 开本：700×1000　1/16
　印张：33.75　　　　　　　　2024 年 12 月第 1 版
　字数：642 千字　　　　　　　2024 年 12 月北京第 1 次印刷

著作权合同登记号　图字：01-2022-6744 号

定价：279.00 元

读者服务热线：(010)81055410　印装质量热线：(010)81055316
反盗版热线：(010)81055315

内 容 提 要

本书结合全球前沿静电放电（Electrostatic Discharge，ESD）防护理念，系统地阐述 ESD 的基础知识、防护技术与相关管理方法，具体包括 ESD 相关术语及其定义，静电与 ESD 控制原理，静电放电敏感（Electrostatic Discharge Sensitive，ESDS）器件，高效 ESD 防护的七个习惯，自动化系统，ESD 防护标准，防静电设备与设施的选型、使用、保养及维护，防静电包装，ESD 控制程序的评估策略，ESD 控制程序的设计，ESD 测试，ESD 培训等内容，尤其在保持良好的 ESD 防护习惯、自动化系统控制、ESD 控制程序等方面提出非常新颖的防护理念，给出最新的防护方法或实用案例。本书还对 ESD 防护的发展趋势做出展望。

本书可供航空航天、兵器装备、半导体、精密仪器、生物医药、石油化工等工业行业的静电防护工程师、培训师、咨询师、检查员，以及质量（品控）、工艺、标准化、计量、安全、运行维护、条件建设等方面的人员阅读，也可供相关专业研究生及高年级本科生参考。

致Jan，在这本书的创作过程中，她经常忍受着我难以沟通的暴躁脾气。致Alia，她正在开启属于自己的人生旅程。敬Caroline，愿英年早逝的她在天堂安息。

对于静电学和静电放电相关课题，我已经全身心地投入其中很久很久了。

感谢那些听过我讲座的人，他们提出了很多有挑战性的问题，让我在答疑的同时对相关问题有了更深刻的理解。感谢静电领域的同行们，他们的观点和专业知识给我们带来了许多有趣的，有时甚至非常激烈的争论，但是他们对大多数静电问题的看法基本上是一致的，那就是"理论联系实际，一切从实际出发"。

译者序

随着电子工业的飞速发展，静电防护已经成为影响电子产品质量与可靠性的关键共性技术之一。ESD 问题广泛存在于电子、石油化工、生物医药、精密机械、航空航天及武器装备等领域，对产品的产率、质量、可靠性等有着非常大的危害，同时又因 ESD 的普遍性、随机性、隐蔽性、复杂性、潜在性等，具有很大的复杂性和不确定性，一直以来严重困扰着 ESDS 产品的生产和研发。

ESD 控制是一个横跨产品、工程、质量、经济、管理等多门类的复合型领域，涉及物理、化学、电子电磁、材料、环境等多个学科专业，而且静电防护工程学已经逐步建立电子产品静电防护体系化管理方法，以"技术+管理"为理念形成了一系列静电防护管理体系标准（如 IEC 61340-5-1、ANSI/ESD S20.20、GB/T 32304），与产品质量管理体系保持协同运行并发挥作用，已经在全球范围内的电子行业得到了充分认可和广泛应用。

当前，用于普及 ESD 基本知识以及控制实践、集科研与教育于一体的图书一直比较匮乏，与生产制造实际相符的静电防护体系化实践的图书少之又少。本书集 ESD 控制原理普及与 ESD 控制实践指导于一体，系统地介绍了静电防护的基本原理和应用技术，对静电控制程序的编写和具体防护工作措施的落实做出了全面的分析、规划。本书的翻译出版有助于更加科学化、系统性地持续稳步推进国内电子工业 ESD 防护体系化管理能力提升。

本书共分为 13 章：第 1 章科学归纳 ESD 防护领域的术语，并给出它们的定义；第 2 章详细讨论静电与 ESD 控制原理；第 3 章对 ESDS 器件进行介绍；第 4 章归纳高效 ESD 防护的七个习惯；第 5 章主要讲解自动化系统在 ESD 防护工作中的应用；第 6 章集中对比 ESD 防护标准的内容；第 7 章重点介绍防静电设备与设施的选型、使用、保养及维护；第 8 章重点介绍防静电包装；第 9 章介绍 ESD 控制程序的评估策略；第 10 章重点介绍 ESD 控制程序的设计；第 11 章、第 12 章分别详细介绍 ESD 测试、ESD 培训；第 13 章对 ESD 防护的发展趋势做出展望。最后，附录 A 给出一个模块化的 ESD 控制程序示例，读者可以参照该示例制定可行性方案。本书介绍的 ESD 防护理念新颖，提供的案例丰富、准确，具有较强的可操作性和实用性。

本书由北京东方计量测试研究所组织翻译，第 1 章由孙丽丽、周黎、高志良翻译，第 2 章由周黎、程千钉、王若珏、王滨翻译，第 3 章由马姗姗、何积浩、落震宇翻译，第 4 章至第 6 章由程千钉、高志良、王磊、韩炎晖、王思朋翻译，第 7 章由周黎、程千钉、董怿博、胡子俊翻译，第 8 章至第 9 章由马姗姗、王若珏、肖景博、张卫红、王政煜、梅飞翻译，第 10 章由周黎、延峰、吴嘉鹏、刘安翻译，第 11 章由马姗姗、冯娜、唐旭、曹勇翻译，第 12 章由周黎、马姗姗、张平平、肖志康翻译，第 13 章由程千钉、张宇、李犇、王海翻译，附录 A 由程千钉、马姗姗、兰烨文翻译。高志良、周黎、程千钉、马姗姗、孙丽丽等负责统稿和校审，崔伟光、夏天、袁亚飞、谭钧戈等参与了全书的审核工作，刘志宏、庞健、田虎林等参与了初稿的校对工作，在此一并表示感谢。同时，感谢国家静电防护产品质量检验检测中心、北京东方计量测试研究所刘尚合院士专家工作站、人民邮电出版社、中国航天科技集团有限公司静电防护技术中心、中国空间技术研究院静电防护管理体系认证中心、中国国防工业企业协会静电分会等在本书翻译和出版过程中给予的大力支持。

由于译者水平有限，书中难免存在不足之处，恳请广大读者不吝指正。

高志良

2024 年 11 月 26 日

推荐序

很荣幸收到 Jeremy M. Smallwood 博士的邀请，为他的新书撰写序言。这对我来说是莫大的荣誉。自 20 世纪 90 年代中期国际电工委员会（International Electrotechnical Commission，IEC）成立静电技术委员会（IEC TC 101）以来，我和 Jeremy 一直在静电标准化方面进行合作。尽管相隔大西洋，我们两人都在标准制定过程中投入了大量的时间：Jeremy 在英国标准协会（British Standards Institution，BSI）工作，而我在美国静电放电协会（Electrostatic Discharge Association，ESDA）工作。20 世纪 90 年代发生了几件事。IEC 成立了 IEC TC 101，首批成员大多来自欧洲电工标准化委员会（European Committee for Electrotechnical Standardization，CENELEC），该委员会与其他非欧洲国家的代表共同制定了静电学体系文件 CECC 00015；ESDA 是公认的美国国家标准（ANSI 标准）制定机构，因此能够正式代表美国参加 IEC。我被美国国家委员会任命为首席代表，Jeremy 被英国国家委员会任命为代表。1996 年，我们在佛罗里达州奥兰多举办 EOS/ESD 年度研讨会，之后我有幸在得克萨斯州奥斯汀主持了一场早期的 IEC TC 101 工作组会议。那是我第一次见到 Jeremy。虽然早年大家对静电标准的审议时有争议，但委员会最终形成了一个有凝聚力的团队，并制定了世界公认的重要标准。Jeremy 在 IEC TC 101 形成时期投入了大量的时间和精力，他也曾长期担任 IEC TC 101 主席，具有相当大的影响力。目前，他是英国的首席代表，积极参加了许多工作组。

作为 ESDA 的前任主席，我很高兴在 2010 年向 Jeremy 颁发 ESDA 的行业先锋奖，以表彰他对静电科学的贡献，特别是他在标准制定过程中所发挥的作用。

丹麦技术大学的 Niels Jonassen 教授和密歇根大学的 A. D. Moore 教授等撰写了许多关于静电基础知识的好书，也有其他相关图书涉及静电学具体操作问题，这些图书都可以在本书的参考资料中找到。然而，对电子产品及其他 ESDS 材料制造过程中 ESD 控制的现代化标准过程来说，本书是为数不多涵盖其各个方面的作品。本书旨在帮助初学者和专业人员迈入静电学的大门。我相信对任何领域（尤其是电子制造领域）的任何人而言，只要有处理静电问题的需要，本书就能提供有用的参考。本书所讨论的原理和标准适用于各个制造领域和工艺过程。特别是涉及电子器件和组件的可靠性和敏感性这一主题时，本书亦可用作高等教育电子设计相关课程的教材。

Smallwood 博士凭借自己在标准制定和实践方面的丰富经验，引导读者拨开标准应用于生产制造过程中的迷雾。由于静电是一种自然现象，并且一直存在于我们周围，人们会认为实现标准化是一项不太可能的任务（或者并不看好它）。Jeremy 在第 9 章和第 10 章中介绍的实践方法有助于梳理 ESD 控制程序的实施和管理流程。

第 12 章的主题是 ESD 培训，这部分内容对需要建立、运行和维护 ESD 控制程序的人非常有帮助。Jeremy 罗列了培训方面非常实用的"技巧"，这些得益于他多年来讲授静电的"艺术与科学"（从入门到高级系列课程）的经验。

第 6 章也非常重要，这部分对标准规范进行了很好的梳理。20 世纪 90 年代初以来，人们对如何处理行业静电"奥秘"的理解大幅提升，从而能够制定出非常有效和实用的标准、规程、报告和操作指南。虽然我们必须认识到并且理解静电是无法完全消除的，但我们现在知道如何在制造业中与之共存，并且通常情况下可以通过一些技术方法在严重事故发生之前解决大多数问题。话虽如此，静电放电总是在最不经意时或是没有遵循正确程序的情况下出现，这使得每年仍会由于静电放电而发生火灾、爆炸、产品损伤乃至人员伤亡。仅是在错误的时间、错误的地点出现接地不良，就有可能造成灾难性后果（也确实发生过），这种后果甚至比大多数人能够想象到的还要严重。

预防或消除静电问题，需要了解静电现象。本书前 5 章详细地介绍静电学所涉及的基本方面，对该学科的初学者来说，这是一个很好的起点。即便对有经验的从业人员而言，这几章也有助于回顾知识和查漏补缺。总的来说，本书是为了让非技术人员理解静电现象而编写的，但对该领域的专家也很有用。本书在每章最后提供非常广泛而详细的参考资料，以供需要了解相关内容具体细节的读者参考。

我相信你会和我一样认为本书兼具趣味性、启发性及实用性。祝您阅读愉快，注意安全。

大卫·斯温森（David E. Swenson）
Affinity Static Control Consulting LLC 总裁

作者序

尽管自20世纪70年代以来，ESD一直是电子行业关注的话题，但对必须整合、评估、维护和更新ESD控制程序的人来说，关于这个主题的图书相对较少。我在从事咨询师和培训师的工作时，遇到过很多这样的人。彼时，他们中的一些人刚刚被要求担起ESD项目的责任，但他们几乎没有这方面的经验。另外一些人具备一部分知识，但被ESD控制中一系列难辨真假的说法所困扰。还有一些人在这方面积累了丰富的经验，并在自己公司制定和运行了ESD控制程序。当然，我从他们身上学到了很多东西。作为一名咨询师和培训师，我发现自己在向别人解释我的观点时也会学到很多。那是对自身理解能力的一项挑战，让我对问题有了更清晰的思考。

在这个过程中，我开始尝试对ESD预防原理的介绍进行优化。在Stephen Covey（史蒂芬·柯维）《高效能人士的七个习惯》（*The 7 Habits of Highly Effective People*）的启发之下，"高效ESD防护的七个习惯"应运而生。为什么是"习惯"？因为如果我们在处理易受ESD影响的器件和组件时，习惯性地去做这些事情，就自然会拥有一个有效的ESD控制程序。

20世纪90年代中期，当时在ERA（ERA Technology Ltd.）工作的我开始在伦敦奇西克的BSI参与英国标准的制定。得益于这项工作，我很快也参与了国际标准的制定。20世纪90年代中期，IEC成立IEC TC 101，我便通过BSI加入其中。标准化工作拓宽了我的视野，让我发现这项工作既令人兴奋又令人沮丧。我很荣幸可以与来自世界各地的专家交流，他们在各自专业领域有非常深厚的积淀，经验丰富且有实践意义。在BSI，我们可以花费很多时间争论技术问题，以及讨论如何编写一套最完美的标准测试方法，以期它可以被具有一定技术能力的人理解和运用，并希望这些做了同样工作的人能得到一致的结果。在国际标准方面，我们必须商定一种各代表团成员都可以接受的测试方法；在参与国（或地区）的现行标准中可能有几种方法供选择。当然，每个专家都会倾向某种特定的办法，尤其是如果该方法已在该参与国（或地区）中被采用。大多数情况下，条件和方法的差异会产生不同的结果。我们会与一群文化和背景各不相同的国际专家详细讨论这些问题，而且英语往往不是他们的母语。讨论出来的方法必须可以在日本、英国、美国、加拿大、斯堪的纳维亚、法国、德国、意大利以及其他任何参与国（或地区）代表团的专家所在地区迥异的气候等条件和工作实践中被采纳。在大多数情况下，最终产品必须能翻译成专家的母语以供出版。我们发现，一些常见的英语表达很难直译，或者无法在其他语言下阐述清楚。同一个英文短语或单词对美国人和英国人来说甚至可以有不同的含义，这就导致需要花费较长时间讨论对某个句子的最佳措辞！

21 世纪初，ESDA 标准在电子行业被广泛接受，使用范围从北美延伸到世界上的其他地区。IEC TC 101 第 5 工作组在与之合作的 ESDA 标准化专家的支持下，决定重写 IEC 61340-5-1，并与 ANSI/ESD S20.20 进行非正式协调，这是该标准修订过程中具有里程碑意义的决定。随后的进一步协调简化了 ESD 协调员（尤其是跨国企业 ESD 协调员）的责任。

随着时代的发展，电子设备中常用的元器件越来越容易受到 ESD 损伤。操作、存储或运输此类元器件的设施和过程的类型越来越多。这意味着设计、实施和维护 ESD 控制程序的人员越来越有必要掌握、分析和制定针对 ESD 风险的有效保护措施。

在本书的创作过程中，我意识到我正在努力编写的正是自己在第一次接触电子工业中 ESD 控制主题时想要找到的书。本书旨在帮助读者了解 ESD 控制的原理和实践，以便他们能够做出必要的决策，设计出符合当前 ESD 控制标准的有效和优化的 ESD 控制程序。要做到这一点，需要了解防静电设备和材料的用途，以及如何规定和测试它们是否能完成预期的任务。如果读者希望进一步提高自己的知识水平，参考资料和延伸阅读应该可以提供一个很好的起点。最重要的是，希望本书能帮助读者发现这个被认为是神秘"黑魔法"的静电领域实际上是以可靠的工程原理为基础的，他们可以自信地学习和应用这些工程原理。

前　　言

　　ESD 会对很多具有 ESD 敏感性的现代电子元器件、组件或模块造成损伤或破坏。

　　自从电子制造领域引入金属-氧化物-半导体场效应晶体管（Metal-Oxide-Semiconductor Field Effect Transistor，MOSFET）技术，ESD 敏感性就成为人们普遍关注的焦点，半导体体积的减小和集成电路（Integrated Circuit，IC）的发展进一步提高了人们对 ESD 敏感性的重视程度。1979 年，美国组织召开了第一次过电应力/静电放电研讨会（Reliability Analysis Center, 1979）。1980 年，该研讨会发布了涉及理论和实践、设备故障分析和研究、故障机制和建模、设备防护网络设计、ESD 控制实施、设施评估和有效培训等多个主题的论文（Reliability Analysis Center, 1980）。标准文件和技术手册也在这一阶段问世。标准文件给出了 ESD 控制程序的规范，技术手册则归纳了用户培训和 ESD 控制程序设计所需的技术数据和参考资料。对半导体器件和显示器的制造商而言，颗粒污染物的静电吸引（Electrostatic Attraction，ESA）是一个问题。对于电子操作系统，ESD 会产生电磁干扰（Electromagnetic Interference，EMI），从而导致系统崩溃、故障或数据损坏。

　　因此在电子元件和操作系统中，对 ESD 问题的关注可以分为两个领域。电子元件、组件和系统制造领域中的 ESD 控制主要需要防止在未加电、非操作状态下的损坏，并确保产品以良好的状态交付客户，且产品的外观或可靠性不受影响。这一领域的 ESD 控制可以进一步细分为以下 3 个研究方向：

- 在晶圆级半导体制造过程中，影响产品产量和质量的 ESD 问题；
- 在电子元件、组件和系统制造中，影响产品产量和质量的 ESD 问题，有时也称为"工厂问题"；
- 通过设计使半导体器件的 ESD 承受能力达到目标水平。

　　电子系统工作过程中的 ESD 干扰和损伤通常被视为电磁兼容（Electromagnetic Compatibility，EMC）领域的一部分，由另外的团体负责研究。在某些地区（如欧洲），电子产品须进行 ESD 抗扰度测试，该测试结果将作为电子产品投放市场的适应性评价（以及 CE 认证）的一部分（Williams, 2007）。

　　然而，不同领域之间有一定的重合，而且重合的内容经常混淆不清。在制造过程中，由 ESD 引起的 EMI 会对生产测试设备造成干扰，导致产品报废，从而降低成品率。在 EMC 的 ESD 测试中，在裸露的电路连接器上产生的 ESD 可能导致部件或系统硬件故障，并可能对连接到外界的组件的 ESD 鲁棒性提出要求。

本书主要讨论如何进行 ESD 控制程序的设计与维护，以保护在电子系统和部件制造过程中的 ESDS 器件，属于 ESD 控制的"工厂问题"范畴。本书可作为手册或实用指南，供电子公司以及接触未受保护的 ESDS 器件的人员使用。同时，本书提供充分的背景资料和技术分析，帮助读者掌握有效 ESD 控制的原理和实践。

本领域的从业人员技术背景多样，对电子电气专业的理解能力不一。许多人可能具备基本的 ESD 控制意识，但并没有机会学习 ESD 控制课程。令人意想不到的是，在本书出版之前，很少有高校在电子相关课程中设置 ESD 控制知识内容。而且，行业课程也仅能帮助人们提升基本的 ESD 意识，很少能深入探讨 ESD 控制这一主题。纵观全世界，对想要深耕该领域的人而言，相关的课程和资格认证仍十分匮乏。

因此，笔者尝试尽可能深入浅出地诠释 ESD 控制这一主题，以使那些相关理论基础相对薄弱的人也能轻松理解；同时对背景理论进行充分的描述，以便读者理解相关材料，并为那些希望对该主题进行更深入研究的人员提供参考资料和延伸阅读材料。笔者这样做的目的是揭示和澄清这个通常被认为是神秘"黑魔法"的静电领域背后的原理。基于上述多方面原因，笔者开始尝试撰写本书——一本适用于电子行业 ESD 控制初学者的书。

当前，制定 ESD 控制程序的常见思路是遵循 ESD 控制相关标准（如 ANSI/ESD S20.20 或 IEC 61340-5-1）的要求。人们往往认为该做法能够确保将产品的 ESD 损伤控制在一定范围内。虽然该做法具有一定的可行性，但如果在知识不足的情况下采用该做法，可能导致 ESD 控制程序优化程度不高或无法解决所有的 ESD 问题（Smallwood et al., 2014; Lin et al., 2014）。只有掌握并理解相关知识才有可能实现并维护有效且持续优化的 ESD 控制程序，操作的成本也普遍较低。然而，遵循 ESD 控制相关标准的要求是有优势的，有助于证明（尤其是向客户证明）在生产设施中进行 ESD 控制的严谨性。因此，本书用相当的篇幅来讨论如何制定普适且遵循 ESD 控制相关标准要求的 ESD 控制程序。通常认为正确规定且符合上述标准的 ESD 控制程序，足以保护耐受电压低至人体模型（Human Body Model，HBM）100V 的 ESDS 器件，同时能够解决带电金属物体和带电设备引发的最常见的 ESD 风险问题。

随着时间的推移和器件技术的发展，易受 ESD 损伤的器件对静电愈发敏感。日后，随着电子制造、组装和维护过程中越来越多的 ESDS 器件需要操作，人们通过学习和理解（而不是死记硬背）应用标准技术来设计 ESD 控制程序的重要性会越来越高。随着 ESD 控制技术和标准的发展,大量的研究工作对面向耐受电压 HBM 2kV、机器模型（Machine Model,MM）200V 的芯片级 ESD 防护网络提供了降低器件 ESD 敏感度方面的支持（Industry Council,2011）。21 世纪初,ESD 目标等级行业委员会（Industry Council on ESD Target Levels）成立,成员包括来自 IC 制造、电子组装公司的人员以及业内的独立顾问。面对 ESD 耐受水平实现难度加大的现状,加之相信现代电子制造公司的 ESD 控制程序通常能够达到标准的保护水平,ESD 目标等级行业委员会建议将芯片级目标保护水平降至 HBM 1kV、MM 30V 和带电器件模型（Charged Device Model,CDM）250V（Industry Council,2011; Industry Council,2010a; Industry Council,2010b）。同时,由于各种原因,许多分立元件和 IC 没有芯片级 ESD 保护,或者 ESD 耐受电压水平更低。在技术变革以及认为业内能够处置耐受电压低的 ESD 元件这一观点的驱动之下,降低芯片级目标保护水平似乎成为首选方案。

虽然本书的主要目的是为业内工厂的工作人员提供支持,但笔者希望本书能够促进并推动高校以及继续教育组织设置 ESD 控制相关的课程,以供那些希望从事电子生产及相关工作的人员进行选择。

本书并不冀望能够解决半导体芯片和器件制造中的静电和 ESD 控制、器件的 ESD 保护设计等方面的全部问题。特别是对于前者,截至本书（英文版）成稿之时,关于该主题的为数不多的图书尚没有充分涵盖相关内容,但在更关注技术领域的图书中对其进行了更深入的讨论（Welker,2006）。在一些专业图书中也对器件设计这一主题有更加全面而深入的介绍（Amerasekera et al.,2002; Wang,2002）。

在其他图书中,系统的 ESD 抗扰度通常被视为 EMC 问题的一部分,在对仅限于 ESD 工厂问题这一主题的领域进行论述时,ESD 抗扰度会被作为独立的一部分。与 ESD 控制相比,该领域更加关注电子系统的 ESD 抗扰设计（Ind. Co. White paper 3; Johnson et al.,1993; Montrose,2000; Williams,2007）。

在其他行业,如爆炸物和易燃材料处置（后者在欧洲被称为"ATEX"）,也需要进行静电控制,通常由该行业相关标准或法规约束。本书对此有提及,但只是为了引起对可能存在混淆的领域的注意,从而避免一些诸如设备选型和采购等工作的失误。

虽然可以采取"从头到尾"逐章通读的方式阅读本书,但对读者而言,更可能的情况是在从事 ESD 控制相关工作的过程中,根据自身对不同主题内容的学习需要,对特定的章进行"翻阅"。本书在编写时考虑到了这一情况。书中的每章后都提供参考资料,以供希望对该章主题进行更深入研究的读者使用。

每个专业学科都有自己的一套专业术语，或者会以特定的习惯使用特定的术语。本书第 1 章介绍并定义 ESD 控制中常用的术语。尽管这一章对本领域的关键概念和术语进行概述，但在阅读其他章的过程中，仍可能需要通过查阅第 1 章来对术语的含义进行修正或澄清。这就是为什么将定义及其术语放在一章中给出，而不是在各章节中按照需要对术语进行定义和解释。接着，第 2 章对静电与 ESD 控制原理进行更加详细的阐释。

第 3 章讨论 ESDS 器件，以及如何测试器件的 ESD 敏感度；综述器件 ESD 敏感度的范围和当前发展趋势；归纳应用于 ESD 失效器件的分析；简要介绍文献中的一些 ESD 失效研究。

第 4 章总结高效 ESD 防护的七个习惯。这是笔者多年来在 ESD 培训工作中归纳的一套进行有效 ESD 控制的必要做法。如果这些做法能够有效地、常态化地实施，ESD 控制程序就有望持续有效。忽视其中任何一个"习惯"，都有可能影响 ESD 控制程序的有效性。

大多数基础 ESD 控制技术和标准主要针对的是人工处置中易受 ESD 影响的器件、部件和组件。第 5 章将讨论的内容扩展到自动化系统、过程和操作中的 ESD 控制，这些环节也是现代电子制造的主要构成部分。

第 6 章阐释本书编写时 IEC 61340-5-1 和 ANSI/ESD S20.20 这两个 ESD 防护标准给出的方法和要求。这些标准会随着时间的推移而不断更新，因此建议读者在使用时检索现行有效的版本。

第 7 章概述用于防静电工作区（Electrostatic Discharge Protected Area，EPA）中常规 ESD 风险控制的设备与设施。这一章主要介绍它们通常是如何作为系统的一部分来协同工作的，同时强调必须牢记这一点。

防静电包装本身是一个可以持续探索且不断延伸的主题，也是 ESD 控制中最容易被误解的内容之一。如今，防静电包装种类繁多，包括防静电袋、防静电箱、防静电气泡膜，以及自动化生产线的线带和卷轴包装。第 8 章对防静电包装进行简要介绍，并阐释防静电包装的原理和实践。

第 9 章对如何评估 ESD 控制程序这一棘手问题进行探讨，目标是符合标准要求、有效控制 ESD 风险，以及提升潜在的客户关切。

评估现有的 ESD 控制程序是一项具有挑战性的工作，而从零开始设计一套 ESD 控制程序也会面临其他难题。第 10 章对此进行探讨。

ESD 控制相关产品认证和符合性验证是 ESD 控制程序的重要组成部分，第 11 章介绍符合 ESD 控制标准的测试方法。ESD 控制程序可能还会用到一些标准中暂未明确提及的控制措施和设备。这一章也给出一些可用于这些措施和设备的测试方法的示例。

长期以来，人们一直相信 ESD 培训对 ESD 控制持续有效至关重要。第 12 章对此进行较深入的讨论，并介绍笔者在实践中用于帮助学员理解静电、ESD 和 ESD 控制的一些演示和技巧。

最后，第 13 章对 ESD 控制可能的发展方向进行展望。

参考资料

Amerasekera, A. and Duvvury, C. (2002). ESD in Silicon Integrated Circuits, 2e. Wiley. ISBN: 0471498711.

Industry Council on ESD Target Levels. (2010a). White paper 2: A case for lowering component level CDM ESD specifications and requirements. Rev. 2.0. [Accessed: 10th May 2017].

Industry Council on ESD Target Levels. (2010b). White paper 3: System Level ESD Part Ⅰ: Common Misconceptions and Recommended Basic Approaches. Rev. 1.0. [Accessed: 10th May 2017].

Industry Council on ESD Target Levels. (2011). White paper 1: A case for lowering component level HBM/MM ESD specifications and requirements. Rev. 3.0. [Accessed: 10th May 2017].

Johnson, H. and Graham, M. (1993). High Speed Digital Design – A Handbook of Black Magic. Prentice Hall. ISBN: 0133957241.

Lin N, Liang Y, Wang P. (2014). Evolution of ESD process capability in future electronics industry. In: 15th Int. Conf. Elec. Packaging Tech.

Montrose, M. (2000). Printed Circuit Board Design Techniques for EMC Compliance, 2e. Wiley-Interscience/IEEE Press. ISBN: 0780353765.

Reliability Analysis Center. (1979). Electrical Overstress/Electrostatic Discharge Symposium Proceedings. EOS-1. Griffiss AFB, NY: Reliability Analysis Center.

Reliability Analysis Center. (1980). Electrical Overstress/Electrostatic Discharge Symposium Proceedings. EOS-2. Griffiss AFB, NY: Reliability Analysis Center.

Smallwood J., Tamminen P., Viheriäkoski T. (2014). Paper 1B.1. Optimizing investment in ESD Control. In: Proc. EOS/ESD Symp. EOS-36.

Wang, A. Z. H. (2002). On-Chip ESD Protection for Integrated Circuits. Kluwer Academic Publishers.

Welker, R. W., Nagarajan, R., and Newberg, C. (2006). Contamination and ESD Control in High-Technology Manufacturing. Wiley-Interscience/IEEE Press. ISBN: 978-0471414520.

Williams, T. (2007). EMC for product designers, 4e. Newnes. ISBN: 978-0750681704.

延伸阅读

Dangelmayer, T. (1999). ESD Program Management, 2e. Springer. ISBN: 0412136716.

EOS/ESD Association Inc. (2014). ANSI/ESD S20.20-2014. ESD Association Standard for the Development of an Electrostatic Discharge Control Program for — Protection of Electrical and Electronic Parts, Assemblies and Equipment (excluding Electrically Initiated Explosive Devices). Rome, NY, EOS/ESD Association Inc.

EOS/ESD Association Inc. (2016). ESD Association Electrostatic Discharge (ESD) Technology roadmap, revised 2016. [Accessed: 10th May 2017].

International Electrotechnical Commission. (2016). IEC 61340-5-1: 2016. Electrostatics — Part 5-1: Protection of electronic devices from electrostatic phenomena — General requirements.Geneva, IEC.

致　　谢

感谢各位来自 ESD 控制和标准化领域的专家，在和他们沟通和探讨的过程中，我进一步加深了对相关知识的理解。我还要感谢所有的客户和课程参与者，他们向我提出了很多具有思辨性的问题，促使我去澄清、诠释和证明在各种情况下行之有效的 ESD 控制技术。

特别感谢 David E. Swenson 对本书进行点评、提供照片等材料并撰写推荐序，以及长久以来我们之间开展的那些富有启发性的讨论。David 完成了一项非凡的壮举，他几乎把本书的所有章节至少通读了一遍，编写了很多注解，帮助我纠正了很多内容和印刷方面的错误，并补充澄清了一些要点，这在总体上改进了我的图书编写工作。

还有几位朋友和同事也非常热情地阅读和评论了本书的各个章节，并对我所做的这项工作表示鼓励。尤其感谢 Rainer Pfeifle、Charvaka Duvvury 和 Christian Hinz，他们分别对各个章节进行了详细的审查并发表了意见。Bob Willis 撰写了评语，Charles Cawthorne 热情地给我提供了其 ESD 培训材料中的一些图片素材。Lloyd Lawrenson 热心地给我提供了 Kaisertech 设备，用于拍摄照片。感谢 ESDA 的 Lisa Pimpinella 授权我将 2016 年 ESDA 静电放电技术图谱的数据收录在本书中。

最后，同样重要的是，感谢我的妻子 Jan，她包容了我在全神贯注于工作时对她的心不在焉和疏于沟通，也感谢我的女儿 Alia 在本书筹备出版过程中对照片改进所做的协助。

目 录

第 1 章　术语及其定义 ··· 1

  1.1　科学记数法与国际单位制 ·· 1

  1.2　电荷、静电场及电压 ·· 2

    1.2.1　电荷 ··· 2

    1.2.2　离子 ··· 2

    1.2.3　静电耗散与静电中和 ··· 3

    1.2.4　电压（电位）··· 3

    1.2.5　电场（静电场）··· 4

    1.2.6　高斯定律 ··· 5

    1.2.7　静电吸引 ··· 5

    1.2.8　介电常数 ··· 6

  1.3　电流 ··· 6

  1.4　静电放电 ·· 7

    1.4.1　ESD 模型 ·· 7

    1.4.2　电磁干扰 ··· 7

  1.5　地、接地及等电位连接 ·· 7

  1.6　功率与能量 ··· 8

  1.7　电阻、电阻率及电导率 ·· 9

    1.7.1　电阻 ··· 9

    1.7.2　电阻率与电导率 ··· 9

    1.7.3　绝缘体与导体，材料的导电性、静电耗散性及抗静电性 ··· 11

    1.7.4　点对点电阻 ·· 13

    1.7.5　对地电阻 ··· 13

    1.7.6　电阻组合 ··· 13

1.8	电容	14
1.9	屏蔽	15
1.10	介质击穿强度	15
1.11	相对湿度和露点	16
参考资料		16

第2章 静电与ESD控制原理 ························ 18

2.1	引言	18
2.2	接触起电（摩擦起电）	18
2.3	静电荷的积聚与耗散	20
	2.3.1 静电荷积聚的简易电气模型	20
	2.3.2 电容量的动态变化	21
	2.3.3 电荷衰减时间	23
	2.3.4 导体与绝缘体的再定义	25
	2.3.5 相对湿度的影响	26
2.4	静电场中的导体	27
	2.4.1 导体、绝缘体的体电压与表面电压	27
	2.4.2 真实的静电场	27
	2.4.3 法拉第笼	29
	2.4.4 感应：一个孤立导电体在电场中获得电压	29
	2.4.5 感应起电：物体通过接地起电	30
	2.4.6 法拉第笼与封闭物体内的电荷屏蔽	31
2.5	ESD的类型	32
	2.5.1 导体之间的ESD（火花放电）	32
	2.5.2 绝缘表面的ESD	33
	2.5.3 电晕放电	34
	2.5.4 其他类型放电	34
2.6	常见的静电源	34
	2.6.1 人体的ESD	35
	2.6.2 带电导体的ESD	36

		2.6.3 带电器件的 ESD	37
		2.6.4 带电平板的 ESD	38
		2.6.5 带电模块的 ESD	39
		2.6.6 带电电缆的 ESD	39
2.7	ESD 的电路模型		40
2.8	静电吸引		43
		2.8.1 静电吸引与颗粒污染	44
		2.8.2 空气离子对表面电压的中和作用	44
		2.8.3 离子化静电消除器	45
		2.8.4 电荷中和速度	46
		2.8.5 离子化静电消除器的有效电荷中和区	46
		2.8.6 离子化静电消除器的平衡与通过失衡离子化静电消除器对表面进行充电	47
2.9	电磁干扰的影响		47
2.10	如何规避部件遭受 ESD 损伤		48
		2.10.1 可能导致部件遭受 ESD 损伤的情况	48
		2.10.2 ESD 损伤风险	48
		2.10.3 ESD 控制的原则	49
参考资料			50
延伸阅读			52

第 3 章 ESDS 器件 53

3.1	什么是 ESDS 器件		53
3.2	ESD 敏感度的测试		55
		3.2.1 模拟 ESD	55
		3.2.2 标准 ESD 敏感度测试	56
		3.2.3 ESD 耐受电压	57
		3.2.4 HBM 敏感度测试	57
		3.2.5 系统级人体 ESD 敏感度测试	59
		3.2.6 MM 敏感度测试	61

  3.2.7 CDM 敏感度测试 ·· 62

  3.2.8 测试方法比较 ·· 65

  3.2.9 ESD 敏感度测试的失效准则 ···························· 66

  3.2.10 传输线脉冲技术 ··· 67

  3.2.11 ESD 耐受电压与 ESD 损伤的关系 ···················· 67

  3.2.12 ESD 敏感度测试的趋势 ································· 68

 3.3 器件的敏感度 ·· 69

  3.3.1 概述 ··· 69

  3.3.2 潜在失效 ·· 69

  3.3.3 内置片上 ESD 防护网络与 ESD 防护目标 ··········· 71

  3.3.4 典型组件的 ESD 敏感度 ································· 73

  3.3.5 分立器件 ··· 74

  3.3.6 小尺寸的影响 ··· 74

  3.3.7 封装技术的影响 ·· 75

 3.4 一些常见的 ESD 失效类型 ·································· 75

  3.4.1 失效机制 ··· 75

  3.4.2 介质击穿 ··· 76

  3.4.3 MOSFET ·· 77

  3.4.4 静电场的敏感度与微小间隔导体之间的击穿 ········ 78

  3.4.5 半导体结 ··· 79

  3.4.6 场效应结构与非导电器件检测系统 ··················· 80

  3.4.7 压电晶体 ··· 80

  3.4.8 LED 与激光二极管 ······································ 80

  3.4.9 MR 磁头 ·· 81

  3.4.10 微机电系统 ·· 81

  3.4.11 器件导体或电阻烧毁 ·································· 81

  3.4.12 无源器件 ··· 81

  3.4.13 印制电路板与组件 ····································· 82

  3.4.14 模块与系统组件 ·· 83

 3.5 系统级 ESD ··· 84

3.5.1 概述 … 84
3.5.2 系统级 ESD 抗扰度与组件 ESD 耐受性的关系 … 85
3.5.3 带电电缆 ESD … 85
3.5.4 系统高效的 ESD 设计 … 86
参考资料 … 86
延伸阅读 … 94

第 4 章 高效 ESD 防护的七个习惯 … 98
4.1 为什么称为习惯 … 98
4.2 ESD 防护措施基础 … 99
4.3 如何定义 ESDS 器件 … 99
4.4 习惯 1：始终在 EPA 内处理 ESDS 器件 … 100
4.4.1 EPA 的定义 … 100
4.4.2 EPA 边界的定义 … 102
4.4.3 EPA 边界标识 … 102
4.4.4 可忽略的 ESD 风险 … 104
4.4.5 ESD 风险来源 … 104
4.4.6 EPA 中的 ESD 防护措施 … 105
4.4.7 ESD 防护措施决策者 … 105
4.5 习惯 2：尽可能避免在 ESDS 器件附近使用绝缘体 … 106
4.5.1 绝缘体的定义 … 106
4.5.2 必需绝缘体与非必需绝缘体 … 107
4.5.3 让非必需绝缘体远离 ESDS 器件 … 108
4.6 习惯 3：降低必需绝缘体的 ESD 风险 … 111
4.6.1 绝缘体的界定 … 111
4.6.2 绝缘体无法接地 … 111
4.6.3 必需绝缘体的 ESD 风险应对 … 111
4.6.4 使用离子化静电消除器中和绝缘体上的电荷 … 113
4.7 习惯 4：导体（尤其是人体）一定要接地 … 115
4.7.1 导体的定义 … 115

  4.7.2 导电、耗散及绝缘 115
  4.7.3 导体的特性 116
  4.7.4 电荷与电压衰减时间 116
  4.7.5 材料接触电阻对 ESDS 器件防护的重要性 116
  4.7.6 安全注意事项 117
  4.7.7 通过接地与等电位连接消除 ESD 118
  4.7.8 了解接地系统 118
  4.7.9 处理 ESDS 器件的人员的接地 119
  4.7.10 防静电设备接地 123
  4.7.11 导体无法接地怎么办 130
4.8 习惯 5：使用防静电包装保护 ESDS 器件 130
  4.8.1 EPA 中禁止使用普通包装 130
  4.8.2 防静电包装的基本功能 131
  4.8.3 仅在 EPA 中打开防静电包装 131
  4.8.4 避免将纸张等放入装有 ESDS 器件的包装 132
4.9 习惯 6：对人员进行防静电设备使用与防护体系知识培训 132
  4.9.1 人员培训目的 132
  4.9.2 培训人员范围 133
  4.9.3 培训内容 134
  4.9.4 周期性培训 134
4.10 习惯 7：通过监视与测量确保体系运行良好 135
  4.10.1 监视与测量的重要性 135
  4.10.2 测量内容 135
  4.10.3 防静电产品认证 135
  4.10.4 防静电产品或系统符合性验证 136
  4.10.5 测量方法与合格判据 136
  4.10.6 测量周期（频次） 136
4.11 七个习惯与 ESD 防护标准 137
4.12 处置高敏感的产品 138
4.13 其他静电源控制 139

参考资料 139
延伸阅读 141

第5章 自动化系统 142

5.1 自动化操作与人工操作的不同之处 142
5.2 导电材料、静电耗散材料及绝缘材料 143
5.3 AHE 与安全 144
5.4 静电源与风险 144
5.5 ESD 防护策略 145
    5.5.1 AHE 的 ESD 防护原则 145
    5.5.2 发生 ESD 损伤的条件 145
    5.5.3 AHE 的 ESD 防护策略 146
    5.5.4 ESD 防护措施的审核与验证 147
    5.5.5 ESD 防护措施的符合性验证 147
    5.5.6 ESD 培训的意义 147
    5.5.7 AHE 变更 148
5.6 AHE 的 ESD 防护措施确定与实施 148
    5.6.1 明确 ESDS 产品的关键路径 148
    5.6.2 关键路径检查与 ESD 风险识别 148
    5.6.3 确定适宜的 ESD 防护措施 149
    5.6.4 将 ESD 防护措施纳入设备采购规范 150
    5.6.5 记录并整理设备的 ESD 防护措施 150
    5.6.6 ESD 防护措施的维护与符合性验证 150
5.7 AHE 中的 ESD 防护材料、技术及设备 151
    5.7.1 将与 ESDS 器件接触的所有导体接地 151
    5.7.2 孤立导体 152
    5.7.3 避免 ESDS 器件产生感应电压 152
    5.7.4 减少 ESDS 器件摩擦带电 153
    5.7.5 采用电阻材料限制带电设备的 ESD 电流 154
    5.7.6 阳极氧化处理 154

5.7.7 轴承 155
5.7.8 传送带 155
5.7.9 通过离子化静电消除器中和 ESDS 器件、必需绝缘体及孤立导体上的电荷 156
5.7.10 真空吸盘 157
5.8 防静电包装 157
5.9 AHE 中的测量 158
5.9.1 概述 158
5.9.2 电阻测量 158
5.9.3 静电场与电压测量 160
5.9.4 电荷测量 161
5.9.5 测量离子化静电消除器中和产生的电荷衰减时间与残余电压 162
5.9.6 ESD 电流测量 162
5.9.7 使用 EMI 探测器探测 ESD 162
5.10 高敏感器件的处置 162
参考资料 163
延伸阅读 165

第6章 ESD 防护标准 168

6.1 引言 168
6.2 ESD 防护标准的发展历程 168
6.3 ESD 防护标准的制定主体 170
6.4 IEC 与 ESDA 标准 172
6.4.1 标准编号 172
6.4.2 标准中的用语 172
6.4.3 标准中术语的定义 175
6.5 标准 IEC 61340-5-1 与 ANSI/ESD S20.20 的要求 175
6.5.1 背景 175
6.5.2 文件编制与计划 175
6.5.3 ESD 控制程序技术基础 176

####### 6.5.4 人身安全 176
####### 6.5.5 ESD 协调员 176
####### 6.5.6 ESD 控制程序变更 177
####### 6.5.7 ESD 控制程序计划 177
####### 6.5.8 培训计划 178
####### 6.5.9 产品认证计划 178
####### 6.5.10 符合性验证计划 178
####### 6.5.11 测量方法 178
####### 6.5.12 ESD 控制程序计划技术要求 182
####### 6.5.13 防静电包装 183
####### 6.5.14 标识 184

参考资料 184

延伸阅读 189

第 7 章 防静电设备与设施的选型、使用、保养及维护 192

7.1 引言 192

7.1.1 设备的选型与确认 192
7.1.2 用途 193
7.1.3 设备的清洁、保养及维护 193
7.1.4 符合性验证 194

7.2 防静电接地 194

7.2.1 防静电接地的作用 194
7.2.2 防静电接地的选择 194
7.2.3 防静电接地的质量测试 196
7.2.4 防静电接地的符合性验证 196
7.2.5 接地连接的常见问题 196

7.3 防静电地板 196

7.3.1 防静电地板的作用 196
7.3.2 长效型防静电地板材料 197
7.3.3 半长效型或非长效型防静电地板材料 198

- 7.3.4 防静电地板材料的选择 ··· 198
- 7.3.5 防静电地板材料的质量测试 ····································· 199
- 7.3.6 防静电地板的安装验收 ··· 200
- 7.3.7 防静电地板的作用 ··· 200
- 7.3.8 防静电地板的保养与维护 ······································· 201
- 7.3.9 防静电地板的符合性验证 ······································· 201
- 7.3.10 常见问题 ·· 201

7.4 接地连接点 ·· 202
- 7.4.1 接地连接点的作用 ··· 202
- 7.4.2 接地连接点的选型 ··· 203
- 7.4.3 接地连接点的确认 ··· 203
- 7.4.4 接地连接点的检查 ··· 203
- 7.4.5 接地连接点的符合性验证 ······································· 203

7.5 人体接地 ·· 204
- 7.5.1 人体接地的目的 ··· 204
- 7.5.2 人体接地与电气安全 ··· 204
- 7.5.3 腕带 ··· 205
- 7.5.4 地板-鞋束系统接地 ·· 210
- 7.5.5 防静电椅接地 ··· 215
- 7.5.6 防静电服接地 ··· 215

7.6 工作表面 ·· 216
- 7.6.1 工作表面的作用 ··· 216
- 7.6.2 工作表面的材料 ··· 216
- 7.6.3 工作表面的选型 ··· 217
- 7.6.4 工作站的认证测试 ··· 218
- 7.6.5 工作表面的验收 ··· 218
- 7.6.6 工作表面的清洁与维护 ··· 218
- 7.6.7 工作表面的符合性验证 ··· 219
- 7.6.8 工作表面的常见问题 ··· 219

7.7 储物架 ·· 219

	7.7.1 储物架的选择	219
	7.7.2 储物架的选型、保养及维护	221
	7.7.3 EPA 储物架的合格验证	221
	7.7.4 储物架的验收	221
	7.7.5 储物架的清洁与维护	222
	7.7.6 储物架的符合性验证	222
	7.7.7 储物架的常见问题	222
7.8	转运车与可移动设备	222
	7.8.1 转运车与可移动设备的种类	222
	7.8.2 转运车与可移动设备的选择、保养及维护	223
	7.8.3 转运车与可移动设备的确认	224
	7.8.4 转运车与可移动设备的符合性验证	225
	7.8.5 转运车与可移动设备的常见问题	225
7.9	防静电椅	226
	7.9.1 防静电椅的概念	226
	7.9.2 防静电椅的分类	226
	7.9.3 防静电椅的选型	227
	7.9.4 防静电椅的认证测试	227
	7.9.5 防静电椅的清洁与维护	228
	7.9.6 防静电椅的符合性验证	228
	7.9.7 常见问题	228
	7.9.8 通过防静电椅实现人体接地	228
7.10	离子化静电消除器	229
	7.10.1 离子化静电消除器的用途	229
	7.10.2 离子源	230
	7.10.3 离子发生系统的分类	231
	7.10.4 离子化静电消除器的选择	232
	7.10.5 离子化静电消除器的质量认证	233
	7.10.6 离子化静电消除器的清洁与维护	234
	7.10.7 离子化静电消除器的符合性验证	234

- 7.10.8 离子化静电消除器的常见问题 235
- 7.11 防静电服 236
  - 7.11.1 防静电服的用途 236
  - 7.11.2 防静电服的种类 236
  - 7.11.3 防静电服的选择 239
  - 7.11.4 防静电服的合格测试 240
  - 7.11.5 防静电服的使用 241
  - 7.11.6 防静电服的清洁与维护 241
  - 7.11.7 防静电服的符合性验证 241
  - 7.11.8 防静电服接地 242
- 7.12 手持工具 242
  - 7.12.1 手持工具的意义 242
  - 7.12.2 手持工具的种类 243
  - 7.12.3 手持工具的认证检测 243
  - 7.12.4 手持工具的使用 244
  - 7.12.5 手持工具的符合性验证 244
  - 7.12.6 手持工具的常见问题 244
- 7.13 电烙铁 244
  - 7.13.1 电烙铁的防静电问题 244
  - 7.13.2 电烙铁的产品认证 245
  - 7.13.3 电烙铁的符合性验证 245
- 7.14 防静电手套与指套 245
  - 7.14.1 防静电手套与指套的使用环境 245
  - 7.14.2 防静电手套与指套的分类 246
  - 7.14.3 如何选择防静电手套与指套 246
  - 7.14.4 防静电手套与指套的合格测试 247
  - 7.14.5 防静电手套的清洁和保养 247
  - 7.14.6 防静电手套与指套的符合性验证 247
  - 7.14.7 防静电手套与指套的常见问题 248
- 7.15 防静电设备设施标识 248

参考资料 249
延伸阅读 251

第 8 章 防静电包装 253

8.1 防静电包装在 ESD 控制中的重要性 253
8.2 防静电包装的功能 255
8.3 防静电包装相关术语 256
8.4 防静电包装的特性 257
8.4.1 摩擦起电 257
8.4.2 表面电阻 258
8.4.3 体积电阻 258
8.4.4 静电场屏蔽 259
8.4.5 ESD 屏蔽 261
8.5 防静电包装的使用 261
8.5.1 防静电包装性能的重要性 261
8.5.2 EPA 内防静电包装的使用 263
8.5.3 EPA 外防静电包装的使用 263
8.5.4 非 ESDS 产品的包装 264
8.5.5 避免带电电缆和模块 264
8.6 防静电包装的材料与工艺 265
8.6.1 概述 265
8.6.2 抗静电剂、粉色聚乙烯及低起电材料 265
8.6.3 静电耗散材料与导电聚合物 266
8.6.4 本征导电聚合物与本征耗散聚合物 267
8.6.5 金属化膜 268
8.6.6 阳极氧化铝 268
8.6.7 填充聚合物的真空成型 268
8.6.8 注塑成型法 268
8.6.9 模压加工 268
8.6.10 气相沉积法 269

  8.6.11 表面涂层 269
  8.6.12 层压 269
 8.7 防静电包装的种类与形式 269
  8.7.1 包装袋 269
  8.7.2 气泡膜 273
  8.7.3 泡沫 273
  8.7.4 盒子、托盘及 PCB 架 273
  8.7.5 卷带包装 274
  8.7.6 包装管 275
  8.7.7 自黏胶带与标签 276
 8.8 包装标准 276
  8.8.1 ESD 控制与防静电包装相关标准 276
  8.8.2 防潮包装标准 277
  8.8.3 防静电包装测试 281
 8.9 如何选择合适的包装 282
  8.9.1 概述 282
  8.9.2 客户要求 282
  8.9.3 ESDS 产品的类型 282
  8.9.4 ESD 风险与 ESD 敏感性 282
  8.9.5 预期包装任务 284
  8.9.6 包装的操作环境 284
  8.9.7 防静电包装与 ESD 防护功能的选择 286
  8.9.8 包装系统的测试 288
 8.10 防静电包装的标识 288
参考资料 289
延伸阅读 292

第 9 章 ESD 控制程序的评估策略 294

 9.1 引言 294
 9.2 ESD 风险评估 294

9.3 基于 HBM、MM 及 CDM 数据的过程能力评估

- 9.2.1 风险源 294
- 9.2.2 ESD 敏感度评估 295

9.3 基于 HBM、MM 及 CDM 数据的过程能力评估 296
- 9.3.1 过程能力评估 296
- 9.3.2 人体 ESD 和手动处置过程 300
- 9.3.3 孤立导体造成的 ESD 风险 300
- 9.3.4 带电器件的 ESD 风险 303
- 9.3.5 电压敏感结构（电容或 MOSFET 栅极）的损坏 305
- 9.3.6 静电场的 ESD 风险 306
- 9.3.7 故障排除 309

9.4 ESD 防护需求评估 310
- 9.4.1 标准的 ESD 防护措施无法解决所有 ESD 风险 310
- 9.4.2 评估 ESD 防护措施的效果 313
- 9.4.3 可接受的对地电阻上限 313
- 9.4.4 是否需要指定对地电阻的下限 314
- 9.4.5 带电工具的 ESD 防护需求评估 314
- 9.4.6 佩戴手套或指套 314
- 9.4.7 带电电缆的 ESD 防护需求评估 315
- 9.4.8 带电平板的 ESD 防护需求评估 315
- 9.4.9 带电模块或装配单元的 ESD 防护需求评估 315

9.5 ESD 控制程序的成本效益评估 316
- 9.5.1 ESD 控制程序不完善带来的成本 316
- 9.5.2 ESD 控制程序带来的好处 318
- 9.5.3 ESD 控制程序的成本评估 319
- 9.5.4 ESD 控制中的 ROI 319
- 9.5.5 ESD 控制程序优化 321

9.6 ESD 控制程序的符合性验证 322
- 9.6.1 符合性验证的两个步骤 322
- 9.6.2 使用检查表验证文档与标准的符合性 322
- 9.6.3 验证设施对 ESD 控制程序的符合性 327

9.6.4 常见问题 ······ 327

参考资料 ······ 327

第 10 章 ESD 控制程序的设计 ······ 331

10.1 有效的 ESD 控制程序体现在哪些方面 ······ 331
10.1.1 ESD 控制的原则 ······ 331
10.1.2 如何开发 ESD 控制程序 ······ 331
10.1.3 安全与 ESD 控制 ······ 332

10.2 EPA ······ 333
10.2.1 哪里需要建设 EPA ······ 333
10.2.2 边界与标识 ······ 334

10.3 EPA 中的 ESD 风险来自何处 ······ 334

10.4 科学制定 ESD 防护措施 ······ 335
10.4.1 ESD 控制原则 ······ 335
10.4.2 选择便捷的工作方式 ······ 336

10.5 ESD 控制程序文件 ······ 337
10.5.1 ESD 控制程序文件的内容 ······ 337
10.5.2 合规 ESD 控制程序的编制 ······ 337
10.5.3 引言部分 ······ 339
10.5.4 适用范围部分 ······ 339
10.5.5 术语与定义部分 ······ 339
10.5.6 人员安全部分 ······ 340
10.5.7 ESD 控制程序部分 ······ 340
10.5.8 ESD 控制程序计划部分 ······ 340
10.5.9 ESD 培训计划部分 ······ 340
10.5.10 防静电产品认证部分 ······ 341
10.5.11 符合性验证计划部分 ······ 341
10.5.12 ESD 控制程序的技术规范 ······ 343
10.5.13 EPA 部分 ······ 345
10.5.14 防静电包装部分 ······ 352

10.5.15　防静电标识部分 352
　　　10.5.16　参考资料部分 352
10.6　ESD 防护需求 353
10.7　ESD 控制程序的优化 353
　　　10.7.1　ESD 控制的成本与收益 353
　　　10.7.2　策略优化 354
10.8　特定区域的设施 356
　　　10.8.1　不同区域中 ESD 防护要求的多样化 356
　　　10.8.2　仓储 356
　　　10.8.3　装配 357
　　　10.8.4　收发 357
　　　10.8.5　测试 357
　　　10.8.6　研发 357
10.9　改进与完善 358
参考资料 358

第 11 章　ESD 测试 360

11.1　引言 360
11.2　标准测试 360
11.3　产品认证与符合性验证 362
　　　11.3.1　产品认证的测试方法 362
　　　11.3.2　符合性验证的测试方法 364
11.4　环境条件 365
11.5　标准测试方法的应用概述 365
11.6　测试设备 365
　　　11.6.1　高电阻测试的电阻表选择 365
　　　11.6.2　低电阻烙铁头接地测试仪 366
　　　11.6.3　电阻测试电极 366
　　　11.6.4　用于包装表面电阻与体积电阻测量的同心环电极 368
　　　11.6.5　用于包装表面电阻测量的探针式电极 370

- 11.6.6 鞋束测试电极 ·· 370
- 11.6.7 手持电极 ··· 371
- 11.6.8 工具测试电极 ·· 371
- 11.6.9 金属板电极 ··· 372
- 11.6.10 绝缘支撑 ·· 372
- 11.6.11 防静电接地连接器 ·· 372
- 11.6.12 静电场仪与静电电压表 ·· 373
- 11.6.13 充电平板监测仪 ·· 375

11.7 测试中的常见问题 ·· 377
- 11.7.1 湿度 ··· 377
- 11.7.2 平行传导路径的影响 ·· 377

11.8 IEC 61340-5-1 与 ANSI/ESD S20.20 中的测试方法 ···················· 377
- 11.8.1 对地电阻 ··· 377
- 11.8.2 点对点电阻 ·· 381
- 11.8.3 人体接地设备 ··· 386
- 11.8.4 包装材料的表面电阻 ·· 392
- 11.8.5 包装材料的体积电阻 ·· 396
- 11.8.6 ESD 屏蔽包装袋 ··· 397
- 11.8.7 ESD 屏蔽包装系统 ·· 398
- 11.8.8 电离化设备的衰减时间与残余电压 ······································ 399
- 11.8.9 地板-鞋束系统 ·· 400

11.9 IEC 61340-5-1 与 ANSI/ESD S20.20 中未规定的测试方法 ············ 401
- 11.9.1 静电场与静电电压 ··· 402
- 11.9.2 ESDS 设备所在区域的静电场强 ·· 402
- 11.9.3 使用显示电压的静电场计测量大型物体的表面电压 ················· 403
- 11.9.4 小型物体的表面电压 ·· 405
- 11.9.5 工具的电阻 ·· 406
- 11.9.6 电烙铁的电阻 ··· 409
- 11.9.7 手套与指套的电阻 ··· 410
- 11.9.8 电荷衰减 ··· 413

	11.9.9 使用法拉第桶测量物体的电荷量	418
	11.9.10 ESD 事件	421

参考资料 ··· 422

延伸阅读 ··· 425

第 12 章 ESD 培训 ··· 427

- 12.1 为什么要进行 ESD 培训 ··· 427
- 12.2 培训计划 ··· 428
- 12.3 培训受众 ··· 429
- 12.4 培训的形式与内容 ··· 431
  - 12.4.1 培训目标 ··· 431
  - 12.4.2 入门级培训 ··· 433
  - 12.4.3 进阶级培训 ··· 433
  - 12.4.4 培训形式 ··· 434
  - 12.4.5 资料支撑 ··· 435
  - 12.4.6 培训的注意事项 ··· 435
  - 12.4.7 开源课程与教材 ··· 439
  - 12.4.8 资质与认证 ··· 439
  - 12.4.9 ESD 机构与静电学术团体 ··· 441
  - 12.4.10 会议 ··· 441
  - 12.4.11 图书、文章及在线资源 ··· 442
- 12.5 静电学与 ESD 理论 ··· 442
  - 12.5.1 ESD 理论的两面性 ··· 442
  - 12.5.2 ESD 的专业化与非专业化解释 ··· 443
- 12.6 ESD 控制相关问题的演示 ··· 444
  - 12.6.1 演示的作用 ··· 444
  - 12.6.2 ESD 损伤实例展示 ··· 444
  - 12.6.3 ESD 损伤的成本 ··· 445
- 12.7 静电演示 ··· 446
  - 12.7.1 静电演示的价值 ··· 446

- 12.7.2 演示的利与弊 ... 446
- 12.7.3 示范用具 ... 447
- 12.7.4 静电荷产生的演示 ... 448
- 12.7.5 初识静电场 ... 449
- 12.7.6 初识电荷与电压 ... 449
- 12.7.7 摩擦起电 ... 450
- 12.7.8 ESD 的产生 ... 451
- 12.7.9 等电位连接与接地 ... 452
- 12.7.10 感应起电 ... 453
- 12.7.11 ESD 刚需——永久型 ESD 发生器 ... 454
- 12.7.12 人体电压与人员接地 ... 455
- 12.7.13 电荷的产生与静电屏蔽袋 ... 456
- 12.7.14 不可接地的绝缘体 ... 458
- 12.7.15 电荷中和：离子化静电消除器的电荷衰减与电压偏移 ... 459

12.8 评价 ... 461
- 12.8.1 评价的必要性 ... 461
- 12.8.2 实操测试 ... 461
- 12.8.3 笔试 ... 461
- 12.8.4 通过准则 ... 461

参考资料 ... 462
延伸阅读 ... 463

第13章 展望 ... 464

13.1 总体趋势 ... 464

13.2 ESD 耐受电压趋势 ... 465
- 13.2.1 IC ESD 耐受电压趋势 ... 465
- 13.2.2 其他器件 ESD 耐受电压趋势 ... 469
- 13.2.3 ESD 耐受电压数据的可用性 ... 469
- 13.2.4 器件 ESD 耐受电压测试 ... 469

13.3 ESD 控制程序开发与过程防护 ... 470

- 13.3.1 ESD 控制程序发展策略 ································· 470
- 13.3.2 基础 ESD 控制程序 ································· 471
- 13.3.3 详细 ESD 控制程序 ································· 471
- 13.3.4 人体的 ESD ································· 472
- 13.3.5 ESDS 产品与导体间的 ESD ································· 472
- 13.3.6 带电未接地导体的"双引脚"ESD ································· 473
- 13.3.7 ESDS 产品与其他电压不同导电部位间的"单引脚"ESD ································· 474
- 13.3.8 带电平板、模块和电缆 ESD ································· 474
- 13.3.9 程序优化 ································· 475
- 13.4 标准 ································· 475
  - 13.4.1 对未来标准的影响 ································· 475
  - 13.4.2 自动化操作中的 ESD 防护 ································· 476
- 13.5 防静电材料与防静电包装 ································· 476
  - 13.5.1 防静电材料 ································· 476
  - 13.5.2 防静电包装 ································· 476
- 13.6 ESD 相关测量 ································· 477
  - 13.6.1 防静电包装测量 ································· 477
  - 13.6.2 ESDS 器件与未接地导体的电压测量 ································· 477
  - 13.6.3 AHE ESD 风险相关测量 ································· 477
- 13.7 系统 ESD 抗扰度 ································· 478
- 13.8 教育与培训 ································· 478
- 参考资料 ································· 478
- 延伸阅读 ································· 481

附录 A ESD 控制程序示例 ································· 482

- A.1 引言 ································· 482
- A.2 场景简介 ································· 482
- A.3 试验与程序确认 ································· 483
- A.4 ESD 控制程序文件示例 ································· 483
  - A.4.1 介绍 ································· 483

A.4.2	范围	483
A.4.3	术语及其定义	484

A.5 人员安全 484
A.6 ESD 控制程序 485
    A.6.1 ESD 控制程序内容 485
    A.6.2 ESD 协调员 485
    A.6.3 定制化的 ESD 控制要求 485
A.7 ESD 控制程序技术要求 485
    A.7.1 防静电接地 485
    A.7.2 人员接地 486
    A.7.3 EPA 486
    A.7.4 防静电包装 487
    A.7.5 ESD 相关产品的标识 488
A.8 符合性验证程序 489
A.9 ESD 培训计划 489
    A.9.1 ESD 培训计划的总体要求 489
    A.9.2 培训记录 490
    A.9.3 培训内容与周期 490
A.10 防静电产品认证 491

参考资料 492

主要术语表 493

第 1 章　术语及其定义

与其他专业领域一样，静电防护领域有许多术语是专属的"行话"，这些术语有时候会让初学者感到困惑。与通俗的表述有所不同的是，有些"术语"在标准或文件中具有特定的定义。本章的目的并不是给出这些术语的严谨定义，而是帮助初学者学习本书。

同一术语在不同的行业中存在一定的差异。例如，"导电性""静电耗散性""绝缘性""抗静电性"这些术语的定义对不同行业领域、不同标准规范、不同静电放电（Electrostatic Discharge，ESD）控制产品背景的人来说可能各有不同。在大多数情况下，特别是在基于 IEC 61340-5-1 和 ANSI/ESD S20.20 及相关标准的活动中，这些术语的适用范围仅限于 ESD 控制工作。

监督 ESD 控制程序的任务通常会交给具备一定技术和教育背景的人员。因此，本书假设读者具备基本的技术知识储备。

尽管如此，本书还是对使用的一些术语在适当的情况下给出了基本数学关系定义。这是因为简单的数学通常有助于说明问题，在某些时候可以帮助用户理解和制定 ESD 控制程序。这些术语的实际重要性和应用将在第 2 章中进一步讨论。

1.1　科学记数法与国际单位制

在涉及 ESD 的日常工作中，我们经常会遇到特别大或特别小的数值。例如，测量材料的电阻为 10 000 000 000Ω。用科学记数法和国际单位制可以清晰地将这些数值表示出来。

在科学记数法中，数值用 $a \times 10^b$ 的形式表示，其中 $1 \leqslant |a| < 10$，b 为整数。通过表 1.1 中电阻和电容的示例，可以很容易地理解这种表示方法。有时，当 a 为 1 时，它可以被省略。

表 1.1　科学记数法和国际单位制使用示例

数值	科学记数法	国际单位制
150Ω	1.5×10^2Ω	150Ω
22 000Ω	2.2×10^4Ω	22kΩ

续表

数值	科学记数法	国际单位制
35 000 000Ω	3.5×10^{7}Ω	35MΩ
1 000 000 000Ω	1.0×10^{9}Ω 或 10^{9}Ω	1GΩ
1 000 000 000 000Ω	1.0×10^{12}Ω 或 10^{12}Ω	1TΩ
0.000 022F	2.2×10^{-5}F	22μF
0.000 000 001F	1.0×10^{-9}F 或 10^{-9}F	1nF
0.000 000 000 15F	1.5×10^{-10}F	150pF
0.000 000 000 001F	1.0×10^{-12}F	1pF

1.2 电荷、静电场及电压

1.2.1 电荷

电荷是组成物质的基本粒子（质子和电子）的固有属性。原子由带正电荷的原子核和带负电荷的电子组成（Cross, 1987）。我们把质子上的电荷称为正电荷，把电子上的电荷称为负电荷。质子与电子的电荷效应相等但极性相反，因此如果原子中存在1个质子和1个电子，则二者电荷效应恰恰相互抵消，这时原子呈中性。不同元素的原子可以含有不同数量的质子和电子，具体情况取决于元素本身的特性。例如，氢原子有1个质子和1个电子，碳原子有12个质子和12个电子。物质就是由大量的原子和同等规模的电子结合而成的。

当提到静电时，人们常说它是在某种环境条件下"产生"的。事实上，电荷并不能"产生"或"消失"，而静电只是一小部分负电荷与其对应的正电荷分离，并出现在不同地方。当一个位置出现负电荷，必然有一个正电荷同时出现在其他位置。所谓带电，是指物体中的正负电荷不再平衡，出现了"净"电荷。

电荷的单位是库仑（C）。在实际应用中，库仑是一个相当大的电荷单位，微库（μC，10^{-6}C）、纳库（nC，10^{-9}C），甚至皮库（pC，10^{-12}C）更常用。单个电子或质子的电荷为1.6×10^{-19}C。即使具有1nC净电荷的物体也包含6.2×10^{9}个电子或质子。

1.2.2 离子

离子是带有电荷的微小粒子，它们可以自然存在于空气中，也可以在高压物体周围主动或被动地产生。

电荷自然存在于原子中。原子核中的质子带正电荷,原子中的电子带负电荷。如果粒子捕获了一个或多个电子,便形成了负离子。如果粒子失去了一个或多个电子,便形成了正离子。离子可以由自由电子、单个原子、多个原子,甚至分子组成(Wikipedia,2018)。有时离子会吸附在更大的粒子上。

1.2.3 静电耗散与静电中和

电荷的不平衡导致出现了电位差。

电荷之间相互作用并产生静电场,不同电荷在静电场力的作用下相互排斥或吸引:同性电荷相互排斥、异性电荷相互吸引。

如果一个区域内积聚了大量同性电荷,它们就会相互排斥;如果电荷能够自由移动,它们就扩散并逐渐消散。异性电荷则会相互吸引并逐渐聚合。

当等量的异性电荷足够接近时,对外的静电场效应相互抵消,这就是通常所说的电荷被中和了。

1.2.4 电压(电位)

在电场力的作用下,单位电荷从一点移动到另一点所做的功称为这两点间的电压(Cross,1987)。如果电荷量为 Q 的电荷在均匀电场 $\boldsymbol{E}$ 中,从 a 点移动一段距离 s 抵达 b 点,则开始位置 a 和结束位置 b 之间的电位差是:

$$V=QEs$$

无论电荷的移动路径如何,在两点间移动所做的功是一样的。电位的单位为伏(V),1V=1J/C(1V 等于对 1C 的电荷做了 1J 的功)。电压是两点间的电位差,类似于流体系统中两点间的压力差、重力系统中两点间的高度差。

工程师们常说的导体的电势(导体的概念见第 1.7.3 节)与电压具有同样的含义,但该说法在严格意义上并不正确,因为电势是将电荷从无穷远处移动到测量点所做的功(Jonassen,1998)。

电压(电位)的测量必须有一个固定参考点。在实践中,经常把大地作为零电位的参考点(见第 1.5 节中对接地的介绍);方便起见,大地的电位通常被定义为 0V。如果没有特别说明,电位一般都是相对地(地球表面)而言的。

电荷周围空间中的所有点都存在电压,每个点的电压与其相邻点的不同。对于导电表面,如果最初不是等电位的,电压差将导致电荷的流动(电流),直到导体表面上的电压处处相等。因此,处于平衡状态下的导体表面是一个等势面。

1.2.5 电场(静电场)

任何电荷的周围都存在一个影响区域——电荷产生的电场(静电场),在这里可以观察到各种静电效应。电荷是静电的基本来源,静电场反映了电荷源对周围环境的影响。在电场中,我们发现:同性电荷相互排斥;异性电荷相互吸引;导体(如金属)表面的电荷将重新分布,在电场的作用下形成电位差;许多物质的粒子在电场中会被排斥或吸引。

静电现象就是基于上述效应而产生的。

尘埃粒子和小物体在电场中会被吸引或排斥,尤其是在它们自身带电的情况下(如空气中的电离颗粒)。带电粒子 q 在电场 E 中感受到的电场力 F 为(Cross, 1987):

$$F=qE$$

如果等量的正电荷和负电荷相距足够近,从一定距离上看它们的电场效应相互抵消,对外不表现出带电特性,这种现象被称为电中和。

物体周围的静电场和电位不容易可视化。一种能够将其可视化的方式是通过使用电场线和等电位线来表示。电场线表示一个小电荷在电场力作用下自由移动的路径。电场线始终与导体表面垂直(呈 90°夹角)。

如图 1.1 所示,球形带电导体的电压为 V。图 1.1 所示的每个点都具有一定的电位,电位的大小取决于将一个单位电荷移动到该位置所需的功。如果将图 1.1 所示的等电位点连接起来,就形成了等电位线(三维空间中则形成等电位面)。如同在地图上画出山丘的等高线一样,将电位按照强弱高低勾勒出轮廓,可以标记出一系列等电位面。等电位线始终与电场线垂直(呈 90°夹角)。

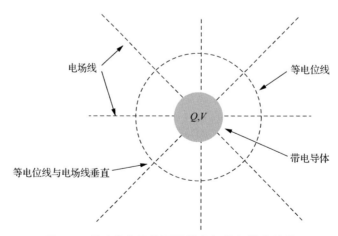

图 1.1 球形带电导体周围的电场线与等电位线

电场中的等电位线就像地图中的等高线一样,是势能的一种表示形式。如果在光滑的山坡上释放一个小球,它将沿着垂直于等高线的方向滚下山坡。同样地,在电场中放置一个相同极性的电荷(如将一个正电荷靠近正的高电位),它将沿着垂直于电位线的方向,从高电位向低电位移动。类似的移动路径形成了电场线。电场的强度取决于电场线和等电位线的距离。

电场强度 E(矢量,具有方向和大小)是电压 V 在距离 s 上的梯度。因此,电场强度的单位为 $V \cdot m^{-1}$。

$$E = \frac{-dV}{ds}$$

在图 1.1 中,如果球形带电导体足够小,小到可以忽略其体积,则可以将其看作一个点电荷。点电荷的带电量为 Q,在与点电荷的距离为 r 处的电场强度符合库仑定律(Cross, 1987)。

$$E \propto \frac{Q}{r^2}$$

可以看出,电场强度随着与点电荷距离的增加而快速衰减,衰减速度与 r^2 成反比。通过观察点电荷电场线的发散趋势也可以得出同样的结论。我们认为电场线始于静电荷、终于静电荷。电场线的密度越高,电荷密度也就越大,静电场的电场强度便越强。

对于其他非球形的带电导体,等电位线不再是圆形,电场线不再是直线而是曲线。但电场线仍始终垂直于等电位线,也始终垂直于带电导体的表面。

1.2.6 高斯定律

在图 1.1 中,8 条电场线穿过了等电位线。这些电场线原则上都是由电荷源产生的。因此,穿出表面的电场线与内部净电荷总量有关。高斯定律将其进一步推广为:垂直于表面的电场分量与表面所含的电荷成正比。如果希望获得更多的信息,读者可以参考其他学术资料,如(Cross, 1987)。

1.2.7 静电吸引

正如第 1.2.3 节所述,电荷在静电场中将受到静电场力的作用。因此,带电粒子或物体在电场中所受的电场力与其带电量成正比。这就导致带电粒子或物体将吸引或排斥其他物体,而这些物体中可能是有洁净要求的产品。这种效应称为静电吸引(ESA)。

还有一种鲜为人知的现象可以导致静电吸引或排斥,那就是介电电泳(Cross, 1987)。根据介电电泳现象,由于粒子与环境材料的介电常数存在差异,不带电的粒子也可以在发散或者收敛的静电场中被吸引或排斥(Cross, 1987)。

1.2.8 介电常数

根据库仑定律,由点电荷引起的电场强度与电荷量成正比,与距离的平方成反比(Cross, 1987):

$$E \propto \frac{Q}{r^2}$$

介电常数 ε 被定义为下列公式中的一个常量:

$$E = \frac{1}{4\pi\varepsilon} \frac{Q}{r^2}$$

真空介电常数为 $\varepsilon_0 \approx 8.8 \times 10^{-12} \mathrm{F \cdot m^{-1}}$,空气的介电常数与之非常接近。不同材料具有不同的介电常数,对电场强度的影响也各不相同。一般来说,材料的介电常数均比空气要大。相对介电常数 ε_r 以空气的介电常数为标准,由下列公式得出:

$$\varepsilon = \varepsilon_r \varepsilon_0$$

聚合物的相对介电常数范围通常为 2~3,也有许多材料的相对介电常数在 2~10 的范围内。陶瓷等材料则具有更高的相对介电常数。

1.3 电流

移动的电荷产生了电流。如果 1s 内有 1C 的电荷通过导体横截面,就会产生 1A 的电流:

$$Q = It$$

对于变化的电流,则有:

$$Q = \int_0^t I \mathrm{d}t$$

因此,有:

$$I = \frac{\mathrm{d}Q}{\mathrm{d}t}$$

1.4 静电放电

IEC 61340-1:2012 中将静电放电（ESD）定义为"不同电位的材料或物体由于直接接触或发生击穿而出现的电荷转移现象"。IEC 61340-5-1:2016a 中给出了稍微不同的定义，将 ESD 定义为"电荷在不同电位带电体之间的快速转移"。

各种类型的 ESD 在不同的领域中都有很重要的意义。电子工业 ESD 主要关注的类型有：静电导体（材料）间的火花放电；静电导体与绝缘体间的刷形放电、与尖锐导体（材料）的电晕放电。

本书将在第 2 章中进一步讨论 ESD。

1.4.1 ESD 模型

不同来源的 ESD 会产生不同的放电电流波形，这些都可以通过简单的电子电路进行建模和仿真。为了测试电子器件的 ESD 敏感度，人们已经开发并标准化了 3 种 ESD 模型：人体模型（Human Body Model, HBM）、机器模型（Machine Model, MM）和带电器件模型（Charged Device Model, CDM）。这将在第 3 章中进一步讨论。

1.4.2 电磁干扰

ESD 事件会产生非常大且快速变化的电流和电压。快速变化的电流和电压将导致快速变化的电磁场，电磁场具有很高的电场分量和磁场分量并伴有很宽的频谱，其频率有时可达到吉赫兹级。它们能够通过辐射或传导影响附近的电子产品，并可能造成电子产品的暂时故障。这就是所谓的电磁干扰（Electromagnetic Interference, EMI）。

1.5 地、接地及等电位连接

发生 ESD 是因为物体之间存在电位差。如果物体之间不存在电位差，则不会发生 ESD。

因此，防止 ESD 的一种方法是消除物体之间的电压差。如果两个物体是导体，可让它们通过电气连接处于相同的电位。如果两个物体的电位不同，由于电气连接，电荷会在电压作用下流动，直到两个物体之间的电压差为 0。将导体连接在一起以消除电压差的做法称为等电位连接。

将两个不同电位的导体进行电气连接时，电压差将导致 ESD 发生。如果其中一个导体是 ESD 敏感的，就可能会有损伤的风险。因此，为防止受到 ESD 损伤，ESDS 器件必须通过接地等方式连接到其他导体上。

在实际工作中，其中的一个导体可能已经电气连接到室外大地上，或者具备连接到室外大地的便利条件。在供配电系统、静电学和静电防护工作中，通常将大地的电位定义为 0V。因此，将所有的导体连接到室外大地是最常见的做法。这时的"地"默认为大地，连接室外大地就是通俗所称的"接地"。

不同行业对接地电阻的要求不同。电气工程领域往往需要小于 10Ω 的接地电阻，电磁兼容工程师则希望保持从直流（Direct Current，DC）到数百 MHz，甚至 GHz 级别的甚低阻抗，静电防护工作则仅要求直流接地电阻的大小在 $10^9Ω$ 以下即可。

ESD 控制工作中可能会遇到不同类型的接地。在 IEC 61340-5-1:2016a 和 ANSI/ESD S20.20-2014 等静电标准涉及接地的条目中，提到了如下方式：电气接地（供配电系统的安全接地线）、功能接地（如一根插入地下的铜棒）、等电位连接。

1.6 功率与能量

能量是指做功的能力。物理学中有各种类型的能量，其中包括热能、光能、引力能、机械能，当然也包括电能。

机械能的函数表达式是力与距离的乘积。在电场 E 中，在带电量为 q 的点电荷上施加一个力 qE，使其从 A 点到 B 点的运动距离为 s，则点电荷从 A 到 B 所做的功 W_{AB} 为：

$$W_{AB}=qEs$$

W 表示功（能量），它也可以表示为功率 P 与持续时间 t 的乘积：

$$W=Pt$$

功率可表示为电压与电流的乘积：

$$P=VI$$

因此，电能可表示为：

$$W=VIt$$

1.7 电阻、电阻率及电导率

1.7.1 电阻

在直流电路中,电阻是施加到电路或材料的直流电压与流经它的电流之比,可以由欧姆定律得出:

$$R = \frac{V}{I}$$

1.7.2 电阻率与电导率

1.7.2.1 表面电阻率和表面电阻

表面电阻率 ρ_s 是材料的一种表面特性,它在数值上等于以单位长度为边长的正方形材料表面的理论电阻,可通过在正方形材料的两个对边上施加电压的方式测得(见图1.2)。在材料表面上放两个长为 w、距离为 d 的平行电极,则两电极间的材料表面电阻 R_s 与 d 成正比,与 w 成反比,可用下式表示:

$$R_s = \frac{\rho_s d}{w}$$

当 $d = w$ 时,$R_s = \rho_s$。

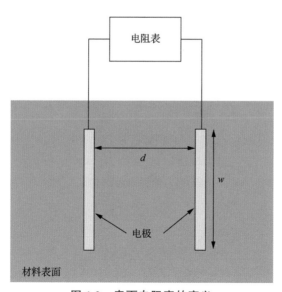

图1.2 表面电阻率的定义

表面电阻率的单位是欧(Ω)。有些行业中,表面电阻率的单位也被表述为欧·平方米$^{-1}$（Ω·sq^{-1}）。这个单位表示表面电阻率与被测正方形的大小无关，而是材料的表面属性。

实际应用中,有些标准采用同心环电极测量表面电阻率的方法,如 IEC 62631-3-2（International Electrotechnical Commission, 2015）、IEC 16340-2-3、ANSI/ESD STM11.11（EOS/ESD Association Inc, 2015a）。这些内容将在第 11 章讨论。

表面电阻是在被测表面的两个电极之间测量的电阻。电极可以是任何形式的。有时，这种测量会使用设计成固定样式的电极，因此从表面电阻到表面电阻率的转换只需经过一个简单的换算。在 ESD 控制实践中，通常不需要将表面电阻转换成表面电阻率，而是直接使用规定的标准电极测得表面电阻。

1.7.2.2 体积电阻、体积电阻率和电导率

体积电阻率是材料的体积特性，在数值上等于单位边长立方体的电阻，将电压施加到立方体的两个相对面上即可测得（见图 1.3）。

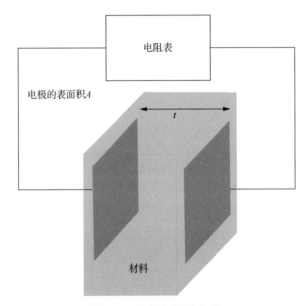

图 1.3 体积电阻的定义

通过体积电阻率 ρ_v 可以计算出体积电阻 R_v。假设电极的表面积为 A，材料厚度（两电极间距离）为 t，那么有

$$R_v = \frac{\rho_v t}{A}$$

当 $t = A = 1$ 或 $t/A = 1$ 时，$R_v = \rho_v$。

体积电阻率的单位是欧·米（Ω·m）。材料的体积电阻率通常简称为电阻率。

实际工作中，IEC 62631-3-1（International Electrotechnical Commission, 2016c）、IEC 61340-2-3（International Electrotechnical Commission, 2016b）、ANSI/ESD STM11.12（EOS/ESD Association Inc, 2015b）等标准采用同心环电极测量体积电阻率的方法。这些内容将在第 11 章讨论。

体积电阻 R_v 是指在材料的相对面之间测量到的电阻。测量电极可以采用任何合适的形状。为方便体积电阻与体积电阻率之间的转换，测量电极有些会被设计成固定样式。在 ESD 工作中，通常不需要将体积电阻转换成体积电阻率，而是直接使用规范化的标准电极即可测得的体积电阻。第 11 章将给出表面电阻与体积电阻的测量方法示例。

电导率 σ 是电阻率的倒数。

$$\sigma = \frac{1}{\rho_v}$$

电导率单位为西·米$^{-1}$（S·m^{-1}）。

材料的电阻率可以从 $10^{-8}\Omega\cdot m$（如铜的电阻率）到大于 $10^{15}\Omega\cdot m$（如云母、石英、聚四氟乙烯、聚乙烯等的电阻率）。

1.7.3 绝缘体与导体，材料的导电性、静电耗散性及抗静电性

静电学没有给出绝缘体和导体的基本定义。实际上，从高导电（低电阻）材料到高绝缘（极高电阻）材料的电阻率是连续的。不同工业领域对某种材料是否具有绝缘性有着不同的理解。

在静电防护领域中，导体是一种允许电荷在其表面或内部移动的材料，它可以将电荷从一个位置传输到另一个位置。绝缘体（非导体）是一种不允许电荷在其表面或内部移动的材料。

实际工作中，有些在其他领域被视为"绝缘"的材料在静电防护工作中可能被认为具有显著导电性。结合多年的工作经验，笔者提出了可用于静电防护和 ESD 控制领域的如下定义：

- 导体是一种材料，它允许电荷快速移动，以避免产生明显的静电荷积聚；
- 绝缘体是非导体材料，换言之，它是不允许电荷快速移动以避免产生明显的静电荷积聚的材料。

导体接地后可以很容易保持在低电压状态。然而，静电学上的绝缘体不能通过接地保持在低电压状态。绝缘体材料上的电荷不能很快移动到接地连接处，从而无法在所需的时间尺度内传导出去。

我们通常根据测量到的电阻或电荷衰减时间，把材料或设备定义为导体或绝

缘体。这将在第 2 章中进一步讨论。

表 1.2 整理了导电性、静电耗散性、绝缘性和抗静电性的含义在电子制造 ESD 控制应用中的差异。使用这些术语时要谨慎，因为它们在不同的上下文语境中可能有不同的定义，对不同的人而言也可能有不同的含义。当在标准中进行定义时，精确的术语也可能随着标准升级成新版本而发生改变。

表 1.2 导电性、静电耗散性、绝缘性和抗静电性的含义在电子制造 ESD 控制应用中的差异

术语	应用	通用参数	IEC 61340-5-1:2016a	ANSI/ESD S20.20-2014
导电性	日常应用	$R<10^6\Omega$	未定义	未定义
	防静电鞋		未定义	未定义
	防静电地板	$R<10^6\Omega$	未定义	未定义
	防静电包装		表面电阻小于 $10^4\Omega$	表面电阻和体积电阻小于 $10^4\Omega$
静电耗散性	日常应用	$10^6\Omega<R<10^{11}\Omega$	未定义	未定义
	防静电鞋		未定义	未定义
	防静电地板	$R\geqslant 10^6\Omega$	未定义	未定义
	防静电包装		表面电阻大于或等于 $10^4\Omega$ 且小于或等于 $10^{11}\Omega$	表面电阻和体积电阻大于或等于 $10^4\Omega$ 且小于或等于 $10^{11}\Omega$
绝缘性	日常应用		未定义	未定义
	防静电鞋	$R>10^{11}\Omega$	未定义，但默认大于 $10^8\Omega$	未定义，但默认大于 $10^9\Omega$
	防静电地板		未定义	未定义
	防静电包装		表面电阻大于或等于 $10^{11}\Omega$	表面电阻和体积电阻大于或等于 $10^{11}\Omega$
抗静电性	日常应用	用于静态控制的材料统称；几乎可以泛指任何物体	未定义	材料抑制摩擦起电的性能（ESD ADV1.0-2009）
	防静电鞋	注：ISO 20345 已对过程工业危险工作进行定义	未定义	未定义
	防静电地板		未定义	未定义
	防静电包装		未定义	与标准包装材料相比，电荷积累量更少

如果考虑到这些术语在其他行业和特定产品中的使用，情况就会变得更复杂（见表 1.3）。一般来说，除非标准规定这些术语是 ESD 控制系统的一部分，否则其含义应被视为不准确的。

表 1.3　在不同行业 ESD 控制中导电性、耗散性和绝缘性的概念差异
（IEC 60079-32-1:2013）

物体	测量方法	导电性	静电耗散性	绝缘性
材料	体积电阻（Ω）	$<10^5$	$10^5 \leqslant R_v < 10^9$	$\geqslant 10^9$
衣服	表面电阻（Ω）	—	$R_s < 2.5 \times 10^{10}$	$R_s \geqslant 2.5 \times 10^{10}$
鞋子	漏电阻（Ω）	$<10^5$	$10^5 \leqslant R_L < 10^8$	$R_L \geqslant 10^8$
手套	漏电阻（Ω）	$<10^5$	$10^5 \leqslant R_L < 10^8$	$R_L \geqslant 10^8$
地板	漏电阻（Ω）	$<10^5$	$10^5 \leqslant R_L < 10^8$	$R_L \geqslant 10^8$

1.7.4　点对点电阻

在静电防护工作中，可以通过简便的测量去评估材料或设备的表面特性。一种测量点对点电阻的简便方法是在被测表面上放置两个电极并测量它们之间的电阻，电极通常是圆柱形的。这种方法称为点对点电阻测量。该方法一般作为标准化的基础测量方法。第 11 章将给出点对点电阻测试方法的示例。

1.7.5　对地电阻

如第 1.5 节所述，在 ESD 控制工作中，消除或控制导体上的电压需要提供对地泄放路径。这时通常需要知道从材料或表面到地的电阻，以帮助掌握泄放路径对电荷的泄放能力。材料表面对接地点的电阻称为对地电阻。第 11 章将给出相关测量方法的示例。

1.7.6　电阻组合

在实际工作中，接地路径的电阻可能由多处组件连接而成。如果它们有效地串联在一起（见图 1.4），则对地电阻是叠加所有组件的电阻（$R_1, \cdots, R_n$）得到的总电阻 R_{tot}。

$$R_{tot} = R_1 + R_2 + \cdots + R_n$$

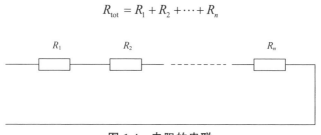

图 1.4　电阻的串联

如果这些电阻是并联的（见图1.5），则总电阻 R_{tot} 的倒数等于所有组件的电阻（$R_1,\cdots,R_n$）的倒数之和。

$$\frac{1}{R_{tot}} = \frac{1}{R_1} + \frac{1}{R_2} + \cdots + \frac{1}{R_n}$$

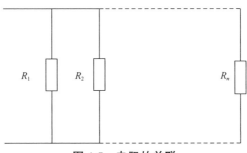

图1.5 电阻的并联

1.8 电容

导体上的电压 V 与导体所存储的电荷 Q 之间的函数关系为：

$$CV=Q$$

变量 C 代表导体的电容。在静电学中，任何导体都有电容，电容用来表示该导体所存储的电荷和导体上的电压之间的关系。

实践中，物体的电容会随着与其他导体和材料的距离而变化（见第2章）。

带电的电容可以存储能量。对于电容为 C 的电容，当电压为 V 时，存储的能量 W 为：

$$W=0.5CV^2$$

也可以表示为：

$$W=0.5QV$$

自由空间中的物体（附近没有任何东西）同样具有电容。对于空气或真空中半径为 r 的球形导体，其电容 C 为：

$$C = 4\pi\varepsilon_0\varepsilon_r r$$

实际上，一个物体的电容可能是由于该物体的一部分与其他物体发生关联而产生的。如果物体之间的电容是并联的（见图1.6），则总电容 C_{tot} 等于各个物体的分电容（$C_1,\cdots,C_n$）相加：

$$C_{tot}=C_1+C_2+\cdots+C_n$$

如果物体之间的电容是串联的（见图 1.7），则它们的总电容为：

$$\frac{1}{C_{\text{tot}}} = \frac{1}{C_1} + \frac{1}{C_2} + \cdots + \frac{1}{C_n}$$

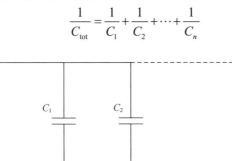

图 1.6 电容的并联

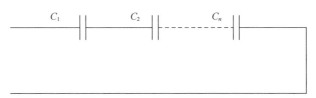

图 1.7 电容的串联

1.9 屏蔽

ESD 控制中的"屏蔽"一词的使用方式不同于其他学科，特别是区别于 EMC 和射频领域。ESD 控制中的屏蔽定义和测试通常取决于所使用的标准。一般而言，屏蔽用于描述包装对外部静电场或 ESD 能量的衰减能力，在包装内部进行测量。这将在第 8 章中进一步讨论。

1.10 介质击穿强度

在绝缘体上施加低电压，由于材料的电阻率高，电流将会非常小。然而，当电压增加到某一特定值时，电流会突然增加到非常高的水平。这种情况下，电流通过材料微小导电通路时，导致材料发热。对于固态材料，电流会导致材料熔化或损坏。这种现象就是材料的介质击穿。

介质击穿一般都需要在极高的静电场的电场强度（简称静电场强）作用下才能

发生。平板电极的空气击穿强度约为 $3MV·m^{-1}$ 或 $3kV·mm^{-1}$。弯曲或尖锐的电极的空气击穿强度则要低得多。大多数绝缘固体的击穿强度远高于空气的。聚乙烯的击穿强度约是 $20MV·m^{-1}$[IEC 61340-1（International Electrotechnical Commission, 2012）]。

1.11　相对湿度和露点

空气的相对湿度（Relative Humidity，RH）或露点对静电有很大的影响（相对湿度的影响见第 2.3.5 节）。在特定的温度下，处于湿气平衡状态下饱和空气中含有的水蒸气是由特定温度决定的（Lawrence, 2005）。水的饱和蒸汽压和饱和空气的含水量会随着温度的升高而增加。这种饱和状态被定义为 100%相对湿度。空气的相对湿度低于饱和湿度，由下列公式给出：

$$相对湿度 = \frac{空气的含水量}{饱和空气的含水量}$$

饱和空气的含水量会随着温度的升高而增加，因此如果空气的含水量保持不变，则增加空气温度将导致相对湿度降低。相反，降低温度将导致相对湿度增加。

如果温度降到足够低，空气的含水量将最终达到饱和。当温度进一步降低时，可能导致水分子从空气中凝结到接触面或形成雾气，这个温度称为露点。

参考资料

Cross, J. A. (1987). Electrostatics Principles, Problems and Applications. Adam Hilger. ISBN:0852745893.

EOS/ESD Association Inc. (2014). ANSI/ESD S20.20-2014. ESD Association Standard for the Development of an Electrostatic Discharge Control Program for – Protection of Electrical and Electronic Parts, Assemblies and Equipment (excluding Electrically Initiated Explosive Devices). Rome, NY, EOS/ESD Association Inc.

EOS/ESD Association Inc. (2015a). ANSI/ESD STM11.11-2015. ESD Association Standard for Protection of Electrostatic Discharge Susceptible Items — Surface Resistance Measurement of Static Dissipative Planar Materials. Rome, NY, EOS/ESD Association Inc.

EOS/ESD Association Inc. (2015b). ANSI/ESD STM11.12-2015. ESD Association Standard for Protection of Electrostatic Discharge Susceptible Items — Volume Resistance Measurement of Static Dissipative Planar Materials, Rome, NY, EOS/ESD Association Inc.

International Electrotechnical Commission. (2012). IEC/TR 61340-1: 2012. Electrostatics — Part1: Electrostatic phenomena — Principles and measurements. Geneva, IEC.

International Electrotechnical Commission. (2013). PD/IEC TS 60079-32-1. Explosive atmospheres Part 32-1. Electrostatic hazards, guidance. Geneva, IEC.

International Electrotechnical Commission. (2015). IEC 62631-3-2. Dielectric and resistive properties of solid insulating materials — Part 3-2: Determination of resistive properties (DC methods) — Surface resistance and surface resistivity. Geneva, IEC.

International Electrotechnical Commission. (2016a). IEC 61340-5-1: 2016. Electrostatics — Part 5-1: Protection of electronic devices from electrostatic phenomena - General requirements. Geneva, IEC.

International Electrotechnical Commission. (2016b). IEC 61340-2-3:2016. Electrostatics — Methods of test for determining the resistance and resistivity of solid planar materials used to avoid electrostatic charge accumulation. Section 3: Methods of test for determining the resistance and resistivity of solid planar materials used to avoid electrostatic charging. Geneva, IEC.

International Electrotechnical Commission. (2016c). IEC 62631-3-1. Dielectric and resistive properties of solid insulating materials — Part 3-1: Determination of resistive properties (DC methods) — Volume resistance and volume resistivity — General method. Geneva, IEC.

Jonassen, N. (1998). Electrostatics. Chapman & Hall. ISBN: 0412128616.

Lawrence, M. G. (2005). The relationship between relative humidity and the dewpoint temperature in moist air. A simple conversion and applications. Bull. Am. Meteorol. Soc.:225-233. [Accessed: 15th Aug. 2018].

Wikipedia. (2018). Ion, viewed 17 October 2018.

第 2 章 静电与 ESD 控制原理

2.1 引言

ESD 是英文 "Electrostatic Discharge"（静电放电）的缩写，有时它也指 "Electrostatic Damage"（静电损伤，又称静电放电损伤、ESD 损伤）。本章主要概述静电产生和放电的原理和基础知识，并介绍 ESD 控制技术和设备设计的基本原则。

静电荷的积聚有多种途径，带电物体周围会形成一个静电场，并通过以下 3 种方式引发 ESD 事件：
- 静电敏感部位被高压电场一次性击穿；
- 放电电流直接通过器件引发 ESD 事件；
- 瞬态电场或磁场等外力直接作用于器件引发 ESD 事件。

ESD 事件源自物体表面与周围环境的电位差。没有电位差，就不存在电场，也就不会形成 ESD 电流。因此，ESD 预防措施应该致力于把物体表面电压和电场保持在较低水平，避免发生破坏性的静电放电。

阐释静电荷积聚及静电放电的起因，有助于揭示在实际生产生活中可能面临的各种 ESD 风险。本章将对这部分内容进行概述。

2.2 接触起电（摩擦起电）

首先要说明的是，电荷既不会凭空产生，也不会凭空消失。人们通常所说的"产生电荷"，更准确的说法应该是"分离电荷"，也有人将其称为"释放电荷"或"解放电荷"。电荷最初存在于物质的基本单元——原子之中。原子由原子核（含有带正电荷的质子）和核外电子（带负电荷）组成。在正常情况下，带正电荷的质子和带负电荷的电子数量相等，即原子不带电。当正负电荷出现不平衡，即局部正电荷和负电荷的数量不同时,就会产生静电。

实际上,导致强静电效应所需的不平衡电荷量级非常小。表面形成电荷量的极限取决于电气击穿电场强度(简称击穿场强),约为 $3\times10^6\mathrm{V\cdot m^{-1}}$。而此时电场所需的表面电荷密度仅为 $2.64\times10^{-5}\mathrm{C\cdot m^{-2}}$(Cross, 1987),相当于每平方米通过 1.7×10^{14} 个电子,或者每百万个原子中有 8 个原子捕获或失去一个电子。

引起静电荷不平衡的一种常见方式是让两种不同材料的物体相互接触后分离。当物体相互接触时,电子在接触点从一种材料的物体转移到另一种材料物体上,后者获得一个净负电荷,前者获得一个净正电荷。当二者分离时,带有负电荷的物体将电子带走,另一个物体上则留下等量的正电荷。虽然这是一种电荷分离现象,但通常认为这个过程"产生"了静电荷。

材料上留下的电荷极性是正还是负,和一系列因素有关,尤其取决于与其接触的材料。根据与其接触的材料的不同,将摩擦后的带电极性整理到表 2.1 中,即生成摩擦起电序列。

表 2.1 摩擦起电序列(示例)

材料	带电极性
醋酸纤维	正电荷 ↑
玻璃	
云母	
头发	
尼龙	
羊毛	
铅	
丝绸	
铝	
纸	
棉织品	
钢铁	
木头	
环氧玻璃	
铜	
不锈钢	
醋酰人造丝	
聚酯型聚氨酯	
聚乙烯	
聚丙烯	
聚氯乙烯	
硅	
聚四氟乙烯	负电荷 ↓

根据表 2.1,可以预测一种材料(如铝)与其下方的材料[如聚四氟乙烯(Polytetrafluoroethylene, PTFE)]摩擦后自身会带正电荷,与其上方的材料(如

羊毛）摩擦后自身会带负电荷。产生的电荷量大小与两种材料在该序列中的距离有关：两种材料位置相距较近（如铝和纸），摩擦时产生的电荷量就相对较小；两种材料位置相距较远[如聚氯乙烯（Polyvinyl Chloride，PVC）和尼龙]，摩擦时产生的电荷量就相对较大。

事实上，摩擦起电不是一成不变的，它和物体表面的状态、清洁度以及湿度都息息相关。物体表面少量的污染也会对摩擦起电产生很大的影响，可能导致摩擦起电量产生很大差异。选用同样的材料进行多次实验可能会产生不同的结果，在实验条件不同时更是如此。尽管根据摩擦起电序列可以推测，同种材料的表面互相接触不会产生电荷，但在实际操作中通常并非如此。

2.3 静电荷的积聚与耗散

任意两种不同的材料相互接触都会产生电荷的分离，从而导致静电荷积聚。在一定的环境条件下，可能会导致放电和电压升高。

能否产生静电荷积聚的关键是电荷的产生速度和耗散（或中和）速度是否平衡。如果电荷的耗散（或中和）速度比产生速度快，就不会产生静电，也就不会产生任何影响。如果电荷的产生速度比耗散（或中和）速度快，就会迅速形成高电位差和静电效应。

2.3.1 静电荷积聚的简易电气模型

用电荷发生器构建一个静电荷积聚的简易电气模型（见图 2.1），可以诠释许多静电现象的成因。

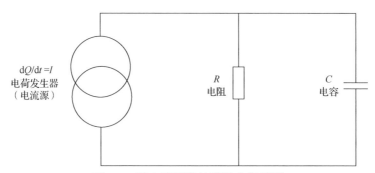

图 2.1 静电荷积聚的简易电气模型

电荷分离实际上产生的是一个小的电流，这个电流用 I 来表示。电容 C 代表系统存储电荷的能力，它可以是材料表面，也可以是具有对地电容的导体。电阻 R 能够表征电荷耗散的过程（ESD 除外），对于良好的绝缘体，电阻范围可以从小于 1Ω 到大于 $10^{14}\Omega$。（关于绝缘体和导体含义的讨论，请参阅第 1.7.3 节和第 2.3.4 节。）

假设电流值是恒定的（电容的影响可以忽略），通过欧姆定律可知，电压 V 与电阻 R 成正比。举例来讲，当电荷的产生速度为 1nA（$1nC\cdot s^{-1}$）时，若电阻值为 $10^9\Omega$，系统将产生一个 1V 的稳态电压；若电阻值为 $10^{12}\Omega$，系统将产生 1kV 的电压；而若电阻值为 $10^{14}\Omega$，理论上系统将产生 100kV 的高压！当电荷产生速度为 $1\mu A$ 时，经过 $10^{10}\Omega$ 电阻将产生 10kV 的电压。事实上，静电源很少以这种速度产生电荷，也很少能保持电流的恒定输出，除非涉及稳定供电系统（如电力输送系统）。

静电荷产生的速度与多种因素有关，下面列举了 5 种关键因素：
- 材料在摩擦起电序列中的相对位置；
- 接触区域的分离速度（高速摩擦）；
- 接触表面的状态；
- 接触表面的摩擦；
- 环境温度和湿度。

摩擦起电过程中的电荷分离是多种因素综合作用的结果，因此具有高度的不可预测性。

2.3.2 电容量的动态变化

电容量（Capacitance，常简称为"电容"）是指电荷的存储量，记为 C。电荷量 Q 与电压 V 之间有一个简明的关系公式——电容等于电荷量与电压的比值。

$$CV=Q$$
$$C=Q/V$$

实际上，电容通常是一个变量，它取决于材料自身的性质以及与其他物体（包括大地）的距离。物体处于运动状态时，电容会发生变化。

以人体为例。从静电学的角度来看，人体是一个导电体，主要由水构成，水是一种导电材料。在忽略附近其他物体和大地的情况下，人体可以近似地看作一个具有相近表面积的球体。该球体的"自由空间"电容由 $4\pi\varepsilon_0 r$ 得出，其中 r 是半径，ε_0 是真空介电常数（约为 $8.8\times10^{-12}F\cdot m^{-1}$）。进一步简化成半径为 1m 的球体后，经过近似计算，其"自由空间"电容约为110pF。

这个数值在附近物体和大地的影响下会增大。人的双脚站在地面上，可以近似等价于两个与自由空间电容并联的平板电容。这两个电容都是由平行极板（脚和它所接触的地面）组成的。二者之间相隔了一层材料（鞋底，一般是相对介电常数 ε_r 约为 2.5 的绝缘聚合物）。在行走过程中，双脚的电容随着脚在地面上抬起和移动而变化。每只脚都相当于一个平行极板电容（见图 2.2），面积为 A 的两个极板的距离为 d，则电容 C 的计算公式为：

$$C = \varepsilon_0 \varepsilon_r \frac{A}{d}$$

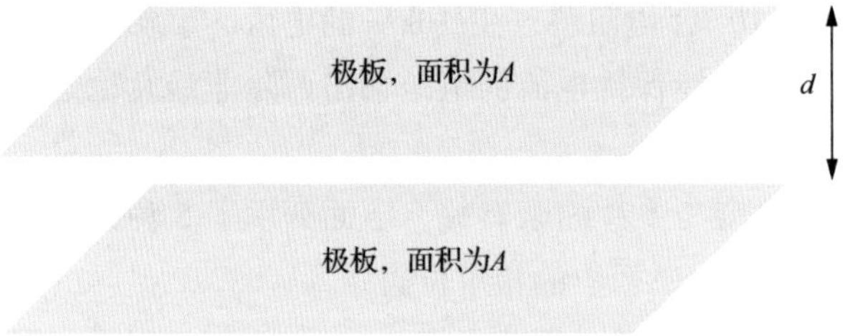

图 2.2　平行极板电容

理论上，当面积 A 或距离 d 发生变化时，电容 C 就会随之改变。假设电荷量恒定，则电容和电压成反比：增加电容会导致人体电压降低，减少电容会导致人体电压升高。根据电容 C 的计算公式，减少电容可以通过减小接触面积（如踮起脚尖）或增加距离（如将脚从地板上抬起）来实现。

根据电荷量与电压之间的关系公式，如果导体的电荷量不变，电容发生改变，则导体的电压会随之改变。如果一个人行走时的人体电容在 50～150pF 范围内变化，并且身上的电荷量恒定在 5nC，那么人体电压将大致在 100V（人体电容为 50pF 时）至 33V（人体电容为 150pF 时）范围内变化。如果印制电路板（Printed-Circuit Board，PCB）的电容为 20pF，当它平稳接近大型接地设备的部件时将带电 5nC，电压为 250V；当远离该设备的部件时，电容将降低到 5pF，电压上升至 1000V。

对常见物品的近似电容有一个清晰的概念是非常有实用价值的，特别是有助于估算 ESD 对这些物品的潜在影响。表 2.2 列举了一些实例（参考标准 IEC 61340-1）。

电荷量与电压的关系在非导体（绝缘体）中也有类似的现象。

当人坐在椅子上时，与椅子接触的衣服表面会产生电荷，这部分材料成为带电材料。电荷之间的距离很小（两个表面互相接触），在这种情况下即使衣服可能已经带电，但人体电压很低。当人从椅子上站起来的时候，大量分离出来的电荷将被带走。身体和椅子之间的有效"电容"迅速降低（分离速度迅速增加），如果电荷不能向大地耗散，就会迅速产生很高的人体电压。一个比较常见的现象是，当人们从椅子或汽车座椅上站起来后，触摸金属物体时会感到电击——曾有人测量过，从汽车座椅下来时，人身上的电压超过 10kV（Pirici et al., 2003; Andersson et al., 2008）。

表 2.2 常见物品的近似电容

常见物品	近似电容（pF）
电子元件及小型组件	0.1～30
饮料罐、金属零件	10～20
手持镊子	25
小型金属容器（1～50L）、转运车	10～100
大型金属容器（250～500L）	50～300
人体	100～300
MOSFET*栅极小信号电容	100
功率 MOSFET 栅极源极电容	900～1200
汽车	800～1200

*MOSFET 是 Metal-Oxide-Semiconductor Field Effect Transistor（金属-氧化物-半导体场效应晶体管）的缩写，简称 MOS 管。

由此推论，带电体的电压和电场可能会被附近的导体干扰。如果系统的电容增加，电压就会降低。

例如，一件贴身衣服虽然带电，但由于紧贴身体，电压会被抑制在很低的水平。即使衣服上携带了大量电荷，外部的电场也可能因此受到限制。当脱掉衣服时，人体和衣服产生距离，"电容"减小，衣服周围就会出现一个高电压和静电场。

2.3.3 电荷衰减时间

在电阻-电容（RC）网络中，电阻和电容之间的关系可以用一个特定的时间常数 τ 来描述。

$$\tau = RC$$

在时间 τ 内，电压将衰减到初始值的 37%左右。

在本例中，如果电流在 $t=0$ 时刻突然停止，系统初始电压为 V_0，电容上的电压 V 减小为：

$$V = V_0 \exp\frac{-t}{\tau}$$

通过静电场仪对材料表面进行监测，可以测量出电压的指数级衰减。材料的电阻率 ρ 和介电常数 $\varepsilon_0\varepsilon_r$ 的乘积就是该材料的物理时间常数。

$$\tau = \rho\varepsilon_0\varepsilon_r$$

这一现象具有重要的参考价值。举例来说，在电容为 100pF（人体电容的数量级）、电流为 100nA 的条件下，考虑不同电阻下的电压效应。当电阻为 1GΩ 时，产生的电压仅为 100V；在电流停止时，电压将在 $10^9 \times 10^{-10}$=0.1s 内下降到初始值的 37%左右。这个量级的瞬时电流变化所产生的影响往往并不明显。

如果电阻增加到 10GΩ，电压将增加到 1kV，而且在电流停止时需要在 $10^{10} \times 10^{-10}$=1s 内下降到初始值的 37%左右。这样的电压是否需要引起注意，或者是否会引发其他问题，取决于具体的应用环境。

当电阻增加到 100GΩ 时，电压将增加到 10kV，除此之外，在电流停止时电压将耗时 10s 才能下降到初始值的 37%左右。这种存在时间较长的电压可能会导致人们在触摸其他物体时受到电击，或者因放电而引发一些事故。

在常见的 ESD 控制程序中，标准测量会使用另一个电荷衰减时间作为参考量，这个电荷衰减时间一般是测量电荷衰减到初始值的 1/10 所需要的时间（见图 2.3）。这个参考量的理论值等于 2.3τ。

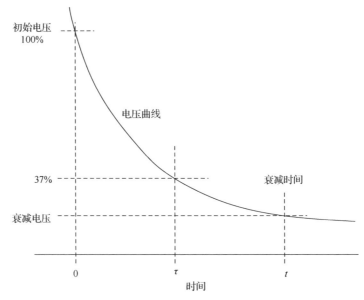

图 2.3 电荷/电压衰减曲线

在实际应用中,电荷衰减时间通常是从初始电压降低到某个阈值电压(如100V)的时间。在洁净、干燥的条件下,高分子聚合物的时间常数可以是几十秒或数百秒,甚至长达几天。

针对具体案例,简易模型并不一定能够很好地与材料性能相吻合。实测电荷衰减曲线可能与理想指数相差较大,实测时间"常数"随着测量条件的变化而改变。对于高电阻材料,衰减时间通常会随着表面电压的下降而延长,材料处于低电压时衰减时间会持续很久。

2.3.4 导体与绝缘体的再定义

工程领域中所说的导体,通常是指铜、铝这类具有非常低的电阻或电阻率(见第1.7节)的材料,其电阻远远小于1Ω。在ESD控制工作中,高电阻率材料也可以被认为是导体。在实际的静电控制工作中,通常根据测得的材料和设备的电阻或电荷衰减时间(或者两者皆有之)来定义材料或设备为导体或绝缘体。该做法可通过图2.1所示的简易电气模型进行解释。

由于静电产生电荷的速度(电流I)很慢,即使是较高的漏电阻R(见图2.1)也可能在电流通过时产生较低的电压($V=IR$)。从ESD控制的角度,认为$1M\Omega$($10^6\Omega$)的电阻也具有一定的导电性,并可使第2.3.3节案例中的静电电压降至1V。在实际应用中通常遇到的电荷所产生的电流预期不超过1nA的情况下,可以基于这一准则进行计算。除此之外,还可利用这一准则将电压限制在某些特定水平(如100V)。考虑到这些制约因素,根据图2.1所示的简易电气模型和欧姆定律,可以认为电阻值最大为$V/I=10^2V/10^{-9}A=10^{11}\Omega$是可以接受的。

有些情况下,预测可能会产生较多电荷(如工业过程的静电防护),那么所允许的电阻值就会非常小(IEC 60079-32-1)。

还可以从另外的角度看待该做法,即当材料或物体上积聚了瞬时电荷时,判断其可以承受的不被损伤的最长时间。这个问题可以通过电荷衰减时间进行评估。如果导体的电容约为10pF、对地电阻为$10^{11}\Omega$时的电荷衰减时间为1s,在没有新电荷产生的情况下,存储的电荷将在3s内减少到初始值的5%。在人工组装和操作的过程中,这么短的时间足以避免出现ESD损伤事故。对于材料,这个衰减时间对应的介电常数约为$10^{-11}F\cdot m^{-1}$,电阻率为$10^{11}\Omega$。空气的介电常数约为$0.9\times10^{-11}F\cdot m^{-1}$,塑料的介电常数约为$2\times10^{-11}F\cdot m^{-1}$。较高的电容或介电常数,以及更快的电荷衰减时间需求,将会导致最大可接受电阻值降低。

2.3.5 相对湿度的影响

水是一种导体。空气中的水分会附着在许多材料的表面形成薄层，使材料呈现导电性。对于某些材料，特别是纸张等天然材料，随着外界环境条件的相对湿度的逐步增加，电阻率会呈指数级降低。

在干燥环境中，材料的表面电阻变大，静电荷积聚程度往往也会大幅增加。一些防静电材料使用添加剂来将水分吸附到高分子聚合物表面，借此达到静态耗散的目的。此类材料在低湿度环境下的防静电效果可能不佳。根据经验，当环境的相对湿度小于30%时，材料表面的静电荷积聚增多。

随着气候以及天气的变化，室外相对湿度在10%以下（寒冷干燥的冬季）与100%（大雾天气）之间不断变化。空气的相对湿度对材料电阻有很大影响，特别是对于电阻在 1MΩ 以上的材料。随着相对湿度的增加，某些材料的有效电阻和电荷衰减时间可能会降低几个数量级。

空气相对湿度受温度影响很大，对于给定的绝对湿度，温度升高时相对湿度减小。在水蒸气含量不变的前提下，温度上升 10℃，相对湿度大约减少 1/2。当冬天来临，冷空气进入室内后被加热，就会导致室内的相对湿度非常低。因此，ESD 问题往往是季节性的，在冬季发生的概率更大。即使是在相对湿度可控的房间内，在设备运行等具有热源的位置，尤其是空气循环受限的角落，同样会形成局部的干燥环境。

表 2.3 所示为 MIL-HDBK-263（MIL：Military Standard，美国军用标准）标准中给出的不同相对湿度环境下所测得的常见静电电压，反映了日常生活中相对湿度对静电的影响。当然这些都是参考性的，不能直接用于预测实际情况下的电压。

表 2.3 不同相对湿度环境下所测得的常见静电电压（MIL-HDBK-263）

行为	电压观测值	
	相对湿度：10%～20%	相对湿度：65%～90%
在地毯上行走	35 000	1500
在乙烯基地板上行走	12 000	250
坐在工位上（不直接接触地面）	6000	100
使用乙烯基包装	7000	600
从椅子上拾起塑料袋	20 000	1200
使用聚氨酯泡沫坐垫	18 000	15 000

2.4 静电场中的导体

2.4.1 导体、绝缘体的体电压与表面电压

根据电荷相斥、相吸的原理,电荷在导体中快速自由移动时,会迅速向导体外表面迁移,使彼此的距离最小化。当电荷完成重新分布后,导体各部分上的电压相等(形成等电位)。这是一种必然的结果——存在电位差则会产生新的电流,直到达到等电位状态。

电荷在绝缘体中不能自由运动,因此绝缘体表面每一点的电压与相邻点的不同。对于导电性能中等的材料,表面电压趋近等电位所消耗的时长将数倍于时间常数。

对于具有高电阻率和大时间常数的物体,如果等待的时间足够漫长(假设电场源没有发生快速变化),电荷将重新分布至等电位。但与此同时,表面电压可能会出现变化。

2.4.2 真实的静电场

对于距离较远的点电荷或球形电荷,平衡电荷的电场强度随距离 r 的增大而迅速衰减,并与 $1/r^2$ 成正比。这时,电场线呈放射状向外扩散(见图 2.4)。实际上,产生静电源的物体往往由于体积太大而不能被看作点源。

图 2.4 点电荷/球形电荷所产生的电场线(虚线)

对于体积较大的和形状不规则的物体,电场线的形状差异很大,电场强度衰减速度可能缓慢得多。在工程应用中,电场线会在导体的不同电压位置出现或消

失,并且在任何区域都随时可能出现或多或少的变形。

如果平行极板足够大,在平行极板间,远离极板边缘的静电场均匀分布(见图 2.5),两电极之间的电场线是平行的。当远离极板边缘时,电场 E 是均匀的,通过极板之间的电位差 V 和极板之间的距离 d 很容易计算出 E 的值。

$$E=V/d$$

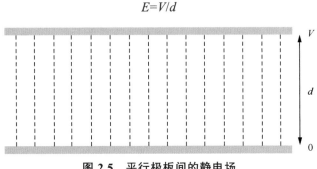

图 2.5　平行极板间的静电场

如果将导体置于静电场中,电场线总是以与导体表面成直角的方式出现,导体会使电场向自身靠拢。作为反馈,导体上的电荷将被重新分布,直至整个导体表面的电压都相同。这种现象将导致一种后果:用来测量静电场的任何仪器都会不可避免地改变其所测量的场。图 2.6 展示了电压为 V 的金属板和接地静电场仪之间的静电场是如何发生此种变化的。设备测量到的值实际上是高于 V/d 的。当然,同样的影响也会发生在其他任何元件上,如当 PCB 或其他 ESDS 产品被带入现场时。导体表面电场线的密度与其表面的电场强度和电荷密度有关,电场线的密度高代表电场强度大。

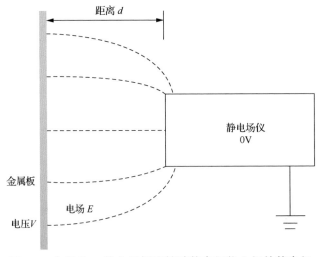

图 2.6　电压为 V 的金属板和接地静电场仪之间的静电场

电场线具有向物体的尖端或边缘积聚的特性，在这些位置静电场更强。因此静电放电往往出现在物体的尖端或边缘的高电场强度区域。可对静电放电的这一特性加以利用。例如，使用针尖产生强电场和电晕放电作为离子源，在离子化静电消除器中进行电荷中和。

带电绝缘体表面的情况更加复杂。绝缘体带电时，表面的电荷密度参差不齐。表面电压高度依赖表面电荷密度和附近的其他材料。

2.4.3 法拉第笼

当导体被完全置于电场中时，表面的电荷会发生流动，直到表面上所有的点都处于相同的电位。这是因为存在任何电位差都会使电流继续在导体中流动。如果物体是空心的，那么其内部电场为 0，因为空心的边界会出现等电位。因此，放置在空心导体内的物体将发生屏蔽效应，不受外部电场的影响。这种空心导体称为法拉第笼（见图 2.7）。

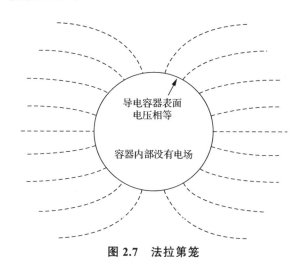

图 2.7　法拉第笼

2.4.4 感应：一个孤立导电体在电场中获得电压

如果把导体等效为电容，我们可以很快明白：在附近的带电体及其电场的影响下，孤立导电体上的电压会发生变化。

如图 2.8 所示，接地静电场仪正在监测一块金属板的电压 V_m。在金属板和静电场仪之间有一个有效电容 C_m。金属板没有携带净电荷，初始电压为 0。

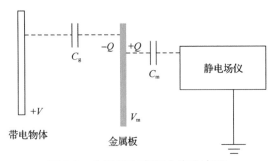

图 2.8　金属板在电场中产生电压

当一个带正电荷的物体接近金属板时，随着两者之间距离的减小，带正电荷物体与金属板上越来越多的负电荷相互吸引、耦合，这些负电荷被吸引到最靠近带正电荷的物体的一侧，同时相等数量的正电荷被排斥并出现在金属板靠近静电场仪的一侧，与接地静电场仪上的等效负电荷产生耦合作用。当金属板上的电压达到某个量值（电容 C_m 被充满）时，可以在静电场仪上读出金属板上正电压的数值。

$$V_m = \frac{Q}{C_m}$$

尽管金属板上的电荷总量没有改变，但是一定数量的负电荷被带正电荷的物体吸引而产生电容 C_g，同等数量的正电荷由于排斥而产生电容 C_m。

$$Q = C_m V_m = C_g(V - V_m)$$

$$V_m = \frac{C_g V}{C_g + C_m}$$

需要注意的是，即使没有静电场仪，金属板也会出现相对于大地的电容和电压，然而其净电荷仍然是 0（$+Q - Q$），因此它依然是不带电的！

事实上，任何导体通过电场时，都会发生这样的电压变化。例如，当一块 IC 穿过一个由带电衣服产生的电场时，就会通过这种方式产生电压。如果这块 IC 在该状态下接地，便会引发 ESD 事件。

2.4.5　感应起电：物体通过接地起电

图 2.8 中，当附近出现一个带电物体时，金属板上会产生电压。在这种情况下，可以通过在金属板和大地之间连接接地线来帮助电容 C_m 放电。此时金属板上的正电荷被导入大地，电压 V_m 归零（见图 2.9）。注意，在接地线接地时，会发生 ESD，电流流向大地。这是 ESD 控制中的一个重要现象——当两个电压不同的导体接触时，如在静电场中将导体接地时，就会出现 ESD。

如果把接地线去掉，金属板会保持在零电压状态。然而，此时它仍然携带一个净负电荷，这是因为原来与之平衡的正电荷已经流失了。所以，虽然现在的金属板的电压是 0，但它是带电的！如果带电物体被移除，金属物板体上的电压由于其携带负电荷将上升为负电压。

$$V_\mathrm{m} = \frac{-Q}{C_\mathrm{m}}$$

这个过程叫作感应起电。在实际操作中，当处于静电场中的物体、工具、器件或人员临时接地时，容易发生感应起电现象。

如果带电的人或物体可以看作静电源，那么附近的器件可能受到静电场的影响。如果器件临时接地，就会发生 ESD，器件会因感应起电而带电，并且可能处于带电状态，在随后与不同电压下的另一个导体接触（无论接地与否）时产生 ESD 风险。已接地的人员在静电场中取用 ESDS 器件时也可能会导致 ESD 风险。第 12.7.10 节将给出这些过程的实际演示。

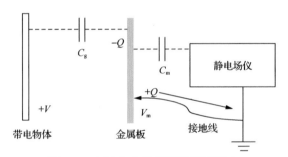

图 2.9 电场中金属板因接地而带电

如果电位差超过间隙击穿电压，感应电压会导致电场中相近导体之间出现小间隙击穿，这也可能导致 ESD 风险。

2.4.6 法拉第筒与封闭物体内的电荷屏蔽

如果把一个带电物体置于封闭的空心导电容器（如一个盒子）中，那么由电荷产生的电场线将向周围导体发生辐射（见图 2.10）。导电容器内的静电荷在导电容器上感应出等量的净电荷。

这一原理可以用来测量带电物体被放入一个容器（法拉第筒）时产生的静电荷。

如果容器接地，外界就不会被电荷产生的静电场影响；如果容器未接地，则容器本身就是一个带电物体，可以成为静电源。

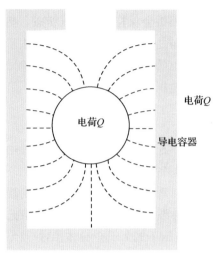

图 2.10　法拉第筒

2.5　ESD 的类型

空气通常是很好的绝缘体，但当静电场强超过约 $3MV \cdot m^{-1}$（$3kV \cdot mm^{-1}$）时，空气的绝缘性能就会遭到破坏，从而产生 ESD 事件。存储的大量电荷会因这一事件而迅速耗散。放电可能是突发的（如火花放电），也可能是缓慢的（如电晕放电）。

了解 ESD 对于理解静电源的特性很有帮助。

2.5.1　导体之间的 ESD（火花放电）

火花放电发生在具有较高初始电位差的导电电极之间。根据放电电路（包括负载特性）的不同，大量的能量（从几微焦到 1 焦以上）能够在很短或很长时间（从几纳秒到几毫秒）内耗散。峰值电流通常大于 0.1A，甚至会超过 100A。放电波形在很大程度上取决于电荷源和"负载"电路的特性，可以是单向波形或振荡波形（见第 2.7 节）。

用下面这个简单的公式，可以很容易地计算出电容 C 在电压为 V 时所存储的能量 E。

$$E = 0.5CV^2$$

在没有大量串联电阻的情况下，通常可以合理地假设这些能量将在放电过程中被全部释放。

3MV·m^{-1}的击穿场强在正常气压和较大距离条件下都适用（例如，对于10mm间隙的大口径或平面电极，击穿电压约为30kV）。击穿场强与气压之间的关系可以由帕邢定律表征（Kuffel et al., 2000），在较大的间隙和均匀电场中，二者几乎是线性相关的。对较小的间距 d，击穿电压会达到一个最小值（称为帕邢最小值）。考虑到击穿电压 V_b 会受到气压 P 的影响，所以帕邢曲线通常被表示为击穿电压与函数 Pd 的关系（见图2.11）。根据帕邢定律，空气在350V以下不会发生击穿（Pd_{min}=0.55Torr·cm 或 7atm·μm①），静电放电只有在金属相互接触时才会发生。有证据表明，当间隙很小时，低于帕邢最小电压也能够发生静电放电，其诱因可能是场致发射（Wallash et al., 2003）。

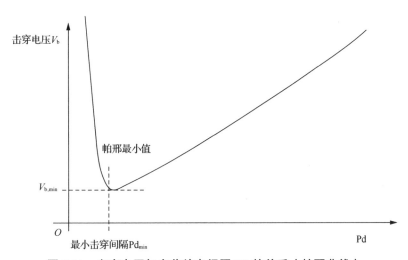

图2.11 击穿电压与火花放电间隔 Pd 的关系（帕邢曲线）

2.5.2 绝缘表面的 ESD

如果一个导电电极接近一个带电的绝缘表面，可能引发刷形放电——绝缘表面有多个放电点同时从中心的火花通道向外辐射，看起来像一个老式的刷子。

与火花放电相比，刷形放电的有效记录更少。在这些记录中，刷形放电通常具有比火花放电更低的峰值电流（0.01~10A），并且具有快速上升和准指数衰减的单向波形（见图2.12）（Norberg et al., 1989; Norberg, 1992; Norberg et al., 1991; Smallwood, 1999; Landers, 1985）。刷形放电的功率耗散和能量很难通过计算得到。

---

① Torr（托尔）和 atm（标准大气压）均为压力单位，1Torr≈133Pa，1atm≈101325Pa。

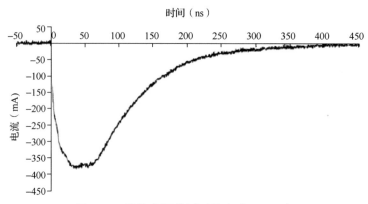

图 2.12 绝缘表面的刷形放电（>20kV）

2.5.3 电晕放电

静电场中，导体的尖端或边缘上会出现相当强的静电场。当这个电场达到或超过一个阈值时，离子会从尖端或边缘喷射到空气中，形成一个小型、持续的离子流。离子化静电消除器的工作原理正是利用电晕放电效应将空气电离，形成电子流，进而中和静电荷。

2.5.4 其他类型放电

如果绝缘表面下是导电材料，当其携带大量电荷时，就会发生强烈的传播性刷形放电。这种类型的放电通常不属于电子元件处理领域关注的范围，但在工业过程中可能成为一个点火源，需要予以关注。

2.6 常见的静电源

当物体与 ESDS 器件发生接触或足够接近时，电压的差异可能导致它成为静电源，在二者之间的小间隙中会发生放电。根据 ESD 的特性，这可能引发或多或少的损伤或故障。不同的静电源产生的 ESD 波形在峰值电流、持续时间、传输到元器件的能量和电荷以及频谱等参数方面的特征具有非常大的差异。即使是相似的静电源，在不同的情况下也会产生不一样的 ESD 波形。下面整理了一些真实的 ESD 波形案例——由于个体化差异较大，这些案例不一定与其他类似源产生的 ESD 波形完全一致。

2.6.1 人体的 ESD

无论是在生产制造过程中的器件损坏方面,还是在工作系统的电磁损伤方面,人体都是非常重要的静电源。在静电概念中,人体是一种导体,通常有着最高可达 500pF 的可变电容,而且在个别情况下曾监测到更高的电容(Jonassen, 1998; Barnum, 1991)。人体电容的大小取决于人体与家具、墙壁等物体的距离。在站立状态下,鞋子和地板的特性是影响人体电容的重要因素。

虽然可以把人体看作一个导体,但其明显的电阻限制了电流的流动,并使得人体从起电至更高电压(超过几千伏)的 ESD 波形具有单向波形特征(见图 2.13)。放电电流的峰值一般在 0.1~10A 范围内,持续时间在 100~200ns 范围内。在较低电压下,人体放电具有非常多变的波形和电流特性(Kelly et al., 1993; Bailey et al., 1991; Viheriäkoski et al., 2012),这些都将对 ESD 损伤的相关风险带来显著影响。

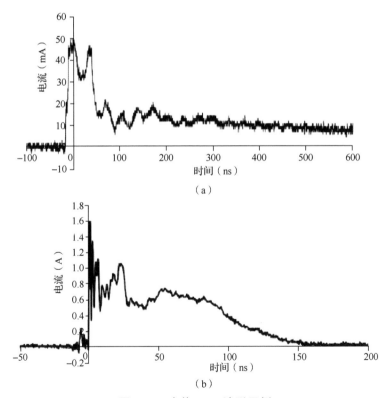

图 2.13 人体 ESD 波形示例
(a)笔者带电 500V 的情况下通过手指皮肤的放电波形 (b)笔者带电 500V 的情况下通过金属小件(硬币)的放电波形

2.6.2 带电导体的 ESD

当一个高导电性的物体（如金属）未接地时，可通过摩擦起电或静电场感应获得高电压。如果这时使其接触另一个接地导体或器件，将发生 ESD 事件。

这类 ESD 事件对应的 ESD 波形会根据源和泄放路径的特性发生很大变化。一般来说，对于电阻较小的源和泄放路径较短的材料，可以产生高达几十安的强放电电流。波形通常呈现振荡状态，频率主要取决于源和放电电路的电容、电感。波形持续的时间可能从几纳秒到数百纳秒不等。

如果放电电路中的电阻不可忽视，则 ESD 电流峰值和放电持续时间会降低（对于小型静电源，电阻对放电的影响更加明显），振荡周期的数量会减少。最终，当电路电阻达到一定的量级时，就可能出现单峰波形。在实验中，小型金属物品（螺钉旋具刀片）的 ESD 波形与带电装置（160mm×180mm 的金属板）的 ESD 波形非常相似（见图 2.14 和图 2.15）。

如果放电电路的电阻足够大，则 ESD 电流峰值会进一步减小，从而产生边缘上升快但衰减时间长的单向波形。

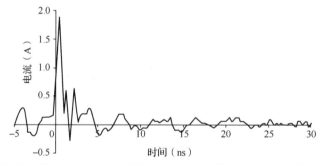

图 2.14 螺钉旋具刀片（充电，将电压提高至 530V）的 ESD 波形，转移电荷为 0.03nC

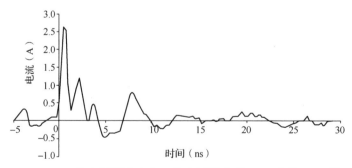

图 2.15 160mm×180mm 的金属板（充电，将电压提高至 550V）的 ESD 波形，转移电荷为 2.5nC

2.6.3 带电器件的 ESD

当部件与不同电压下的高导电物体（如金属）发生接触时，会导致持续时间很短的强电流 ESD 事件发生。无论是部件带电还是物体带电，或是两者同时带电，都可能产生电位差。如果部件或物体中的任何一方接地，也会发生相同类型的放电现象。

器件带电可能是由摩擦起电导致的，也可能是由附近的静电源引发的。通常，场致电压会使器件携带超高电压。图 2.16 所示为在实验室中获得的一些场致带电器件发生静电放电的示例。在这个示例中，器件沿着一个带电的 PVC 管滑到一块 1.7Ω 的靶板上，靶板连接至一台快速数字存储示波器（带宽为 500MHz，采样速度为 $2Gs·s^{-1}$）。

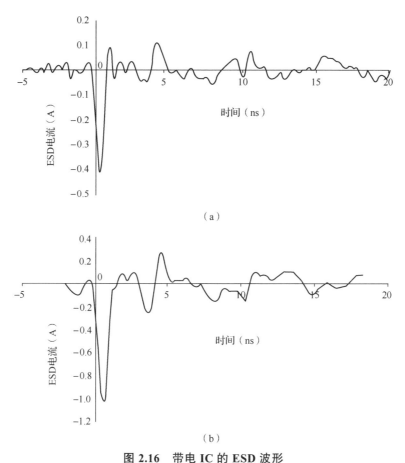

图 2.16 带 IC 的 ESD 波形

(a) 32 引脚塑封有引线芯片载体封装　(b) 24 引脚双列直插封装

在这个示例中可以看到带电器件 ESD 典型的快速高电流峰值。图 2.16 所示的峰值电流和波形峰值的上升和下降时间可能没有得到充分反映,因为实际的波形通常比所使用的测量系统的采集速度更快。

2.6.4 带电平板的 ESD

作为一种典型的带电平板,PCB 通常会携带很高的电荷进入生产线,且会在很长一段时间内保持带电状态,还可能在运输、搬运或组装的过程中起电。PCB 上的电压高达 1000V 也并不稀奇,尽管测得的电压值通常会随着 PCB 与其他物体距离的变化而改变。如果附近存在带有大量电荷的绝缘体或其他静电源,PCB 还会产生很高的感应电压。

如果 PCB 上的导体(如印制线或引脚)接触到高导电性的机器部件(如停止引脚),就很可能发生 ESD 事件(见图 2.17)。PCB 的有效电容非常大,所以这种类型的放电可能携带大量的能量。

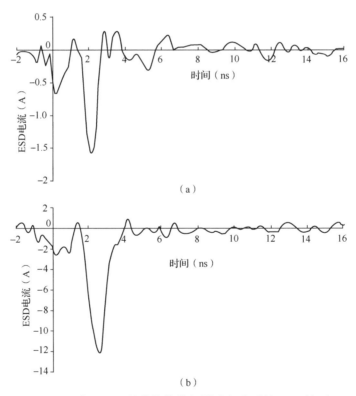

图 2.17 由 40mm 处的绝缘体场引发起电后的 ESD 波形
(a) PCB (b) 充电至 1kV 电压

2.6.5 带电模块的 ESD

许多产品、模块或组件都会先用一个绝缘塑料外壳将 PCB 包装起来，然后通过引线或者连接器与终端外部相连接。

这个绝缘塑料外壳可能会因为某种情况而携带高电荷。例如，与其他物体发生摩擦或被拆掉包装时，放置在绝缘塑料外壳内的 PCB 产生高电压（示例见图 2.18）。如果绝缘塑料外壳在这种状态下与模块建立连接，终端处就会发生放电。

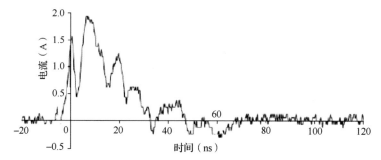

图 2.18　从塑料袋中取出带电汽车模组时的 ESD 波形，转移电荷 35nC

2.6.6 带电电缆的 ESD

电缆中的导线之间、导线与大地之间可能存在很大的电容，有时可高达 $100pF·m^{-1}$。导线在电缆中通过各种方式带电，如移动电缆或从包装中取出电缆（见图 2.19）。如果电缆在这种带电状态下连接到设备，则进行连接的第一个端子就可能发生带电电缆 ESD 事件（见图 2.20）。

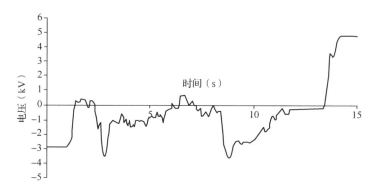

图 2.19　拆除聚乙烯塑料包装时汽车电缆芯上的电压

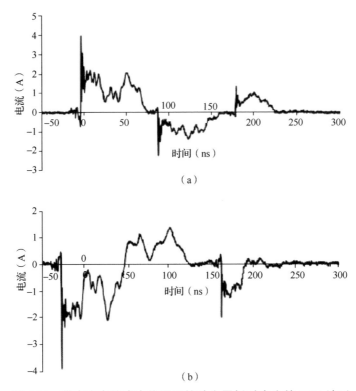

图 2.20 带电汽车线束电缆置于接地金属板时产生的 ESD 波形
（a）带正电荷 （b）带负电荷

2.7 ESD 的电路模型

许多静电源可通过 RLC 电路进行简单建模（单一静电源的电路模型见图 2.21）。对于不同的静电源，每个分量的值差别很大，有助于解释观察到的不同类型波形。

任何静电源的核心都是电荷的积聚和存储，在模型中可以用电容 C 来表示。在现实生活中，这种电荷一般存储在导体（如金属制品）上。

ESD 通常由气隙或其他绝缘介质击穿引起，在低电压条件下，也可通过两个导体的接触或接近而触发。ESD 本身可以拥有较大的阻抗 R_{ESD}，从而影响产生的波形以及传递给受损器件的能量。然而，ESD 本身的阻抗与电路中的其他阻抗相比微不足道，特别是在较大的 ESD 事件中一般可以忽略不计。

开始放电后，电流在电路中的电阻 R_s 和电感 L_s 中通过。这时材料的电阻和电性能在电流的路径上开始发挥作用。如图 2.21 所示,在基于电阻 R_d 的简单电路模型中,在器件受到 ESD 损伤的过程中,器件本身会产生阻抗。实际上,半导体器件的阻抗具有典型的非线性特征。火花通路的阻抗不仅是非线性的,还有很强的可变性。

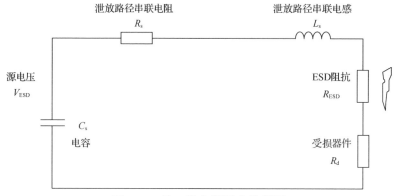

图 2.21 单一静电源的电路模型

为简化起见,假定电路总电阻 R 是线性的,并且为电路中所有电阻之和:

$$R = R_s + R_{ESD} + R_d$$

该电路的放电电流 I_{ESD} 可由如下方程得出:

$$I_{ESD} = A\exp(\alpha t) - \exp(\beta t)$$

对于这个方程和后续方程的推导过程,读者可以参考其他资料(如 Agarwal et al., 2005 等)。这个方程有 α、β 两个根:

$$\alpha, \beta = -\left(\frac{R}{2L_s}\right) \pm \sqrt{\left(\frac{R^2}{4L_s^2} - \frac{1}{L_s C_s}\right)}$$

根据电路元件参数的不同,电流波形有很大的差异。当回路中总电阻较大且在泄放路径的阻抗中占据主导地位时,电流波形呈单向波形,通过人体 ESD 模型的参数(见表 3.12)建模,电流波形如图 2.22 所示。这时,有:

$$\frac{R^2}{4L_s^2} \gg \frac{1}{LC}$$

如果电感较小,放电电流会迅速上升到峰值 I_p,此时电流极性和峰值逼近欧姆定律的预测值。之后,随着衰减时间接近 $R_s C_{ESD} R_s C_{ESD}$,电流近似呈指数形式下降。

$$I_p \approx V_{ESD} / R_s$$

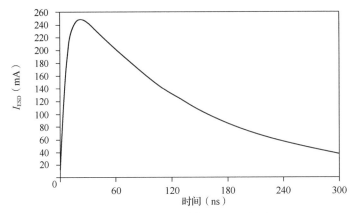

图 2.22 模拟过阻尼器件中主导电路电阻的电流 I_{ESD} 波形：R_s=1500Ω，R_d=10Ω，R_{ESD}=0Ω，L_s=10 000nH，C_s=100pF，V_{ESD}=500V

在另外的极端条件下，如果电路中的电阻与电感、电容的阻抗相比微不足道，那么波形就会大相径庭。此时，波形上升到一个峰值后在零点附近上下（正负）振荡。整体振幅随时间呈指数形式衰减，根据 ESD 的 MM 对应的参数（见第 3.2.8 节），这种现象的电流波形如图 2.23 所示。

$$\frac{R^2}{4L_s^2} \ll \frac{1}{LC}$$

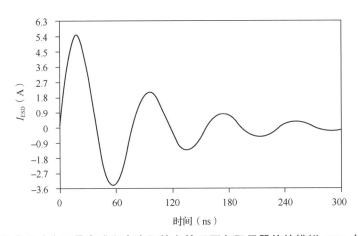

图 2.23 低电阻（主要是电感和电容阻抗）情况下欠阻尼器件的模拟 ESD 电流波形：R_{ESD}=10Ω，R_d=10Ω，L_s=750nH，C_s=200pF，V_{ESD}=500V

介于这两种极端情况之间的波形持续时间相对缩短，并在临界阻尼波形位置附近达到最短，这时，波形在两种不同形状之间变化。通过 CDM 的参数（见第 3.2.8 节）模拟出的图 2.24 就展示了类似现象。这时有：

$$\frac{R^2}{4L_s^2} = \frac{1}{LC}$$

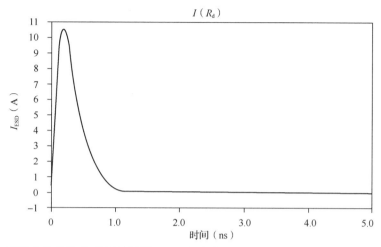

图 2.24 器件在临界阻尼附近的模拟 ESD 电流波形：$R_{ESD}=20\Omega$，$R_d=10\Omega$，$L_s=2.5\text{nH}$，$C_s=10\text{pF}$，$V_{ESD}=500\text{V}$

真实的静电源通常需要添加更多的部件（如额外的电容）来更准确地表示额外的电荷存储（如金属部件）和其他可能的特性。这些都可能进一步导致电流峰值变化或波形形状改变（Verhage et al., 1993）。

$$E_{ESD} = 0.5 C_s V_{ESD}^2$$

以上所有能量都在电路总电阻 R 中耗散，其中只有一小部分耗散在设备 E_d 中。

$$E_d = \frac{E_{ESD} R_d}{R}$$

对于带电人体这类具有较大电阻的静电源，大部分能量会耗散在电路（人体）电阻上，只有一小部分能量会耗散在受损器件中。相较而言，带电金属物体这类低电阻静电源的大部分能量会耗散在受损器件中。这就是与带电人体相比，一些元器件可能会被较低的电压或金属静电源损坏的原因之一。一般来说，静电源放电对元器件造成 ESD 损坏的可能性取决于器件对 ESD 电流、电压、能量或放电的其他参数的敏感性。这些问题将在第 3 章中进一步讨论。

2.8 静电吸引

当静电场存在时，场附近的带电粒子会受到吸引或排斥。这里有一个较冷门的物理效应：在聚合场/发散场中，不带电的粒子也可能被吸引/排斥，这种现象称为介电电泳（Cross, 1987）。

作用力的方向取决于带电粒子与场的极性，这种作用力遵循同性相斥、异性相吸原理，所以一个正电荷会受到一个负电位方向的作用力，反之亦然。

2.8.1 静电吸引与颗粒污染

在洁净生产线上，需要高度重视静电吸引效应。在生产与制造晶圆的洁净车间中，静电场可以引发尘埃粒子带电，并使这些尘埃粒子附着在附近的晶圆上。颗粒污染会导致产品产量下降（Welker et al., 2006）。

其他对洁净度有较高要求的生产过程如下。

（1）平板显示器的生产。即使只有少量像素因污染而丢失，也可能导致产品报废。

（2）产品外观可能因灰尘或颗粒污染而损坏的消费品的售前维护。

（3）光学系统的装配。光学系统的性能可能因为污染而降低。

（4）医疗系统的装配。医疗系统的使用者可能会因医疗系统被污染而遭受被感染的风险。

2.8.2 空气离子对表面电压的中和作用

洁净空气中只存在很少可移动的带电粒子，因此是一个良好的绝缘体。当空气中的分子在自然界放射性物质或宇宙射线的作用下分裂为正离子和负离子时，就产生了少量的离子（Jonassen, 1985）。由于静电场的作用，这些离子会被表面电荷排斥或吸引。离子的运动方向与静电场的方向一致。

电荷转移的速度和方向取决于离子的电荷等因素，也与离子所在空间位置的静电场强和方向有关。在静止的空气中，离子漂移速度 v_d 等于静电场强 E 和离子迁移率 μ 的乘积。

$$v_d = \mu E$$

离子迁移率取决于离子的大小。在空气中，电荷与水、氮气以及其他分子或粒子结合，形成大大小小的离子。小型离子的迁移率范围为 $1\times10^{-4} \sim 2\times10^{-4} \text{m}^2 \cdot \text{V}^{-1} \cdot \text{s}^{-1}$（Jonassen, 1985）。大型离子的迁移率范围为 $8\times10^{-7} \sim 3\times10^{-8} \text{m}^2 \cdot \text{V}^{-1} \cdot \text{s}^{-1}$。

使用离子化静电消除器能够增加空气中离子的数量。该设备可以通过多种方式产生空气离子，如通过电晕放电、放射性物质或 X 射线等手段将空气电离。放射性物质和 X 射线电离源将空气中的分子分裂为正离子和负离子，从而产生两种极性的离子。

电晕放电源将高电压施加到一个锋利的电极（如针尖）上来产生一个极性的离子。通过使用交流（Alternating Current，AC）高压源或两个极性相反的单独源，可以制作出一个近似平衡的离子源。

物体表面带电后会在周围产生静电场，静电场排斥极性相同的离子，并吸引极性相反的离子。也就是说，带负电荷的表面排斥负离子、吸引正离子；带正电荷的表面吸引负离子、排斥正离子。极性相反的离子将以与电场强度成正比的速度向带电表面漂移，数量与离子浓度成正比。接触到带电表面后，极性相反的电荷中和掉等量电荷，减少了表面的净电荷并减弱了静电场。离子漂移代表受离子浓度和电场强度限制的中和电流。

2.8.3　离子化静电消除器

离子化静电消除器能产生空气离子，从而中和带电材料或带电物体上的表面电荷（Jonassen, 1985, 1986）。根据是否有源、放射性、电气性能和其他工作原理，离子化静电消除器可分为多种类型。

被动式离子化静电消除器凭借在接地导体尖端或边缘周围的高电场通过电晕放电产生空气离子，空气离子极性与产生电场的尖端电压或边缘电压相反。不过，电晕放电不会发生在电场强度低于阈值电场强度的环境，这就意味着存在一个阈值电压（称为电晕放电初始电压），电压低于这个阈值时离子不会产生，电中和现象也不会发生。这个阈值可能是几千伏，这意味着被动式离子化静电消除器无法将电压降低到这个阈值以下，因此它很少应用于电子制造的 ESD 控制。这类设备真正的用武之地在塑料薄膜制造、制版、复印和其他涉及绝缘材料的工艺过程中。

主动式离子化静电消除器利用尖端（通常是针状）的强静电场来产生空气离子。但是对于这类设备，有源电离需要将尖端电压提升至电晕放电初始电压以上，以确保产生足够的离子，这就需要一个拥有等量正负离子的平衡的离子源。这可以通过使用交流电压或使用两组针（一组带正电压，另一组带负电压）来实现。这种方法可以产生近乎平衡的离子流，但很难实现离子流的精确平衡。

放射型离子化静电消除器的核心是放射源，通过放射性粒子与空气中分子的相互碰撞来电离空气。当空气中的分子通过这种方法被分裂成两个离子（一个正离子和一个负离子）时，就会出现完全平衡的离子流。离子产生的速度很小，并且与放射源本身的放射性水平有关。

2.8.4 电荷中和速度

每一个到达带电表面的离子都在为带电表面补充电荷,由于它们与表面电荷极性一般是相反的,实际上每个离子都会中和等量的相反极性的表面电荷。离子到达带电表面的速度取决于静电场强、空气中离子的浓度和离子迁移率(Jonassen, 1986)。离子向带电表面的迁移可视为离子流。不同空气离子的迁移率也不尽相同,主要取决于离子的大小、极性和电荷。

随着表面电荷被持续中和,表面电压和电场强度逐步减小,离子向带电表面漂移的速度随之减小。电荷中和的过程进而变慢,直到静电场和离子引力不足以从空气中吸引更多的电荷。

如果对表面电压进行监测,可以发现电压是以准指数形式衰减的。利用充电平板监测仪(Charge Plate Monitor,CPM)可以测量离子化静电消除器在中和表面电荷过程中的有效性,得到典型电压衰减曲线,如图 2.25 所示。

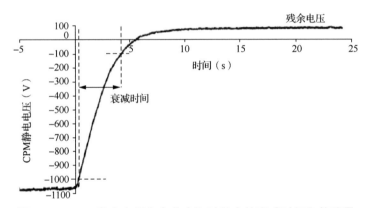

图 2.25　CPM 静电电压在电荷中和过程中的衰减时间和偏移量

通过离子化静电消除器进行电荷中和的过程通常比较缓慢,可能需要几十秒或更久,这个时间长度取决于带电表面周围的静电场强和离子密度。这个过程中的电荷密度和电荷中和速度也会受到许多因素的影响。

2.8.5 离子化静电消除器的有效电荷中和区

与离子化静电消除器的距离越远,空气中离子的密度越小。造成这种情况的部分原因是极性相反的离子相斥,离子云有扩散的趋势。另外,离子云中的正、负电荷之间的引力使得它们相对运动,并重新结合,从而彼此中和(Jonassen, 1985)。

由于离子云是在空气中漂移的，空气的移动会对离子云的位置和局部离子浓度产生显著影响。离子可能被吹向或吹离其本来的位置（如打开风扇或窗户后的气流）。相反，很多时候我们可以通过风扇将离子吹到目标区域，以提高电荷中和效果。

2.8.6 离子化静电消除器的平衡与通过失衡离子化静电消除器对表面进行充电

离子云中的离子电荷的极性密度很难达到精确平衡。这导致一个结果：离子云内的任意表面都趋向达到一种电荷过剩的状态，这是离子云内离子密度平衡的一种表现。例如，如果离子云内有多余的正离子，那么离子云内的表面将趋向携带正电荷，直到静电场足以阻止离子进一步沉积。这种效应将导致离子云内的绝缘表面和孤立导体上出现残余电压。在平衡性良好的离子化静电消除器中这种效应十分微弱，所引起的额外电压可能只有几伏或几十伏。残余电压是离子化静电消除器的重要参数之一（见图 2.25）。

离子化静电消除器维护不当可能会严重失衡。在使用过程中，这类情况可能会由于离子针的腐蚀或污染而时有发生。此时，离子云中的表面可能会携带几百伏（甚至几千伏）的静电。随时监测这类情况是否发生，并对离子化静电消除器进行适当的保养，以防止失衡达到失控的程度，是离子化静电消除器日常维护的一个重要方面（Simco，2019）。

2.9 电磁干扰的影响

ESD 具有快速（纳秒级或亚纳秒级）上升的波形、高达几十安的峰值电流以及振荡的波形。放电电流波形的上升速度可达 $10^9 A \cdot s^{-1}$ 量级，静电电压的下降速度可达 $10^{12} V \cdot s^{-1}$ 量级。静电源在宽频带内所辐射或传导的超强瞬变电磁场，频率可达吉赫兹级。

上述特性会在附近的导体（尤其是较长的轨道或导线）中引起电压瞬变，而这些导体可以在放电时辐射的频率上充当有效的天线。这种辐射或传导的效应可能会对附近的设备（如测试设备）造成干扰或引发故障。巨磁阻（Giant Magnetoresistance，GMR）的磁头已被证实会被这种类型的 ESD 瞬态破坏（Wallash et al.，1998）。

在大量利用自动化测试设备（Automated Test Equipment，ATE）的高度自动化设施中，EMI 也可能是一个问题。EMI 可能导致 ATE 失效或出现其他故障（Tamminen et al., 2015）。这些都可能造成产量或产率的损失。

2.10 如何规避部件遭受 ESD 损伤

2.10.1 可能导致部件遭受 ESD 损伤的情况

ESD 是导致 ESD 损伤的唯一原因。容易引发 ESD 事件的情形有以下 4 种：
- 导体因感应起电或摩擦起电而携带高电压。这里的导体可能是人体、金属或其他导电物体（如工具、机器零部件或电缆），以及 ESDS 器件；
- 导体接触或十分接近另一个导体或 ESDS 器件，从而产生静电放电；
- 放电电流通过会被 ESD 损伤的 ESDS 器件；
- ESDS 器件上的放电电流、起电量、能量或电压超过可能导致 ESD 损伤的阈值。

大多数 ESDS 器件不会因暴露于静电场中而直接损坏。ESD 损伤风险通常是指当 ESDS 器件接触附近的导体时，由器件或导体上的感应电压引发 ESD。对于一些高阻抗、电压敏感的器件，感应电压可能使器件内部存在击穿风险。

2.10.2 ESD 损伤风险

敏感部件发生 ESD 并不一定会导致故障。事实上，ESD 很可能在检测到损伤之前已经发生。因此，ESD 损伤更适合被定义成一种风险，其发生的概率取决于如下多种因素：
- ESDS 器件发生 ESD 的可能性；
- 大多数器件都有许多潜在的 ESD 风险点，且各自具有不同的 ESD 敏感性；
- 放电点的 ESD 强度超过器件 ESD 损伤阈值的可能性。

上述因素说明了为什么 ESD 损伤是一种概率现象。只有一小部分的 ESD 事件可能会造成 ESD 损伤，这是因为：
- 静电源引发损伤的能力因其自身特性而异；
- 静电源的电压和能量随着诱因的改变而发生强烈变化；
- 泄放路径的改变会导致放电特征（如峰值电流、波形、振荡次数和持续时间）以及积聚在 ESDS 器件内的能量等发生很大的变化；
- 不同的 ESDS 器件对通过的放电电流峰值、功率、能量、波形和其他参数的敏感性是有差别的；
- ESD 电流通过 ESDS 器件时，可能会通过具有不同 ESD 损伤阈值的部分；
- ESD 事件的强度可能不足以超过其所通过的器件路径的损伤阈值。

因此，在对一个器件进行转运或加工的过程中，可能会发生多次 ESD，但不会造成损伤。发生 ESD 损伤的概率约为千分之一或百分之一。结合这一事实，损伤往往会在后续的生产制造环节才被发现，但彼时也不一定会被识别为 ESD 损伤，这就难怪很多人觉得自己与 ESD 损伤没有关系。

然而，导体与 ESDS 器件的每次接触都有发生 ESD 的可能。如果存在大量的放电风险却未进行充分的 ESD 控制，ESD 损伤就难以避免了。

2.10.3 ESD 控制的原则

ESD 控制的原则非常简单，每一条原则都旨在降低特定的 ESD 风险。

（1）ESDS 产品只能在 EPA（详见第 4 章）内或在 ESD 受控环境中操作，从而确保操作 ESDS 器件时，能够将 ESD 风险控制在可接受的范围内。

（2）在 EPA 外的非防护区域（Unprotected Area，UPA），使用防静电包装对 ESDS 器件进行保护。使用防静电包装的目的是防止外界静电对 ESDS 器件产生显著影响。防静电包装内部为设备提供了一个安全空间，确保 ESD 风险可控。

在 EPA 内部，通过尽量消除可能导致 ESDS 产品损伤的静电源，来确保 ESD 风险得到控制。

（3）可能接触到 ESDS 产品的导体，特别是金属物品和人员，应尽可能做到接地，从而使导体上携带的静电电压相等且接近 0。这样可以防止导体带电后成为对 ESDS 器件放电的重要源头。

（4）当导体不便接地但有可能接触 ESDS 器件时，导体和 ESDS 器件之间的电位差必须降低到足够小，以规避重大 ESD 风险。

（5）应消除或减弱 ESDS 器件附近的潜在静电场。为了减少独立的 ESDS 器件或其他未接地导体的感应起电风险，需要让带电的绝缘体和静电源远离 ESDS 器件。

（6）对于可能接触 ESDS 器件的物品，应选用具有合适电阻的材料。一旦发生 ESD，这将有助于将放电电流降低到安全水平以下，并把大部分能量留在材料内部，而不是释放给 ESDS 器件。

以上措施并不能完全消除静电，但有助于减少 ESD 的次数、减弱每次 ESD 的强度以及降低损伤 ESDS 器件的可能性。减少与 ESDS 器件接触的次数也有助于降低 ESD 风险。因此，最简单的措施就是，在非必要时不操作 ESDS 器件，并尽可能减少 ESDS 器件与其他不同电位导体的接触，从而有效降低 ESD 风险。如果材料本身具有不可忽略的电阻，当与 ESDS 器件接触时，就可以进一步降低 ESD 风险。这是由于材料本身的电阻降低了放电的峰值电流，减少了材料吸收的能量。

适宜的防静电包装能够大大降低 UPA 中的 ESD 损伤风险。因此，为防止静电对 ESDS 部件或物品造成损伤，需要对产品进行防静电包装保护。

参考资料

Agarwal, A. and Lang, J.H. (2005). Foundations of Analog and Digital Electronic Circuits.Morgan Kaufmann, ISBN: 1558607358.

Andersson, B., Fast, L., Holdstock, P., and Pirici, D. (2008). Charging of a person exiting a car seat. Electrostatics 2007. J. Phys. Conf. Ser. 142: 012004.

Bailey, A.G., Smallwood, J.M., and Tomita, H. (1991). Electrical discharges from the human body. In: Electrostatics –Inst. Phys. Conf. Se. 118 Sec. 2. Inst.Phys.

Barnum, J.R. (1991). Sandia's severe human body electrostatic discharge tester (SSET). In: Proc. EOS/ESD Symp. EOS13, 29-30. Rome, NY: EOS/ESD Association Inc.

Cross, J.A. (1987). Electrostatics Principles, Problems and Applications. Adam Hilger. ISBN: 0852745893.

Department of Defense. Military Handbook. (1994). Electrostatic Discharge Control Handbook for protection of electrical and electronic parts, assemblies and equipment (excluding electrically initiated explosive devices) (metric). MIL HDBK-263B.Washington DC,Department of Defense.

International Electrotechnical Commission. (2013). PD/IEC TS 60079-32-1. Explosive atmospheres Part wp2-1. Electrostatic hazards, guidance. Geneva, IEC.

Jonassen N. (1985). The physics of air ionization. In: Proc. EOS/ESD Symp. EOS-7 Minneapolis USA. Rome, NY, EOS/ESD Association Inc. pp. 59-66.

Jonassen, N. (1986). The physics of air ionization. In: Proc. EOS/ESD Symp. EOS-8, 35-40. Rome, NY: EOS/ESD Association Inc.

Jonassen, N. (1998). Human body capacitance — static or dynamic concept? In: Proc. EOS/ESD Symp. EOS-20, 111-117. Rome, NY: EOS/ESD Association Inc.

Kelly MA, Servais G E, Pfaffenbach T V. (1993). An Investigation of Human Body Electrostatic Discharge. 19th International Symposium for Testing & Failure Analysis Los Angeles,California, USA. Russell Township, OH, ASM International.

Kuffel, E., Zaengl,W.S., and Kuffel, J. (2000). High Voltage Engineering. Newnes. ISBN: 0750636343.

Landers, E. U. (1985). Distribution of charge and fieldstrength due to discharge from insulating surfaces. J. Electrostat. 17: 59-68.

Norberg, A. (1992). Modelling current pulse shape and energy in surface discharges. IEEE Trans. Ind. Appl. 28 (3): 498-503.

Norberg, A. and Lundquist, S. (1991). A distributed RC transmission line model for electrostatic discharges from insulator surfaces. In: Inst. Phys. Conf. Se. 118, 269-274. Electrostatics 1991.

Norberg, A., Szedenik, N., and Lundquist, S. (1989). On the pulse shape of discharge currents. J. Electrostat. 23: 79-88.

Pirici, D., Rivenc, J., Lebey, T. et al. (2003). A Physical model to explain electrostatic charging in an automotive environment: Correlation with experimental approach. In: Proc. EOS/ESD Symp. EOS-25, 161. Rome, NY: EOS/ESD Association Inc.

Simco Ion. (2019). Emitter point maintenance. Technical note TN-003. [Accessed: 16 April 2019].

Smallwood, J. M. (1999). Simple passive transmission line probes for electrostatic discharge measurements. In: Inst. Phys. Conf. Se. 163, 363-366. Electrostatics 1999, Inst.Phys.

Tamminen P, Viheriäkoski T, Ukkonen L, Sydheimo L. (2015). ESD and Disturbance Cases in Electrostatic Protected Areas. In: Proc EOS/ESD Symp. 5B.2, Rome, NY, EOS/ESD Association Inc.

Verhage, K., Roussel, P. J., Groeseneken, G. et al. (1993). Analysis of HBM ESD Testers and specifications using a 4th order lumped element model. In: Proc. EOS/ESD Symp, 129-137.Rome, NY: EOS/ESD Association Inc.

Viheriäkoski T, Peltoniemi T, Tamminen T. (2012). Paper 4A3. Low Level Human Body Model ESD. In: Proc. EOS/ESD Symp. Tucson Ariz. USA. Rome, NY, EOS/ESD Association Inc.

Wallash A, Levitt L. (2003). Electrical breakdown and ESD phenomena for devices with nanometer-to-micron gaps. In: Proc. SPIE 4980, Reliability, Testing, and Characterization of MEMS/MOEMS II. San Jose, CA, SPIE.

Wallash A, Smith D. (1998). Paper 4B.6. Electromagnetic Interference. (EMI) damage to giant magnetoresistive (GMR) recording heads. In: Proc. EOS/ESD Symp., Rome, NY, EOS/ESD Association Inc. pp. 368-374.

Welker, R. W., Nagarajan, R., and Newberg, C.E. (2006). Contamination and ESD Control in High-Technology Manufacturing. Wiley. ISBN: 978-0471414520.

延伸阅读

EOS/ESD Association Inc. (2015). ANSI/ESD STM3.1-2015. ESD Association Standard for the Protection of Electrostatic Discharge Susceptible Items – Ionization. Rome, NY, EOS/ESD Association Inc.

International Electrotechnical Commission. (2017). IEC 61340-4-7:2017. Electrostatics - Part 4-7: Standard test methods for specific applications – Ionization. Geneva, IEC.

第 3 章　ESDS 器件

3.1　什么是 ESDS 器件

ESD 敏感性在 ESD ADV1.0-2009 中被定义为"被静电放电损坏的倾向"。各种类型的器件都存在受到静电场或 ESD 损坏的倾向。易受到 ESD 损伤的组件通常称为静电放电敏感（Electrostatic Discharge Sensitive，ESDS）器件（见图 3.1）。ESD ADV1.0-2009 将易受 ESD 影响的器件定义为"具有一定程度的 ESD 敏感性的电气或电子部件、器件、组件、装配件或单机设备"。

图 3.1　单个晶体管或二极管、PCB 或模块都可以是 ESDS 器件

随着时间的推移，电子装配新技术得到了快速发展，不断更新的 ESDS 技术

列表则随着电子装配新技术的发展而不断扩大，且仍在持续增长。与早期技术相比，新技术制造的产品对 ESD 损伤的敏感性或高或低。MIL-HDBK-263 中给出了 ESDS 组件的类型列表，并概述了其损坏机制。第 3.4 节将简要回顾其中一些早期技术，同时介绍一些最新技术。

过电应力（Electrical Overstress，EOS）是由于在某些条件下，通过组件的电气强度超过了组件的绝对最大额定值而对组件造成的损坏。ESD 是 EOS 的一种形式，其他 EOS 源包括闪电、电磁脉冲（Electromagnetic Pulse，EMP）和在测试或操作期间可能在电路板或系统级组件上发生的电气瞬变。EOS 正成为导致电子组件损毁和失效的一个严重问题（Amerasekera et al., 2002）。

在发生 ESD 事件期间，组件所承受的电气应力可能会超过它正常所能承受的范围。大电流会在瞬时由非常规路径流过组件内部，从而产生过电压的情况，电压可以是由外部施加的，也可以是由内部产生的，这会大大超过组件的设计额定值。

ESDS 器件和系统可能出现完全、部分或暂时失效的问题 [MIL-HDBK-263B（Department of Defense, 1994）]。当器件或系统被静电场或 ESD 永久损坏时，就会发生完全失效或灾难性的故障（有时也称为硬失效）。有些完全失效的问题可能是由于多个 ESD 事件的累积效应而形成的。在故障分析中，ESD 损伤与其他形式的 EOS 损伤很难区分，但是在 EOS 损伤中，其他形式的损伤通常要比 ESD 损伤严重得多。

未通电的组件和器件更常出现完全失效的情况。有时，有些组件所受到的损伤可能只会降低功能性使工作参数受到影响，但这些受损器件仍然可以通过功能测试。在之后的使用过程中这些受损器件则会不定期出现故障或未到使用寿命就出现完全失效的情况，这种情况的失效被称为潜在失效。

不只是单个组件容易受到 ESD 的影响。在本身没有 ESD 防护设计的情况下，任何包含 ESDS 器件的 PCB、模块或组件都有可能是 ESDS 产品。在某些情况下，这些器件、组件或模块对 ESD 的敏感可能仅发生在剩余的裸露接触点上，如飞线、连接器或有限的裸露导体。

已经装配完整的设备内的器件都被保护在设备外壳中，这就为电路中的 ESDS 器件提供了有效的 ESD 屏障，一般不再将其视为 ESDS 产品。在这些情况下，必须对此类设备使用 EMC 法规或标准进行整机 ESD 抗扰度测试以及在设备正常运行期间的 ESD 抗扰度测试。这些系统级 ESD 抗扰度测试的目的是确保系统的功能在操作期间或在用户使用时不会因为受到异常电磁环境或 ESD 的影响而损坏。

由于当 ESD 发生时，电子设备可能仅受到了部分损伤或仅是暂时失效（软失效），在此种状态下，电子设备可能立即恢复或在短时间内恢复正常工作，也可能在放电影响后出现程序崩溃的故障或自动重置、数据丢失等问题。通常，程序崩溃类故障可以通过重启系统完全恢复，数据丢失等损坏可能会将受损的片段保留在系统中。

一般来说，在连接器终端和潜在的 ESD 入口点都应进行静电防护设计，用于抵御预期的 ESD 风险。有时，设备内连接到连接器上的线路、通过键盘或触摸屏等用户界面访问可触及的组件等，也存在被 ESD 损坏的风险。设备部件的严重 ESD（如连接器的电缆放电）有时会对设备造成物理破坏或硬失效，因此，这种设备需要内置 ESD 保护措施。

3.2 ESD 敏感度的测试

3.2.1 模拟 ESD

静电放电（ESD）通常可以用一个简单的电路来模拟（见图 3.2），并且可以添加其他组件来模拟更接近实际的状态，以得到更真实的波形（Wang, 2002）。

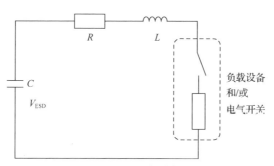

图 3.2　ESD 电路模拟

电容 C 被充电至 ESD 电压 V_{ESD}。电容模拟了真实情况下存储在人体、金属物体或设备本身上的电荷。在 ESD 事件发生时，放电电流流过电路电阻 R、电感 L 和负载设备和/或电气开关。尽管该电路在图 3.2 中使用了开关来模拟，但在实际的 ESD 时，电流流过间隙通常是由于发生放电的材料（通常是空气）的绝缘特性被破坏引起。

选择电容、电路电阻和电感可以使 ESD 波形特征与实际 ESD 事件的匹配程度更高。有时，需要接入其他组件来调整波形以适应实际应用。

此类电路常被用于 EMC 中的 ESD 抗扰度测试和半导体器件 ESD 敏感度测试，也被用于其他工业领域，如爆炸物和易燃环境的点火测试。常见静电源的典型 ESD 模型仿真值如表 3.1 所示。

表 3.1 常见静电源的典型 ESD 模型仿真值

静电源	电阻 R（Ω）	电容 C（pF）	电感 L（nH）
人体	300~1500	100~300	偏离
大型金属物体	偏离	200	偏离
充电设备	<10	设备测试状态下的电容（1~30）	<10
带电绝缘体表面（Norberg，1992）	火花电阻 2~8kΩ	8~11	—

简易的电路模型可以适用于大部分较简单的放电过程，特别是在放电源是导电材料，并且简单的电阻和电感可以用于模拟放电路径的情况下。在实际放电发生时，ESD 波形很大程度上取决于"负载"电路的特性，它可能是高度非线性的，就像源极一样。受损的器件或开关间隙可能具有很大阻抗，并可能影响放电所产生的峰值电流、持续时间和其他 ESD 波形特性，包括波形是单向还是振荡的（见第 2.7 节）。由于半导体结的存在，器件还可能具有非线性整流作用（见图 3.3）。

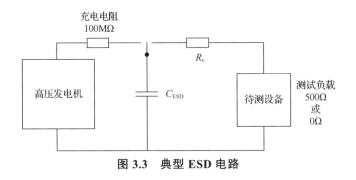

图 3.3 典型 ESD 电路

3.2.2 标准 ESD 敏感度测试

电子器件 ESD 敏感度测试中通常使用的 3 种测试模型为 HBM、MM 和 CDM。这些模型均为已知的特定静电源（Wang，2002；Amerasekera，2002），且会造成严重的 ESD 损伤。不同模型的特定规范会因为标准和实施的情况而在细节上有所不同。

在测试器件时,通常使用 HBM 测试来对器件特性进行表征。而模拟自动化技术放电时则使用 CDM。但是,并非所有制造商都会在器件数据表中公布测试结果。

在撰写本书时,使用 MM 测试的器件,其特性的表征有些脱离实际,因为 MM 放电的失效与 HBM 放电的失效相似,并且这些测试的耐受电压通常具有相关性。制造商认为 MM 测试与 HBM 测试相比,所能提供的额外信息更少(Duvvury et al., 2012)。

被广泛使用的器件 ESD 敏感度测试标准主要有 ANSI/ESDA/JEDEC JS-001 (EOS/ESD Association Inc, JEDEC, 2017)、IEC 60749-26(HBM)(International Electrotechnical Commission, 2013)、IEC 60749-27(MM)(International Electrotechnical Commission, 2012)、ANSI/ESDA/JEDEC JS-002(CDM)(EOS/ESD Association Inc. JEDEC, n.d.)和 IEC 60749-28(CDM)(International Electrotechnical Commission, 2017)。

当放电施加在负载而不是模型组件值上时,这些值需要根据放电波形的特性来定义。部分标准定义的波形在第 3.2.4 节~第 3.2.8 节中给出。用于建立这些标准定义的波形的典型模型组件值在表 3.2 中给出。

表 3.2 用于建立标准定义的波形的典型模型组件值

模型	标准	R_s（Ω）	C_{ESD}（pF）
HBM	IEC 60749-26、ANSI/ESD/JEDEC JS-001	1500	100
MM	IEC 60749-27、ANSI/ESD/JEDEC STM5.2	—	200
人体金属模型（HMM）	IEC 61000-4-2、ANSI/ESD S5.6	330	150

3.2.3 ESD 耐受电压

在器件 ESD 敏感度测试期间,电容上的电压逐步增加(应力水平),并在每个应力水平上进行测试,直到器件损坏。器件不损坏的最高应力则记录为 ESD 耐受电压值。在 100V 电容充电电压下的 HBM 测试中,HBM 100V 器件没有损坏。根据所使用的电压增量,它可能会被下一个水平的测试电压级别损坏。

3.2.4 HBM 敏感度测试

带电人体是人工组装操作中最常见和最具破坏性的静电源。在日常生活中,人们通过正常运动就可以充电,通常带电电压高达数千伏(kV)。而当身体的充电电压没有超过约 2kV 时，通常人们不会感觉到发生了 ESD（Brundrett, 1976; Wilson, 1972）。

因此，器件 ESD 敏感度的主要测试是通过 HBM 进行的。在这个测试中，一个带电的 100pF 电容通过 1500Ω 电阻向器件放电。100pF 电容用来模拟存储在人体上的电荷，电阻则用来模拟人体和皮肤的阻抗。

ANSI/ESD/JEDEC JS-001-2017 标准定义了用于器件测试的 HBM 电流波形。波形参数包括峰值电流、上升时间和持续时间（见图 3.4），它们给出了在 0Ω 和 500Ω 校准负载下进行 HBM 测试所需的值（见表 3.3）。测试时，如果电路中使用设备作为负载，所得到的波形与使用校准负载得到的波形不同。器件评估通常使用 3 个样本来完成。每个样本都需要经过负极性和正极性 ESD 测试，最小脉冲间隔为 300ms。脉冲依次施加到每个引脚，每个电源引脚依次接地。测试从最低电压等级开始，在被测设备没有损坏的情况下逐渐增加电压。未接地或未测试的引脚悬空。施加的脉冲同样适用于无源器件的引脚。

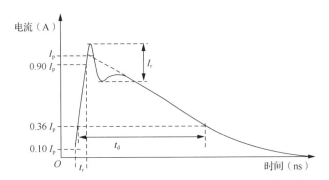

图 3.4　HBM 电流波形（在 0Ω 校准负载的条件下）

表 3.3　ANSI/ESDA/JEDEC JS-001-2017 HBM 电流波形性能参数

ESD 电压 (V)	峰值电流 I_p（A）		上升时间 t_r（ns）		衰减时间 t_d（ns）	振荡电流 I_r（A）
	0Ω	500Ω	0Ω	500Ω	0Ω	
250	0.15～0.18	—	2.0～10.0	—	130～170	15% I_p
500	0.30～0.37	—	2.0～10.0	—	—	—
1000	0.60～0.73	0.37～0.55	2.0～10.0	5.0～25.0	—	—
2000	1.20～1.47	—	2.0～10.0	—	—	—
4000	2.40～2.93	—	2.0～10.0	5.0～25.0	—	—

在相应测试等级将脉冲施加到所有引脚组合后，对设备进行故障测试。当设备不再满足其技术参数指标时，则此功能判定为失效或故障，此时测试结束。被测设备在测试后根据其失效的电压等级进行分类（见表 3.4）。

HBM 放电中的峰值电流主要由串联的 1.5kΩ 电阻决定。杂散电感和电路电阻对峰值电流的影响相对较小。在该模型中，如果器件的阻抗比串联电阻低，则器件对波形的影响很小。在这种情况下，存储在电容中的大部分能量在串联电阻中耗散，而不是在器件中耗散。

25ns 的相当长的上升时间限制允许设备制造商构建测试设备（通常具有高杂散电容并减缓上升沿）来测试高引脚计数器件。

表 3.4 HBM 下的器件敏感度等级

等级	ESD 电压失效范围（V）
0Z	<50
0A	50 到<125
0B	125 到<250
1A	250 到<500
1B	500 到<1000
1C	1000 到<2000
2	2000 到<4000
3A	4000 到<8000
3B	≥8000

3.2.5 系统级人体 ESD 敏感度测试

近年来，系统级电子元件的 ESD 敏感度已经开始使用一种与 HBM 相似的放电模型进行测试，该模型使用 150pF 电容和 330Ω 系列电阻。一个典型的例子是 IEC 61000-4-2（IEC, 2008）所给出的波形（见图 3.5）。该模型被一些人称为人体金属模型（Human Metal Model，HMM）。

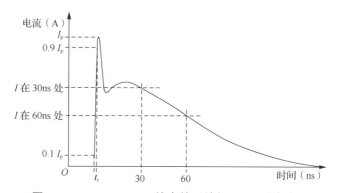

图 3.5 IEC 61000-4-2 给出的系统级 ESD 测试波形

在系统级 ESD 敏感度测试中，它们以两种方式应用于被测系统——空气放电或接触放电。接触放电是在放电枪的枪尖与放电点接触的情况下将放电电压施加在被测物体上。对于空气放电，放电枪的尖端移向放电点，直到发生放电或放电枪尖端接触被测物体。IEC 61000-4-2 中定义了 4 个测试等级（见表 3.5）。接触放电的典型波形参数如表 3.6 所示。

表 3.5 IEC 61000-4-2 中定义的测试等级

等级	接触放电测试电压（kV）	空气放电测试电压（kV）
1	2	2
2	4	4
3	6	8
4	8	15
x	由用户定义	由用户定义

表 3.6 IEC 61000-4-2 中接触放电的典型波形参数

等级	源电压（kV）	峰值电流 I_p（A）±10%	上升时间 t_r（ns）±25%	电流±30%	
				在 30ns 处	在 60ns 处
1	2	7.5	0.8	4	2
2	4	15.0	0.8	8	4
3	6	22.5	0.8	12	6
4	8	30.0	0.8	16	8

注：上升时间在第一个电流峰值的 10%~90% 范围内测量。从电流达到第一个峰值的 10% 开始，分别在 30ns 和 60ns 处测量电流。

尽管 IEC 61000-4-2 系统测试波形在某些方面与 HBM 电流波形相似，但两者间仍然存在显著差异。与 100pF/1500Ω HBM 放电模型相比，在充电电压一定的情况下，IEC 61000-4-2 150pF/330Ω 模型放电有着更高的存储能量和峰值电流，上升时间也明显更短（ON Semiconductor, 2010）。

然而，对于一些 ESDS 器件（特别是引脚可能直接连接到系统连接器上的器件），在开展 ESD 敏感度测试时，可能需要特别严格的测试条件，尤其是引脚可能直接连接到系统连接器上的组件。最近，IEC 61000-4-2 波形已被作为 HMM 用于组件测试[ANSI/ESD S5.6（EOS/ESD Association Inc., 2009）]。引脚可能直接连接到系统连接器上的组件更接近 HMM，因此应该使用系统测试波形来测试其敏感度（Ashton, 2008; Industry Council, 2010a, 2010b）。

还有其他的系统测试模型（如 ISO 10605 "道路车辆-静电放电引起的电干扰

的试验方法"），旨在评估车载电子模块的 ESD 敏感度（IOS, 2008）。这个测试模型使用 150pF（或 330pF）电容、330Ω（或 2000Ω）电阻和高达 25kV 空气放电（或 15kV 接触放电）的测试电压。

3.2.6 MM 敏感度测试

转运车、工具、机器部件或其他金属或高导电物体可通过车轮在地板上的滚动动作或通过运动时与其他材料的接触来充电。此时，MM 模拟大型导电物体与 ESDS 设备之间的 ESD。IEC 60749-27 中定义了用于器件测试的 MM 电流波形。这种波形的参数根据峰值电流和周期来定义（见图 3.6 和图 3.7），表 3.7 给出了使用 0Ω 和 500Ω 校准负载的 MM 测试器件时，判定合格所需的值。在器件充当负载时，所得到的波形通常与校准负载下得到的波形不同，因为被测器件会增加很大的阻抗，并且可能充当非线性负载。

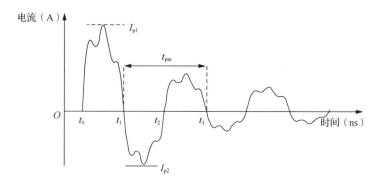

图 3.6　IEC 60749-27 中 MM 在 0Ω 负载下的放电电流波形参数

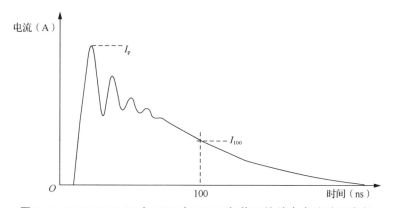

图 3.7　IEC 60749-27 中 MM 在 500Ω 负载下的放电电流波形参数

表 3.7 IEC 60749-27 中 MM 电流在 0Ω 和 500Ω 负载下的放电电流波形参数

电压（V）	第一峰值电流 I_{p1}（A）		第二峰值电流与第一峰值电流之比 I_{p2}/I_{p1}（0Ω）	100ns I_{100}（A）处电流值（A）	谐振频率周期 t_{pm}（ns）（0Ω）
	0Ω	500Ω			
100	1.7±15%	—	67%～90%	—	63～91
200	3.5±15%	—	67%～90%	—	63～91
400	7.0±15%	<I_{100}×4.5	67%～90%	0.29±15%	63～91
800	14.0±15%	—	67%～90%	—	63～91

用一个 200pF 的电容来模拟电荷存储在导电物体上的状态。模拟电路中没有定义额外的串联电阻或电感，但实际的放电电路中总是存在杂散电感和电路电阻。这里的杂散电感和电路电阻（包括器件在 ESD 作用下的阻抗）决定了电路峰值电流。这些无法被明确定义的因素都是测试时的变量，它们使得 MM ESD 耐受测试比 HBM 的更容易发生变化。由于电路电阻小，存储的大部分能量会在器件中耗散。

与 HBM 一样，器件的测试通常使用 3 个样本来完成。每个样本都需要经过负极性和正极性 ESD 测试，最小脉冲间隔为 300ms。测试从最低电压等级开始，在被测设备没有损坏的情况下逐渐增加电压。脉冲依次施加到每个引脚，每个电源引脚依次接地。未接地或未测试的引脚悬空。施加的脉冲同样适用于无源器件的引脚。

在相应测试等级将脉冲施加到所有引脚组合后，对设备进行故障测试。当设备不再满足其技术指标时，此功能参数判定为失效或故障，此时测试结束。被测设备在测试后根据其失效的电压等级进行分类（见表 3.8）。

表 3.8 IEC 60479-27 中定义的 MM 器件敏感度等级

等级	ESD 失效电压范围
A	在 200V 或者更低电压下失效
B	可承受 200V 电压，在 400V 电压下失效
C	可承受 400V 电压

MM 电流波形高度依赖负载，实际测试的波形可以是单向或振荡的；而 HBM 电流波形主要取决于串联电阻，且始终是单向的。对于给定的 ESD 电压，MM 的峰值电流比 HBM 的大一个数量级。

3.2.7 CDM 敏感度测试

在自动化装配和存储环节中，ESDS 器件可以通过与包装或其他材料接触或在电场中感应而带电（见第 4.4.7 节）。操作人员的衣服不经意地相互摩擦，或 ESDS 器件附近存在带电材料、带电的衣服或操作人员的电场感应，也可能导致器件带电。CDM 在实际应用中越来越重要，尤其是在自动化处理和装配系统中。

当带电器件与接地的金属物体接触时，会发生瞬时的大电流 ESD 事件。这是通过 CDM ESD 测试模拟观测到的，并且已经发现很多器件设备对 CDM ESD 具有高敏感度，它们在测试时会出现纳秒级的高电流瞬态波形。面积大、薄且具有多层特性的器件的整体电容大、内部特征尺寸小，这类器件的 CDM ESD 损伤风险更大。

由于电荷会驻留在设备本身上，因此放电模型中的电容就是设备在测试条件下的电容。器件电容取决于封装和器件与接地板之间的任何空气间隙或电介质。电路中的串联电阻和电感分别是测试设备、开关和设备内部的电阻和电感。这些因素决定了放电中的峰值电流和波形。

CDM 测试有两个版本（Brodbeck et al., 1998）。在场感应带电器件模型（Field-induced Charged Device Model，FICDM）测试中，被测器件被放置在金属板上，金属板可以施加测试电压。用一层绝缘薄板将被测器件与金属板隔开（见图 3.8）。在金属板上施加测试电压后，金属弹簧针将接触到器件引脚以启动放电。FICDM 测试可以很好地模拟实际情况下的 ESD，但是这种测试实施起来既耗时又昂贵。

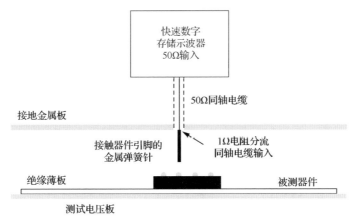

图 3.8 ANSI/ESDA/JEDEC JS-002 中的 FICDM 测试

波形的第一个和第二个峰值电流、上升时间、全宽和半峰高持续时间是关键参数（见图 3.9）。测试示波器的带宽也会影响测试结果，下文中给出了使用 1GHz 和 6GHz 示波器的表格供参考。

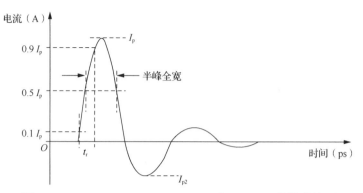

图 3.9 ANSI/ESDA/JEDEC JS-002 中 FICDM 的校准波形

该系统使用小型或大型验证模块代替设备进行校准。这些验证模块是一些金属板，其中较小的电容为 6.8×（1±5%）pF，较大的电容为 55×（1±5%）pF。此处给出了使用 1GHz 示波器监测的小型验证模块的参数（见表 3.9）和大型验证模块的参数（见表 3.10）作为示例。测试条件 TC×××表示电应力（Voltage Stress）水平，它与实际施加在电场极板上的电压不对应。这是因为在校准过程中，必须调整极板的施加电压，以使电流能够达到每个测试条件所要求的峰值电流值。CDM 测试对实验条件的变化非常敏感，如大气湿度的变化、验证模块表面的污染或氧化程度等，都会对测试过程产生影响。当放电电压在 1kV 及以上时，电晕放电可能会发生在接触器件之前。

表 3.9 使用 1GHz 示波器监测的小型验证模块的参数

测试条件	峰值电流 I_p（A）	上升时间 t_r（ps）	半峰全宽时间（ps）	负脉冲信号 I_{p2}
TC125	1.0～1.6	<350	325～725	<0.7I_p
TC250	2.1～3.1	—	—	—
TC500	4.4～5.9	—	—	—
TC750	6.6～8.9	—	—	—
TC1000	8.8～11.9	—	—	—

测试后，设备根据其失效的相应等级进行分类（见表 3.11）。插座器件模型（Socketed Device Model，SDM）[①]更容易操作，但其测试结果与 FICDM 测试结果的匹配度不好。在 SDM 测试中，器件被放置在测试插座中并通过中继网络放电。该测试方法对具有热量的散热片或不均匀的封装设备而言更具优势。

---

① 原文为 socketed device test（插座装置测试）。——译者注

表 3.10　使用 1GHz 示波器监测的大型验证模块的参数

测试条件	峰值电流 I_p（A）	上升时间 t_r（ps）	半峰全宽时间（ps）	负脉冲信号 I_{p2}
TC125	1.9～3.2	<450	500～1000	<0.5I_p
TC250	4.2～6.3	—	—	—
TC500	9.1～12.3	—	—	—
TC750	13.7～18.5	—	—	—
TC1000	18.3			

表 3.11　ANSI/ESDA/JEDEC JS-002 CDM 器件敏感度等级

等级	测试条件失效电压范围
C0a	电压小于 125V 时失效
C0b	可承受 125V 电压，250V 电压时失效
C1	可承受 250V 电压，500V 电压时失效
C2a	可承受 500V 电压，750V 电压时失效
C2b	可承受 750V 电压，1000V 电压时失效
C3	可承受 1000V 电压

3.2.8　测试方法比较

不同 ESD 模型的放电电流和时间特性有着明显的差异，使用不同 ESD 模型得到的 ESD 耐受电压测试结果也不同。HBM、MM 和 CDM 可以被视为图 3.2 所示的广义 ESD 模型的各种特殊情况。波形由 L、C、R 变量的不同组合产生，ESD 模型参数比较如表 3.12 所示（Gieser, Ruge, 1994）。

表 3.12　ESD 模型参数比较，使用 10Ω 负载代替设备

参数	HBM 500V	MM 500V	CDM 500V
C（pF）	100	200	10
L（nH）	10 000.0	750.0	2.5
R（Ω）	1500	10	10
波形类型	单向的	可变的、振荡的	可变的
上升时间（ns）	<10.0	<10.0	0.1
1/e 衰减时间（ns）	150	<100	1
峰值电流（A）	0.3	6.5	14.0
最大功率（W）	0.9	400.0	2000.0
耗散能量（μJ）	0.08	13.00	0.63
存储能量（μJ）	12.50	25.00	1.25

在 HBM、CDM 和 MM 还处于开发阶段的时候，Gieser 和 Ruge（1994）比较了几种模型的特性（分量值和特征波形可能与当前模型版本略有不同），指出以下 8 点内容。

（1）在 HBM 放电过程中，存储在电容上的大部分能量在串联电阻中耗散。

（2）串联电阻和负载组成分压器电路。施加在器件上的电压会对器件的氧化层施加压力。

（3）如果杂散元件阻抗较小，则 HBM 放电电流在很大程度上取决于串联电阻。

（4）在 MM 和 CDM 中，HBM 的电流可在更小的 ESD 电压下达到峰值。对于相同的 ESD 电压，MM 电流和 CDM 电流约为 HBM 电流的 10 倍。

（5）CDM 的上升和衰减时间比 HBM 和 MM 的快两个数量级。

（6）假设负载是电阻性负载，负载中耗散的峰值功率随电流的平方而增加。CDM 的峰值功率在千瓦级的范围内；MM 的峰值功率则较小，在 500W 左右；HBM 的峰值功率最小，仅在瓦级的范围内。

（7）在相同的测试电压下，MM 的高电容存储的能量约为 CDM 的 20 倍。

（8）实际上，在任何测试中获得的真实 HBM、MM 和 CDM 波形都会受到杂散"寄生"组件以及实际负载阻抗的相互作用的影响，而实际负载阻抗可能远非纯粹的电阻性。

根据 Smedes（2009）的记录，在 2kV 时，HBM 的峰值电流为 1.3A，持续时间约为 200ns。在 200V 时，MM 的峰值电流为 3.8A，脉冲宽度约为 30ns。在 500V 时，CDM ESD 的峰值电流范围为 2~10A，持续时间约为 1ns，具体取决于器件电容。

HBM 和 MM 的失效模式通常出现在片上保护电路中，而 CDM 的失效模式多数是由于栅极氧化物损坏而产生的。CDM 脉冲的持续时间（<1ns）通常小于触发保护电路所需的时间（Amerasekera et al., 1995）。CDM ESD 中的内部电路元件的放电电流方向可能与 HBM 和 MM 中的相反，因为电荷在内部存储并向外界放电，保护电路不是针对 CDM 放电这种情况设计的。

HBM 与 MM 的损伤应力水平有良好的相关性，HBM 的耐受电压约为 MM 的 12 倍（Kelly et al., 1995）。通常，HBM 的耐受电压比 MM 的高 10~20 倍，CDM 的损伤应力水平与其他模型的损伤应力水平的相关性很小。

3.2.9　ESD 敏感度测试的失效准则

ESD 敏感度测试中失效准则的选择对失效阈值结果有很大影响（Gieser, 2002）。对于产品的 ESD 认证测试，需要对产品的交流和直流参数进行全功能的性能测试,以确保其符合产品的所有指标。然而,这种测试无法检测到"仍能正常工作的轻微损伤",此时放电对器件的损伤是潜在性的,这些器件的功能会因受到影响而减弱,并导致前期失效。

3.2.10 传输线脉冲技术

传输线脉冲(Transmission Line Pulse,TLP)技术主要为片上 ESD 防护开发人员提供了一种鉴定 ESD 防护网络性能的方法(Gieser, 2002; Smedes, 2009; EOS/ESD Association Inc., 2006)。TLP 技术允许使用明确定义了持续时间和峰值电流的,且可重复的持续时间短的矩形波形脉冲对器件施加压力。TLP 波形的持续时间通常为 100ns,上升时间为 10ns,但在某些测试中,这些参数是可以变化的。TLP 波形是矩形的,而不是 HBM 的衰减波形。TLP 存储的能量与 HBM 存储的大致相同,HBM 测试中每 1kV 电应力对应的电流为 1.5~1.8A(Duvvury C. 的私人信件)。每个测试中的电流和电压读数用于构建完整的脉冲 V-I 特性。观察到的泄漏电流的变化是最可靠的失效判据,每次测试后都可以通过测量泄漏电流来评估器件的损坏情况。

尽管已经研究了 TLP、HBM 和 MM 结果之间的相关性,并积累了相关性推导经验,但这些相关性并不普遍适用。除了 HBM 和 MM,TLP 在 CDM 和系统级 ESD 测试中的应用尚不清楚。目前,一种非常快速的传输线脉冲(Very Fast Transmission Line Pulse,VFTLP)方法已经被提出,可用来解决 CDM 的这个问题,这种方法将脉冲宽度减小到 1~5ns,上升时间下降到约为 200ps。尽管 VFTLP 方法为测试结果提供了一些改进,但仍然是施加在两个引脚之间的应力,而实际的 CDM 使用单引脚承受应力,电流在器件内部的流动方式有所不同。

3.2.11 ESD 耐受电压与 ESD 损伤的关系

器件中的 ESD 敏感度主要有两种类型——能量敏感度和电压敏感度(Baumgartner B, n.d.)。然而,还有很多种 ESD 参数会对损伤的可能性产生影响:
- ESDS 器件中通过 ESD 来耗散的能量;
- 通过 ESDS 器件放电的峰值电流;
- 放电过程中在 ESDS 器件中产生的功率;
- 在一次或多次放电中转移到 ESDS 器件的电荷;
- 通过器件某一部分的过电压。

这些参数可能对不同的组件产生不同的影响,并且实际的 ESD 可能有着五花八门的特性。因此，具有相似 ESD 耐受电压的设备可能对实际的 ESD 损伤具有不同的敏感度。即使不改变静电源电压，改变 ESD 参数也会对 ESD 风险产生较大影响。例如，当 250V 的 CDM 器件与金属部件接触时，两者之间的电压差为 250V，则可能存在损伤的风险。损伤通常是指在 CDM ESD 事件中快速流动的大瞬态电流造成器件内部过电压。如果器件不接触金属，而是接触高电阻材料，则 ESD 电流会大大减少，放电速度会因材料电阻而减慢。在这种情况下，即使电压远大于 250V，也不会损伤设备。

在实际情况中，使用静电源电压来测量 ESD 耐受阈值的方法值得质疑，因为放电电压只是导致器件损伤的间接参数。持续的损伤通常是由器件中的能量耗散或放电电流造成的，为了保护器件不受损伤，就需要通过一些措施来转移或承受这些电流。一般来说，对于 HBM 和 MM，导致器件失效的电流大致相等 (Amerasekera et al., 2002)。即使在 CDM 中，失效同样源于高电流水平引发的内部电应力 (Brodbeck et al., 1998)。

在实际情况下，源电压只是影响器件中 ESD 电流和能量的因素之一。因此，很难将试验测得的 ESD 耐受电压与实际生产环境中的 ESD 风险直接关联起来。然而，在撰写本书时，在可预见的时间里，使用除源电压外的其他任何术语评估 ESD 敏感度似乎都不太可能被普遍接受。

3.2.12 ESD 敏感度测试的趋势

ESD 敏感度测试方法需要不断完善以应对不断发展的电子技术，如增加组件引脚数、减小引脚间距以及降低测试复杂器件的成本（EOS/ESD Association Inc., 2016）。MM 测试方法已不再推荐用于器件的鉴定。目前正在开发详细的 HBM 和 CDM 测试方法，以提高这些测试的效率并缩短测试时间和降低测试设备的压力。

在 HMM 波形测试中，将持续的压力施加到组件引脚上进行测试会影响系统级 ESD。迄今为止，这种器件测试方法的重现性较差，因此还处于进一步开发和完善的阶段。

用于评估 HBM、CDM 和系统级 ESD 敏感度的 TLP 测试也处于开发中 (EOS/ESD Association Inc., 2006; EOS/ESD Association Inc., 2016)。

已经标准化的 ESD 模型仅代表真实情况下的放电来源和风险的一部分。而其他公认的放电风险还包括带电平板事件（Charged Board Event, CBE）和电缆放电事件（Cable Discharge Event, CDE）。电缆放电事件可以被视为系统级 ESD 的一种形式，但它通常会直接影响直接连接到连接器端子的器件（见第 3.5.3 节）。

3.3 器件的敏感度

3.3.1 概述

根据许多不同类型器件的特定敏感度以及这些器件遇到静电源的类型和特性，ESD 损伤可能以多种方式发生。在不同的静电源和 ESD 等级的放电中，器件对 ESD 损伤的敏感度和损伤效应会有很大的不同。本节将通过丰富的信息对此进行叙述，以帮助读者理解器件敏感度。为了更详尽地说明，本节将给出一些具体的示例，这些示例仅是人们为了理解 ESD 失效所做的大量研究中的一小部分。

3.3.2 潜在失效

McAteer（1990）将潜在失效定义为：在使用条件下，较早发生 ESD 而导致的性能变化，在检测时无法立即发现，但实际已经发生的失效。潜在失效是一个充满争议和分歧的话题。McAteer 在他的文章中用一章来回顾关于潜在失效的研究，并得出以下结论：

- 潜在的 ESD 失效是存在的；
- 器件会出现轻微的参数变化或 V-I 特性曲线变形，但并不确定是否会随着时间的推移发生进一步恶化；
- 系统级潜在失效可能是部件在受到 ESD 应力后的性能指标无法符合规范要求导致的。

ESD 诱发的氧化物击穿会扭曲 MOSFET 的 V-I 特性，导致跨导降低，甚至导致晶体管的作用丧失。已发现跨导失效可能与电源电流的增大有关，而电源电流的增大会影响电池的使用寿命。

Reiner（1995）提出，CDM 下的放电可能会导致栅极氧化物损坏部位周围形成高电阻硅熔球。当电压达到 5V 时，它会导致 1μA 量级的不稳定漏电流。如果持续施加电压，那么随后产生的热效应可能会将这种材料中的部分转化为导电率更高的晶体硅，此时器件可能会变成永久性损坏。

Hellstrom（1986）分析了双极和金属氧化硅器件中的 ESD 失效。他们通过试验观测到了器件损伤的"诞生""生长""成熟"，也就是潜在失效到完全失效的全过程。

Baumgartner 评论说，大多数专家对 ESD 会引起器件的潜在损伤是持肯定态度的，但是这种损伤是否在该器件后续工作中持续发展并导致器件最终完全失效，专家们并没有形成统一的意见。会造成潜在损伤的 ESD 电压强度的范围很小，器件在受到放电之后会介于无损伤和完全失效的状态之间。放电电压的强度正好使器件处于两种状态之间的概率会非常小（Beal et al.，1983）。失效分析数据表明，潜在失效在统计上并不明显，而组件的初级失效可能比潜在失效发生的概率更大。

Tunnecliffe 等人（1992）对 32 个增强型和 32 个耗尽型场效应晶体管（Field Effect Transistor，FET）进行了±100V 和±200V 的 HBM 放电试验，并从中观测到了潜在失效的发生，但他们仍然得出了"由于潜在失效发生的可见范围很窄，因此对可靠性造成影响的风险很小"的结论，认为器件更有可能被完全损毁或保持完好无损。

相比之下，Gammill 和 Soden（1986）发现，在互补金属氧化物硅（Complementary Metal-Oxide-Semiconductor，CMOS）集成电路中，无论是在操作现场还是寿命测试实验中，都发生了潜在失效。McKeighan 等人（1986）发现，可逆电荷诱导的表面反转导致 CMOS 开关在寻址时无法打开。使用了高度绝缘的陶瓷封装可能是导致这个问题的因素之一。引起失效的电荷可能是在处理电路板或装配过程中积累的，或者是周围电场引起的。

一些工作人员发现，当已经开始老化的器件在受到 ESD 时，会出现某些参数变化或某些功能失效的情况（Taylor et al.，1986；Enoch et al.，1983），但在后续的操作环节中器件又会恢复到可正常工作的状态，甚至可以完全恢复。虽然 PN 结短路很难恢复原状，但是由 ESD 引起的电介质短路可以恢复。Krakauer 和 Mistry（1989）发现，低于完全失效阈值的 ESD 可能导致电荷载体注入氧化物中且无法耗散出去，这可能会导致电压阈值偏移和 MOSFET 漏电流的变化。

Cook 和 Daniel（1993）发现，施加在专用集成电路（Application Specific Integrated Circuit，ASIC）电源引脚上的 ESD 会导致潜在的器件闩锁免疫损伤。

Anand 和 Crowe（1999）研究了肖特基二极管中导致微波收发器灵敏度损伤的潜在失效。他们研究的微波二极管结面区域的直径范围为 5～8μm。通过反向泄漏测试，他们发现受损伤设备的泄漏电流比完好设备的更大。标准测试程序无法识别出失效的器件，因为在器件测试中不包括反向漏电流的测试项目。

Chen 等人（2009）发现，对 GaN 发光二极管（Light-Emitting Diode，LED）器件反向施加 HBM 和 MM ESD 的影响之一是导致泄漏路径的增加，这可能会产生累积和潜在的伤害效应。

Smedes 和 Li（2003）发现，ESD 会对互连结构造成潜在失效和永久性失效，从而将电子热迁移的寿命缩短 100 倍。在进行低等级的放电时，ESD 会引起金属线熔融，并在其冷却过程中改变它们的晶界结构。金属电阻的增加可能会导致电子迁移的寿命缩短。

Laasch 等人（2009）发现，在多个脉冲应力的作用下，ESD 保护二极管的潜在损伤会随着脉冲次数的增加累积,其形式是金属合金前端随着每次脉冲的发展而发展,最终可能导致 PN 结短路。

Sylvania(2009)给出了一个实例,在该实例中,串联电路中的一个 LED 损坏会导致整个串联电路中一部分"中奖"的 LED 损坏。串联电路中的一个 LED 损伤会导致光输出减少,但是同时整个串联电路需要保持足够的导电性来保证其他没有损伤的 LED 继续正常工作,这时,整个电路的使用寿命就会大大缩短。

Dhakad 等人(2012)描述了高级 CMOS IC 遇到 CDM ESD 时,没有出现明显的物理损伤,但是仍然检测到了功能性 CDM ESD 失效。失效器件被确定为栅极氧化物电荷捕获功能衰退的单个晶体管。

总之,这些研究表明,虽然通过各类试验已经可以证明潜在失效的存在,但它带来的似乎更多是一种低概率风险。然而,在实际应用中如果有高可靠性的要求,那么潜在失效仍然是不可忽视的重大问题。如果失效会导致高成本的损失或其他严重后果,那么此时潜在失效也是不可接受的。一些专家建议,对采用先进技术的高速半导体器件进行 HBM 或 CDM 水平略低于其阈值的情况下进行寿命测试研究,可能会对其在该测试条件下的可靠性有所了解(Duvvury C. 的私人信件)。

3.3.3 内置片上 ESD 防护网络与 ESD 防护目标

在 20 世纪 70 年代,大多数组件都不易受到 ESD 损伤。随着元器件技术的发展,IC 的内部组件的尺寸减小,这导致它们受到 ESD 损伤的风险大大增加。在 20 世纪 70 年代引入大规模集成(Large Scale Integration,LSI)技术后,ESD 损伤成为伴随而来的问题。随着内部组件的尺寸不断减小,内部器件的 ESD 敏感度不断提高,而更新的、更敏感的器件技术增加了 ESD 导致器件失效的风险。

为了应对这一趋势,半导体器件制造商增加了应对 ESD 的鲁棒性设计,如果在组件或电路板上有外露的器件引脚,则需要增加 ESD 防护网络,以将 ESD 电流从更敏感的内部组件转移开。

在 20 世纪 70 年代末期和 20 世纪 80 年代初期,汽车行业率先开始实施 ESD 合格等级(Industry Council on ESD Target Levels, 2011; Industry Council on ESD Target Levels, 2010b)。不同的公司或采用不同的 MM 或 HBM 电压等级标准进行评定。为了能满足客户需求,到 20 世纪 80 年代中期,半导体公司纷纷开始制定公司内部的 HBM 耐受电压标准要求,其中 HBM 2kV 最常见。在随后的 20 多年间,200V 的 MM ESD 耐受电压作为指标一直保持到了 2007 年。同期,出现了 CDM 500V 的耐受电压指标。2007 年,工业委员会发布白皮书(第 1 版),呼吁将 ESD 耐受电压的指标降低到 HBM 1kV。根据 HBM 和 MM 之间的相关性预测,

MM ESD 耐受电压指标将降低至 30~200V（Smedes, 2011）。在随后发布的白皮书（第 2 版）中，该委员会又提出了将 CDM 耐受电压指标降低到 250V 的建议。在可预见的未来，这种持续降低 ESD 耐受电压指标的趋势似乎仍会继续。

由于一些组件引脚功能的特殊性，它们很难利用片上 ESD 防护网络的设计来进行保护，如射频（Radio Frequency，RF）和高速引脚或某些类型的模拟输入输出引脚。ESD 防护网络的设计会增加射频电路的电容，并且降低电路的性能。在这类电容敏感电路中，ESD 防护网络必须使用较简单的低电容设计。频繁操作常常会使留给 ESD 防护网络的"电容裕度"减少。HBM ESD 防护网络的电容通常会随着 ESD 耐受电压的增加而增加，因此减少电容量的设计会迫使防护网络的 ESD 耐受电压降低。

并非器件上的所有引脚都具有相同的 ESD 耐受电压。例如，Burr Brown 生产的 DAC8043 的数据表提供了有关器件 ESD 性能的详细信息（Burr Brown, 1993）。该器件具有混合的数字和模拟功能。数字引脚标称的耐受电压为 HBM 2500V，而模拟引脚的耐受电压仅为 HBM 1000V。从数据表中还可以看出，器件的两个引脚 V_{REF} 和 R_{FB} 显示出一定的灵敏度。这意味着什么尚不清楚，但可以推测该器件在 HBM 1000V 的放电电压下可能无法正常工作，或可能直接失效。

片上 ESD 防护网络是使用嵌入式功率电路来表示的，通常依赖一种专门设计的 ESD 防护钳位器件，附加在被防护的引脚和 IC 地之间，或在两个引脚之间，通过局部钳位将 ESD 电流从敏感的内部电路转移（见图 3.10）。钳位器件可以是各种类型的器件，如 PN 二极管或 PIN 二极管、双极或 MOS 晶体管或可控硅整流器（Silicon Controlled Rectifier，SCR）（Amerasekera et al., 2002）。

电路如何设计取决于使用哪种钳位方式，如果 ESD 防护钳位器件 2 是反向二极管，则 ESD 防护钳位器件 1 和电源 ESD 防护钳位器件开启，以产生对地的正应力来保护电路。如果 ESD 防护钳位器件 2 是具有图 3.11 所示 V-I 曲线特性的击穿 NMOS 器件，则提供保护的是 ESD 防护钳位器件 2（Duvvury C. 的私人信件）。对于负瞬态，ESD 防护钳位器件 2 和 4 以及电源 ESD 防护钳位器件开启。

钳位器件是具有图 3.11 所示的 V-I 曲线特性的器件，它可以只具有图 3.11 所示的部分特性，也可以具有图 3.11 所示的全部特性。在发生 ESD 的过程中，施加在器件两端的电压会增加，直到施加的电压增加至 V_{t1} 触发钳位开启，此时通过器件的电流增大。当电流持续增大到 I_{t2} 时，则可能发生二次击穿并伴随热失效。由此可以看出，ESD 保护电路可以处理的电流和能量是有限的，即使在有 ESD 保护电路设计的情况下，器件或电路板仍然会受到 ESD 影响。HBM 测试中的 ESD 耐受电压或实际 ESD 事件中的失效是由测试时流过被测器件的最大电流决定的，而不是由源 ESD 电压决定的。

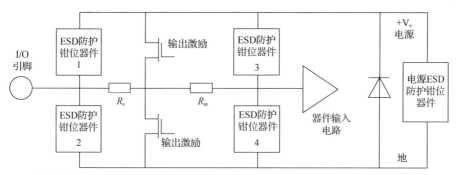

图 3.10 用于输入输出（I/O）引脚的片上 ESD 防护网络的典型钳位布置

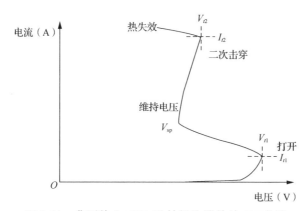

图 3.11 典型片上 ESD 防护钳位器件的 V-I 曲线

3.3.4 典型组件的 ESD 敏感度

识别组件的 ESD 耐受电压的唯一方法是对其进行敏感度测试，或直接获取制造商的数据。但不幸的是，许多制造商并不会在数据表中将器件或组件的 ESD 敏感度数据提供给用户。

尽管如此，还是有很多研究人员将测试数据作为参考资料来编撰部分常用器件的通用数据，从而为指导 ESD 防护方案的设计提供帮助。表 3.13 所示为常规器件的典型 HBM ESD 耐受电压范围。

表 3.13 常规器件在 HBM ESD 耐受电压范围

器件类型	典型的 HBM ESD 耐受电压范围
MR 磁头，RF FET、表面声波器件	10～100V
MEMS	40V～?
MOSFET、激光二极管、PIN 二极管	100～300V
LED	50V 到 >15 000V

续表

器件类型	典型的 HBM ESD 耐受电压范围
MMIC	250V 到>2000V
Pre-1990 VLSI	400～1000V
Modern VLSI	1000～3000V
Bipolar	600～8000V
Linear MOS	800～4000V
HCMOS	1500～3000V
CMOS B 系列	2000～5000V
功率双极晶体管	7000～25 000V
薄膜电阻器	1000～5000V
电容（低电容和击穿电压）	取决于电容和击穿电压

来源：IEC 61340-5-2/TS:1999，器件数据表和其他数据库。

IEC 61340-5-2:1998 中根据其他试验或资料给出了一些补充数据。虽然数据表给出了各种类型的器件技术的 HBM ESD 耐受电压范围，但一些特定组件的敏感度需要单独进行测试，并不能完全参照标准中的通用值。

在 20 世纪八九十年代，可靠性分析中心发布了包括分立器件和无源器件在内的一系列组件的 ESD 敏感度汇编（Reliability Analysis Centre, 1989a, 1989b, 1995）。

3.3.5 分立器件

分立器件（单个晶体管、二极管或其他简单器件）通常没有任何片上保护设计。这些器件中的大部分都具有相对较高的 ESD 耐受电压，但是也有少部分器件具有相对较低的 ESD 耐受电压。例如，小信号 MOSFET 等 ESDS 器件就可能具有较低的 HBM ESD 耐受电压；另外，RF 组件也都特别敏感，因为它们的内部尺寸很小，相对来说，这会导致器件的 ESD 敏感度等级提高。

3.3.6 小尺寸的影响

随着 IC 技术的进步，芯片上的器件尺寸在不断减小。MOS 组件的通道长度、栅极氧化层厚度和连通尺寸都在日渐减小（Duvvury et al., 2011）。但薄而小的尺寸增加了互连器件和其他导体的电阻，此时，在相同的电流下就会产生更高的电压降。由于能量、功率或电流水平降低以及氧化层击穿电压降低，因此组件的 ESD 敏感度更高。这就使得器件越来越难同时满足 HBM 和 CDM 两个模型下的 ESD 耐受水平。钳位 ESD 保护电路必须在瞬态 ESD 条件下保持电压水平低于内部电路的击穿电应力，而在最新的 IC 技术中，组件的耐受电压值可能会达到 5V 以下。

3.3.7 封装技术的影响

封装的差异对 HBM 耐受电压强度的影响不大，但在 CDM 下，封装会对耐受电压强度有很大影响（Duvvury et al., 2011）。这是因为每次封装都会引入不同的封装尺寸和电容、焊线电感和其他因素。其中，封装自身引入的电容在确定带电器件耐受电压方面起着重要作用。

一些现代封装技术，如球阵列封装（Ball Grid Array，BGA），与双列直插封装（Dual Inline Package，DIP）等这类早期的封装技术相比，并不易受到人体接触和 ESD 的影响。而一些嵌入式和引脚密集且间距微小的类型的封装后的芯片，却很难由于人体 ESD 引起损伤，在实际生产过程中，这种类型通常会由自动化设备（Automated Handling Equipment，AHE）进行处置，因此 CDM 的 ESD 才是这些器件的主要关注点。

3.4 一些常见的 ESD 失效类型

3.4.1 失效机制

ESD 相关失效机制取决于器件类型和技术。它们通常包括：热二次击穿、金属导电层熔融、介质击穿、气体电弧放电、表面击穿及体击穿等（MIL-HDBK-263 sec 50; Analog Devices, 2014; Linear Technology, n.d.）。

热二次击穿、金属导电层熔融，以及体击穿取决于放电时通过器件耗散的能量；介质击穿、气体电弧放电和表面击穿是器件某些部分的电应力过高造成的。在诸如 MOS 电容器或 MOSFET 栅极之类的高电阻、电容结构中，当有足够多的电荷被传导到该结构中时，该结构所承受的电压可能会提高到击穿水平。

根据 Analog Devices（2014）的研究，大多数 ESD 失效是由导电层熔融、电介质损坏、结损坏或接触峰值引起的。

导电层熔融发生在薄片金属或多晶硅互连以及薄膜、厚膜或多晶硅电阻中。ESD 产生的大电流会导致导体或电阻材料局部发热，从而导致熔断和电路开路。

这种类型的损坏通常是由 HBM ESD 引起的，一般来说，带电人体代表了高能静电源。对于厚膜和薄膜电阻，可能由于放电引起部分熔化和电阻值变化，这会导致 IC 参数失效。这些损坏机制大部分是通过 HBM ESD 测试发现的，并不是实际操作过程中发生的失效所记录的。相比之下，对于 CDM ESD，生产现场所发生的失效和测试时所观测到的失效，它们的关联性更强（Duvvury C. 的私人信件）。

当薄绝缘介电层（如二氧化硅或氮化物）受到超过它与时间相关的介电击穿强度的施加电压时，就会发生介质击穿，从而引起电介质穿孔。这种类型的失效是典型的 CDM 损伤，因为极短的上升时间会导致芯片内出现高电压。击穿时流动的大电流可导致硅熔丝的形成。

当 PN 结受到雪崩击穿和热二次击穿时，可能会发生 PN 结损坏和接触峰值。当超过反向偏置 PN 结的反向击穿电压时，就会先发生雪崩击穿，然后在 PN 结材料足够热的地方发生热二次击穿。流动的大电流通过该位置时，就会引起局部电流增大，产生局部过热现象。当温度超过 1415℃时，硅就会熔化。局部的高温会引发相邻的接触金属熔化并且接触金属的位置也会发生变化，此时 PN 结会被电阻材料短路。

如果将熔化的结材料在凝固时掺杂到晶体结构中，那么整个晶体结构的电特性会发生改变，此时可以观测到结构发生了软反向击穿，这可能导致或大或小的泄漏电流增加和器件参数的变化。触点材料的熔化也会导致相应 IC 引脚失效。

3.4.2 介质击穿

MOS 技术广泛用于制造分立 MOSFET、IC、MOS 电容器和具有金属化交叉的器件。典型结构由两个导电层和分隔两个导电层的绝缘氧化物薄介电层组成。跨层的电阻通常非常高，而导体之间的泄漏电流非常低。

击穿电压随着氧化层的厚度而降低。分离组件所使用的薄介电层会因为很小的电压差而发生击穿。当电介质两端的电压超过与时间相关的电介质击穿临界值时，就会发生介质击穿（Analog Devices, 2014）。这种情况会造成 MOSFET 中的栅极-源极或栅极-漏极短路，或金属化轨道和下面的半导体区域之间形成电阻泄漏通路。ADI 称，这是带电器件 ESD 失效的主要后果，因为极短的上升时间最有可能导致内部电压过高。击穿往往发生在具有高电场的点上，如电介质中的拐角、边缘或台阶。

如果发生击穿，在绝缘层中会形成穿孔缺陷。如果在电介质上施加足够的电压，电介质周围场强就会超过击穿场强，从而发生击穿。这种类型的损坏与电压强度有关，因为需要在氧化层上施加足够的电压这种类型的损坏才会发生。击穿后，大电流流过击穿点，导致击穿区发热。如果放电过程有足够大的能量，可能会熔化少量的半导体。

然而，击穿所导致的后果可能取决于放电时所产生的能量。被熔化的材料可能会流入穿孔内，此时如果穿孔被填充，会致使两个导体短路。这通常会因短路或泄漏电流过大，导致可以检测到器件失效。然而，如果放电的能量不足以使材料融化，那么可能只会留下明显的穿孔，此时器件仍然可以工作，只是会损失一部分功能。如果再次发生放电，且放电作用到同一受损点，此时即使只受到了很低的电压也可能导致器件失效，或导致泄漏电流增加。

微机电系统（Microelectromechanical System，MEMS）器件中也有过介质击穿损伤的报道（Sangameswaran et al.，2009）。

3.4.3 MOSFET

根据 Infineon（2013）的研究，MOSFET 器件的 3 种常见的 ESD 失效机制分别为：结损坏、栅极氧化层损坏和金属化烧毁。HBM 中最常见的失效是由足够大的放电能量和足够长持续时间的 ESD 瞬变引起的结损坏。损坏通常表现为高反向偏置漏电流或短路。

然而，栅极氧化层损伤是 ESD 损伤的主要机制。这发生在栅极受到 ESD 导致栅极氧化物击穿时。当薄栅氧化层上的电压超过击穿场强时，就会发生这种情况。一般来说，尽管瞬时 ESD 发生时，需要产生足够大的 ESD 电压才会造成击穿，但是对于薄栅氧化层，很小的击穿电压就可以导致氧化层击穿。

另一种常见的 ESD 失效模式是 ESD 可能导致栅极氧化物中的电荷被捕获而无法泄放。这会导致栅极阈值电压的偏移和功能故障。这种现象有时会在几小时后自行消退，因此捕获的电荷效应并不是永久性的（Duvvury C. 的私人信件）。

金属化烧毁也是可能发生的失效模式，这种失效通常是初始结或栅极氧化层击穿后发生的次级效应。

MOS 栅极是一种电容结构。当栅极被充电到电压超过电介质的击穿电压时，栅极很可能会被损坏。这种结构的 HBM 或 MM 测试只需将一个电容（静电源）中的电荷转移到另一个电容（MOS 栅极）中（见图 3.12）。如果栅极电容已知，则可以计算栅极上的最终电压。因此，如果 MOSFET 栅极电容和击穿电压已知，则可以估计 MM 或 HBM ESD 耐受电压（International Rectifier, n.d; Application note AN-986）。

在电压 V_{ESD} 下,静电源电容 C_{ESD} 中的初始电荷 Q_{ESD} 为:

$$Q_{ESD}=C_{ESD}V_{ESD}$$

在 ESD 期间,该电荷在并联的源电容和栅极电容 C_g 之间共享。达到栅极击穿电压 V_{gbr} 所需的电荷 Q_{br} 为:

$$Q_{br}=(C_{ESD}+C_g)V_{gbr}$$

当 Q_{ESD} 等于 Q_{br} 时,可以找到栅极达到该击穿电压的阈值 ESD 电压。

$$C_{ESD}V_{ESD}=(C_{ESD}+C_g)V_{gbr}$$

$$V_{ESD}=[(C_{ESD}+C_g)/C_E]V_{gbr}$$

因此,有效的 ESD 耐受电压在很大程度上取决于栅极电容。如果 C_g 远小于 C_{ESD},则 V_{ESD} 在栅极击穿电压 V_{gbr} 附近。对于小型设备,通常是几伏或几十伏。如果 C_g 远大于 C_{ESD},则 V_{ESD} 在 $V_{gbr}C_g/C_{ESD}$ 附近。

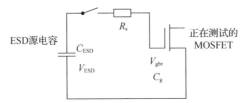

图 3.12 MOSFET 栅极所发生的 HBM 源对栅极充电

3.4.4 静电场的敏感度与微小间隔导体之间的击穿

容易受到静电场直接损坏的组件相对较少。非常普遍的是静电场导致不同器件和物体感应带电并形成电势差,当它们互相接触时会发生静电场感应的带电器件放电现象。当带电器件放电经常发生时,则需要控制静电场的产生。

某些类型的组件表面有间隔紧密的未钝化导体或空气间隙。这些靠近或只有很小间距的导体会因为静电场的变化而产生电压差。而这些电压差会导致导体之间发生放电和击穿。电火花会导致电极损坏和跨间隙转移。在导体之间的高静电场下可能会产生材料的电偏移。

半导体器件制造中使用的光掩模就具有这种结构。掩模由非常精细的金属轨道组成,这些轨道在石英基板的表面上形成非常精细(微米级或纳米级)的蚀刻间隙。静电场(如在分划板外壳时所产生的静电场)会使各个板块带上电荷,导致各金属轨道之间产生电压差。在低于帕邢最小击穿电压的电压下,轨道之间的这些电压差可能会导致击穿、放电和分划板损坏(Rider et al., 2008; Rider, 2016)。对掩模的损坏会导致半导体晶圆中的元件损坏并降低元件产量。Englischetal 等人（1999）提出了一种称为"Cabary"的分划板测试结构，可用于模拟和评估分划处理过程中器件暴露在静电场中的影响。

其他类型的器件，如电极间距很小的表面声波（Surface Acoustic Wave，SAW）滤波器也可能遭受损坏（MIL-HDBK-263B）。Wallash 和 Honda（1997）在他们的报告中说，由于电场引起的电压差会击穿小间隙，因此静电场的作用也会对 MR 磁头造成损坏。

Sangameswaran 等人（2009）则发现 MEMS 电容式开关可能同时被电介质和空气击穿。

Wallash 和 Levitt（2003）发现 ESD 仍可能发生在非常小的亚微米间隙中，该间隙小于场发射的电场最小值。这可能给光掩模、磁头、MEMS 和场发射显示器构成损伤风险。

3.4.5 半导体结

半导体结用于制造双极晶体管、二极管、结型 FET、PIN 二极管、肖特基二极管和晶闸管等。PN 结在 MOS 技术中作为寄生器件出现，可用于构建 ESD 防护网络。

通过结的 ESD 电流可以引起强烈的局部加热，甚至导致半导体材料的熔化。在器件内产生的强静电场下，材料会发生电偏移现象（Analog Devices, 2014）。

对于通过反向偏置 PN 结的 ESD 电流，大部分功率耗散在结中。与器件材料中的热时间常数相比，ESD 的持续时间通常非常短。设备中的能量耗散通常被认为是绝热的，热量从受热部件的扩散可以忽略不计。然而，在发生击穿时，电流会在结处产生热点。该区域的半导体材料的电阻随着温度的升高而降低，这导致更多的电流流过热点。当越来越多的电流集中在热点上时，热点的温度越来越高，当热点的局部温度接近或超过融化半导体的临界值时，结特性将发生变化，也可能会导致短路。这个过程被称为热二次击穿。

这种失效机制与结中耗散的功率相关。具有高击穿电压和低泄漏电流的结可能更容易受到 ESD 损坏。在热点不会发展到失效的情况下，电场影响的偏移可能会导致部分细丝状结构短路，从而增加泄漏电流。

当正向偏置时，结具有低电压降，ESD 电流产生的功率通过器件的主体传播，结失效的可能性较小。对于大多数结型 FET，由于结尺寸较小，发射极-基极结比集电极-基极结更容易受到影响。具有高栅源击穿电压和低泄漏的结型 FET 可能更容易受到影响。肖特基二极管和肖特基 TTL 组件对 ESD 更敏感，因为它们具有极薄的结构和可能通过结携带的金属。

并非所有 PN 结都容易受到 ESD 损坏。瞬态抑制二极管、稳压二极管、功率整流二极管、功率双极晶体管和晶闸管对 ESD 表现得非常稳健。

3.4.6　场效应结构与非导电器件检测系统

某些类型的 LSI 和存储设备（如 UVEPROMS）具有高度绝缘的石英或陶瓷封装，并且可以变得高度绝缘（MIL-HDBK-263B）。ESD 所沉积的离子，可能会导致表面反转或栅极阈值变化。这可能会导致器件失效，但在某些情况下，通过中和外部设备表面上的电荷使这种失效逆转。

3.4.7　压电晶体

压电晶体用于振荡器晶体、延迟线和 SAW 滤波器。ESD 施加的高电压会导致高机械力，从而损坏或破坏晶体（MIL-HDBK-263B）。

3.4.8　LED 与激光二极管

LED 和激光二极管可能对 ESD 损伤极为敏感。LED 可能会遭受灾难性的损伤，导致它们不发光或导电（Sylvania, 2009; Nichia, 2014; Osram, n.d.），它们还可能出现潜在失效和可靠性下降的问题，仅能保持部分功能。在 LED 串联电路中，一个 LED 可能会出现故障，但其余 LED 能够正常工作。Nichia（2014）建议客户在组装前测试 ESD 损伤，并提供一种在低电流（<0.5mA）正向通过 LED 时通过测量正向电压来检测损伤的方法。

已发现氮化铟镓（InGaN）蓝色和绿色 LED 对 ESD 损伤极为敏感（Avago Technologies，2007），可能会出现亮度降低、死机、短路或正向或反向电压低的情况。Avago Technologies 的 InGaN LED 分为 1x 类和 2 类（HBM ESD 耐受电压为 250～4000V）。

Talbot（1986）发现 9 种不同颜色 LED 的 ESD 耐受电压大多在 4～15kV 范围内变化，尽管两种"低电流"类型在 100～200V 时显示损坏。遭受反向击穿的器件通常可以正常工作。光输出下降取决于 ESD 电压。失效机制包括结烧毁、氮化物穿通和金属化烧毁。

Chen 等人（2009）发现反向应用 HBM 和 MM ESD 对 GaN LED 器件产生 4 种不同的影响，会影响器件中的泄漏路径。低于 650V 的低电平放电减少了泄漏，但当电平高于 700V 的泄漏增加了 3～5 个数量级。ESD 的进一步应用导致不稳定的行为。该设备仍以正向偏置发光。在进行 $V\text{-}I$ 测量时,设备被破坏。他们得出的结论是,泄漏路径的增加可能会产生累积和潜在的损害效应。

3.4.9 MR 磁头

磁阻的磁头(简称 MR 磁头)用于硬盘驱动器从磁盘读取数据。它们是目前使用的最敏感的组件之一,据报道其 ESD 耐受电压低于 HBM 5V。多年来,对 MR 磁头的 ESD 损伤以及这些器件制造过程中的 ESD 控制一直是深入研究的主题。有许多关于这些主题的论文发表,这些论文已经成为 ESDA 年度研讨会等会议的长期主题。

MR 磁头对电压和能量都敏感。毫安范围内的 ESD 电流会改变或破坏 MR 传感器。设备中的薄绝缘层可能会被低电压击穿(Wallash, 1996)。

3.4.10 微机电系统

MEMS 器件用于现代电子系统。已发现一些没有防护设计的 MEMS 对 ESD 损伤高度敏感(Walraven et al., 2000, 2001)。Sangameswaran 等人(2008, 2009, 2010a, 2010b)发现 HBM 耐受电压甚至低至 40V。电容式开关 MEMS 器件会因 ESD 而遭受电介质或空气击穿和机械故障。ESD 故障通常只能通过机械测试检测到。大气气体、压力、温度和湿度都对 ESD 引起的击穿有影响。

3.4.11 器件导体或电阻烧毁

大多数器件包含金属化、多晶硅或其他导电材料的轨道,以将内部零件和组件与多晶硅、厚膜或薄膜电阻连接起来。过大的 ESD 电流会导致强烈的局部加热,从而烧毁导体,其原理与熔丝一样(Analog Devices, 2014)。这可能发生在导线或连接部分尺寸减小的情况下。厚膜或薄膜电阻可能会部分熔化,从而导致电阻变化和性能失效。

3.4.12 无源器件

有关无源器件的 ESD 损伤的记录较少,但这并不是绝对不会发生。ESD 的影响可能因电阻类型的不同而具有很大的差异。例如,绝缘基板上的薄膜电阻就容易受到 ESD 损伤(MIL-HDBK-263)。使用 ESD 已将某些类型的电阻修整至所需值（Vishay，2011）。Szwarc（2008）评论说，电阻的灵敏度从几百伏到几十千伏不等。

据报道，厚膜电阻的变化取决于电压而不是能量。相比之下，薄膜电阻则容易受到放电能量的影响，在达到能量阈值之前仅会呈现出很小的变化。根据 MIL-HDBK-263，低容差和额定功率的碳膜、金属氧化物和金属膜电阻易受 ESD 影响。对于 0.05W 0.1%的零件，将电阻放在聚乙烯袋中并用另一个聚乙烯袋摩擦就足以改变电阻的容差。

Chase（1982）发现混合电路的滤波器中使用的氮化钽薄膜电阻可能会被低至 HBM 1kV 的 ESD 应力电压和低至 HBM 400V 的钽电容器损坏。电阻器在响应多次放电后几乎呈线性损坏。对于 CDM，电阻和电容在放电电压达到 2000V 以上时损坏。电阻在什么情况下损坏取决于电阻的设计。

随着时间的推移，表面安装技术不断发展，在 PCB 中使用的器件变得越来越小。Tamminen 等人（2014）发现非常小的 01005 电阻和电容对 ESD 表现出一定的敏感性。

3.4.13 印制电路板与组件

一些 PCB 和组件由于含有 ESDS 器件而容易受到 ESD 损伤。根据 MIL-HDBK-263B，包含 ESDS 器件的组件和模块的敏感度取决于其上的最敏感的器件，而通常认为的"组件一旦组装到 PCB 中，就不再易受 ESD 影响"，可能只是个"神话"而已（Dangelmayer, 1999）。在实践中，ESD 损伤的风险很难预测，但它以及组件对 ESD 的敏感性可能会降低或增加（Boxleitner, 1990）。根据静电源、放电点和 PCB 的设计，以电压、峰值功率或组件中耗散的能量为特征的 ESD 风险可能会在两个数量级上发生不可预测的变化。对安装在 PCB 上的 IC 的威胁可能远大于对未安装在 PCB 上的设备的威胁。

现代 PCB 技术可能包含许多具有不同敏感度等级的 ESDS 组件。PCB 通常具有许多互连 ESDS 组件的导电轨道，所有这些都装配有电感和电容。将 ESD 电流注入电路板的一个点会导致该点的电压相对于 PCB 上的其他走线发生数百伏的快速瞬态变化。瞬态电流流过轨道并流过与该点连接的任何组件。对 PCB 上的组件产生的 ESD 应力很难预测。Boxleitner 发现器件 ESD 耐受电压与安装在 PCB 上的器件的抗扰度之间没有相关性。

Boxleitner 确实发现了静电源和风险级别之间的相关性。来自 ESD 带电 PCB 和持有 PCB 的人的组合产生了最大的峰值功率和能量。连接器或器件引脚的 ESD

风险最大,器件之间的长 PCB 走线对 ESD 的风险最小。没有接地极的 PCB 面临的风险较大,而具有接地极和电源层的 PCB 面临的风险则较小。

与连接到外部接地的 PCB 相比,浮动 PCB 的风险要小一些。模块和组件通常在连接器引脚上设计有防护网络电路,这些电路暴露在外部。在设计时将为电路提供一定程度的保护,防止 ESD 通过该路径进入组件。但是,它们不能防止因与组件的其他部分直接接触而产生的 ESD。

Shaw 和 Enoch(1985)发现 74373 型八进制锁存器 IC 在 250~2500V 的电压范围内由于带电 PCB ESD 瞬变而失效,而 HBM 和 CDM 测试的电压从 1000V 开始,直到 4000V 以上。他们发现带电的 PCB 损坏电压与 CDM 或 HBM 失效水平无关,而是取决于 PCB 的电容。

Olney 等人(2003)发现,作为组件相对坚固的 IC 可能会被带电平板 ESD 损坏(见图 2.19)。由于 PCB 电容高于器件电容,因此 PCB 电容为给定电压存储的能量比器件电容存储的大得多。他们指出,带电平板的 ESD 损伤可能被误认为是 EOS 损伤,在失效分析中得出 EOS 结论之前应该多考虑这一点。他们提供了有关如何避免带电平板 ESD 失效的指南。

Paasi 等人(2003)研究了带电 PCB 的行为,以评估板上器件对 ESD 电流和能量的敏感度。他们得出的结论是,与组装前相比,能量敏感器件在 PCB 上携带的电量和电压水平可能更低。他们的评估基于 HBM 和 MM 器件数据进行。他们指出,PCB 的电容、电压和存储的能量随着整个生产线的移动而变化。对于给定的 PCB 所带电荷,与高电容低电压条件相比,低电容高电压条件能够提供更高的存储能量和更大的 ESD 电流,并且可能代表更高的 ESD 损伤风险。

Gärtner 等人(2014)得出结论,PCB 生产线上更有可能出现带电平板 ESD 事件,而不是带电器件 ESD 事件。由于峰值电流是 CDM 损坏的关键参数,他们用它来评估带电平板 ESD 事件。他们表明,峰值电流并不明显高于相同电压水平下的单个设备。然而,转移的总电荷量明显更高,因此放电时间相对较长(10~50ns)。这似乎比带电器件 ESD 事件对器件的压力更大。案例研究表明,设备可以在 CDM 测试中的电压水平下被损坏。由于 PCB 和接地之间的间隙较大,PCB 电容减小,因此通常会降低现实中遇到的应力。与垂直场相比,水平场的场致应力也降低了。

3.4.14 模块与系统组件

如果因缺少防护,部件发生了 ESD 损伤,那么整个模块和系统组件可能会被损坏。在通常情况下，总会认为更大系统中运行的组件和模块不会受到 ESD 影响，实际这并不完全正确。这些模块和系统组件通常在设计时很少或根本没有对连接器引脚进行 ESD 保护设计，因为一旦组装到系统中，这些引脚就不会暴露出来。但在组装到系统之前或在组装过程中，它们可能会受到连接器引脚或电缆上的 ESD 影响，而且它们很可能会在没有 ESD 控制设施的环境中被组装到系统中。

许多系统组件或模块被封装在聚合物外壳内，或者仅主体被封装，连接器或飞线暴露在外。虽然这些外壳可防止内部电路直接接触从而隔离放电的发生，但外壳在处理和运输过程中可能会自行充电，特别是外壳被装在塑料包装中的情况下。内部电路可以通过感应获得高电压，尤其是在拆除包装时。当连接到连接器或飞线时，就可能发生放电。

3.5 系统级 ESD

3.5.1 概述

系统级 ESD 问题属于电子系统中 EMC 主题的一部分。在这种情况下，通常需要关注的是 ESD 对供电和运行设备的影响。Williams（2001）和 Montrose（2000）的研究涵盖了这个主题。

从静电角度看，电子设备的典型操作环境是不受控制的区域。这些区域中的人员可以通过正常活动（如走路或从椅子上站起来）将身体电压提高到 10kV 以上（Wilson, 1972; Brundrett, 1976; Smallwood, 2004; Talebzadeh et al., 2015）。在某些环境中，其他类型的源也是存在的，如带电的金属担架、床或医疗保健环境中的其他可移动设备（Viheriäkoski et al., 2014）或带电电缆。

如果人员的身体电压超过 2000V（2kV）并且他们向导电物体（如金属物品或设备或其他人）放电，则他们可能会感受到静电冲击。身体的敏感度因人而异，因身体部位而异。

在世界上的许多地区和行业中，必须证明电子设备在其操作环境中不会受到这种类型 ESD 的影响。这带动了 ESD 测试（如 IEC 61000-4-2）的发展。在欧洲销售的电子设备必须通过 IEC 61000-4-2 的 ESD 抗扰度测试。根据相关设备和市场有关标准的要求，设备在 2kV、4kV、6kV、8kV 或 15kV ESD 应力水平下进行测试。假设设备在使用中能够承受来自充电到指定水平的人员的 ESD，而不会出现严重故障。定义可接受的功能损失是测试的目标之一（Williams，2001）。

3.5.2 系统级 ESD 抗扰度与组件 ESD 耐受性的关系

系统级 ESD 抗扰度和组件 ESD 敏感度之间存在一些重叠。人们通常错误地认为系统级 ESD 抗扰度取决于组件的 ESD 耐受性（Ind. Co., 2010a; Ind. Co., 2012）。这导致系统设计人员对系统中使用的组件提出了 ESD 耐受性要求。

系统级 ESD 失效可分为硬失效或软失效。硬失效是指发生了不可恢复的物理损坏的失效。通常，系统级故障是软失效，这种失效可以恢复并以失效来表示系统的异常或发生了临时故障。

Ind. Co.（2010a）发现系统级 ESD 抗扰度和组件 HBM ESD 耐受水平之间几乎没有相关性。组件 ESD 耐受数据是在组件处于未通电状态时获得的，代表组件的硬失效。系统级故障通常在系统处于通电状态时发生。获取组件 ESD 耐受数据所使用的 ESD 波形与系统级 ESD 抗扰度评估所使用的 ESD 波形有显著差异，测试环境也大相径庭。在实践中，系统级 ESD 抗扰度取决于系统设计，包括 PCB 设计和 PCB 上 ESD 保护设计，以及单个组件对 ESD 瞬态响应的设计。组件 ESD 测试不反映设备在系统级 ESD 事件期间发生的情况。

可能有一些组件，如那些直接连接到外部连接器引脚的组件，确实需要一些 ESD 耐受能力。ESD 目标等级行业委员会在其白皮书Ⅲ中讨论了这一命题，并提出了一种系统高效的 ESD（System-efficient Electrostatic Discharge，SEED）设计方法，以了解有关 ESD 鲁棒组件的系统级 ESD 需求。

3.5.3 带电电缆 ESD

带电电缆 ESD 通常称为电缆放电事件，可被视为系统级 ESD 事件，尽管它通常直接影响连接到连接器的设备。当带电电缆被插入电子系统连接器时，可能会发生这种事件。Stadler 等人（2006）发现这类事件通常会产生类似于 TLP 的矩形电流脉冲，其电流水平为几安的等级。

Stadler 等人（2017）使用 SPICE 仿真和测量来调查因插入充电 USB 3 端口的电缆产生的 ESD 风险。被调查的 ESD 风险包括电缆屏蔽层充电、屏蔽层浮动时内部导体充电以及带电人员接触屏蔽层。3m 电缆的典型放电持续时间为 20ns，类似于同轴电缆的放电。充电数据线放电会产生 2.5A 的峰值电流。他们发现，并非所有 USB 电缆的屏蔽层都接地或连接器的外壳。最坏的情况发生在屏蔽层已经接地但数据线充电时。当充电电压为 1000V 时，峰值电流超过 13A。然而，这种风险被认为仅针对一些不符合 USB 标准且数据线暴露的状态。他们得出的结论是，几安的压力持续约 20ns 足以用于测试 USB 的防护强度。

3.5.4 系统高效的 ESD 设计

ESD 目标等级行业委员会提出了一种 SEED 设计方法来进行 ESD 抗扰度的系统设计。通过这种方法认识到，有效的系统级 ESD 抗扰度设计通常不需要组件具有很高的 ESD 耐受电压。强大的系统级 ESD 设计可以通过提供 ESD 应力和完整系统设计之间的相互作用来理解和解决。通过 SEED 设计方法认识到：

- 系统级 ESD 抗扰度规范要求被理解为组件的 ESD 承受能力；
- 必须了解系统级 ESD 失效机制，以实现系统的有效设计；
- 系统设计和组件设计共同负责系统级 ESD 保护；
- 设计策略应区分系统外部和内部组件，并考虑引脚和在 ESD 测试中对它们产生的应力；
- 在芯片上为直接连接到外部连接器引脚的组件引脚设置强大的 ESD 保护可能无法确保系统的鲁棒性，更好的设计策略可能是使用外部 ESD 保护钳位并了解它们与组件内部 ESD 保护的相互作用；
- TLP 可用于表征板载和片上 ESD 保护的协同设计系统。

SEED 设计方法被认为是一种更好的系统设计理念，可更好地权衡系统成本和性能并减少设计的工作量。白皮书 3（Ind. Co., 2012）的第 2 部分进一步描述了实施 ESD 鲁棒系统设计和现有技术的理念和方法。Duvvury 和 Gossner（2015）对 SEED 设计方法进行了补充完善，使之更加全面。

参考资料

Amerasekera, A. and Duvvury, C. (1995). ESD in Silicon Integrated Circuits, 1e. Wiley. ISBN: 0471954810.

Amerasekera, A., Duvvury, C., Anderson, W. et al. (2002). ESD in Silicon Integrated Circuits, 2e. Wiley. ISBN: 0471498711.

Analog Devices (2014). Reliability Handbook. UG-311 Rev. D. [Accessed: 10th May 2017].

Anand, Y. and Crowe, D. (1999). Latent failures in Shottky barrier diodes. In: Proc. of EOS/ESD Symp. EOS-21, 160-167. Rome, NY: EOS/ESD Association Inc.

Ashton, R. (2008). Reliability of IEC 61000-4-2 ESD testing on components. E E Times. [Accessed: 10th May 2017].

Avago Technologies. (2017). Premium InGaN LEDs - Safety Handling Fundamentals ESD Electrostatic Discharge Application Note 1142. [Accessed: 10th May 2017].

Baumgartner, B. (n.d.). ESD TR50.0-03-03. Voltage and Energy Susceptible Device Concepts, Including Latency Considerations. Rome, NY, EOS/ESD Association Inc.

Beal, J. Bowers, J. Rosse, M. (1983). A study of ESD latent defects in semiconductors. In: Proc. EOS/ESD Symp. EOS-5. Rome, NY, EOS/ESD Association Inc.

Boxleitner, W. (1990). ESD stress on PCB mounted ICs caused by charged boards and personnel. In: Proc. EOS/ESD Symp. EOS-12, 54-60. Rome, NY: EOS/ESD Association Inc. References.

Brodbeck, T. and Kagerer, A. (1998). Paper 4A.7. Influence of the device package on the results of CDM tests — consequences for tester characterization and test procedure. In: Proc. EOS/ESD Symp, 320-327. Rome, NY: EOS/ESD Association Inc.

Brundrett, G. W. (1976). A review of the factors influencing electrostatic shocks in offices. J. Electrostat. 2: 295-315.

Burr Brown. (1993). DAC8043 CMOS 12-Bit serial input multiplying digital to analog converter. [Accessed: 10th May 2017].

Chase, E. W. (1982). Electrostatic discharge (ESD) damage susceptibility of thin film resistors and capacitors. In: Proc. EOS/ESD Symp. EOS-4, 13-18. Rome, NY: EOS/ESD Association Inc.

Chen, N. C., Wang, Y. N., Wang, Y. S. et al. (2009). Damage of light-emitting diodes induced by high reverse-bias stress 97-B-016. J. Cryst. Growth 311: 994-997.

Cook, C. and Daniel, S. (1993). Characterisation of new failure mechanisms arising from power pin stressing. In: Proc. EOS/ESD Symp. EOS-15, 149.

Dangelmayer, T. (1999). ESD Program Management, 2e. Springer. ISBN: 0412136716.

Department of Defense. (1994). Military Handbook. Electrostatic discharge control handbook for protection of electrical and electronic parts, assemblies and equipment (excluding electrically initiated explosive devices) MIL-HDBK-263B 31st July 1994.

Dhakad, H., Gossner, H., Zekert, S., Stein, B., Russ, C. (2012). Paper 3A.1. Chasing a latent CDM ESD failure by unconventional FA methodology. Proc. EOS/ESD Symp.

Duvvury C, Gauthier R. (2011). IC Technology Scaling Effects on Component Level ESD. Ch. 6 in Industry Council on ESD Target Levels (2011) White paper 1: A case for lowering component level HBM/MM ESD specifications and requirements. Rev. 3.0. [Accessed: 10th May 2017].

Duvvury, C. and Gossner, H. (2015). System Level ESD Co-Design. Wiley — IEEE. ISBN: 978-1118861905.

Duvvury C., Ashton R., Righter A., Eppes D., Gossner H., Welsher T. and Tanaka M, (2012). Discontinuing Use of the Machine Model for Device ESD Qualification. In Compliance Magazine, July 2012. [Accessed: 6th March 2019].

Englisch, A., van Hesselt, K., Tissier, M., and Wang, K. C. (1999). CANARY: a high-sensitive ESD test reticle design to evaluate potential risks in wafer fabs. In: Proceedings of the SPIE, 19th Annual Symposium on Photomask Technology, BACUS, vol. II, 886-892. [Accessed: 10th May 2017].

Enoch, R. D., Shaw, R. N., and Taylor, R. G. (1983). ESD sensitivity of NMOS LSI circuits and their failure characteristics. In: Proc. EOS/ESD Symp. EOS-5, 185-197. Rome, NY: EOS/ESD Association Inc.

EOS/ESD Association Inc. (2006). Trends in Semiconductor Technology and ESD Testing. White paper II. ISBN: 1585371165.

EOS/ESD Association Inc. (2009). ESD S5.6-2009. ESD Association Standard Practice for Electrostatic Discharge Sensitivity Testing — Human Metal Model (HMM) — Component Level. Rome, NY, OS/ESD Association Inc.

EOS/ESD Association Inc. (2016). ESD Association Electrostatic Discharge (ESD) Technology roadmap — revised 2016. [Accessed: 10th May 2017].

EOS/ESD Association Inc., JEDEC. (2012). ANSI/ESD STM5.2-2012. ESD Association Standard Test Method for Electrostatic Discharge (ESD) Sensitivity Testing — Machine Model (MM) — Component Level. Rome, NY, EOS/ESD Association Inc.

EOS/ESD Association Inc., JEDEC. (2017). ANSI/ESDA/JEDEC JS-001-2017. ESDA/JEDEC Joint Standard for Electrostatic Discharge Sensitivity Testing — Human Body Model (HBM) — Component Level. Rome, NY, EOS/ESD Association Inc.

EOS/ESD Association Inc., JEDEC. (n.d.). ANSI/ESDA/JEDEC JS-002-2014. ESDA/JEDEC joint standard for electrostatic discharge sensitivity testing — Charged Device Model (CDM) — Device Level. ISBN: 1585372765, Rome, NY, EOS/ESD Association Inc.

Gammill, P. E. and Soden, J. M. (1986). Latent failures due to electrostatic discharge in CMOS integrated circuits. In: Proc. EOS/ESD Symp. EOS 8, 75-80. Rome, NY: EOS/ESD Association Inc.

Gärtner, R., Stadler, W., Niemesheim, J., Hilbricht, O. (2014). Do Devices on PCBs Really See a Higher CDM-like ESD Risk? In: Proc. EOS/ESD Symp. Rome, NY, EOS/ESD Association Inc.

Gieser, H. (2002). Test Methods. In: ESD in Silicon Integrated Circuits, 2e (eds. A. Amerasekera and C. Duvvury). Wiley. ISBN: 0471498711.

Gieser, H. and Ruge, I. (1994). Survey on electrostatic susceptibility of integrated circuits. In: Proc. ESREF Symp, 447-455. Rome, NY: EOS/ESD Association Inc.

Hellstrom, S., Welander, A., and Eklof, P. (1986). Studies and revelation of latent ESD failures. In: Proc. EOS/ESD Symp. EOS-8, 81-91. Rome, NY: EOS/ESD Association Inc.

Industry Council on ESD Target Levels. (2010a). White paper 3: System Level ESD Part I: Common Misconceptions and Recommended Basic Approaches. Rev. 1.0. [Accessed: 10th May 2017].

Industry Council on ESD Target Levels. (2010b). White paper 2: A case for lowering component level CDM ESD specifications and requirements. Rev. 2.0. [Accessed: 10th May 2017].

Industry Council on ESD Target Levels. (2011). White paper 1: A case for lowering component level HBM/MM ESD specifications and requirements. Rev. 3.0. [Accessed: 10th May 2017].

Industry Council on ESD Target Levels. (2012). White paper 3: System Level ESD Part II: Implementation of Effective ESD Robust Designs. Rev. 1.0. [Accessed: 10th May 2017].

Infineon. (2013). Preventing ESD Induced Failures in Small Signal MOSFETs. Application Note AN-2013-04 V2.0. [Accessed: 10th May 2017].

International Electrotechnical Commission. (1999). IEC 61340-5-2/TS:1999. Electrostatics — Part 5-2: Protection of electronic devices from electrostatic phenomena — User guide. Geneva, IEC.

International Electrotechnical Commission. (2008). IEC 61000-4-2. Electromagnetic compatibility (EMC) — Part 4-2: Testing and measurement techniques — Electrostatic discharge immunity test. Ed. 2. Geneva, IEC.

International Electrotechnical Commission. (2012). IEC 60749-27. Semiconductor devices – Mechanical and climatic test methods — Part 27: Electrostatic discharge (ESD) sensitivity testing — Machine body model (MM). ed. 2.1, ISBN: 978-2832204078, Geneva, IEC.

International Electrotechnical Commission. (2013). IEC 60749-26. Semiconductor devices — Mechanical and climatic test methods — Part 26: Electrostatic discharge (ESD) sensitivity testing — Human body model (HBM) Ed. 3 ISBN: 978-2832207468, Geneva, IEC.

International Electrotechnical Commission. (2017). IEC 60749-28. Semiconductor devices – Mechanical and climatic test methods — Part 28: Electrostatic discharge (ESD) sensitivity testing — Charged device model (CDM). Ed. 1. ISBN: 978-2832241394, Geneva, IEC.

International Rectifier. (n.d.). ESD Testing of MOS Gated Power Transistors. AN-986. [Accessed: 10th May 2017].

Kelly, M., Servais, G., Diep, T. et al. (1995). A comparison of electrostatic discharge models and failure signatures for CMOS integrated circuit devices. In: Proc. EOS/ESD Symp, 175-185. Rome, NY: EOS/ESD Association Inc.

Krakauer, D. B. and Mistry, K. R. (1989). On latency and the physical mechanisms underlying gate oxide damage during ESD events in n-channel MOSFETs. In: Proc. EOS/ESD Symp. EOS-11, 121-126. Rome, NY: EOS/ESD Association Inc.

Laasch, I., Ritter, H. M., and Werner, A. (2009). Latent damage due to multiple ESD discharges. In: Proc. EOS/ESD Symp. EOS-31, 4A.4.1-4A.4.6. Rome, NY: EOS/ESD Association Inc.

Linear Technology (n.d.). ESD Protection Program. [Accessed: 10th May 2017].

McAteer, O. (1990). Electrostatic discharge control. MAC Services In. ISBN: 0070448388.

McKeighan, R. E., Dailey, W., Pang, T. et al. (1986). Reversible charge induced failure mode of CMOS matrix switch. In: Proc. EOS/ESD Symp. EOS-8, 69. Rome, NY: EOS/ESD Association Inc.

Montrose, M. (2000). Printed Circuit Board Design Techniques for EMC Compliance, 2e. Wiley. ISBN: 0780353765.

Nichia. (2014). Handling of LED products. Application Note SE-AP00001B-E. [Accessed: 21st Feb. 2019].

Norberg, A. (1992). Modelling current pulse shape and energy in surface discharges. IEEE Trans. Ind. App. 28 (3): 498-503.

Olney, A., Gifford, B., Guravage, J., and Righter, A. (2003). Real- world charged board model (CBM) failures. In: Proc. EOS/ESD Symp. EOS-25, 34-43. Rome, NY, EOS/ESD Association Inc.

ON Semiconductor. (2010). Human Body Model (HBM) vs. IEC 61000-4-2. App Note TND410/D Rev. 0, SEPT — 2010. [Accessed: 10th May 2017].

Osram. (n.d.). ESD protection for LED systems. [Accessed: 21st Feb. 2019].

Paasi, J., Salmela, H., Tamminen, P., and Smallwood, J. (2003). ESD sensitivity of devices on a charged printed wiring board. In: Proc. EOS/ESD Symp. EOS-25, 143-150. Rome, NY: EOS/ESD Association Inc.

Reiner, J. C. (1995). Latent gate oxide defects caused by CDM ESD. In: Proc. EOS/ESD Symp. EOS-17, 311-321. Rome, NY: EOS/ESD Association Inc.

Reliability Analysis Centre. (1989a). Electrostatic Discharge susceptibility data of microcircuit devices Vol. I. VZAP-2. Reliability Analysis Center P. O. Box 4700 Rome, NY 13440-8200.

Reliability Analysis Centre. (1989b). Electrostatic Discharge susceptibility data of discrete/passive devices Vol. II. Reliability Analysis Center P.O. Box 4700 Rome, NY 13440-8200.

Reliability Analysis Centre. (1995). Electrostatic Discharge susceptibility data of discrete/passive devices. VZAP-95. Reliability Analysis Center 201 Mill St, Rome, NY 13440.

Rider, G. C. (2016). Electrostatic risk to reticles in the nanolithography era. J. Micro/Nanolithogr. MEMS MOEMS 15 (2): 023501.

Rider, G. C., Kalkur, T. S. (2008). Experimental quantification of reticle electrostatic damage below the threshold for ESD. Proc. SPIE 6922, Metrology, Inspection, and Process Control for Microlithography XXII, 69221Y.

Sangameswaran, S., De Coster, J., Linten, D. et al. (2008). ESD reliability issues in michromechanical systems (MEMS): a case study on micromirrors. In: Proc. EOS/ESD Symp, 3B.1-1–3B.1-9. Rome, NY: EOS/ESD Association Inc.

Sangameswaran, S., De Coster, J., Scholz, M. et al. (2009). A study of breakdown mechanisms in electrostatic actuators using mechanical response under EOS-ESD stress. In: Proc. EOS/ESD Symp, 3B.5-1-3B.5-8. Rome, NY: EOS/ESD Association Inc.

Sangameswaran, S., De Coster, J., Linten, D. et al. (2010a). Investigating ESD sensitivity in electrostatic SiGe MEMS. J. Micromech. Microeng. 20 (5): 055005.

Sangameswaran, S., De Coster, J., Chermin, V. et al. (2010b). Behaviour of RF MEMS switches under ESD stress. In: Proc. of the EOS/ESD Symp, 443-449. Rome, NY: EOS/ESD Association Inc.

Shaw, N. R. and Enoch, R.D. (1985). An experimental investigation of ESD damage to integrated circuits on printed circuit boards. In: Proc. EOS/ESD Symp. EOS-7, 132-140. Rome, NY: EOS/ESD Association Inc.

Smallwood, J. M. (2004). Static electricity in the modern human environment. In: Electromagnetic Environments and Health in Buildings (ed. D. Clements-Croome). Taylor & Francis. ISBN: 0415316561.

Smedes, T. (2009). ESD testing of devices, ICs and systems. Microelectron. Reliab. 49: 941-945.

Smedes, T. (2011). Machine Model — Correlation between HBM and MM ESD. Ch. 3 in Industry Council on ESD Target Levels (2011) White paper 1: A case for lowering component level HBM/MM ESD specifications and requirements. Rev. 3.0. [Accessed: 10th May 2017].

Smedes, T. and Li, Y. (2003). Paper 2A.6. ESD phenomena in interconnect structures. In: Proc. EOS/ESD Symp. EOS-25, 108-115. Rome, NY: EOS/ESD Association Inc.

Stadler, W., Brodbeck, T., Gartner, R., and Gossner, H. (2006). Cable discharges into communication interfaces. In: 2006 Electrical Overstress/Electrostatic Discharge Symposium, 144-151. IEEE.

Stadler W., Niemesheim J., Stadler A., Koch S., Gossner H. (2017). Paper 3A1. Risk Assessment of Cable Discharge Events. In: Proc. EOS/ESD Symp. EOS-39. Rome, NY, EOS/ESD Association Inc.

Sylvania. (2009). ESD protection for LED systems. Application note. LED093. [Accessed: 30th October 2017].

Szwarc, J. (2008). ESD Sensitivity of Precision Chip Resistors Comparison between Foil and Thin Film Chips. [Accessed: 10th May 2017].

Talbot, J. W. (1986). The effect of ESD on Ⅲ-Ⅴ materials. In: Proc. EOS/ESD Symp. EOS-8, 238-245.

Talebzadeh, A., Patnaik, A., Moradian, M. et al. (2015). Dependence of ESD charge voltage on humidity in data Centers: part Ⅰ-test methods. ASHRAE Trans. 121: 58.

Tamminen, P., Sydänheimo, L., Ukkonen, L. (2014). Paper 9A.2 ESD Sensitivity of 01005 Chip Resistors and Capacitors In: Proc. EOS/ESD Symp. Rome, NY, EOS/ESD Association Inc.

Taylor, R.G. and Woodhouse, J. (1986). Junction degradation and dielectric shorting: two mechanisms for ESD recovery. In: Proc. EOS/ESD Symp. EOS-8, 92. Rome, NY, EOS/ESD Association Inc.

Tunnecliffe, M., Dwyer, V., and Campbell, D. (1992). Parametric drift in electrostatically damaged MOS transistors. In: Proc. EOS/ESD Symp. EOS-14, 112-120. Rome, NY, EOS/ESD Association Inc.

Viheriäkoski, T., Kokkonen, M., Tamminen, P., Kärjä, E., Hillberg, J., Smallwood, J. (2014). 4B.2 Electrostatic Threats in Hospital Environment. In: Proc. EOS/ESD Symp. EOS 36.

Vishay. (2011). Resistor Sensitivity to Electrostatic Discharge (ESD). Vishay Document 63129. [Accessed: 10th May 2017].

Wallash, A. J. (1996). Field induced charged device model testing of magnetoresistive recording heads. In: Proc. EOS/ESD Symp. EOS-18. 4B.2, 8-13.

Wallash, A. and Honda, M. (1997). Field induced breakdown ESD damage of Magnetoresistive recording heads. In: Proc. EOS/ESD Symp. EOS-19, 382-385. Rome, NY: EOS/ESD Association Inc.

Wallash, A., Levitt, L. (2003). Electrical breakdown and ESD phenomena for devices with nanometer-to-micron gaps. Proc. SPIE 4980 Reliability, Testing, and Characterization of MEMS/MOEMS Ⅱ, 87.

Walraven, J. A., Soden, J. M., Tanner, D.M. et al. (2000). Electrostatic discharge/electrical overstress susceptibility in MEMS: a new failure mode. In: Proceedings of the SPIE 2000, vol. 4180, 30-39.

Walraven, J. A., Soden, J. M., Cole, E. I., Tanner, D. M., Anderson, R. R. (2001). Paper 3A.6 Human Body Model, Machine Model, and Charged Device Model ESD testing of surface micromachined microelectromechanical systems (MEMS). In: Proc. EOS/ESD Symp. EOS-23. Rome, NY, EOS/ESD Association Inc.

Wang, A. Z. H. (2002). On-Chip ESD Protection for Integrated Circuits. Kluwer Academic Publishers.

Williams, T. (2001). EMC for Product Designers, 3e. Newnes. ISBN: 0750649305.

Wilson, N. (1972). The static behaviour of carpets. Text. Inst. Ind. 10 (8): 235.

延伸阅读

Agarwal S. (2014). Understanding ESD And EOS Failures In Semiconductor Devices.

Amerasekera, E. A. and Campbell, D. S. (1986). ESD pulse and continuous voltage breakdown in MOS capacitor structures. In: Proc. of the EOS/ESD Symp. EOS-8, 208-213. Rome, NY: EOS/ESD Association Inc.

Bridgewood, M. A. (1986). Breakdown mechanisms in MOS capacitors. In: Proc. of the EOS/ESD Symp. EOS-8, 200-207. Rome, NY: EOS/ESD Association Inc.

Colvin, J. (1993). The identification and analysis of latent ESD damage on CMOS input gates. In: Proc. of the EOS/ESD Symp, 109-116. Rome, NY: EOS/ESD Association Inc.

Electronic Design. (2017). Understanding ESD And EOS Failures In Semiconductor Devices. [Accessed: 10th May 2017].

EOS/ESD Association Inc. (2000a). Technical Report — Transient Induced Latch-up (TLU) ESD TR5.4-01-00. Rome, NY, EOS/ESD Association Inc.

EOS/ESD Association Inc. (2000b). Technical Report — Calculation of Uncertainty Associated with Measurement of Electrostatic Discharge (ESD) Current ESD TR14.0-01-00. Rome, NY, EOS/ESD Association Inc.

EOS/ESD Association Inc. (2002). ESD Phenomena and the Reliability for Microelectronics. ISBN: 1585370460.

EOS/ESD Association Inc. (2008a). Technical Report — Determination of CMOS Latch-up Susceptibility — Transient Latch-up — Technical Report No. 2. ESD TR5.4-02-08. Rome, NY, EOS/ESD Association Inc.

EOS/ESD Association Inc. (2008b). Technical Report for the Protection of Electrostatic Discharge Susceptible Items — Transmission Line Pulse (TLP) ESD TR5.5-01-08. Rome, NY, EOS/ESD Association Inc.

EOS/ESD Association Inc. (2008c). Technical Report for the Protection of Electrostatic Discharge Susceptible Items — Transmission Line Pulse — Round Robin ESD TR5.5-02-08. Rome, NY, EOS/ESD Association Inc.

EOS/ESD Association Inc. (2011). Technical Report For Electrostatic Discharge Sensitivity Testing — Latch-up Sensitivity Testing of CMOS/BiCMOS Integrated Circuits — Transient Latch-up Testing — Component Level — Supply Transient Stimulation. ESD TR5.4-03-11. Rome, NY, EOS/ESD Association Inc.

EOS/ESD Association Inc. (2012). ESDA/JEDEC Joint Technical Report User Guide of ANSI/ESDA/JEDEC JS-001 Human Body Model Testing of Integrated Circuits ESDA/JEDEC JTR001-01-12. Rome, NY, EOS/ESD Association Inc.

EOS/ESD Association Inc. (2013a). Technical Report for Electrostatic Discharge Sensitivity Testing — Transient Latch-up Testing ESD TR5.4-04-13. Rome, NY, EOS/ESD Association Inc.

EOS/ESD Association Inc. (2013b). Technical Report for the Protection of Electrostatic Discharge Susceptible Items – System Level Electrostatic Discharge (ESD) Simulator Verification ESD TR14.0-02-13. Rome, NY, EOS/ESD Association Inc.

EOS/ESD Association Inc. (2014a). Technical Report for Electrostatic Discharge (ESD) Sensitivity Testing — Very Fast — Transmission Line Pulse (TLP) — Round Robin Analysis ESD TR5.5-03-14. Rome, NY, EOS/ESD Association Inc.

EOS/ESD Association Inc. (2014b). Technical Report for Relevant ESD Foundry Parameters for Seamless ESD Design and Verification Flow ESD TR22.0.01-14. Rome, NY, EOS/ESD Association Inc.

EOS/ESD Association Inc. (2014c). Technical Report for ESD Electronic Design Automation Checks ESD TR18.0-01-14. Rome, NY, EOS/ESD Association Inc.

EOS/ESD Association Inc. (2015a). Standard Practice for Electrostatic Discharge Sensitivity Testing — Near Field Immunity Scanning — Component/Module/PCB Level ANSI/ESD SP14.5-2015. Rome, NY, EOS/ESD Association Inc.

EOS/ESD Association Inc. (2015b). Technical Report for ESD Process Assessment Methodologies in Electronic Production Lines — Best Practices used in Industry ESD TR17.0-01-15. Rome, NY, EOS/ESD Association Inc.

EOS/ESD Association Inc. (2016a). Standard Test Method for Electrostatic Discharge (ESD) Sensitivity Testing — Transmission Line Pulse (TLP) — Component Level ANSI/ESD STM5.5.1-2016. Rome, NY, EOS/ESD Association Inc.

EOS/ESD Association Inc. (2016b). Technical Report for Electrostatic Discharge Sensitivity Testing — Charged Board Event (CBE) ESD TR25.0-01-16. Rome, NY, EOS/ESD Association Inc.

EOS/ESD Association Inc. (1999). ESD Association Technical Report — Can Static Electricity be Measured? ESD TR50.0-01-99.

International Organization for Standardization. (2008). Road vehicles — Test Methods for electrical disturbances from electrostatic discharge. ISO 10605:2008/ Amd.1: 2014(en).

King, W. M. (1979). Dynamic waveform characteristics of personnel electrostatic discharge. In: Proc. of the EOS/ESD Symp. EOS-1, 78.

Lin, D. L., Strauss, M. S., and Welsher, T. L. (1987). On the validity of ESD threshold data obtained using commercial human-body model simulators. In: Proceedings of the 25th International Reliability Physics Symposium, 77. IEEE.

Lin, N., Liang, Y., Wang, P., and Pelc, T. (2014). Evolution of ESD process capability in future electronics industry. In: 15th Int. Conf. Elec. Packaging Tech, 1556-1560. IEEE.

McAteer, O. J., Twist, R. E., and Walker, R. C. (1980). Identification of latent ESD failures. In: Proc. of the EOS/ESD Symp. EOS-2, 54-57. Rome, NY: EOS/ESD Association Inc.

McAteer, O. J., Twist, R. E., and Walker, R. C. (1982). Latent ESD failures. In: Proc. of the EOS/ESD Symp. EOS-4, 41-48. Rome, NY: EOS/ESD Association Inc.

Paasi, J., Smallwood, J., and Salmela, H. (2003). Paper 2B4. New methods for the assessment of ESD threats to electronic components. In: Proc. of the EOS/ESD Symp, 151-160. Rome, NY: EOS/ESD Association Inc.

Smallwood J, Paasi J. (2003). Assessment of ESD threats to electronic devices. VTT Research Report No BTUO45-031160.

Smallwood J., Tamminen P., Viheriaekoski T. (2014). Paper 1B1. Optimizing investment in ESD Control. In: Proc. of EOS/ESD Symp. EOS-36. Rome, NY, EOS/ESD Association Inc.

Strauss, M. S., Lin, D. L., and Welsher, T. L. (1987). Variations in failure modes and cumulative effects produced by commercial human-body model simulators. In: Proc. of EOS/ESD Symp. EOS-9, 59-63.

Viheriäkoski T, Peltoniemi T, Tamminen T, (2012). Paper 4A3. Low Level Human Body Model ESD. In: Proc. of EOS/ESD Symp. Rome, NY, EOS/ESD Association Inc.

Vinson, J. E. and Liou, J. J. (1998). Electrostatic discharge in semiconductor devices: an overview. Proc. IEEE 86 (2): 399-420.

Voldman, S. (2009). ESD Failure Mechanisms and Models. Wiley. ISBN: 978-047011374.

Vollman, S., Hui, D., Warriner, L. et al. (1999). Electrostatic discharge (ESD) protection in silicon-on-insulator (SOI) CMOS technology with aluminium and copper interconnects in advanced microprocessor semiconductor chips. In: Proc. of the EOS/ESD Symp. EOS-21, 105-115. Rome, NY: EOS/ESD Association Inc.

第 4 章　高效 ESD 防护的七个习惯

4.1　为什么称为习惯

习惯是指固有的,或经常的,难以改变的行为或倾向(Oxford Dictionary, 2017)。

为了有效地控制 ESD,需要实施防护措施,使 ESDS 器件的 ESD 风险降低到可接受的水平。ESD 防护措施可以是一种工作方式,也可以是使用某些防静电设备来降低 ESD 风险。如果能够建立并很好地保持防护措施,使之成为一种习惯,ESD 控制程序就能够持续有效。

许多 ESD 威胁发生在 ESDS 器件的处置过程(如组装过程)中。为了避免出现此类损伤,可以建立一个专用的或临时的 EPA,在该工作区内对 ESD 进行控制,这样能够在 ESD 风险相对可控的情况下处置器件和组件。

当 ESDS 器件在贮存或运输过程中经过 UPA 时,也会产生 ESD 风险,因为该区域可能会积聚静电并产生静电源。在这种情况下,通常使用防静电包装来封装和保护 ESDS 器件,以使其免受损伤。

当然,首先需要明确采取既定 ESD 防护措施的有效性。此外,由于在使用过程中存在日常磨损,设备可能会不时出现故障。设备何时出现故障、不符合规范要求或需要维护,需要通过检测确定。基于上述原因,需要养成检查和测量设备的习惯。

另外,需要确保所有关注 ESD 控制以及必须执行 ESD 控制程序条款规定的人员都了解必须做什么和不应做什么。比如,上述人员需要知道使用什么设备,甚至需要知道如何检查设备是否正常工作,还需要了解应该遵循的程序步骤,如果能发现其中的不符合项并在执行过程中加以纠正,将大有裨益。因此,有必要对上述人员进行培训,以确保其有能力承担相应的职责。

本章将对静电控制中的习惯、产生习惯的原因以及如何取舍习惯做法等内容进行探讨。这些习惯所包含的内容,许多已纳入用于静电控制的设备和材料的设计以及规范中。对于需要严格控制 ESD 风险的 EPA,可以对其中的设备和材料进行规定,以实现习惯的某些方面。

4.2 ESD 防护措施基础

以下两种关键策略构成了有效实施 ESD 防护措施的基础：
- 仅在几乎不存在 ESD 风险的区域处理无防护的 ESDS 器件；
- 在不受控（非防护）区域，将 ESDS 器件封装于防静电包装内，以保护其免受 ESD 损伤。

上述两种关键策略可应用于 ESDS 器件的处理、贮存以及运输等所有相关方面。

4.3 如何定义 ESDS 器件

ESDS 器件包括多种类型和形式，从微小的单个半导体器件（如晶体管、二极管或 IC）到 PCB、模块或系统组件等。ESDS 器件通常包含某些类型的半导体器件，其他类型的器件（如某些类型的电阻和电容）也可能具有一定的 ESD 敏感性。关于 ESDS 器件及其失效模式的详细讨论见第 3 章。

识别 ESDS 器件的关键在于，明确若在 UPA 中处置该器件而不采取 ESD 防护措施，是否有一定的 ESD 损伤风险。一个产品如果符合下述两个条件，则为 ESDS 产品：
- 该产品包含能够被 ESD 损伤的器件；
- 如果在 UPA 中处置该产品，则存在 ESD 损伤风险。

如果一个产品不符合上述任何一个条件，则可以认为该产品不是 ESDS 器件。

在构建电子系统的过程中，ESD 损伤风险和 ESD 敏感度往往会随着构建状态的不同而发生显著变化。以一个简单的组装产品为例，该产品包含一个装在外壳内的 PCB。该 PCB 上的许多器件可能是 ESDS 器件，装配后的 PCB 也很可能是 ESDS 器件，因此应对该产品进行防护。然而，一旦将其嵌入外壳，由于外壳提供了保护屏障，整个产品很可能不受常规静电源的影响。在许多情况下，EMC 规范可能要求测试或证明工作系统的 ESD 抗扰度，确保其符合要求。然而，其设计仍可能导致残留一定的 ESD 敏感度，如连接器引脚连接带电电缆导致对 ESD 敏感。

有些时候，难以明确产品在哪个构建阶段不再容易受到 ESD 损伤，这必须通过 ESD 风险和敏感度评估来确定。

一个器件（如 PCB）的任何可能被人、工具或其他导电设备接触到的部分都有可能发生 ESD 损伤。同一个 PCB，如果将其封装成模块或子组件，则其 ESD 途径将大大减少，风险将大大降低，这是因为封装形成了一道 ESD 屏障，能够有效保护 PCB 上的大多数器件。但这并不意味着封装模块不会受到 ESD 损伤或不需要 ESD 防护，因为该封装模块可能有飞线或连接器连接到 PCB，除非具有抗干扰设计，否则该封装模块会受到这些飞线或连接器 ESD 的影响。该封装模块表面摩擦带电导致内部 PCB 产生高感应电压，当飞线或连接器引脚接触到导电体时，就会放电。

如果对处于制造过程某个阶段的非 ESDS 产品进行调整或拆装，可能使该产品再次变得对 ESD 损伤敏感。例如，用户拿到的完全组装好的台式计算机通常不会被认为是 ESDS 产品，然而如果去除该产品的机箱外壳，则包含 ESDS 器件的 PCB 容易被人、工具等接触到，因而在操作这些 PCB 时需要制定适当的 ESD 控制程序。当重新安装好机箱外壳后，人、工具等无法再接触到 ESDS 器件，此时可再次认为该产品不易受到 ESD 损伤。

4.4 习惯 1：始终在 EPA 内处理 ESDS 器件

4.4.1 EPA 的定义

就 ESD 防护而言，可将区域划分为两大类：EPA 和 UPA（详见 IEC 61340-5-3:2015）。有些公司可能以别的名字命名 EPA，如称之为安全操作区（Safe Handling Area，SHA）。本书中采用的术语与现行标准一致。区域的具体名称并不重要，重要的是区域中为保护 ESDS 器件采取的措施。

当然，大部分区域都是 UPA，在这些区域中，静电是不受控制的，且无处不在。人们未必能意识到这一点，因为人体自身对静电相当不敏感。当四处走动时，人体通常会产生数百伏的电压。人体感觉不到电压，只能感觉到放电的电流和能量。人体在接触东西或除本人外的人体时，会发生放电，但是人们往往会忽视这一点。只有当身体电压达到上千伏，而且人体接触的是诸如另一个人或金属文件柜这样大的导体时，人体才有可能感受到放电带来的电击。假如人体接触到的是电阻材料，产生的放电电流就会很小，以至于人体根本感觉不到。

人体对于塑料包装和固定材料等绝缘材料产生的电压更不敏感。这些材料可能会产生几千伏的电压，而人们对此可能毫无知觉。当电压达到 20kV 左右时，会产生小的刷形放电，如果环境足够安静，有可能听到噼啪声。人们能感觉到汗毛受到附近高静电场的静电吸引而移位，直接感受是皮肤有"痒"感。当脱下质地为羊毛或其他人造纤维的衣服时，可能会听到轻微放电的噼啪声，如果是在光线弱的黑暗环境中,可能会看到放电产生的微弱的火花。

然而,正如所看到的那样,尽管人体对 ESD 和静电场不敏感,但是许多电子元器件对 ESD 和静电场非常敏感。因此,必须设法保护电子元器件免受静电的影响,即要么在 EPA 内处理它们,要么将其封装于防静电包装中。本节介绍 EPA 以及需要养成的始终在 EPA 内处理 ESDS 器件的习惯。

EPA 有多种不同的形式,可以是临时的,也可以是固定的设备设施。可采用现场维修人员使用的防静电工具包配置一个临时 EPA 供现场使用。固定的设备设施可以是单个的工作台或多个工作站的集合,也可以是整个房间或工作区(见图 4.1)。处理未经防护的 ESDS 器件的仪器设备(或仪器设备的器件)也应该成为 EPA 的一部分。

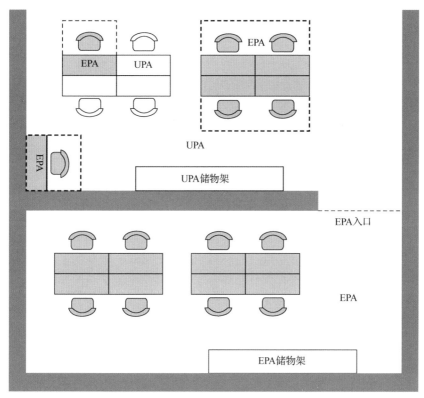

图 4.1　EPA 和 UPA

建立一个有效的 EPA 应满足以下两个基本条件:EPA 必须有明确的边界;在边界内必须控制所有的 ESD 风险,以使 ESD 损伤降至微乎其微。

要求 EPA 有明确的边界是因为人员必须清楚自己是在 EPA 内还是 EPA 外。在 EPA 外,禁止将 ESDS 器件从防静电包装中取出,否则将使其面临 ESD 风险。

在 EPA 内,由于 ESD 风险较低且可控,可以将 ESDS 器件存放于防静电包装内,也可以根据需要取出进行处理或应用于某一过程。

4.4.2　EPA 边界的定义

EPA 首先必须有清晰明确的边界,以便每个进入的人员清楚自己是在 EPA 内还是 EPA 外。如果边界不清晰,就不能确定将 ESDS 器件从防静电包装中取出是否安全,是否应该采取规定的 ESD 防护措施,以及是否需要使用防静电设备。因此,缺乏清晰的边界迟早会导致不合规,进而导致 ESDS 器件面临 ESD 风险。

为了确保 EPA 的有效性,必要时应对 EPA 内的所有流程进行评估和控制。如果未能识别出某些流程中较大的 ESD 危险源,仅为该 EPA 配备普通的防静电设备(防静电台垫、腕带等),无法达到该 EPA 的预期效果。

通常而言,应仔细考虑 EPA 的边界以及哪些流程是必须在 EPA 内进行的,这是非常有用的。EPA 内进行的流程越少,所需配备的器材及设施就越少,所需进行的流程评估也越简单。一种行之有效的防止 ESD 发生的措施是尽可能少地处理未经防护的 ESDS 器件。尽量减少 EPA 内的工作台数量和工作流程,能够降低设备检查和维护支出。一种做法是仅将需处置且未经防护的 ESDS 器件的流程安排在 EPA 内进行,将无须处置且未经防护的 ESDS 器件的流程安排在 EPA 外进行。

另一种做法是将可能产生 ESD 风险的流程设置在 EPA 内,以便在流程和操作之间切换,有些时候这种做法相对容易实现。如果不危及 ESDS 器件,这种做法是可接受的。举一个常见的例子,假使有一个保存和处理文件的办公桌区域,那么确保不将未经防护的 ESDS 器件带入该区域就能避免 ESD 风险。反过来,绝不可将办公桌区域中可能引起风险的材料带入处理 ESDS 器件的工作区。做到这一点要求在该区域工作的所有人员都能高度重视并严格遵循相关要求。这就需要通过人员培训等方式帮助在该区域工作的所有人员养成良好的习惯,以及通过审核等方式确保各项措施落实到位并持续有效。

4.4.3　EPA 边界标识

EPA 边界的标记方法不唯一。最重要的是,EPA 边界标识要能够被人识别,且能让人一眼看到,以起到提醒和警示的作用。提醒和警示不仅针对需要进入 EPA 和在其中工作的人员,也针对无权进入的人员,确保未经过 ESD 相关培训的人员清楚自己没有进入 EPA。

通常,与延伸、开放的 EPA 边界相比,更好的方式是在某一位置设置 EPA

入口，以便最大限度地减少所需的边界标识。物理屏障（临时的或永久的）能够大大减少无权限人员进入 EPA。

EPA 入口应设置清晰的标识（见图 4.2），提醒相关人员即将进入 EPA。标识应醒目，贴挂高度合适。与低处或入口上方位置相比，视线水平的高度比较适宜，更容易被看到。

此外，还可以在 EPA 出口处张贴标识，以警示相关人员即将离开 EPA。

图 4.2　EPA 入口标识示例（来源：C. Cawthorne）

有的企业会在 EPA 入口设置电控自动闸机或门禁，仅允许通过了人体接地设备（腕带或鞋束）测试的人员进入。

4.4.4　可忽略的 ESD 风险

ESD 风险是否可以忽略，取决于产品的类型、产品对应的市场以及产品一旦发生故障可能导致的后果。一种极端的情况是，对于低成本的产品，ESD 导致的故障可接受，对 ESD 防护的关注和投入就会很少。比如，对于用于音乐贺卡、发声玩具等一次性产品的低成本电子器件，一定程度的故障率相对比较容易接受。

另一种极端的情况是，卫星这类产品一旦发射就必须可靠运行，如果发生故障无法进行维护。故障会给任务带来灾难性的后果，所付出的代价十分高昂。对于汽车这类通常大批量生产的产品，故障率必须非常低。一旦发生故障，后果可能也是灾难性的，有导致驾驶人和乘客受伤（甚至死亡）的风险。航空航天和军事应用等领域对可靠性的要求也很高，发生故障的后果不堪设想。

综上，ESD 风险是否可忽略应该由用户根据其对产品以及市场需求的认识来判定。

4.4.5　ESD 风险来源

EPA 中要控制的 ESD 风险有两种类型：产品本身直接发生或遭受 ESD；能够导致产品发生或遭受 ESD 的静电场。

第 9 章中将对 ESD 风险的识别和评估进行更加深入的讨论。ESD 的来源主要包括：带电人员、带电金属或其他导电的物体或材料、带电设备。

静电场通常源自绝缘材料，如塑料等容易带电并能长时间保持电荷的材料。
ESD 风险发生的可能性通常取决于以下因素：

- ESDS 器件发生 ESD 的可能性；
- ESD 电流通过 ESDS 器件敏感部位的可能性；
- ESD 能量、峰值电流、放电时转移的电荷或其他参数超过 ESDS 器件损伤阈值的可能性。

综上，可通过控制 ESD 的发生或降低 ESD 的程度来达到降低 ESD 的风险的目的。

任何一个 ESDS 器件接触到另一个电压不同的导体，都有发生 ESD 的风险。而通过降低所有可能发生的 ESD 中的峰值电流、能量以及转移电荷等，可将 ESD

发生强度降至最低。习惯 2~习惯 5 将对 ESD 风险评估与控制方法进行进一步讨论。

4.4.6 EPA 中的 ESD 防护措施

在 EPA 中采取哪些 ESD 防护措施取决于多种因素,包括工艺过程和产品、ESDS 器件的 ESD 敏感性等。ESD 防护措施通常会用到下列器材:
- 防静电包装;
- 防静电地板或地垫;
- 人体接地设备(腕带或地板-鞋束系统);
- 防静电台垫或工作表面、储物架(或货架)和转运车;
- 防静电椅;
- 防静电服;
- 防静电手套和指套;
- 防静电工具。

一种常见的方法是根据 ESD 防护标准(详见第 6 章)的要求来确定具体的 ESD 防护措施。ESD 防护标准中会针对常见的 ESD 列出对应的防护措施,但通常不会对 ESD 风险进行进一步的详细评估。该方法的优点是容易实现,且对专业知识要求不高。依据 ESD 防护标准建立的 ESD 控制程序往往更容易被客户接受,也更容易通过审核。

然而,这种方法具有以下缺点:
- 所采取的部分 ESD 防护措施对应的 ESD 风险可能在该工艺过程和设施中并不实际存在;
- 可能存在 ESD 防护标准中列出的 ESD 防护措施无法解决的 ESD 风险;
- ESDS 器件特别敏感,ESD 耐受电压低于 ESD 防护标准中要求的 ESD 耐受电压。

基于这些缺点,有必要(或者说更可取的做法是)在确定 ESD 防护措施之前,对工艺过程和设施中的 ESD 风险进行必要的评估。对具体的 ESD 风险了解越全面,ESD 防护措施就越有针对性,从而能更有效、高效、全面地解决 ESD 问题。关于 ESD 防护措施的确定将在第 10 章中进一步讨论。

4.4.7 ESD 防护措施决策者

ESD 控制程序如果缺乏领导者和负责人,则很可能因缺乏关注和维护而失效。

因此需要确定制定和实施 ESD 控制程序的责任方，以及进行记录、维护、测量、人员培训工作的责任方。

上述职责可能涉及多个人，他们需要扮演不同的角色并承担不同的责任。有的企业会成立专业委员会（有多个厂区的企业则会成立联合专业委员会），该委员会负责企业整体的 ESD 防护工作。

尽管如此，建议企业在各个厂区均设置专人负责协调、实施以及维护 ESD 控制程序。截至本书（英文版）成稿之时，现行的主流 ESD 防护标准中要求必须设置专人，他们被称为 ESD 协调员。ESD 协调员不必亲自做所有事情，但需要确保所有相关工作全部完成。这就要求该角色拥有必要的权限、备岗人员及资源以履行其职责。

有的企业的 ESD 防护职责是由一个委员会（而不是某个人）来履行的。实施和维护 ESD 控制程序的工作任务全部或部分分派给单位中的其他人。比如，由经过专门培训的技术人员对 EPA 中的设备进行常规测量，由指定的培训师开展部分或全部的培训工作。

4.5 习惯 2：尽可能避免在 ESDS 器件附近使用绝缘体

4.5.1 绝缘体的定义

在本书中，绝缘体的定义为：无法快速释放静电荷，从而无法避免产生显著的静电荷积聚或电位差的所有材料和物品。这个定义不是学术性的，而是从实用的角度，反映工业实践中这类物品的使用方式，它的电特性可能跟其他工业环境中定义的绝缘体的有所不同。实际应用中此类情况多有发生。在工业过程中，为了避免静电火灾和爆炸危险，通常认为电阻超过 $100M\Omega$ 的材料为绝缘材料（详见 IEC 60079-32-1:2013）。然而，在 IEC 60079-32-1:2013 中，绝缘一词对不同的产品和材料而言有不同的定义，如绝缘外壳的定义是其体积电阻应大于或等于 $100G\Omega$，绝缘软管的定义为其电阻大于 $1M\Omega$（见该标准第 1.7.5 节）。

总之，绝缘体上积聚的电荷无法轻易释放，并且可能保持很长时间，从而导致以下结果：

- 绝缘体表面各点的电压不可能完全相同，当出现电位差时，电荷无法快速流动以阻止电位差的形成；
- 如果绝缘体发生 ESD，只有一小部分绝缘体上积聚的电荷和能量能够在放电过程中释放。

这些令人困惑的对绝缘体的不同定义可以通过静电荷积聚的简易电气模型（见图 4.3）进行解释。从第 3 章可以看出，电阻（或电阻率）对以下两类重要参数具有重要的影响：

- 静电充电电流形成的电压[取决于瞬时电流和电阻（或材料电阻率）的乘积]；
- 电荷或电压的衰减时间[取决于电阻 R（或材料电阻率 ρ）和电容 C（或材料的介电常数 $\varepsilon=\varepsilon_r\varepsilon_0$）的乘积]。

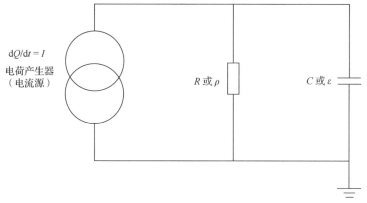

图 4.3　静电荷积聚的简易电气模型

通常会采取以下措施来避免 ESD 损伤事件发生：使静电充电电流形成的电压值保持在可能发生危险的限值以下，或者设法确保产生的电压在造成损伤之前迅速泄放。

在人员操作遵循相关标准的 EPA 中，ESD 损伤事件通常不会发生得太快。如果不存在大量连续的静电充电机制，材料之间正常接触产生的电荷和电压通常能够确保在几秒之内泄放。因此，如果材料的衰减时间 $\tau=\rho\varepsilon_r\varepsilon_0$ 为几秒，通常是可接受的。考虑到大多数材料的相对介电常数 ε_r 的范围为 2～3，$\varepsilon_0\approx8.8\times10^{-12}\text{F}\cdot\text{m}^{-1}$，将材料电阻率上限设定为 $100\text{G}\Omega\cdot\text{m}$（$10^{11}\Omega\cdot\text{m}$），计算得到理论衰减时间范围为 1.8～2.6s。防静电包装材料电阻率上限的设定大致基于上述分析，不过实际应用中通常不用电阻率这一指标，而是用表面电阻或体积电阻指标（详见第 1.7 节）。

4.5.2　必需绝缘体与非必需绝缘体

绝缘体可分为两类：一类是工艺流程或产品必需的绝缘体，称为必需绝缘体，一旦缺失则产品生产或工艺过程无法进行；另一类是工艺过程或产品不必需的其他所有绝缘体，称为非必需绝缘体。非必需绝缘体应与 ESDS 器件保持足够远的距离以降低 ESD 风险，并使其维持在可接受水平。根据许多企业的防护经验，最简单的做法是确保非必需绝缘体不进入 EPA。一旦允许其进入，则必须严格、有效地管理非必需绝缘体与 ESDS 器件的距离。这就需要仔细斟酌、研判这些非必需绝缘体用在哪里、如何使用，明确人员的培训、符合性验证等方面的工作。

表 4.1 中列出了一些常见的必需绝缘体和非必需绝缘体示例。这些示例中，有些类型的绝缘体显然是必需的（如 PCB 和部件）；有些类型的绝缘体则不太容易分类（如试验夹具和生产文件），它们在某些情况下是必需的，在另外一些情况下则是非必需的。

表 4.1 常见的必需绝缘体和非必需绝缘体示例

类型	非必需绝缘体	必需绝缘体
PCB 基板以及部件塑料包装	—	是
塑料制品零部件	—	是
非 ESD 控制专用的塑料包装	是	—
个人物品、咖啡杯、餐盒	是	—
试验夹具和固定装置等零部件	可由非绝缘材料制成的零部件	只能由绝缘材料制成的零部件
文件	工艺过程中可不出现或使用的文件	工艺过程中必须出现或使用的文件

4.5.3 让非必需绝缘体远离 ESDS 器件

带电绝缘体产生的静电场会导致 ESD 风险，这是因为它们会使静电场中孤立（未接地）的导体产生感应电压。场内的所有孤立导体（包括 ESDS 器件）将带上一定的电压，该电压往往与场附近其他导体的电压不同（有关导体和接地的更多讨论详见第 4.7 节），即导体间存在电位差。当两个导体靠近或接触时，二者之间就会发生 ESD。如果其中一个导体是 ESDS 器件的一部分，该 ESD 风险就会造成 ESD 损伤。

带电物体产生的静电场的大小与物体之间的距离有关。第 2 章中介绍了两个大型平行极板之间产生的均匀场。将静电场仪插入其中一块极板的孔中，就能测得静电场强（见图 4.4）。通过极板之间的电位差 V 和极板之间的距离 d 很容易就能计算得到静电场强 E。

$$E = \frac{V}{d}$$

如果将高压板移向或移离静电场仪所在的板，静电场强则随之增大或减小。静电场强的大小与 $1/d$ 成正比。

从上面这个简单的公式可知,ESDS 器件距离静电源越近,静电场强越大,ESD 风险也越大(静电场强是 ESD 风险的指标之一)。如果将一个静电场的静电场强限值设定为 $5kV·m^{-1}$,不同电压、不同距离条件下均能达到该限值要求(见表 4.2)。可以看出,静电场仪离 ESDS 器件越近,可承受的电压限值越低,就越需要小心谨慎。

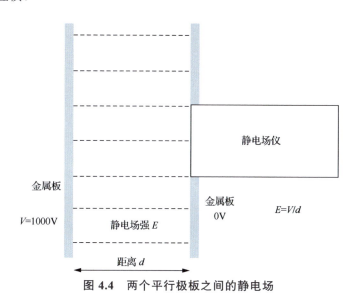

图 4.4 两个平行极板之间的静电场

表 4.2 产生 $5kV·m^{-1}$ 静电场强的平面平行极板间的电压和距离

电压(V)	距离(cm)
10 000	200.0
5000	100.0
2500	50.0
1500	30.0
500	10.0
125	2.5
50	1.0

如果将静电场仪一侧的平行极板拆除,将静电场仪留在原位,静电场的电场线将终于静电场仪(见图 4.5)。假定静电场仪是电压为 0V 的接地导体,电场线集中终于静电场仪,这种情况下静电场仪处将存在静电场强更高的不均匀静电场。因此不能再认为当改变静电场仪和极板之间的距离时静电场强随着 d 的变化而变化。

在实际测试中,静电场强随着 d 的增大而减小这一假设通常与实验结果非常一致(Stadler et al., 2018)。许多静电场仪在校准时,先将其与给定电压金属板的距离设定为 2cm 或 2.5cm(1in),然后读取其电压测试值。图 4.6 以距离电压为

1kV 的带电金属板 2.5cm 处的静电场仪电压读数为归一化基准，给出了其余距离下静电场强（电压）读数的百分比。有意思的是，30cm 距离对应的静电场强仅为 2.5cm 距离对应的静电场强的 7%。有的标准中要求以这种方式测得的表面电压大于 2kV 的绝缘体与 ESDS 器件保持不少于 30cm 的距离，这样能确保 ESDS 器件感应到的带电绝缘体的静电场强小于其校准值的 7%。

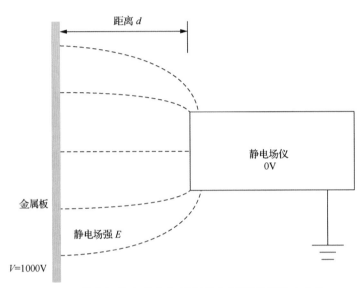

图 4.5　静电场仪和带电极板间的电场随距离发生变化

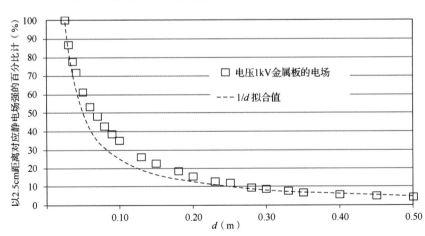

图 4.6　静电场仪读数随其与电压为 1kV 的带电金属板相隔不同距离的变化趋势
（以 2.5cm 距离对应静电场强的百分比计）[1]

---

[1] 原书图 4.6 中的距离是 2cm，带电金属板电压是 0.5kV，与正文所述不一致。本书以正文为准对图中的数值进行了更正。——译者注

另一种常见的方式是，标准中会给出 ESDS 器件所在位置的静电场强的限值，如 $5\text{kV}\cdot\text{m}^{-1}$。由于大多数静电场仪都是根据电压进行校准的，因此并不能立即得到静电场强。然而，所有根据电压校准的静电场仪都能很容易地通过校准得到静电场强限值，具体操作是向金属板施压使其电压升高到设定值，得到图 4.5 所示的电场。例如，如果将电场强度仪放置于距离金属板 0.02m 位置处，向金属板施加 100V 的电压，则静电场强为 $100\text{V}/0.02\text{m}=5000\text{V}\cdot\text{m}^{-1}$。该条件下观察到的静电场仪的读数取决于仪器的设计以及校准条件。这个数值是多少不是非常重要——它代表的是静电场强为 $5\text{kV}\cdot\text{m}^{-1}$，读数超过此数值说明产生的静电场强大于 $5\text{kV}\cdot\text{m}^{-1}$，读数低于此数值说明产生的静电场强小于 $5\text{kV}\cdot\text{m}^{-1}$。

4.6 习惯 3：降低必需绝缘体的 ESD 风险

4.6.1 绝缘体的界定

在本书中，绝缘体的定义为：无法快速释放静电荷，从而无法避免产生显著的静电荷积聚或电位差的所有材料和物品（见第 4.5 节）。

在 ESD 防护工作中，通常认为电阻大于 $100\text{G}\Omega$（$10^{11}\Omega$）的材料为绝缘体，电阻小于此值的材料为导体（见第 4.7 节），导体可用于防控静电荷积聚。尽管如此，不同的行业和学科对绝缘材料电阻的定义可能有很大的不同。

4.6.2 绝缘体无法接地

缺乏 ESD 防护经验的人通常认为绝缘体上的电荷可通过接地的方式加以控制，实际上这种方式是无效的。原因从前述绝缘体的定义中就可得出，即电荷无法快速从绝缘体移动到接地线，也就是说无法避免静电荷在绝缘体上的积聚。某些时候可将接地线与绝缘体表面接触，通过电刷放电可降低接触点附近的表面电荷水平（见第 2.5.2 节），但通常无法影响远离接触点的电荷水平，因为远离接触点的电荷难以迅速移动到接触点附近表面。

4.6.3 必需绝缘体的 ESD 风险应对

在许多情况下，ESD 风险是由带电物体产生的静电场引发的。静电场中的导体如果没有相互连接形成等电位，就会产生电位差，进而引发 ESD 风险。这些导体中通常有 ESDS 器件，一旦 ESDS 器件靠近或接触到另一个电压不同的导体，二者之间就会发生 ESD。

绝缘体属于必需绝缘体还是非必需绝缘体，因情况不同而异。同一物品可能在某个工艺过程中必不可少，但在另一个工艺过程中却有可能无关紧要。例如，在某个工艺过程中，纸质文件是非必需绝缘体，很容易做到不出现；但在另一个工艺过程中，如果必须在完成过程步骤时更新或签署纸质文件，那么缺少文件的情况下工艺过程将难以继续进行。

大多数时候，绝缘体的 ESD 风险可通过诸如第 9.3.6 节中给出的简单评估方法进行评估。大多数 ESDS 器件本身对静电场导致的直接损伤并不敏感。通常只有当存在显著静电场，并且该静电场的电场内的 ESDS 器件和其他导体之间存在接触的可能时，才需要对 ESD 风险进行重点关注。如果该静电场内不存在导体与 ESDS 器件的接触，可能就不需要对该静电场进行 ESD 风险防控。如果绝缘体与 ESDS 器件的距离足够远，ESDS 器件所在位置的静电场基本可以忽略不计。注意：通常不大可能将 ESDS 器件置于电场位置。如果绝缘体不大可能被搬运、挪动或带电，那么其产生电场的风险基本可以忽略不计。

原则上，ESD 风险防控可通过以下 5 种方式进行：
- 用接地导体替代绝缘体；
- 增大带电绝缘体和 ESDS 器件之间的距离；
- 通过屏蔽控制绝缘体的电场；
- 采取一定措施防止电场内 ESDS 器件和其他导体之间产生接触；
- 采用离子化静电消除器中和等方式降低绝缘体上的电荷和电压水平。

实际应用中应根据情况选择 ESD 防护措施。表 4.3 给出了一些示例。

物体静电荷测量最好在最恶劣的情况下进行，即在较低的环境空气相对湿度（<30%）条件下进行测量。但在实际操作中，由于缺少湿度控制设施，测量可能只能在环境空气条件下进行。尽管如此，在较高湿度条件下进行的初步评估也可作为首次评估的参考值，后续应持续跟进并在低湿度条件下进行复测。

这引发了一个问题：什么样的带电水平可以忽略呢（Swenson, 2012）？这个问题并不好回答，它的答案取决于正在处理的 ESDS 器件的敏感电压以及其他因素。例如，如果所关注的 ESDS 器件的损伤模式是 CDM，并且产生的电压低于 ESDS 器件对 CDM 的耐受电压，则认为风险可忽略。导体感应到的电压不会超过静电源的电压。在实际应用中，更高的电压也许也是可以忽略的，但是评估这一点可能更困难。

表 4.3 必需绝缘体举例及其可采取的防护措施

必需绝缘体	可采取的防护措施
产品零部件	启用离子化静电消除器中和静电使电荷量降至可接受的水平
只能由绝缘材料制成的试验夹具和固定装置等零部件	定期使用抗静电剂，并通过调节湿度来控制静电；启用离子化静电消除器中和静电使电荷量降至可接受的水平
工艺过程中必须出现或使用的纸质文件	将文件置于静电耗散型文件架中；如果需要从文件架上取下文件（如进行注释），应在距离 ESDS 器件所在工作台至少 300mm 的单独的工作区进行该操作；使用专门的具有 ESD 安全设计的基于计算机的文件显示器
工作台上的计算机设备	将设备放置于工作台的单独区域或使其尽可能远离有可能放置 ESDS 器件的位置

标准中可能会给出相关要求，可用于指导带电绝缘体电场的评估。例如，IEC 61340-5-1:2016 中要求 ESDS 器件所在位置的静电场必须小于 $5kV·m^{-1}$。此外，静电电压大于 125V 的绝缘体与 ESDS 器件的距离应不少于 2.5cm；若绝缘体的静电电压大于 2kV，则该绝缘体与 ESDS 器件的距离应在 30cm 以上。如能满足上述要求，按照该标准，静电场和电压可以忽略。

4.6.4 使用离子化静电消除器中和绝缘体上的电荷

如前所述，离子化静电消除器可用于中和物体表面多余的电荷。因此，可使用离子化静电消除器来中和 EPA 中绝缘体上的电荷。与此同时，为了有效控制 ESD 风险，必须了解离子化静电消除器的局限性。

离子化静电消除器以设定的速度产生正、负离子，这些离子以一定的速度到达带电表面，移动速度与静电场（取决于表面电压）和离子迁移率（详见第 2.8 节）有关。只有当离子的移动速度能够到达绝缘体带电表面时，该表面的电荷才能被中和。离子的到达速度和电荷中和速度随着表面电压降低而逐渐降低（见图 4.7）。此外，由于正离子和负离子的迁移率可能不同，因此电荷的中和速度也可能不同，即使平衡的离子流也是如此。对于不平衡的离子流，离子浓度差异会导致不同极性电荷的中和速度不同。因此，其中一个极性电荷的中和速度可能比另一个极性电荷的慢得多，从而导致图 4.7 所示的结果，即表面电荷全部或大部分中和可能需要一定的时间。如图 4.7 所示，负极性电压降至-100V 所需的时间不到 5s，而正极性电压需要大约 2 倍[①]的时间才能降至 100V。在实际应用过程中，可能需要

---

① 原文为 "double"，即 2 倍。按照图 4.7 所示，实际应为大约 3 倍。——译者注

等待几秒,以确保表面电荷量足够少,能够将ESD风险控制在可接受的水平。

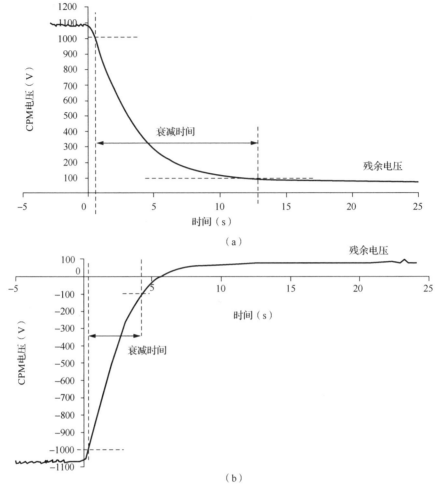

图 4.7 离子化静电消除器电荷衰减曲线
(a)为正电荷中和的衰减时间和残余电压 (b)为负电荷中和的衰减时间和残余电压

电压衰减时间会随带电物体与离子化静电消除器相对位置的变化而变化,变化的方式与离子化静电消除器的类型有关。这是不同的工艺过程或产品选用离子化静电消除器时需要重点考虑的因素。一般而言,电荷衰减时间随带电物体与离子化静电消除器距离的增大而增加。这是因为随着距离的增大,离子间带有相同极性的电荷相互排斥而扩散,带有相反极性的电荷相互吸引并重新组合形成中性粒子,从而导致离子浓度降低。

许多类型的离子化静电消除器的效果具有很强的方向性。例如,离子风机利用风扇气流沿某个方向吹出离子,离子流以外其有效性会大幅降低。

大多数离子化静电消除器由于产生的正负离子密度存在微小的不平衡而存在残余电压。在中和绝缘体上的电荷时，离子化静电消除器的残余电压一般不会引发任何问题。除非是处置极其敏感的部件，否则绝缘体上带电几十伏的电荷量通常不会引发 ESD 风险。标准中通常会对最大残余电压做出规定，或者让用户根据实际应用情况定义一个最合适的最大残余电压。

4.7 习惯 4：导体（尤其是人体）一定要接地

4.7.1 导体的定义

本书对导体的定义为：所有不是绝缘体的材料和物品。前面对绝缘体的定义是：无法快速释放静电荷，从而无法避免产生显著的静电荷积聚或电位差的所有材料和物品。因此，导体是能让电荷快速释放从而避免静电荷积聚的材料或物品。

这些定义看起来不够具体，但实际情况就是如此。一种材料或物品究竟是导体还是绝缘体，通常取决于其应用环境或技术领域。电气工程师可能将电阻大于或等于 1GΩ 的材料或物品视为绝缘体，在工艺过程静电危险评估与预防中也是这样认为的。但是在 ESD 防护工作中，认为电阻为 1GΩ 的材料或物品是导体，可用于电荷耗散和控制，或作为接地导体。

4.7.2 导电、耗散及绝缘

在 ESD 防护工作中，经常使用导电、耗散、绝缘等术语。通常认为电阻小于 1MΩ（10^6Ω）的材料为导电材料，电阻介于 1MΩ 和 100GΩ（10^{11}Ω）的材料为静电耗散材料，电阻超过 100GΩ（10^{11}Ω）的材料为绝缘材料。但是需要注意的是，这些定义并不通用。在 IEC 61340-5-1 和 ANSI/ESD S20.20 标准体系中，仅给出了某些情况下这些术语的标准化定义。其中，在防静电包装材料（详见第 8 章）中，规定了表面电阻或体积电阻大于或等于 100GΩ 的材料为绝缘体。然而，近年来，随着标准的更新，ESD 防护领域中对包装材料"导电"的定义发生了变化。基于此，从导电或耗散的角度定义材料不甚明智。建议明确规定可测量参数（如表面电阻）的可接受范围。

4.7.3 导体的特性

在 ESD 防护中，由于导体的电荷相对容易移动，因此导体具有以下重要特性：
- 在无电流流过导体的准静态条件下，导体表面各点的电压均相同；
- 如果导体发生 ESD，在放电过程中，导体上的电荷和能量几乎可以全部释放。

第一条特性基于以下事实：如果存在电位差就会产生电流直到电位差消失为止，从而能够相对较快地达到平衡。实际所需的时间取决于材料的特性，即电阻率和介电常数。

第二条特性基于以下事实：当材料开始放电时，放电点位的电压会随着电荷的传导而迅速改变。材料上随之出现电位差并产生电流，直到电位再次达到平衡，这个时候存储在材料上的电荷基本消耗殆尽。因此，带电导体往往是 ESD 的潜在来源。

4.7.4 电荷与电压衰减时间

理论上，材料的电荷和电压衰减时间与其电阻率 ρ 和介电常数有关（详见第 2.3.3 节）。对于电阻为 R、电容为 C 的导体，电荷或电压衰减时间取决于电阻和电容的乘积 RC。衰减时间越短，材料电位达到平衡的速度越快。对于接地导体或材料，电压达到 0V 所需的时间取决于其电荷衰减时间。

许多材料的介电常数是 $10^{-11}\text{F}\cdot\text{m}^{-1}$ 左右，也就是说当电阻高达 $100\text{G}\Omega$（$10^{11}\Omega$）时，衰减时间大约是 1s。在实际操作过程中，尤其是在人工操作时，如果产生的电荷能在这个时间范围内消散，基本不会造成重大的 ESD 风险。

工作场所中小型导体（如手工工具钻头）的电容大概是 10pF，当对地电阻为 $100\text{G}\Omega$ 时，电荷或电压衰减时间约为 1s，是可接受的。高电容的物品应具备较低的对地电阻，以使电荷和电压衰减时间足够短，确保达到可接受的程度。

但在自动化的工艺过程中要求可能有所不同，原因之一是自动化工艺过程中存在连续产生电荷的可能性。机器的速度比人工操作的快得多，因此可能需要更短的电荷衰减时间，以避免造成大量的电荷积聚，引发 ESD 风险。

4.7.5 材料接触电阻对 ESDS 器件防护的重要性

4.7.5.1 降低 ESD 过程中导体的能量传递

当 ESDS 器件与材料接触并发生放电时，电流流过 ESDS 器件和材料，放电产生的一部分能量会被材料吸收。材料的电阻越大,吸收能量的比例越高,ESDS 器件中耗散的能量就越少。明确能量的去向在 ESDS 器件损伤机制中很重要,降低 ESDS 器件中耗散的能量可起到有效的保护作用。与低电阻材料接触相比,与高电阻材料接触能大大降低 ESDS 器件的 ESD 应力。

4.7.5.2 降低放电峰值电流

当 ESDS 器件与材料接触且发生放电时,产生的峰值电流受到放电电路中电阻和电感的限制。高电阻是限制放电峰值电流的主要因素。如果放电峰值电流是导致 ESDS 器件损伤的重要原因,增加与 ESDS 器件接触的材料的电阻能够显著降低 ESD 应力。

这是防止带电设备受到 ESD 损伤的非常重要的考虑因素。CDM 的 ESD 敏感度测试发现,设备损伤阈值通常是由 ESD 峰值电流决定的(详见第 3 章)。如果设备仅接触高电阻材料,则 ESD 峰值电流可被限制在损伤阈值以下,从而有效防止带电设备发生 ESD 损伤。

ESD 峰值电流受到放电点的材料电阻的限制,了解这一点很重要。线路其他部分的电阻不会影响 ESD 峰值电流。举例来说,如果将 ESDS 器件放置在位于电阻工作台面的金属托盘上,ESDS 器件和金属托盘之间的放电电流不受工作台面电阻的限制,而是由低得多的金属和火花放电通道的阻抗决定,从而产生带电器件 ESD 损伤风险。同样地,在低电阻接地的接地线或金属工作表面增加电阻,无法实现对大电流 ESD 的防护(Wallash, 2007)。

4.7.5.3 明确材料电阻下限

如果材料的 ESD 防护作用很重要,通常需要明确规定接触 ESDS 器件的防静电材料的最小电阻。常见的示例是工作表面和防静电包装材料的最小电阻。当涉及带电器件或其他诸如此类的 ESD 风险时,可规定材料电阻不低于 10kΩ。

4.7.6 安全注意事项

当工作中涉及高风险的连续电压源(如供电系统电源)时,一旦人接触到电源,就可能面临电击风险。在存在高压电源的情况下,安全是需要考虑的重要问题,也是限定接地通路最小电阻的原因。对于此类安全问题,在国家或地方安全法规中可能有相关规定。如果不存在电压源,则可能不需要对接地通路的电阻下限做出规定。

通常,ESD 防护标准并不会出于安全目的限定电阻下限。这是因为标准往往只涉及 ESD 防护,而安全是用户规范所需要关注的。在与标准相关的用户指南中可能会讨论安全这一主题。

4.7.7 通过接地与等电位连接消除 ESD

发生 ESD 是两个物体之间的电位差足够大导致二者之间的空气被击穿并产生电流。由此可见，如果我们能够确保电位差足够低，则有以下益处：

- 如果电位差不足以击穿空气或不存在电位差，则不会发生 ESD；
- 即使发生了 ESD，能量、峰值电流、电荷转移以及其他的潜在损伤参量也会降级。

如果对两个电压不同的导体进行电气连接，二者之间就会产生电流直至它们的电压相同。此时，如无外部施加的电位差或电流，电流就会停止。在两个导体接触的一瞬间必然会发生 ESD，但当二者电压相同时 ESD 不再发生。

将两个导体连接起来使其处于同一电位，称为等电位连接。这是防止导体带电成为静电源的最主要的方法。在实际操作中，通常将所有的导体通过供电系统连接到大地，使其处于等电位状态。这时的电位等于或接近大地电位，对应通常意义上的"接地"或"导体接地"。这种做法在许多 EPA 中都特别有用，因为 EPA 中的许多设备已经由于某些原因（如电气安全）而采取了接地措施。

4.7.8 了解接地系统

4.7.8.1 接地方式

在实际操作中，EPA 有多种不同的接地方式，其中主要的有 3 种：等电位连接、电气接地、功能接地。

人们通常认为，为了消除 EPA 中的电位差和静电源，必须将其连接到大地。实际上并不需要这样做，只需要将该区域内的导体进行等电位连接即可。例如，对于飞机或其他无法与大地接触的情形，完全可以通过等电位连接控制导体之间的电位差。因此，在目前的 ESD 防护标准中，等电位连接等同于接地。接地的概念通常包括等电位连接，即采用等电位连接代替其他接地方式，将物体连接到指定的防静电接地。

许多 EPA 中有电源接地体系，考虑到电气安全，许多设备已经连接到电源接地系统。因此，就 ESD 防护而言，通常最方便的做法是利用电源接地系统作为 EPA 接地，将工作环境中所有非绝缘材料、设备与电源接地系统进行电气连接。

在某些设施中，电源安全接地不可利用，或者由于某些原因不希望利用。在这种情况下，可以使用一个单独的"功能性"接地，比如埋入大地的接地桩。

通常情况下，不允许 EPA 中存在两个独立的接地。如果存在两个独立的接地，二者可能电位不同，从而成为严重的 ESD 风险源。EPA 中所有的接地都应电气连接到一起，以确保接地之间不会存在明显的电位差。

4.7.8.2 接地系统

可靠接地要求物品和大地之间建立并保持持续的电气连接。实现接地需要使用一些设备或材料。例如，人员通过防静电鞋、防静电地板接地，转运车、椅子、储物架通过防静电地板接地，手持工具通过人员佩戴手套、腕带等接地。

对于必须接地的物品，须将系统各部分的要求视为接地系统的一部分。通常，一个系统的接地要求决定了系统关键部件的规格。例如，地板的电阻可能主要取决于人体通过鞋和地板的最大对地电阻。

为了实现可靠接地，必须确保在所有需要保持接地的情况下系统的各个部分性能良好。这就意味着必须不时对系统的各个部分或整个系统进行监视和测量，该部分内容将在第 4.10 节进行阐述。

4.7.9 处理 ESDS 器件的人员的接地

4.7.9.1 人员接地基本要求

人在环境中移动时会持续产生静电。这是因为人的脚或衣服在移动时会不断与其他材料和表面接触、分离。人们穿的普通鞋的鞋底都是由绝缘材料制成的，外套可能也是由绝缘材料制成的。与其他材料接触产生的电荷可传导至人体，或者使人体产生感应电压，进而导致 ESD。

人员接地的一个基本要求是将人体电压限制在一定水平，以确保其接触 ESDS 器件时不会发生 ESD 损伤。目前的做法是要求人体电压低于处理的 ESDS 器件的 HBM 耐受电压。最新的标准要求能安全处理 HBM 100V 器件，因此要求限制人体电压低于 100V。当处理耐受电压更低的器件时，需要将人体电压控制在更低的水平。

根据图 4.3 所示的简易电气模型可知，对于一个给定的人体活动，控制人体电压的主要方式是提供一个接地系统，将人体与低阻值的电阻串联并接地。常用的两种人员接地系统是腕带系统和地板-鞋束系统。

有些时候也会使用基于同样原理的其他类型的系统。通常会对人体对地电阻的上限做出规定，以确保在所有使用条件下产生的人体电压低于规定值。

4.7.9.2 腕带接地

腕带接地是最常用的人员接地方式，已应用多年。当把腕带作为最主要的人员接地方式时，如果腕带系统电阻小于 35MΩ，就能控制人体电压低于 100V。因此，许多标准中规定处置 HBM 100V 的 ESDS 器件时，腕带系统电阻必须小于 35MΩ。

腕带系统包括直接与皮肤接触的腕带、接地电缆、连接 EPA 接地系统的接地点。要让腕带系统正常工作，需确保腕带系统的各部件均性能可靠。标准通常规定了可单独测试的系统的各部件的电阻(如佩戴腕带时手腕到腕带接地点的电阻，或接地点的对地电阻)的上限（详见第 6.5.12 节）。

4.7.9.3 地板-鞋束系统接地

多年来，在作为主要的（甚至是唯一的）人员接地系统使用时，地板-鞋束系统对包括人员、鞋束和地板在内的系统总对地电阻的要求与腕带系统的要求一样，即必须小于 35MΩ。近年来，由于某些原因，实际应用中已经偏离了这一要求。

对于站立的人员，引起人体电压的大部分电荷是由鞋底和地板的接触产生的。从图 4.3 可以看出，电荷的产生速度和接地电阻对人体电压累积具有很大的影响。地板-鞋束系统的摩擦起电特性是影响人体电压的主要因素，具有相同电阻的不同鞋类和地板材料产生的人体电压可能差别非常大。例如，有的地板-鞋束系统可能从人体到大地的对地电阻很高，但如果产生的电荷量很小，也能确保人体电压在限值范围内，这样的地板-鞋束系统是可选的。因此，最新的 ESD 控制程序通常允许较大的对地电阻，前提是已经证明了使用该地板-鞋束系统能够达到人体电压限值要求。

将鞋束或地板更换为电阻相同的其他类型，产生的人体电压不一定与地板-鞋束系统产生的电压相同，因为电荷产生特性可能有所不同，认识到这一点很重要。因此，一旦评估某一地板-鞋束系统符合要求，就应该选用这一组合，或者其他能达到同样性能的组合。而且，有研究证明，单独测量的鞋束电阻或地板电阻并不能很好地预测地板-鞋束系统的性能（Smallwood et al., 2018）。

如果要将几种不同的地板与同一种鞋束组合使用，则必须测量该鞋束与每一种地板组合后的特性。同样地，如果使用几种不同的鞋束，则必须测量每种鞋束与搭配使用的地板组合后的特性。地板材料不同、空气湿度不同，呈现出的特性也不同（见图 4.8）。大多数标准 ESD 控制程序要求人员在行走测试过程中保持人体电压低于 100V，但如果处理的部件 HBM 敏感电压低于 100V，人体电压限值应降低。

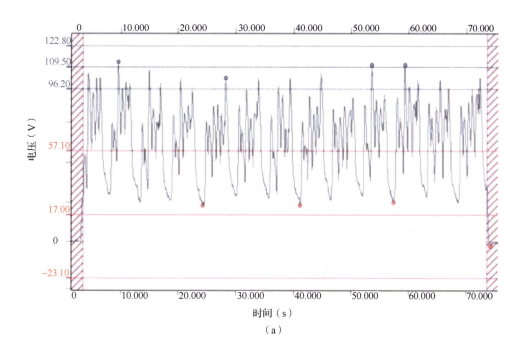

(a)

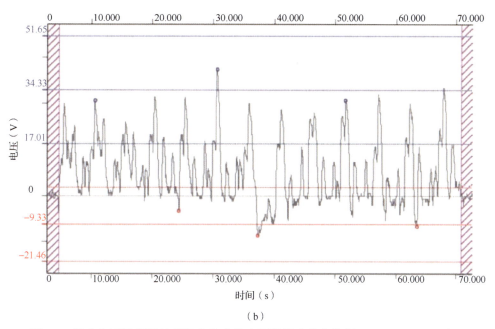

(b)

图 4.8 鞋束与不同类型地板组合的人体电压数据（参考资料：**D. E. Swenson**）
（a）鞋束对地电阻为 10MΩ，耗散型地板对地电阻为 10MΩ，相对湿度为 15%
（b）鞋束对地电阻为 10MΩ，导电型地板对地电阻为 900kΩ，相对湿度为 15%

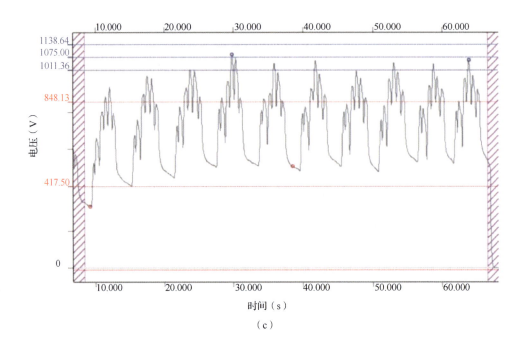

(c)

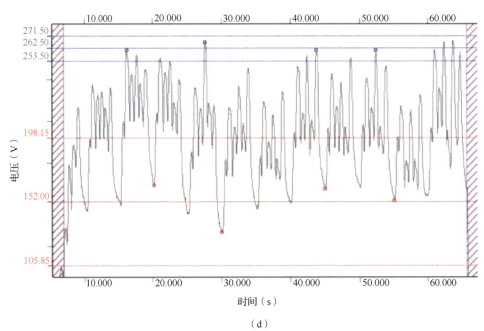

(d)

图 4.8 鞋束与不同类型地板组合的人体电压数据（参考资料：**D. E. Swenson**）（续）
（c）鞋束对地电阻为 10MΩ，标准乙烯基瓷砖地板，相对湿度为 15%
（d）鞋束对地电阻为 10MΩ，标准乙烯基瓷砖地板，相对湿度为 50%

4.7.9.4 座椅接地

大多数坐着操作的人员有时会双脚离地,这时地板-鞋束系统就不能保证坐着操作的人员双脚始终与地接触,即不能保证人员可靠接地。因此,大多数 ESD 控制程序要求在坐着处理产品时,操作人员必须佩戴腕带。防静电椅通常不能作为坐着操作的人员的可靠接地方式(详见第 4.7.10.5 节)。

4.7.10 防静电设备接地

4.7.10.1 注意事项

ESD 防护中所允许的接地导体的电阻很大,有时甚至大到会让刚接触 ESD 工作的新手(尤其是电气工程师)感到惊讶。在接地电阻高达 1GΩ 或者更高时,ESD 防护仍能确保设备接地以实现有效的 ESD 防护。在实际应用中,可能不是通过安装固定的连接电线实现接地的,而是通过特定的材料(如地板)。由于电荷产生的电流很小(微安级别甚至更小),接地线不需要很粗就能承载该量级的电流。尽管如此,接地通路的可靠性仍是一个需要重点考虑的因素,通常取决于以下 3 个方面:

- 接地系统各部分的耐用性;
- 接触表面(如地板、鞋底、座椅和转运车接地的轮子)的污染状况;
- 人为因素(如蓄意或无意拔掉接地连接器)。

4.7.10.2 工作表面

设置静电耗散工作表面有两个作用:第一,工作表面材料本身不带电,不会产生可能导致 ESD 风险的静电场;第二,工作表面能提供一种有效的方式,使放置在工作表面上的所有非绝缘材料和物品(包括工具、ESDS 器件等部件)上的电荷能够导走。

放置在工作表面上的孤立导体(未接地)最初可能与工作表面处于不同的电位,当导体靠近或接触工作表面时就会发生 ESD 事件。如果该导体是 ESDS 器件的一部分,就会引发带电器件 ESD 损伤风险。因此,如果处理的 ESDS 器件易遭受带电器件 ESD 损伤,则应选择具有高表面电阻的工作表面,以限制 ESD 峰值电流。如果处理的 ESDS 器件不易遭受带电器件 ESD 损伤,则可选择金属材质或低电阻的工作表面。

工作表面通常采用硬接地方式或通过接地插头连接至 EPA 接地系统。在大多数 EPA 中,通常认为工作表面点对点电阻以及表面对地电阻小于 1GΩ 符合 ESD 防护要求。为了安全起见,避免带电器件 ESD 损伤,建议规定点对点电阻下限(详见第 4.7.5.3 节)。

4.7.10.3 地板

防静电地板是一种能够使人员、转运车、储物架、椅子以及其他单独设备接地的实用方式。但地板的ESD防护功能常被误解——实际上是地板以及所有的接地物品和设备作为一个系统共同起到防护作用。因此，在明确规定地板特性时，需要兼顾通过该地板接地的所有设备（即整个系统）的特性。典型的防静电地板接地系统包括：

- 人体通过地板-鞋束系统接地；
- 转运车通过底盘-车轮-地板接地；
- 储物架通过框架-支脚-地板接地；
- 座椅通过框架-支脚或脚轮-地板接地。

系统的接地电阻应包含接地通路上所有部件的电阻，包括接地物品和设备、地板以及它们之间的接触电阻。因此，如果测量了接地通路上各部分的电阻，系统的总电阻应该是各部分的电阻的总和。

然而实际情况往往并非如此，主要原因在于地板和各部分接地部件之间的接触电阻可能高于或低于预期，并且有可能与预期相差非常大。各接地部件与地板的接触电阻在很大程度上取决于接触面积和压力。不仅不同部件和地板之间的接触面积和压力可能有很大差异，而且这些接触面积和压力往往与通过地板上的测量电极测得的数值差别很大。因此，鞋束、脚轮或设备支脚与地板表面之间的接触电阻可能与电极测得的数值不同。此外，接触表面的污染或涂层（如污垢、抛光等）也会对有效接触电阻产生很大的影响。

ESD防护标准中通常要求地板表面的对地电阻不超过$1G\Omega$。由于ESD防护没有最小电阻要求，大多数标准并未规定电阻下限。但在某些情况下，如在高电压条件下，为了安全起见，可能需要规定对地电阻下限。对于地板-鞋束系统人体接地电阻的最小值，应在质量检测时，由测试人员穿着实际使用的鞋束站在防静电地板上进行测试。这是明确地板特性的一个重要环节。

如前面的假设，同样可以假设通过支脚或脚轮接地的物品或设备表面的对地电阻为各部分（表面到支脚或脚轮、地板表面到大地）电阻的总和。然而，实际上，基于某些原因，这个假设通常不成立，比如支脚或脚轮与地板表面的接触可能会产生难以预测的电阻。

然而，如果规定了通过地板接地的设备或物品的对地电阻上限，那么地板的对地电阻应低于该上限。通常情况下，最好能够选择地板表面到大地的一个较低的电阻作为该上限，从而为接触电阻留出一定的安全裕量。例如，如果规定站立在地板上的人员的人体对地电阻上限为$35M\Omega$，则应选择安装后对地电阻低于$35M\Omega$的地板。在实际应用时，往往会预留一定的安全裕量，如选择对地电阻为

10MΩ 的地板。

没有防静电地板的 EPA 也完全可能是有效的，前提是人员或设备不需要通过地板接地。例如，在一个独立的 EPA 中，如果站立操作的人员通过腕带接地，可能就不需要使用防静电地板。

同一房间中相邻的工作区有可能是两个独立的 EPA，一个 EPA 与另一个 EPA 之间存在不受控制的区域（见图 4.9）。操作人员将 ESDS 产品从一个工作区转移到另一个工作区时需要使用防静电包装，以保护 ESDS 产品不受 ESD 损伤。操作人员在两个工作区之间走动时可能未接地，从而导致 ESD 风险。相反，如果两个工作区之间铺设了防静电地板，操作人员在工作区之间走动时就能保持接地。这样两个工作区就变成同一个 EPA 的两个部分，将 ESDS 产品从一个工作区移动到另一个工作区时就不再穿过不受控制的区域，从而大大降低了 ESD 风险，处置 ESDS 产品也更加方便。

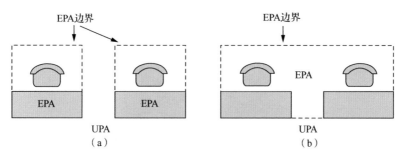

图 4.9　EPA 位置示意
（a）两个独立的 EPA，中间为 UPA　（b）通过防静电地板将两个工作区连接成一个 EPA

4.7.10.4　转运车、储物架以及其他落地式设备

转运车、储物架以及其他落地式设备可通过与地板接触进行接地。非可移动设备可以通过卡扣式接地扣或固定式硬接地线进行接地。

通常认为，可能放置无防护 ESDS 器件的转运车和储物架应满足点对点以及接地电阻的要求。通过地板接地的转运车和储物架需要进行专门的设计，因为它们必须通过轮子或支脚与地面保持持续接触。

非专为 EPA 设计的设备往往包含绝缘塑料连接件或其他可能将隔板与框架或支脚绝缘的零部件。轮子和支脚的材质一般是绝缘塑料，但对于专为 EPA 设计的转运车和储物架，连接件、轮子、支脚则由导电塑料、耗散塑料或金属等导电材料制成。需要注意的是，很难从外观上判断出来一个设备或一种材料是否专为 EPA 设计。

轮子和支脚通常很容易被积聚的灰尘或污垢等污染，这导致对地电阻可能随着时间的推移逐渐增大，最终超过规定的电阻限值。因此，有必要定期对轮子和支脚进行清洁，以使其对地电阻恢复到规定范围内。

有时地面转运车会使用拖链，但拖链非常容易积聚灰尘，从而导致可靠性降低。

图 7.9 所示为一种典型防静电转运车。

4.7.10.5 座椅

人们普遍有一个误解，即认为防静电椅是为了使坐在上面的人员接地而设计的。实际上，尽管有些时候确实通过防静电椅实现了人员接地，但多数防静电椅的设计初衷并非如此，而是为了避免座椅带上大量电荷进而产生 ESD 风险（见图 4.10）。防静电椅还可以减少坐在座椅上的人员的带电量。

与转运车和储物架一样，专为 EPA 设计的座椅必须有一条连续的、从各个部分通过座椅腿和座椅支脚/轮子到地板的导电通路。

轮子和支脚通常很容易被积聚的灰尘或污垢等污染，这导致对地电阻可能随着时间的推移逐渐增大，最终超过规定的电阻限值。因此，有必要定期对轮子和支脚进行清洁，以使其对地电阻恢复到规定范围内。

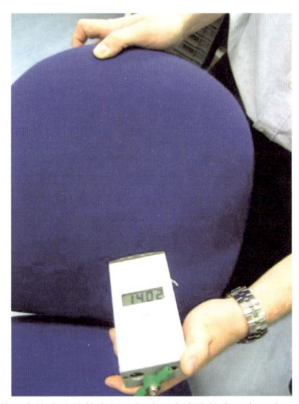

图 4.10 普通座椅产生的静电场示例（图中座椅的表面电压达 14kV 以上）

4.7.10.6 工具

普通工具的手柄通常采用绝缘材质，以使人体和金属材质的刀头或工具的其他部分实现电气隔离。但是这种设计使得其可能通过摩擦带电或感应带电而产生较高的电位，进而对其可能接触到的 ESDS 器件造成 ESD 损伤。

专为 EPA 设计的手持工具的手柄一般采用非绝缘材质，能够将刀头或工具的其他金属部分与操作人员的手进行电气连接。这样工具上产生的电荷能够被安全地转移到操作人员的手上，并经由人体实现接地。

如果操作人员佩戴手套，那么手套也应采用非绝缘材质，以使工具能够通过手套和人体实现接地（见图 4.11）。

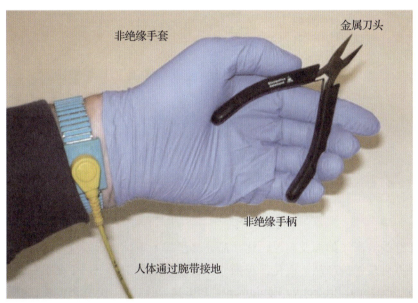

图 4.11　专为 EPA 设计的手持工具通过操作者人员的手接地（如需佩戴手套，应选择非绝缘手套以确保接地通路导通）

防静电工具的重要特性包括可能与 ESDS 器件接触的部位的材料电阻以及通过正常接地通路的对地电阻。有些时候即使接地电阻很大，也能满足要求。例如，对电容为 10pF 的工具，如果接地电阻为 $10^{11}\Omega$，则电荷衰减时间约为 1s，大多数情况下这一衰减时间能够确保 ESD 风险可忽略不计。

如果处理的是低 CDM 耐受电压器件，则要求工具可能与 ESDS 器件接触的部位的材料电阻足够大，从而能够在接触放电时限制 ESD 电流（Wallash, 2007）。

4.7.10.7 手套和指套

在某些操作或工艺过程中，可能需要操作人员佩戴手套或指套（见图 4.12）

以便在处置产品的过程中保护手、部件或产品。手套通常用于保护手,以避免手直接接触化学品,从烘箱中取出物品时则需要佩戴隔热手套。如果这些手套采用的是绝缘材质,操作人员手里的 ESDS 器件或者工具可能会带电并导致自身或其他 ESDS 器件发生 ESD 损伤。因此,通常有必要考虑这些工艺过程中使用的手套和指套的静电特性。

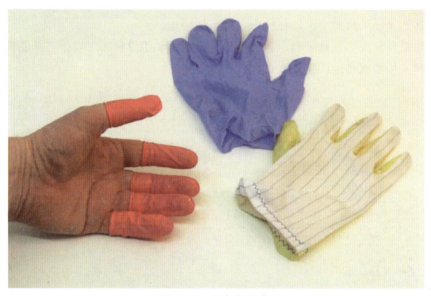

图 4.12 手套和指套

在有些情形(如涉及高温、化学品、高压等)下,出于安全考虑,佩戴手套的作用不再是保护产品,而是保护操作人员。在这种情形下,手套被称为个体防护装备(Personal Protective Equipment,PPE)。在欧洲,使用 PPE 受法律约束,必须遵守相关法律。尽管通过周全、仔细的考虑,通常能够找到既能满足法律规定又能将 ESD 风险最小化的工作方式,但无论如何,首先要满足基于安全考虑的法律要求,它的优先级高于 ESD 防护要求的优先级。

当佩戴手套处理 ESDS 器件时,主要的 ESD 风险为:
- 手套可能带电并对处理的 ESDS 器件产生静电场;
- 手套可能成为一道阻止手中工具、物体或 ESDS 器件接地的绝缘屏障;
- 用佩戴手套的手接触 ESDS 器件可能会导致其因摩擦而带电。

对于上述 ESD 风险,不同的材料往往有不同的表现。如果手套采用静电耗散材料,则能够消除静电场风险,确保手中器件保持接地。但是这并不能消除处理过程中 ESDS 器件因摩擦带电的可能性。手中器件的带电量则取决于与器件接触的手套的表面材质。

4.7.10.8 服装

普通服装可能会积聚大量的静电荷，是产生强静电场并导致 ESD 的原因之一。在许多 ESD 控制程序中，会使用防静电服作为外层服装确保外层不产生静电场，同时防静电服能够控制内层服装所产生的静电场（见图 4.13）。

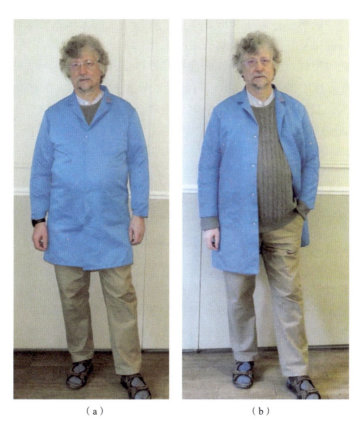

图 4.13　防静电服及穿着方式（防静电服应完整覆盖内层服装）
（a）正确穿着方式　（b）错误穿着方式

防静电服应完整覆盖内层服装，尤其是通常离 ESDS 器件最近的前襟和袖子部分。换句话说，防静电服应穿好并系紧扣子，如果扣子没有系紧就会露出内层服装，导致该防护措施存在失效风险。

有的防静电服必须与穿着者皮肤（通常是手腕处）接触，这样能够使防静电服通过人体实现有效接地（保持接地）。

防静电服不可包含任何具有一定尺寸和电容、可能带电并成为 ESD 风险源的导体。

4.7.11 导体无法接地怎么办

截至本书（英文版）成稿之时，导体接地是避免其带电进而导致 ESD 风险的最有效的措施。如果导体因为某些原因无法接地且有可能与 ESDS 器件产品接触，则需要采用其他方法来降低产生的电压。

一种方法是利用离子化静电消除器中和导体上的静电荷。这种方法有效，但与接地相比有一些缺点，如中和的速度可能很慢，可能无法完全控制摩擦产生的电荷或者周围静电场快速变化引起的电压变化。此外，离子化静电消除器具有正、负离子不平衡的特性，采用这种方法会导致导体上残余一定量无法被中和的静电荷。对于非常敏感的器件，残余电压可能足以导致 ESD 风险。离子化静电消除器需要定期检测、妥善维护，否则残余电压通常会随着时间的推移而逐渐增加。相关内容在第 4.6.4 节中有更多的介绍。

4.8 习惯 5：使用防静电包装保护 ESDS 器件

4.8.1 EPA 中禁止使用普通包装

普通包装材料（如纸、硬纸板、聚乙烯塑料袋以及气泡膜和聚苯乙烯泡沫塑料等）起到的是物理功能，如对物体进行包裹、密封以及物理保护等。这些包装的原料通常是高度绝缘的材料（如塑料）或者是静电起电和电荷耗散特性未知的材料。这些外观看起来相似的材料（如不同种类的纸或硬纸板）的性质可能具有很大的差异，且这些差异可能与空气湿度高度相关。

这些普通包装材料往往会产生静电，或者使物体与大地隔离开导致物体无法接地，又或者这些材料的特性尚不明确，且取决于气候和天气。在这种情况下，当材料存在于无防护的 ESDS 器件附近时，ESDS 器件发生 ESD 的风险随之增加。普通材料制成的包装没有或几乎没有能力保护 ESDS 器件免受外部静电源（如带电人体或物体）引发的 ESD，也就是说，如果 EPA 中存在普通包装，ESD 防护会受到严重影响。因此，普通包装材料最好远离 EPA，至少远离处理无防护 ESDS 器件的工作区或工艺过程。

综上，需要使用特殊防静电包装的原因有两个：一个是保护 ESDS 器件在无防护的区域免受 ESD 风险；另一个是提供一种可在 EPA 内使用，并且既不会影响 ESD 防护也不会引入 ESD 风险的包装材料。

4.8.2 防静电包装的基本功能

防静电包装的基本 ESD 防护功能如下：首先，保护防静电包装中的 ESDS 器件免受外部静电场或外部非受控环境中静电源的直接影响；其次，防静电包装本身不得给其中的 ESDS 器件带来 ESD 风险；再次，防静电包装需要进入 EPA，并且不得导致 EPA 中无防护的 ESDS 器件产生 ESD 风险；最后，防静电包装可能需要具有内层以防止包装内 PCB 上的电池发生放电。因此，防静电包装通常具有以下特性：

- 包装内层和外层表面能够最大限度地减少表面以及与之接触的 ESDS 器件的静电荷；
- 包装表面能够耗散静电荷；
- 与 ESDS 器件接触的表面具有足够大的电阻以尽可能减少板上电池放电；
- 能够屏蔽静电场；
- 是直接 ESD 的一道屏障。

第 8 章将进一步讨论防静电包装及其功能。防静电包装可以具有上述一个或多个特性，这些特性在某些情况下相对独立，但在某些情况下与空气湿度高度相关。

4.8.3 仅在 EPA 中打开防静电包装

本章开头介绍过，ESD 防护策略的一个关键部分是，在 UPA 中对 ESDS 器件的保护是通过将其封装在防静电包装内来实现的，无保护的 ESDS 器件只能在 EPA 中进行处置。因此，不可在 UPA 中打开防静电包装。

体现这一原则重要性的典型过程是物品的贮存和运输过程。在物品到货时，器件、组件、零配件和各种材料等通常装在普通包装内，以便在运输过程中进行物理保护。普通包装内可能有装在防静电包装中的 ESDS 器件，也可能有一些非 ESDS 器件。

防静电包装外部一般标有 ESD 防护标识或警示标识，以符号或标识来标明其中装有 ESDS 器件。在物品到货时，先将标有 ESD 防护标识或警示标识的防静电包装识别并挑选出来，然后去除普通包装。目前在用的典型标识在第 8 章有详细的介绍。

切记绝不可以在 UPA 中打开防静电包装。如果需要打开防静电包装拿出 ESDS 器件（如对 ESDS 器件进行检查），则必须先将防静电包装带至 EPA 中再进行操作。

不可将普通包装带入 EPA，因为去除普通包装的行为有可能使其带上大量电荷，进而对附近的 ESDS 器件造成 ESD 风险。

在存储区，非 ESDS 器件往往与装在防静电包装内的 ESDS 器件邻近放置。如果不在 UPA 中打开防静电包装，这样做没有问题。但如果需要打开防静电包装对其中的产品进行检查、清点或移除套件中的某些部件，则必须在 EPA 中进行。

产品的装配过程通常采用成套的工具。如果工具套件是为 EPA 设计的，即使组装操作可能在 UPA 中进行，也要求工具套件中的每个产品都必须符合 EPA 要求。否则，工具套件会将不符合要求的物品或材料带入 EPA 并引发 ESD 风险。因此，放置工具套件的工具箱本身必须采用防静电包装材料。ESDS 器件无疑需要放置于防静电包装内。即使如此，工具套件中仍有可能包括许多非 ESDS 部件和组件、零配件或材料等，如需用袋子或其他包装对其进行分装或保护，则必须选择适用于 EPA 的防静电包装。该防静电包装不需要对其中的物品进行防护，但要确保它不会对其周围无防护的 ESDS 器件造成 ESD 风险。

4.8.4 避免将纸张等放入装有 ESDS 器件的包装

直接接触 ESDS 器件的防静电包装内表面是经过精心设计的，特性得到了控制，可以使 ESD 风险降至最低。与此不同的是，大多数纸张的静电防护特性是未知或难以控制的，且大多数纸张在湿度较低时呈现绝缘特性（详见第 8 章）。因此，将纸张放入包装内与 ESDS 器件直接接触的行为与防静电包装的 ESD 风险控制目标相悖，是不可取的荒谬行为。

4.9 习惯 6：对人员进行防静电设备使用与防护体系知识培训

4.9.1 人员培训目的

手动处理和装配产品过程中最大的 ESD 风险通常来自处理 ESDS 物品的未接地人员。未经培训的人员更有可能出现导致 ESD 风险的行为，如在 EPA 外打开防静电包装，处置其中的物品等。未经培训的人员不太可能知道 ESD 控制程序是什么、EPA 中有哪些设备以及如何正确使用设备等。即使能意识到 ESD 风险，对防护措施有所了解，他也可能对相关风险和措施产生误解或低估。未经培训的人员可能不了解静电包装、工具和设备与普通包装、工具和设备的区别，因此，有可能会将不符合要求的包装、工具和设备带入 EPA。

相反，人员如果经过培训、具有静电防护意识，就可以避免此类错误。另外，培训有助于人员识别不合规的包装、工具和设备并将其从可能导致风险的相关区域移除。通过对人员进行基础防护设备（如腕带、鞋束等）的简单测试训练与培训，使用人员就能在发现问题时及时采取纠正措施。

毫不夸张地说，未经 ESD 防护知识培训（简称 ESD 培训）的人员可能是最大的 ESD 风险。而通过有效的 ESD 培训，人员可能转变成防御 ESD 损伤的第一道防线。因此，ESD 培训是收益极高的投入。第 12 章将对 ESD 培训进行更深入的讨论，此处仅进行概述。

对于参与 ESD 防护实施的人员，培训和教育能够将 ESD 防护这一主题从"空想"提升到合理的工程原理应用，从而有助于相关人员理解 ESD 防护体系，为制定高效、可靠的 ESD 控制程序奠定基础。

4.9.2 培训人员范围

手动处理和装配操作中最大的 ESD 风险来自带电的未接地人员接触 ESDS 产品。因此，在 EPA 内工作的人员必须使用人体接地设备（腕带和鞋束）并确保其性能可靠。此外，通过对 EPA 工作人员进行培训，能避免不合规的材料和设备被 EPA 工作人员无意中带入 EPA，帮助其提高识别和纠正常见 ESD 防护问题以及不规范行为的意识和能力。经过细致认真的培训，EPA 工作人员可成为 ESD 损伤的第一道防线的重要组成部分，而不再是最大的 ESD 风险。

需要进入 EPA 的人员在进入之前应接受与其活动相关的 ESD 培训。人员身份不同，培训的知识范围区别很大，如来访人员的培训相对简单。最基本的要求是，处理 ESDS 物品的人员必须能够正确使用可能涉及的防静电设备和材料。对其他人员进行一些 ESD 培训也是有益的，接下来举例说明。

管理人员进入 EPA 的原因多样，包括陪同来访人员参观等。此外，管理人员还可能负责 ESD 防护相关的支出预算。因此，他们需要了解与其职责相关的 ESD 知识以及 ESD 防护工作的价值。不管是出于自身工作需要还是陪同来访人员参观的需要，管理人员都必须充分了解防静电设备（如脚部接地器、防静电服等）的使用方法以及 EPA 常规要求（如避免接触 ESDS 物品）。

审核和测量人员需要深入理解 ESD 测量和审核相关操作知识,以便对设备设施进行符合性验证。

ESD 协调员及其他负责 ESD 体系的人员需要持续发展和更新其知识和技能,包括如何指定、使用和评估防静电材料与设备,以及如何遵循标准规范。

采购人员可能不需要进入 EPA,但有可能需要采购防静电设备和材料以及生产所需的 ESDS 部件等。上述职责需要他们具有 ESD 防护意识。

一些分包商在履行合同时有可能需要进入 EPA,相关人员应按照企业的 ESD 控制程序进行培训。还有一些分包商可能提供或加工 ESDS 产品或部件,这些人员需要了解其处理产品或部件时所需遵守的防静电要求。

如果清洁人员需要清洁 EPA,应对其进行培训,提供有关清洁用品、材料以及流程的指南,还应告知其哪些物品不可触碰,哪些行为需要避免。例如,不得将清洁设备放置于某些特定区域,不得将接地点插头拔掉后接入清洁设备等。

来访人员也需要进行简单的培训,了解哪些行为是允许的,哪些行为是需要避免的,以及如何使用人体接地装备和防静电服。

对于设备设施维修人员,需要向其明确说明如何在 EPA 中开展维修维护及其他相关工作而不造成 ESD 风险。防静电要求有可能和安全要求(如电工要穿着绝缘鞋)相悖,需要给出具体的操作指南。安全要求的优先级应始终高于防静电要求的优先级。

4.9.3　培训内容

不同岗位人员的培训内容因角色和职责的不同而有所不同,具体将在第 12 章中进一步讨论。

培训应适用于受训人员的实际工作情况。一般的商用 ESD 培训材料可能是有用的,但如果其中涉及的内容与受训人员的工作内容以及工作场所差别很大,或者相关性很小,实际指导意义就会大打折扣。

4.9.4　周期性培训

对人员进行周期性的 ESD 培训能够加深他们对 ESD 防护知识的理解,使他们重新记起可能遗忘的内容。当设备、材料或程序发生变更时,也需要进行周期性培训来更新相关人员的 ESD 防护知识。生产技术、流程、标准以及组织实践等发生变化时可能会发生上述变更。

周期性培训也是监控 ESD 防护有效性的环节,可纠正 ESD 防护实践中存在的问题或误解，如人体接地设备使用不当、防静电服穿着不规范、对合规和不合规包装材料区分不到位等。

4.10 习惯 7：通过监视与测量确保体系运行良好

4.10.1 监视与测量的重要性

对设备和材料进行监视和测量的主要目的有两个：一个是在设备和材料被批准使用前，需要根据相关标准、规范对其进行测量，以确保性能指标在预期使用寿命内符合要求；另一个是在安装调试后，仍需对设备和材料进行测量以确保其持续按照预期运行。为了避免设备故障，有必要对设备进行维护和保养，同时设备维护也是问题发生后可采取的一种补救措施。

ESD 防护实践以及 ESD 控制程序中可能还需要进行其他方面的监视（如人员是否正确佩戴腕带、脚跟带等）。

第 9 章将对符合性验证进行进一步讨论，此处仅进行概述。常用的测试方法详见第 11 章。

4.10.2 测量内容

影响 ESD 控制有效运行的所有设施都需要以某种方式进行测量。对于需要测量的每一个项目或方面，都需要定义测量方法、合格判据、测量频次（周期），以及记录、传递和保存结果程序。

测量的内容主要针对设备、材料、系统以及安装特性展开。例如，人员佩戴腕带时，测量地板表面或工作台的对地电阻，以及人体到腕带末端的电阻。

4.10.3 防静电产品认证

所有的防静电设备在选用前都应进行测试，以确保其性能符合预期。测试应采用适宜的方法，明确合格判据。

在实际操作中，对于常见的防静电设备，ESD 防护标准中给出了适宜的测试方法以及合格判据。因此，可以通过查阅数据表信息或按照标准中的方法开展测试，对防静电产品进行认证。

在选择防静电产品的过程中，通常只进行一次产品认证测试。测试最好在受控环境（通常为干燥环境）中进行，以检查在"最坏情况"下的运行状况。为了对设备或材料进行更深入的评估，通常会进行更多的测试。这些测试旨在评估设备或材料在预期使用寿命内的适用性。通常是在未成为防静电系统的一部分时，对设备或材料单品进行测试。

与认证测试不同的是，防静电设备或材料的符合性验证测试应简单有效，要证明其作为防静电系统的一部分的功能是正常的。

4.10.4 防静电产品或系统符合性验证

防静电产品投入使用后应定期进行测试，以及时发现故障。简单测量通常用于测试工作场所现场设备的运行情况，形成"系统测试"，包括使用"接地电阻"测试座椅是否通过地板接地，通过操作人员佩戴腕带或防静电鞋测试性能是否合格。

上述符合性验证测试通常在工作场所常规环境条件下进行。

4.10.5 测量方法与合格判据

对于常见的防静电设备和材料，ESD 防护标准中通常会给出标准测量方法以及合格判据。这些标准测量方法和合格判据的优势是接受度高，据此进行测量符合相关标准要求。

对于非标准设备设施，应在 ESD 防护方案中明确测量方法和合格判据。非标准测量方法和合格判据可用于标准方法和合格判据涵盖的设备设施。当前最新的 ESD 防护标准（如 IEC 61340-5-1 和 ANSI/ESD S20.20）允许采用非标准测量方法，但前提是已经证实了非标准测量方法和标准测量方法具有相关性（见第 6 章）。大多数情况下，采用标准测量方法可能更容易。

因为一些复杂的原因，使用不同的测量方法得出的结果往往不同。因此，使用不同的测量方法一般需要更改合格判据。某一具体的合格判据仅适用于使用规定的测量方法（或已经证实了的具有相同测量结果的方法）所得到的结果。

4.10.6 测量周期（频次）

测量周期取决于防静电产品和系统的可靠性和重要性。需要考虑以下因素：
- 如果发生故障，可能产生的后果以及 ESDS 器件的 ESD 风险；
- 产品的性能稳定性以及耐用性；

- 因污染或其他原因导致性能改变的风险；
- 根据经验得出的故障记录；
- 意外人为干预的风险（如拔掉接地线）；
- 产品寿命限制。

下面举一些应用示例加以说明。

（1）腕带对坐着处理 ESDS 器件的人员至关重要。如果腕带发生故障，就会导致人员未接地，从而导致 ESDS 器件面临严重的 ESD 风险。因此，通常要求在每天使用前对腕带进行测试。对于需要处理高成本产品或要求低 ESD 故障率的企业，腕带测试更加频繁。有的企业采用自动测量系统（如旋转门闸机）对 EPA 入口进行控制，只有腕带和鞋束测量通过的人员才有权限进入 EPA。

（2）安装在洁净区、使用多年的防静电地板，如果一直定期测量，且性能稳定，则可以适当降低测量频次。如果防静电地板是刚安装的，或者其所在区域存在污垢或其他污染，则需要增加测量频次，对防静电地板的性能变化进行监测。特别是如果通过该防静电地板接地的人员处理的是高价值 ESDS 器件，或者要求 ESD 故障率非常低的 ESDS 器件，那么增加测量频次尤为重要。

如果固定的防静电台垫通过实线与大地硬连接，且位于洁净区，那么所需的测量频次可能相对较低。如果防静电台垫通过插件连接器与接地母线连接，那么所需的测量频次可能相对较高，以避免插件无意中断开。同样地，如果工作站点位于污染风险较高的工艺区，应适当增加测量频次。

通过轮子接地的防静电椅需要经常测量，因为轮子上如果积聚了污染物有可能导致接地故障风险，在灰尘较多的区域尤其如此。如果防静电椅是在洁净室中使用的，则可适当增大测量间隔，即降低测量频次。

4.11 七个习惯与 ESD 防护标准

本章描述了 ESD 控制的方方面面，这些也是当前[①]最新的 ESD 防护标准的基本要素。多年来，这些要素在防静电设备和 ESD 控制程序要求中得到了明确体现。第 6 章将对本书撰写时最通用的两个 ESD 防护标准（IEC 61340-5-1 和 ANSI/ESD S20.20）的要求进行进一步讨论。

近年来，ESD 防护标准在不断更新，反映出了 ESD 防护工作的持续发展。如

---

① 原书出版时间为 2020 年。——译者注

果计划建立 ESD 防护体系，进行 ESD 防护认证，应获取并参考相应的标准，确保体系符合最新的要求。

4.12 处置高敏感的产品

在笔者撰写本书时，标准的 ESD 控制程序应能处置 ESD 耐受电压低至 HBM 100V 和 CDM 200V 的产品（IEC 61340-5-1:2016、ANSI/ESD S20.20-2014）。对于耐受电压约为 HBM 500V 和 CDM 250V 的产品（Industry Council on ESD Target Levels, 2011），仅采用标准中的 ESD 防护措施就能相对容易地实施有效的 ESD 控制程序。这些基础的 ESD 防护措施可总结为以下方面：
- 仅在 EPA 中处置无防护的 ESDS 产品；
- 在 UPA 中，使用防静电包装保护 ESDS 产品；
- 使用人体接地设备限制人体电压低于 100V；
- 通过接地使导体处于等电位；
- 移除非必需绝缘体，控制必需绝缘体的静电场，尽可能降低 EPA 中的静电场强；
- 避免 ESDS 产品与高导电材料接触。

随着时间的推移，有更多的企业开始处理 ESD 耐受电压水平更低（甚至低于 HBM 100V）的器件和零配件。有时称这些特别敏感的器件和零配件为"0 级"敏感度产品。2016 年 ESD 路线图（EOS/ESD Association Inc, 2016）预测，未来低耐受电压水平器件的比例可能增加（详见第 13 章）。处置这类器件需要更加谨慎、小心，有可能需要额外的非常规 ESD 防护措施，还可能需要采用多个冗余防护措施，以确保单项措施失效时整体防护仍然有效。

在处置低 ESD 耐受电压产品时，需要进行评估以明确 ESD 风险，并实行相应的防护技术，从而对风险加以控制。有可能需要使常规 ESD 控制程序中的技术要求更加严格。

例如，在处理 HBM 50V 的器件时，人体电压应限制在 50V 以内。此外，已经验证（通过防静电产品认证和/或符合性验证）正常活动期间人体电压的变化更加重要，也就是说，可能需要降低腕带电阻上限来保证人体电压处于限值以下。当通过地板-鞋束系统接地时，确保人体电压在所有工作状态下均保持在 50V 以下更是非常重要。为了降低 CDM 耐受电压，需要将 ESDS 产品自身产生的电压及其周边绝缘体产生的电场和电压控制在较低水平。

为了能够处理低 CDM 耐受电压产品，产品通过感应、传导或摩擦起电所带的电压应保持在较低水平，这一点很重要。同时，应尽可能消除 ESDS 产品和高导电材料接触的可能性。与 ESDS 产品接触的材料应尽可能具有静电耗散性（最新的防静电包装标准中定义为表面电阻大于 10kΩ，详见第 8.5 节）。

4.13　其他静电源控制

标准 ESD 控制程序主要解决的是最常见的静电源，如带电人体、带电金属物体以及带电器件。对于其他静电源，采用标准 ESD 防护措施不一定能进行很好的控制。

PCB、零配件以及模块与另一个导体接触时会发生充/放电，但是通常并不测试这些物品的 ESD 敏感度。有研究发现，以前认为的由于电应力过大引发的损伤可能是由带电平板或带电电缆发生 ESD 造成的（Olney et al., 2003）。电缆、PCB 以及零配件的电容随尺寸的增加而增大，因此能在放电前存储相对较高的能量。

如果电缆与 PCB、模块或组件连接且电位不同，就可能会发生 ESD。不管是电缆带电还是 ESDS 产品带电，都会导致 ESD。电缆可能会因与外部表面（工作表面或设备等）或者包装接触并产生摩擦而带电。附近的静电源能够使电缆导体感应而产生高电压，当电缆连接到 ESDS 产品时，连接器引脚就可能发生 ESD。如果带电 ESDS 产品连接到电缆，也会发生类似的情况。

PCB 或组件通常封装在合成树脂或塑料外壳中。有些时候封装好的模块具有电源和 I/O 连接的飞线端子。当外壳带电时，内部的 PCB 或组件可能会感应产生高电压。同样地，附近带电绝缘体产生的静电场会使 PCB 或组件感应而产生高电压。这时如果模块与电缆连接，或者飞线端子接触到了金属物品，就可能发生 ESD。

ESD 风险评估与防控通常需要分析 ESDS 产品所处的环境，评估可能的 ESD 敏感度。对于特定的 ESD 风险，通常可以选择简单的具有针对性的 ESD 防护措施来应对。

参考资料

EOS/ESD Association Inc. (2014). ANSI/ESD S20.20-2014. ESD Association Standard for the Development of an Electrostatic Discharge Control Program for — Protection of Electrical and Electronic Parts, Assemblies and Equipment (excluding Electrically Initiated Explosive Devices). Rome, NY, EOS/ESD Association Inc.

EOS/ESD Association Inc. (2016). ESD Association Electrostatic Discharge (ESD) Technology roadmap — revised 2016. [Accessed: 10th May 2017]. Rome, NY, EOS/ESD Association Inc.

Industry Council on ESD Target Levels. (2011). White paper 1: A case for lowering component level HBM/MM ESD specifications and requirements. Rev. 3.0. [Accessed: 10th May 2017]. Industry Council on ESD Target Levels.

International Electrotechnical Commission. (2013). PD/IEC TS 60079-32-1. Explosive atmospheres Part 32-1. Electrostatic hazards, guidance. ISBN: 978-2832210550, Geneva, IEC.

International Electrotechnical Commission. (2015). IEC 61340-5-3:2015. Electrostatics - Part 5-3: Protection of electronic devices from electrostatic phenomena — Properties and requirements classification for packaging intended for electrostatic discharge sensitive devices. Geneva, IEC.

International Electrotechnical Commission (2016). IEC 61340-5-1: 2016. Electrostatics — Part 5-1: Protection of electronic devices from electrostatic phenomena — General requirements. Geneva, IEC.

Olney, A., Gifford, B., Guravage, J., and Righter, A. (2003). EOS-25. Real-world charged board model (CBM) failures. In: Proc. EOS/ESD Symp., 34-43. Rome, NY: EOS/ESD Association Inc.

Oxford Dictionary. [Accessed: 12th May 2017].

Smallwood, J., Swenson, D. E., and Viheriäkoski, T. (2018). Paper 1B.1. Relationship between footwear resistance and personal grounding through footwear and flooring. In: Proc. EOS/ESD Symp. EOS-40. Rome, NY: EOS/ESD Association Inc.

Stadler, W., Niemesheim, J., Seidl, S. et al. (2018). The risks of electric fields for ESD sensitive devices. Paper 1B.4. In: Proc. EOS/ESD Symp. EOS-40. Rome, NY: EOS/ESD Association Inc.

Swenson, D. E. (2012). Electrical fields:What to worry about? Paper 3B.6. In: Proc. EOS/ESD Symp. EOS-34. Rome, NY: EOS/ESD Association Inc.

Wallash, A. (2007). A study of "Soft Grounding" of tools for ESD/EOS/EMI control. 2B8-1. In: Proc. EOS/ESD Symposium EOS-07, 152-157. Rome, NY: EOS/ESD Association Inc.

延伸阅读

EOS/ESD Association Inc. (2016). ESD TR20.20-2016. ESD Association Technical Report — Handbook for the Development of an Electrostatic Discharge Control Program for the Protection of Electronic Parts, Assemblies and Equipment. Rome, NY, EOS/ESD Association Inc.

International Electrotechnical Commission. (2018). IEC TR 61340-5-2. Electrostatics — Part 5-2: Protection of Electronic Devices from Electrostatic Phenomena — User Guide. ISBN: 978-2832254455, Geneva, IEC.

第 5 章　自动化系统

5.1　自动化操作与人工操作的不同之处

在美国国家标准学会（American National Standards Institute，ANSI）ESDA 发布的标准 ANSI/ESD SP10.1 中，自动化设备（AHE）的定义为：任何形式的按一定顺序自动处置不同形态产品的机器。这些产品可能是晶圆、包装好的设备、纸张和纺织品等。自动化操作与人工操作的不同之处在于，前者的 ESD 风险主要源自设备与机械装置、机械装置零部件或半制成产品组件的接触。人工操作导致的 ESD 风险通常仅限需要人工操作的过程，应根据常规的 ESD 控制程序设置人工操作区。

许多设备使用企业认为无须担心 AHE 的 ESD 防护，默认 AHE 制造商已经充分考虑到了这一点。然而基于下述 3 个方面原因（Yan et al., 2009; Paasi, 2004），实际情况并非如此。

首先，尽管具有 ESD 防护意识的设备制造商可能已经考虑到了常规的 ESD 防护措施，但仍可能存在他们未能预见到的 ESD 风险。设备制造商通常会采取一些 ESD 防护措施，尤其是会配置离子化静电消除器，但它们对措施的有效性却很难有透彻的理解。例如，AHE 的运行速度较快，离子化静电消除器可能没有充足的时间来中和电荷（Tan, 1993）。

在某些情况下，与人工操作相比，AHE 会将一些特别的材料（如阳极氧化膜）用于 ESD 防护（详见第 5.6.3 节），这可能会引发一些难以预见的或者不确定的特性。

其次，由于产品在通过 AHE 时没有人员参与，因此在自动化生产线上，HBM 耐受电压的实用性受到限制，相应地，HBM 的 ESD 防护措施就不完全适用了。大多数 ESD 风险由 ESDS 器件与金属或非金属导体接触引发。因此，与 ESD 损伤相关的主要是 CDM 耐受电压，有时也与 MM 耐受电压有关（在本书英文版成稿时，实际应用中已经不再测量 ESDS 产品的 MM 耐受电压）。器件的 ESD 耐受电压呈逐年下降的趋势，现在使用过去制定的 ESD 防护措施，不一定能对设备起到保护作用，更不可能满足将来器件的防护要求（ESDA, 2016a; Koh et al., 2013）。因此，如果使用的 AHE 不是最新的，有可能 ESD 防护措施也不符合处置当前最敏感器件的标准要求。

PCB 是最受关注的 ESDS 器件之一。人们越来越深刻地认识到带电平板的 ESD 是非常重要的损伤源。近年来，有研究发现，以前认为的由于过电应力（EOS）引发的损伤可能是由带电平板发生 ESD 造成的（Olney et al., 2003）。

最后，设备或工艺流程的调整或改变很容易在无意中引入 ESD 风险。与人工操作过程一样，防静电设备失效会导致 ESD 风险。尽管 ANSI/ESD SP10.1 中给出了一些针对标准实践的指导和建议，但这些并不适用于 AHE 的 ESD 防护。在自动化流程中，可能会出现自动发生 ESD 的设备，这种设备会自动化地损伤器件！一旦发生这种情况，ESDS 器件的损伤率会很高。

自动化的环境条件带来了一些特殊的挑战。许多设计采用自动化处理的部件都非常小。相应地，这些部件的包装也都非常小，导致采用标准的测量方法测量包装变得非常困难，甚至根本不可能完成测量。有的部件实在太小了，以至于产生的静电能够使其在静电力作用下以不受控制的方式从包装中弹出（见第 5.8 节）。

在自动化流程运行过程中通常无法对自动化流程进行访问，也就是说，在流程运行过程中可能很难对其中潜在的 ESD 问题进行观察、诊断以及测量。由于待测对象的形式或 AHE 测量环境的限制，可能需要采取一些特殊的测试和测量方法。对每一步流程进行模拟有助于测试和测量方法的确定。

5.2 导电材料、静电耗散材料及绝缘材料

通常，根据电阻的不同，材料可分为导电材料、静电耗散材料或绝缘材料。重要的是，这些术语的定义通常并不固定。标准 IEC 61340-5-1 和 ANSI/ESD S20.20 从防静电包装材料的角度，将这 3 个术语按照表面电阻和体积电阻范围进行了专门的定义（详见第 8 章）。本章采用了这些定义。

在本书中，导体可以是由导电材料或静电耗散材料（非绝缘材料）制成的任何物品。

5.3 AHE 与安全

使用 AHE 可能会带来一些与设备及工艺过程相关的特定的安全问题，如由机械设备移动、触电或者工艺过程及设备高温等引发的风险。在处理此类问题时，必须全面考虑工艺过程中的所有风险，以及相关的规章制度和可能适用的规避措施。

AHE 系统通常在联锁保护外壳内运行，因此很难对运行中的 AHE 系统进行观察或测量。

5.4 静电源与风险

自动化生产环境中的主要静电源如下：
- 接触低电阻导体的带电设备；
- 接触 ESDS 产品的带电金属物体和机器零件；
- 接触低电阻导体的带电 PCB（或子组件、模块）；
- 接触 ESDS 产品的带电人体（在工艺过程的人工操作过程中）；
- 对于少数类型的 ESDS 产品，静电场本身就可以产生 ESD 风险，这是一个值得关注的问题，尤其是对于高阻抗电路中的电压敏感设备，但这种情况可能并不常见。

原则上，可以通过了解每种类型的 ESDS 产品对各种静电源的敏感度认识 ESD 风险。然后，可以通过将静电源的参数控制在阈值（已知会发生 ESD 损伤的参数值）以下来规避 ESD 风险。为此，人们开发出了 HBM、MM 和 CDM 这 3 种模型的 ESD 敏感度测试，用于重复测量器件的 ESD 敏感度（详见第 3 章）。器件的 ESD 敏感度有时可用 ESD 耐受电压来表征，该值是静电源不会导致器件和组件损伤的最高电压。

乍看上去，风险评估和管理策略似乎很明确——只要能将静电源的真实电压保持在耐受电压范围以内，就不可能发生 ESD 损伤。那么制定 ESD 防护措施就变成采取一定措施将静电源电压控制在风险阈值（部件 ESD 耐受电压）以下。

尽管这一朴素的观点和策略有时是有效的，但是它过度简化了 ESD 过程。首先，部件的 ESD 敏感度通常不直接受静电源产生的电压的影响，而是受其他参数（如放电过程中产生的峰值电流、充电功率、传导到设备上的能量等）的影响。这些参数通过电感、电阻以及电容等电路参数与静电源电压相关联。现实中存在的静电源不可能具有和 HBM、MM 以及 CDM 一样的电容、电阻和电感，也就是说，HBM、MM 以及 CDM 放电不可能发生在现实中，而只可能发生在器件 ESD 敏感度测试设备中。现实中的 ESD 往往来自人体、金属部件、设备等。每种源的 ESD 波形特征都与模型的差别很大，产生的耐受电压也不同（ESDA, 2015; Gärtner et al., 2012）。与 HBM、MM 以及 CDM ESD 相比，ESDS 产品对现实中存在的静电源引起的损伤更敏感或更不敏感。一个简单的动作（如改变 ESDS 产品的位置）就能改变相关的参数（如电容和电压），进而改变 ESD 敏感度。在 ESD 防护规范以及 ESD 风险评估中，如何将现实存在的风险与器件 ESD 耐受电压数据关联起来仍是一个非常大的挑战。

5.5 ESD 防护策略

5.5.1 AHE 的 ESD 防护原则

AHE 的常规 ESD 防护原则与人工操作过程的相似，按照标准和教材中的建议能够避免 AHE 中存在的大多数 ESD 问题发生，当然，需要对有些建议进行一定的修改以使其适用于 AHE。

5.5.2 发生 ESD 损伤的条件

对静电源进行回顾分析，可知其具有以下两点共性。

（1）ESD 通常仅在 ESDS 器件和导体接触时发生。唯一的例外是处于静电场中的 ESDS 器件，如果静电场引起电位差，则有可能导致 ESDS 器件内部发生 ESD 损伤。

（2）只有在 ESDS 器件和接触 ESDS 器件的导体之间存在的电位差足够大时，才会发生 ESD。ESD 风险随电位差的增加而增大。"足够"的电位差取决于周遭环境和部件灵敏度。

第一点共性促使人们将注意力集中于 ESDS 器件与其他导体（包括人员、机器零部件、工具或其他 ESDS 器件）接触的过程。如果距离 ESDS 器件足够远，发生接触的风险以及静电场对其产生的影响很小，通常不需要采取 ESD 防护措施。同样地，如果能减少 ESDS 器件和导体接触的机会和次数，就可以减少 ESD 发生的次数。在某些情况下，这能够降低 ESD 风险，节约 ESD 防护成本。

第二点共性强调的是要控制 ESDS 器件以及可能接触 ESDS 器件的导体上的电压。ESDS 器件和其接触的导体之间的电位差必须最小化，至少应该保持在风险阈值以下。电位差可能来自两方面：摩擦带电（接触起电）和感应带电（周围静电场感应）（详见第 2 章）。

5.5.3　AHE 的 ESD 防护策略

从前述分析可知，人们只需要关注工艺过程中无防护 ESDS 器件可能出现的区域及其周边位置。因此，首要任务是明确工艺过程的 ESD 路径。ESD 防护措施必须应用于关键路径周围（Paasi，2004）。Jacob 等人（2012）称关键路径周围为处置区，包括 ESDS 器件装载、运输以及处置的区域。ANSI/ESD SP10.1 建议将 ESDS 器件关键路径周围半径为 15cm 的区域划定为关键区域，在该区域内所有导电机械零部件均应接地，所有绝缘体应符合静电安全性。

在关键区域，应通过目视检查、测量、故障数据统计以及其他相关技术和信息对 ESD 风险进行分析。工艺过程的关键是 ESDS 器件和其他物品产生接触的操作，特别是在有静电场影响时更是如此。在接触发生时，必须控制 ESD 及其接触物之间的电位差。理想情况下，ESDS 器件应该仅接触静电耗散材料（详见第 5.2 节）。第 9 章中将进一步介绍 ESD 风险评估。

- 与 ESDS 器件接触的导体必须尽可能接地；
- 不会与 ESDS 器件接触的导体无须接地；
- 如果导体与 ESDS 器件接触且无法接地，则必须评估 ESD 风险。必要时须设计其他 ESD 防护措施。

一旦确认了 ESD 风险点，可以按照重要性进行排序，并制定适宜的 ESD 防护措施。应将 ESD 防护措施形成文件，并制定符合性验证计划，这个过程中可能需要根据适宜的合格判据和测量频次来明确测量方法和设备。

Paasi（2004）认为在 AHE 中，参照防静电包装材料的定义，从材料的"密接""邻近"的角度进行思考是有益的。从这个角度来看，与其密切接触的材料指的是在常规操作过程中可能与 ESDS 器件或 PCB 直接接触的零部件、材料以及表面。AHE 中密切接触的零部件包括传送带和滚筒、支架、储物架以及其他和 ESDS 器件直接接触的零部件，此外，还应关注线带和卷轴包装。对直接接触 ESDS 器件的材料应进行甄选，以尽可能降低它们与所处理的 ESDS 器件摩擦起电的风险。

"邻近"零部件、材料以及表面位于"密接"零部件周围关键区域，包括那些不经常与 ESDS 器件接触的物品、材料和表面。与包装类似，"密接"和"邻近"

物品应尽可能避免使用绝缘材料，且应接地。这样做的目的是防止带电材料产生静电场进而导致关键路径的 ESDS 器件产生感应电压。

用于实现上述目标的材料、技术和设备将在第 5.7 节中进行更详细的讨论。

5.5.4　ESD 防护措施的审核与验证

一旦通过测量明确并且量化了 ESD 风险点位，就应确定适宜的 ESD 防护措施，并通过测量对这些防护措施的有效性进行审核和验证。

AHE 中通常需要针对识别出的 ESD 风险制定专门的 ESD 防护措施。因此，审核是明确防护措施并验证其有效性这一过程的一个阶段。需要针对具体的防护措施选择对应的测量方法以及合格判据，以验证防护措施的有效性。测量方法和合格判据有时可以基于现有标准确定测量方法，但有时则需要定义非标准测量方法。

5.5.5　ESD 防护措施的符合性验证

大多数 ESD 防护措施都可能因各种各样的原因而失效，因此有必要定期对其进行审核和验证。与人工操作过程的 ESD 防护措施一样，自动化操作也应在 ESD 防护措施符合性验证计划中明确测量方法、合格判据、测量频次，并形成文件。

5.5.6　ESD 培训的意义

尽管在自动化操作过程中人员参与度已最小化，但仍需考虑不同类型人员的 ESD 培训需求。

对 AHE 的 ESD 风险进行评估并制定 ESD 防护措施的人员需要具有非常卓越的专业知识水平才能胜任该工作。由于相关的标准和指导文件会定期发布或更新，新的技术层出不穷，且人们对 ESD 风险的认识不断提高，ESDS 产品对 ESD 风险的敏感性也在随着技术的发展而不断变化，因此，身处上述领域并积极参与其中的 ESD 协调员和相关专业人员都需要不断提高自身的知识和能力水平。

此外，纳入 AHE 的 ESD 防护措施通常需要定义特殊的测量方法，针对不同类型的设备可能需要进行不同的设置，测量过程也不尽相同。因此，执行审核测量的人员需要进行相关测量方法和技术的培训。

5.5.7　AHE 变更

当自动化操作的设备或流程发生改变时，往往会在无意间产生 ESD 风险（Paasi, 2004）。因此，应将 ESD 风险分析作为修改设计过程的一部分，并明确修改后应执行或纳入的 ESD 防护措施。如有必要，还应进行测量审核和符合性验证。

5.6　AHE 的 ESD 防护措施确定与实施

5.6.1　明确 ESDS 产品的关键路径

首先，应明确 ESDS 产品通过 AHE 的关键路径。这些路径可能包括将零件组装成的组件引入工艺过程的步骤，以及将 ESDS 器件加载并安装到其他组件的过程。然后，应确定该路径周边关键区域范围。ESDA 发布的标准 ANSI/ESD SP10.1 中给出的建议是将关键路径周围半径为 15cm 的区域划定为关键区域，如果可以的话，可以考虑将关键区域扩大到关键路径周围半径为 30cm 的区域，在关键区域内须控制绝缘体。对于半径大于 30cm 的区域，除非物品带电量非常大，否则几乎不可能造成重大的 ESD 风险，这是因为随着距离的增大，静电场强大大降低（详见第 4.5.3 节）。

5.6.2　关键路径检查与 ESD 风险识别

明确关键路径之后，应采用目视检查法进行仔细检查，检查范围从 ESDS 产品进入工艺过程的点位一直到 ESDS 产品离开工艺过程的点位。观察 ESDS 产品通过关键路径的整个过程是非常有用的做法，可识别下述可能发生 ESD 风险的点位：
- ESDS 产品接触导体（包括机器零部件、人员）的点位；
- 关键区域内可能存在带电绝缘体的位置。

必须对上述点位的 ESD 风险进行评估，必要时采取 ESD 防护措施。

AHE 主要的 ESD 风险之一是带电器件或带电平板发生 ESD。当带电器件或带电平板与低电阻导体发生接触，或未接地的带电导体与 ESDS 器件发生接触时，可能会导致这一风险。上述风险控制可采取以下 4 种主要策略：
- 控制 ESDS 器件和其他材料的接触，将器件和 PCB 等的摩擦起电量保持在风险阈值以下；

● 尽可能避免将 ESDS 器件暴露于静电场中，将器件和 PCB 引脚的感应电压控制在风险阈值以下；

● 禁止 ESDS 器件接触低电阻导体，以降低 ESD 潜在性损伤的影响；

● 确保 ESDS 器件尽可能仅与接地导体接触，如果 ESDS 器件接触的导体无法接地，则应控制 ESDS 器件和导体之间的电位差。

5.6.3 确定适宜的 ESD 防护措施

下述典型的 ESD 防护措施是基于 ANSI/ESD SP10.1（ESDA，2016b）中的建议提出的，应在关键区域中应用。这里导电和静电耗散的定义同防静电包装材料中的相关内容（详见第 8.3 节、第 8.8.1 节和表 8.3）。

（1）所有导体均应接地。

（2）在工艺过程可能需要操作人员参与的位置，应提供指定的腕带接地点。

（3）所有可能与 ESDS 导线接触的机器零部件应具有静电耗散表面并接地，以降低带电器件的 ESD 风险。

（4）所有通过轴承与机器底盘分离的机器零部件均应以某种方式接地，以确保在移动过程中保持可靠性（ANSI/ESD SP10.1 建议接地电阻小于 1MΩ）。

（5）可能放置 ESDS 产品的表面应符合 ESD 控制程序中对 EPA 工作表面的要求。

（6）应对气动和电气线路加以限制，以避免摩擦和摩擦起电效应。如果可能的话，关键区域内的气动管线应采用非绝缘材料，并应接地；或者使用接地金属编织屏蔽层对其进行屏蔽。

（7）关键区域的线束应进行屏蔽，可使用接地金属编织物等实现。

（8）产品拾取装置，如真空吸盘、喷嘴和夹具等，应由导电材料制成并且接地。应尽量减少产品拾取装置与器件包装的接触面积并降低拾取速度，以减少器件包装的摩擦起电。

（9）防静电接地点应直接与设备接地点连接。ANSI/ESD SP10.1 建议接地电阻小于或等于 1Ω。如果可能承载高电流（如电机）或故障电流，则需要进一步降低电阻。

（10）提供接地通路的导线必须足够坚固，以防意外断开。导线应尽可能采用编织电缆。

（11）对于阳极氧化表面，应确保底层基板和机器接地连接。

ANSI/ESD SP10.1 中建议的活动零部件的接地方式包括柔性导体（如编织电

缆）、金属衬套、石墨或铍铜转换器以及轴承内的导电润滑脂等。活动零部件存在的一个问题是在静态条件下测量的接地电阻可能不能很好地代表其动态条件下的真实对地电阻。油膜及其他影响均可能导致间歇性的接触不良，进而导致充电/放电行为。

5.6.4 将 ESD 防护措施纳入设备采购规范

ESD 防护措施的开发过程最好能在设备设计和开发时就同步开始（Paasi, 2004）。设备供应商应提供所有必要的 ESD 防护措施及阈值相关的文件。

ESD 防护应作为新建 AHE 采购规范的一部分。不可想当然地认为设备制造商已经采取了足够的 ESD 防护措施（Yan et al., 2009; Tan, 1993; Millar et al., 2010），尤其是在处置低 ESD 耐受电压器件时。

任何时候，只要设备发生了变更，就应对变更后的设备进行仔细评估，以确保没有在无意中引入 ESD 风险。应针对 ESD 防护措施的功能和预期操作条件对其进行测量，以鉴定其性能指标是否符合要求。

5.6.5 记录并整理设备的 ESD 防护措施

一旦明确并规定了 ESD 防护措施，就应将其记录并整理成文件，该文件类似于为人工操作或装配过程编写的 ESD 控制程序计划。如果未能将 ESD 防护措施完整记录在文件中，则很可能会出现 ESD 防护措施被忽略或者在无意中失效的情况，进而重新引入未注意到的 ESD 风险。

5.6.6 ESD 防护措施的维护与符合性验证

与人工操作过程中的 ESD 防护措施一样，AHE 中的 ESD 防护措施会因各种各样的原因而失效或遭到破坏。例如，Millar 和 Smallwood（2010）检查了 8 个 YAC 处理器系统，除一个未发现故障外，其他 7 个的内部接地线都存在多重故障。此外他们还发现，阳极处理过的定位凹槽受到磨损，使得 ESDS 器件和凹槽的基板金属之间产生金属和金属的接触。

与人工操作过程中的 ESD 防护措施一样，AHE 中的 ESD 防护措施必须定期进行审核，以及时发现可能导致 ESD 风险的故障或损坏。这也意味着必须明确审核制度，按照一定的周期进行审核和测量，以及时发现故障。某些情况下，还应进行适当的维护与保养以避免故障的发生。

对 ESD 防护措施进行测量需要使用标准方法或自定义的测量方法，并选择适当的合格判据。作为 ESD 控制程序的一部分，必须确立符合性验证测量计划并将其记录在文件中。

5.7 AHE 中的 ESD 防护材料、技术及设备

5.7.1 将与 ESDS 器件接触的所有导体接地

与人工操作 ESDS 器件一样，自动化操作过程中与 ESDS 器件接触的所有导体都应该尽可能接地。只有在无法实现接地时，才退而求其次将 ESDS 器件与一个孤立导体（未接地）连接。在 ESDS 器件可能与导体接触的整个操作过程中，必须确保接地通路始终保持畅通。一旦接地通路中断就可能导致电荷积聚在导体上，进而使得导体成为 ESD 的潜在来源。

导体可以采用导电材料或静电耗散材料（见第 5.2 节），接地电阻取决于材质。在移动过程中可能产生电荷的物品（如传送带）应具有足够小的对地电阻（所有点位），以避免其上产生高电压。应尽可能在正常操作条件下测量电压累积量和对地电阻。

当然，接地既可以通过线缆实现，也可以通过导电材料通路实现。接地通路可包括移动的设备（如轴承或传送表面等），前提是这些设备在正常操作条件下接地连接是可靠的。

在 AHE 中，通常采用接地线来连接两个具有反复相对运动的部分。这种情况下，确保连接的可靠性是非常具有挑战性的。普通线缆的使用寿命可能会因反复弯曲线缆出现的金属疲劳现象而缩短。编织电缆的使用寿命相对较长。有必要定期检查测量连接的可靠性，以及时发现故障。

接地导体通常限定其最大接地电阻，这就为接地验证提供了一个简单可测量的参数。最大接地电阻可通过两种方式确定。如果导电物体会因电流源而带电（如由于机器运动），则可从产生电荷的电流最大时保持低电压的角度确定最大接地电阻。而对于电流较低的情况，则可通过考虑电荷和电压的衰减时间得出最大接地电阻。

某些情况下，需要规定接地电阻下限，从而在故障时安全地限制电流，或者限制带电 ESDS 器件与接地材料接触时产生的 ESD 电流。出于安全考虑，可在接地通路上增加分立电阻。为了减小带电器件的 ESD 电流，必须限定接触材料的电阻（详见第 4.7.5.2 节和第 5.7.5 节）。

5.7.2 孤立导体

关键区域的导体应尽可能始终保持接地。在 AHE 中,移动的部分由于无法实现持续连接,因此有时难以可靠接地。未接地的孤立导体应按照第 9.3.3 节的规定进行评估和处理。

5.7.3 避免 ESDS 器件产生感应电压

ESDS 器件周围的静电场可能会使其感应产生电压。此时如果 ESDS 器件和另一导体接触,则会发生 ESD(这里关注的是带电器件或带电平板 ESD)。因此对于 ESDS 器件与其他导体接触位置周边的关键区域,控制其静电场尤为重要。低 ESD 耐受电压器件需要将静电源控制在较低的电压或电场强度限值下。在可能发生接触的区域,静电源越靠近 ESDS 器件,该器件可承受的电场强度或源电压越低(详见第 4.5.2 节)。通常最被关注的静电源是带电绝缘体。不过,其他的静电源也应关注,尤其是离接触的区域较近的静电源,包括附近的线缆、管路或其他机械部件产生的静电场。

与人工操作过程中的必需绝缘体一样,在 AHE 的 ESDS 器件关键路径中涉及必需绝缘体时首先要评估其 ESD 风险。如果 ESDS 器件和绝缘体周边的其他导体之间不会产生接触,那么即使绝缘体带电量很大,发生 ESD 的风险也非常小(Gärtner, 2007; Yan et al., 2009)。尽管如此,还是应该优先考虑通过降低 ESDS 器件周围的静电场强来降低 ESD 风险。

如果绝缘体可能带电,但是它不在 ESDS 器件和导体接触的工作流程附近,那么除非已知 ESDS 器件易受静电场影响,否则通常无须对其进行防护。在实际应用中,鲜有 ESDS 器件具备此类敏感性。如果绝缘体不会带电,那么只需验证其在所有操作条件下确实不会带电,不需要采取其他任何行动。测量需要在低湿度条件下进行。

当绝缘体可能带电并且与导体发生接触时,ESD 防护措施就变得至关重要。具体措施可包含以下方面(Paasi, 2004; ANSI/ESD SP.10):

- 用导电材料替代或用导电材料涂覆绝缘体,并将其接地;
- 通过某些方式阻止带电的发生(如避免摩擦);
- 将绝缘体移至接触区域外;
- 在绝缘体和 ESDS 器件之间放置接地导体来屏蔽或抑制其产生的电场;
- 使用离子化静电消除器中和电荷;
- 使用局部抗静电剂以减少带电现象的发生。

当然，如有可能，最可靠的防护方案是将绝缘体更换为接地导体并将绝缘体移出关键区域，或者避免其带电。第 5.7.9 节中将讨论离子化静电消除器的使用，此外，防止绝缘表面发生摩擦，也是一种有用且成本较低的避免绝缘体带电的方法。要实现这一点，可能需要调整设备周围零部件的位置。对于电缆、气动线路或其他的柔性绝缘线路，这种方法尤其有用。

使用抗静电剂来减少静电可能是最简单的方法，但是这种方法的可靠性也最低。这种方法通常作为临时解决方案，但是往往很快就会失效。Tan（1993）使用抗静电剂证实静电导致的绝缘垫片带电是引发某些带电器件产生 ESD 损伤的原因，结果发现，在（冷、热）交替变化的温度环境条件下，抗静电剂的寿命比加速老化试验得出的结论要短得多，实际应用中其作用只持续了一天。抗静电剂的作用效果通常依赖空气湿度，在较低的湿度条件下容易失效。在有热源的 AHE 封闭空间中，很容易出现局部低湿度区域。

此外，还可采用将 ESDS 器件屏蔽于静电场外的方式来降低或消除静电源的影响，可通过在静电源和 ESDS 关键路径之间插入接地导体来实现。Tan（1993）给出了一些使用金属法兰、垫圈、铜管或自黏金属带进行屏蔽的示例。

5.7.4 减少 ESDS 器件摩擦带电

人们通常认为 ESDS 器件不会因接触导电材料而带电。然而事实并非如此——材料之间的任何接触都会在一定程度上使静电荷分离。产生接触的材料会分别带极性相反的等量电荷。即使其中一种材料是绝缘材料（如器件的塑料包装），它也会带电荷。绝缘的器件包装可能因接触导电包装材料或真空吸盘而带电（Yan et al., 2009）。将导电材料应用于上述发生接触的物体只能使其上产生的静电荷具有消散的可能性，要使静电荷真正消散还需要有一条将电荷导走的通路，即将导电材料接地。

Tan（1993）给出了一个摩擦起电导致损伤的示例，其中的摩擦起电是在切筋成型过程中器件的塑料包装与钢制工具接触引发的。即使工具接地，器件上测得的电压也高达 1100V。

这种接触方式很难避免产生接触带电。所接触材料的不同会影响产生的电荷量。通常需要在 ESDS 器件与另一个导体产生接触之前，中和积聚的电荷，使其减少到可接受水平。

Kim 等人（2012）研究发现，在液晶显示屏（Liquid Crystal Display，LCD）生产过程中，因摩擦产生的电荷无法通过电离中和的方式进行有效控制（见第 5.7.9 节）。玻璃基板能够产生并长时间保持大量的电荷。在玻璃基板的生产过程中，有40多种材料产生接触-分离行为，包括玻璃表面光刻胶涂层的摩擦、用于表面清洁的去离子水喷雾冲洗、与滚轴或传送带的接触，以及玻璃板与真空吸盘的挤压与分离等。所采取的ESD防护措施包括增大表面粗糙度、尽可能减小分离速度和真空压力等，以控制玻璃基板产生电荷。他们发现，采用绝缘材质的起模针替代静电耗散或导电材质的起模针能够避免ESD事件的发生。此外，他们还规定了足够的距离和绝缘厚度来防止玻璃和金属物品之间发生空气放电。

5.7.5 采用电阻材料限制带电设备的ESD电流

当带电器件与低电阻导体接触时，带电器件的ESD防护最大，这时会导致很高的峰值电流放电（硬放电）。降低此类风险的方法之一是确保器件接触的是电阻材料，而不是高导电材料。如此一来，通过足够大的电阻材料可限制放电峰值电流。在接地通路中放置电阻无法实现这一目的（详见第4.7.5.2节）。

关于测量聚合物防静电材料的直流电阻能否为ESD防护提供现实的指导，存在一些争议（Viheriäkoski et al., 2017）。研究认为，由材料频变阻抗导致的"ESD电阻"产生的ESD电流和带电器件ESD风险要比直流电阻测量预测的低得多。

5.7.6 阳极氧化处理

通常采用阳极氧化处理对机器表面进行钝化和保护。尽管有些人认为阳极氧化具有绝缘性，但它可以为铝合金基材提供非绝缘表面涂层（Bellmore, 2001）。阳极氧化层厚度为5~40μm（0.0002~0.0015in）。不同的阳极氧化工艺所产生的表面电阻范围很宽，小的不到1MΩ，最大的甚至可能超过100GΩ。

如果在螺丝孔和螺纹加工完成后对其进行阳极氧化，可避免金属机械零部件之间的充分接触（Yan et al., 2009）。通过连接处的电阻可能会增加到几欧，较厚的阳极氧化层可产生更大的电阻。一旦机器制造完成，其电阻就很难再改变了。

阳极氧化可形成耐磨的静电耗散表面涂层，这样可以降低带电器件导线与表面接触时发生ESD损伤的风险（Yan et al., 2009; Smallwood et al., 2010; Millar et al., 2010）。

Millar和Smallwood（2010）研究发现，阳极氧化处理过的定位凹槽的阳极氧化层出现了磨损或损坏，导致定位凹槽内产品的引脚与底层的金属材料之间有时会发生直接接触。Smallwood和Millar（2010）采用标准和非标准电极测量了阳极氧化处理过的定位凹槽的表面电阻,以及从金属基板通过表面和支撑凹槽托盘的耗散轨道到大地的电阻。

此外,他们研究了施加测试电压的影响,发现阳极氧化层的电阻随测试电压和测量电极的不同而发生了急剧变化。在施加 1000V 电压时,阳极氧化层电阻小于 1Ω,然而在施加 100V 电压时,电阻增加到 20GΩ 以上。使用 ESD S4.1 电极测得的点对点表面电阻小于 1GΩ,然而 ESD S11.13 2-针形电极测得的点对点电阻为 30~96GΩ。采用其他方法也得出了不同的结果。

电阻的变化可能导致停在轨道上的定位凹槽的电荷衰减时间发生改变,因此对电荷衰减时间进行了测量。结果显示,电荷衰减时间随定位凹槽电压的变化而发生改变——随电压降低而增加。在施加 1000V 电压时,一旦移除外加静电源,电压立即消失。而在施加 100V 电压时,衰减时间可能长达 20s。

该研究结果表明,具有高接触压力的较大的软电极(如 ESD S4.1)的电阻较小。此类电极表面可能具有一些导电性好、损坏或者针孔等小的区域使其表现出低电阻。表面坚硬的小面积电极不太可能通过低电阻或损坏的区域实现充分接触。

前述研究结果表明,在测量阳极氧化层的性能时,应尽可能模拟工作条件下的测试电压和电极,这一点很重要。

5.7.7 轴承

许多可移动的机械部件都是通过轴承来支撑的。这些部件的接地通常通过轴承实现。如果在其静止时进行测量,则通过轴承的电阻可能较低。当机械部件运行时,油膜从移动的轴承表面分离,可能导致通过轴承的电阻高得多或者呈现间歇变化。安装由导电(非绝缘)润滑剂润滑的轴承或者通过转换器(或其他机制)建立对应的接地路径,可以避免此类问题。

5.7.8 传送带

传送带通常由轮子或滚轴支撑,而轮子和滚轴本身由轴承支撑。如果传送带的材质为绝缘材料,传送带就很容易带电。

关键区域的传送带应由静电耗散材料制成并接地。由于需要通过传送带和轴承或其他移动接触点进行传导,因此传送带的接地并不容易实现。可能需要将传送带电阻及其对地电阻设定为与工作表面相当的水平。只有电阻值足够低才能避免在操作条件下产生明显的带电现象。

5.7.9 通过离子化静电消除器中和 ESDS 器件、必需绝缘体及孤立导体上的电荷

离子化静电消除器可用于降低关键路径中 ESDS 器件、必需绝缘体和孤立导体上的电荷水平。为了确保效果，离子化静电消除器须放置于正确的位置，以降低所需要防护的点位前面的电压，并确保有足够的时间中和电荷。通常将离子化静电消除器放置于 ESDS 器件与其他导体接触的点位之前。

在明确 ESD 防护措施时，必须牢记离子化静电消除器的局限性：

- 使用离子化静电消除器来中和电荷并将电荷水平降低到某一阈值以下需要一定的时间；
- 离子化静电消除器中和的最终电压是达到其残余电压，残余电压必须低于产品的风险阈值；
- 气流等效应能够改变过程中电荷中和的运行特性。

遗憾的是，很多设备制造商对如何正确选择和安装离子化静电消除器以确保其功能有效的理解并不够深入。AHE 在操作过程中移动速度快，而离子化静电消除器通常用于中和电荷，需要一定的时间才能发挥作用（详见第 2.8.2 节～第 2.8.6 节，以及第 4.6.3 节）(Tan, 1993)。由于设备操作速度快，而中和速度慢，因此离子化静电消除器的作用效果受到一定的影响，此外，气流方向和速度等因素也会影响离子化静电消除器的性能。

标准 ESD TR10.0-01-02 中探讨了离子化静电消除器在 AHE 中的应用。在快速移动的工艺过程中，电荷中和时间必须相应地缩短。中和时间取决于离子化静电消除器的特性、待中和产品与离子化静电消除器的距离和相对位置，以及其他因素（如气流方向和速度）。

Yan 等人（2009）提到了一个由制造商安装用于避免 ESD 损伤的离子化静电消除器失效的示例。器件从吸盘释放后、器件焊料球接触导电运输托盘之前，离子化静电消除器无法中和器件上的电荷。而对金属表面进行阳极氧化处理以形成静电耗散涂层，使该问题得到了解决。随着待中和物品上静电场强和电压的下降，电荷的中和速度也逐渐降低，因此将电压降至较低水平需要更长的时间。

使用离子化静电消除器中和电荷的一个实用的特性是，如果时间足够，所有待中和物品的电压都会趋向同一个水平——离子化静电消除器的残余电压。如果想要减小带电孤立导体和可能与之接触的带电 ESDS 器件上的电位差，那么离子化静电消除器会使二者达到同样的非零电压，也就是说，如果给定足够的时间，物品之间的电位差可能远小于离子化静电消除器的残余电压。

离子化静电消除器在电荷中和中的有效性应在一定的工艺过程和应用环境中进行验证。

5.7.10 真空吸盘

减少器件带电的一个关键设备是真空吸盘（Yan et al., 2009）。当器件被吸盘释放并与另外一个导体接触时，器件上的电荷量至关重要。如果器件的封装材料为绝缘材料，则会在其与真空吸盘口接触时带电。如果真空吸盘口也是绝缘材质的或者未接地，那么在连续操作过程中真空吸盘口上会积聚电荷。因此，真空吸盘应由静电耗散材料制成并接地。真空吸盘是否正确接地应作为符合性验证计划的一部分。

尽管如此，器件包装的接触带电是无法完全避免的（Yan et al., 2009）。器件上的剩余电荷直到真空吸盘和器件分离才会在器件上产生电压。这种情况只有在器件和其接触的导体距离很小时才会发生。即使是高效离子化静电消除器，也不太可能在真空吸盘释放器件后、器件接触导体前的这么短的时间内发挥作用。在这种情况下，如果可行的话，可通过规定电阻接触材料规格来规避 ESD 损伤。

5.8 防静电包装

AHE 中使用的防静电包装通常采用特殊的形式，如线带、卷轴或 JEDEC 托盘（详见第 8 章）。这些包装有可能是专用于自动化流程中处置器件的，形状和结构可能会给包装的测量带来一定的困难（详见第 5.9.2 节）。

器件是以线带和卷轴的形式提供的，由贴片机贴装在 PCB 上。ESDS 器件应置于防静电包装内，但非 ESDS 器件通常置于以绝缘材料制成的线带和卷轴上。如果 ESDS 和非 ESDS 器件处于同一个操作中，那么绝缘线带和卷轴包装产生的静电场可能会对 ESDS 器件构成风险。可能降低这种风险的一种方法是在贴片机中将 ESDS 和非 ESDS 器件分开。

非常小的器件及其包装有可能带有非常大的电荷量，以至于器件可能会在静电力作用下以不受控的方式从包装中弹出（Swenson, 2018）。

5.9 AHE 中的测量

5.9.1 概述

AHE 中需要测量的内容通常包括以下 6 种。
- 设备零部件、表面、传送带或其他物品的接地电阻；
- 必需绝缘体或未接地导体上的静电场强和电压；
- ESDS 器件或小的导体上的电压；
- 导体或绝缘体上的电荷量；
- 离子化静电消除器中和过程的电压衰减时间和残余电压；
- 利用 ESD 产生的 EMI 检测 ESD。

此外，有研究正在探索 ESD 电流的测量方法，以期将其作为一种认识带电器件 ESD 风险的方法。

本书第 11 章中给出的测试方法及应用通常可应用于 AHE 中，但是可能需要进行一些修改和调整。对 AHE 或与其配套使用的包装而言，标准的电极和测试电压可能并不适用。

对机械设备的测量通常是在其运行条件下进行的。如果运行条件存在一定的变化，则最好在最低湿度下进行测量。因为在湿度最低时，通常静电荷的产生量最大，带电量会随设备运行速度的加快而增加。这就使得在最差工作条件下进行测量变得没那么容易。

测量通常需要根据设备和环境条件临时安排，影响测量结果的因素复杂，解读测量结果很具挑战性。

标准 ANSI/ESD SP10.1 中给出了在 AHE 中进行测量的具体操作指南。

测量通常在运行条件下进行。选择在设备工作条件下进行测量是合适的，但是在实际操作中，基于安全考虑或者难以将测量设备与移动的机械零部件连接，测量有可能无法在运行条件下进行。

5.9.2 电阻测量

5.9.2.1 AHE 中的电阻测量概述

典型的电阻测量包括：表面的点对点电阻测量、表面和机械零部件的对地电阻测量。

使用的电阻测量方法不同，往往得出的结果也不同（Smallwood et al., 2010; Smallwood, 2017, 2018）。由于缺乏大的平面，可能无法使用大的标准电极。具有高接触压力的较大的软电极（如 ESD S4.1）的电阻较低。此类电极表面可能具有一些导电性好、损坏或者针孔等小的区域使其表现出低电阻。小电极的测量结果通常比大电极的要高很多。在测量高电阻硬质材料时，金属电极的测量结果往往比导电橡胶电极的测量结果高。

表面硬质的小面积电极不太可能通过阳极氧化层或多变的 ESD 防护材料的低电阻或损伤区域实现充分接触。如果可能的话，最好采用能够模拟实际工作状况的测量电极，这样一来，可能就需要设计适宜的、具有独创性的非标准电极。

Smallwood 和 Millar（2010）还发现，测试电压对电阻的影响很大，不同的测试电压，测得的电阻可能相差几个数量级。较低的测试电压通常测得的电阻值更高（详见第 5.7.6 节）。当需要通过接地将导体上的电压控制在较低水平时，应采用较低的测试电压，这样测得的结果才有意义。

5.9.2.2 电阻表

要测量金属机械零部件的对地电阻，可选择合适的万用表来进行。对于防静电材料的测量，应根据防静电设备上的电阻使用 10V/100V（两个测试电压挡）电阻表（详见第 11.6 节）。

5.9.2.3 表面的点对点电阻

点对点电阻测量可用于评估 ESDS 器件在通过 AHE 时可能接触的表面的表面电阻。为了降低带电器件的 ESD 风险，接触表面通常不采用低电阻材料（如金属），最好选用静电耗散材料（详见第 5.7.5 节）。

5.9.2.4 表面和机械零部件的对地电阻

表面和机械零部件对地电阻的测量可能是最常规的测量。应测量所有指定的防静电接地点到机械底盘和大地的电阻，还应确定机械关键路径中所有导体的电阻。

标准 ANSI/ESD SP10.1 中给出的建议是机械零部件到其接地的电阻小于 1Ω。可选用能够测量低至 0.1Ω 的电阻的万用表进行测量。

对于移动的零部件，静止状态下的测量结果可能不能代表其在运行期间的性能，这是因为轴承中的油膜以及其他因素可能产生间歇性的连接。

5.9.2.5 潜在孤立导体的对地电阻

可以使用 10V/100V 高阻计测量一个导体的对地电阻，以确定其是否是孤立的。与导体建立一个可靠的连接并进行测量可能不那么容易，具有一定的挑战性。

5.9.2.6 防静电包装的测量

标准同心环电极适用于测量大的平面（详见第 11 章）。标准 IEC 61340-2-3 和 ANSI/ESD S11.13 中描述了标准双针电极，该电极适用于小一些的或者中等大小的曲面测量。在自动化的工艺过程中，有许多专门设计的和小型 ESDS 部件一起使用的防静电包装（如元件线带）。这些包装很小，以至于很难用上述电极进行测量。在本书（英文版）成稿时，这一难题是当前标准化发展的一个领域和研究方向。有供应商提供了一些可以选用的非标准电极。在测量电阻时，使用不同的电极往往会得出不同的结果（Smallwood，2018）。

5.9.3 静电场与电压测量

5.9.3.1 电压测量仪表

许多低成本的静电电压表实际上是静电场仪，它在出厂的电压校准环节采用足够大的平面电极来标定测量结果（详见第 11.6.12 节）。这类测试设备在与校准状态相似的工况下（在校准距离下测量足够大的平面电位）可以给出准确的表面电压读数。在测量绝缘平面时，这类测试设备给出的测量值只是绝缘平面带电情况的平均等效值，而非绝缘平面各处的绝对值。尽管如此，利用静电电压表进行平面静电电位测试依然是有意义的，测试结果可以较直观地指示附近存在静电场的 ESD 风险。

基于电场强度测量的仪表通常不适合测量小型物品的电压，有时，通过将同样形状和结构的物体升至给定电压并对该类仪表进行校准后，可将该类仪表用于测量较小的非平坦表面。

ESDS 器件或其他移动物体上的电压通常随物体位置的改变而变化，这是由电容和电荷水平的变化导致的。如果物体的移动速度很快或者物体处于有限空间内，那么通过安装电压表测量物体电压是很困难的。在一个快速移动的系统中，电压表的响应速度需要足够快才能准确捕捉到电压的变化。有可能需要一个以滚动模式运行的数据记录器或存储示波器来记录电压的变化。实际上，一个导体在与另一个导体接触前的电压，对评估带电产品 ESD 风险很可能是有意义的。

5.9.3.2 小导体或 ESDS 器件上的电压

在评估带电器件或与 ESDS 器件接触的小的未接地金属物体（小导体）的 ESD 风险时，有必要测量小导体或 ESDS 器件引脚上的电压。这项测量很具挑战性，尤其是对于非常小的导体和 ESDS 器件。这类小导体或 ESDS 器件上的电压可采用具有极高输入阻抗和低输入电容的非接触式或接触式静电电压表测量（详见第 11.6.12 节和第 11.9.4 节）。

5.9.3.3 ESDS 器件上的电压

直接测量 ESDS 器件上的电荷通常不现实，因此一般通过测量电压或电场强度来代替（Yan et al., 2009）。ESDS 器件上的电压可以通过接触式或非接触式静电电压表来测量。

当 ESDS 器件的包装为其他材料并与器件产生接触时，就会导致摩擦起电。器件内部的导体通过引脚与电荷源接触，也会带电。器件包装上的电荷，或附近的静电源，都会使器件导体产生感应电压。当器件与使其发生摩擦起电的表面分离时，器件上的电压通常会急剧增加。

器件摩擦起电无法避免，因为器件与其他材料（如包装或处理器零部件）之间的接触是不可避免的。ESDS 器件的包装通常是由聚合物或陶瓷等绝缘材料制成，即使其接触的材料是导电材料或静电耗散材料，绝缘的 ESDS 器件包装也会发生摩擦起电。

即使器件上的电荷量不变，通过自动操作系统的器件上的电压也不是一成不变的。非绝缘零部件上的电压随电荷水平、与静电源的接近程度以及导体电容的变化而变化。导体的电压 V 与电荷量 Q 正相关，均随导体电容 C 的变化而变化，三者关系如下：

$$CV = Q$$

电容（尤其是导体的电容）随方向和与其他材料的距离的变化而变化。因此，ESDS 器件电压随着工艺过程中设备的移动而不断变化。标准 ANSI/ESD SP10.1 中给出了一种向与设备连接的导体施加给定电压校准电压测量值的方法。

当器件引脚与另一个电压不同的导体接触时就会发生放电。因此，最应关注的是接触前的瞬间器件上的电压值。此时，由于电容的改变，ESDS 器件电压可能已经远低于其远离接触点时的电压值。

对于物体的绝缘部分，由于绝缘表面不同点位的电荷密度不同，电压水平变化很大，因此无法认为绝缘体（如元件包装材料）表面具有单一的电压值。电压测量值通常是表面某个区域内绝缘体带电情况的平均等效状态，并且会随着其与导体（包括所使用的电压测量设备）距离的不同而变化。这在 ESD 风险评估中是一种有用的测量方法，因为在实际应用中，通常也是由平均等效带电状态引起导体电压，进而导致 ESD 风险的。

5.9.4 电荷测量

物品上的电荷有时可以直接测量（如使用法拉第筒或测量被移电荷），有时需要间接测量（如测量电场或电压）（Paasi, 2004）。在某些情况下，可以将器件上测量的电荷与根据 CDM ESD 耐受电压数据计算得到的故障电荷阈值进行比较。

5.9.5 测量离子化静电消除器中和产生的电荷衰减时间与残余电压

测量离子化静电消除器性能的标准方法是使用 CPM，CPM 测量正负极性电荷衰减时间和残余电压。平板规格为 150mm×150mm（详见第 11.6.13 节），与半导体晶圆或 PCB 的尺寸差不多。但在 AHE 中，许多需要进行静电中和的器件或机械零部件的尺寸比标准平板小得多，标准尺寸的 CPM 能否表征小器件的电荷中和，是值得怀疑的。许多非标准 CPM 都配有几十毫米的小尺寸平板，它们可能可以更好地表征与其尺寸相似的器件的电荷中和性能。

5.9.6 ESD 电流测量

有研究人员正在探索 ESD 电流测量方法，以期将其作为带电器件 ESD 风险评估的手段（Bellmore, 2004; Tamminen et al., 2017a, 2017b）。ESD 电流测量看似有可能成功，但在实际应用中尚未实现，仍存在一定的困难。

5.9.7 使用 EMI 探测器探测 ESD

运行中的设备内部发生的 ESD 事件可以使用合适的探测器（详见第 11.8.10 节）通过其 EMI 进行检测（Millar, Smallwood, 2010）。有些 EMI 探测器（又称 ESD 事件探测器）的设计能够区分 HBM ESD 和 CDM ESD，但在实际情况下，ESD 通常具有不同于这些模型 ESD 的其他特性。EMI 探测器能够探测周围环境中的所有 ESD，包括那些与半导体元器件 ESD 威胁无关的 ESD，如操作开关等产生的 ESD。因此，有必要对探测到的所有 ESD 进行严格评估，并确定其与 ESD 威胁的相关性。有时，该评估通过直接的目视检查法进行。如果在器件与导电物体接触时检测到 ESD，则表明该过程存在 ESD 风险。

5.10 高敏感器件的处置

随着时间的推移，具有低 HBM 耐受电压和 CDM 耐受电压的设备越来越常见（ESDA, 2016a）。一些设备的 HBM 耐受电压低于 HBM 100V，CDM 耐受电压低于 CDM 200V。

标准 ESD TR10.0-01-02 中探讨了在 AHE 中处置高敏感器件时的测量和控制问题。该标准中定义的硬接地为对地电阻小于或等于 1Ω，软接地为对地电阻范围为 1kΩ～1GΩ。机械零部件通常需要硬接地，但是 ESDS 器件与低电阻的机械零部件接触可能存在带电器件 ESD 损伤风险。在 AHE 中有可能接触 ESDS 的零部件可能需要软接地。带电器件 ESD 损伤往往是高 ESD 峰值电流导致的，放电中的电流通常受到接触点材料电阻（或阻抗，详见 Viheriäkoski et al., 2017）的限制。

在 AHE 中处置低 CDM 耐受电压器件时，关键区域和设备上的电压需要保持在较低的水平。这意味着，如果使用离子化静电消除器来降低电压，那么它应具有较高的性能，能在较短的时间内降低电压，并且具有低残余电压（详见第 5.7.9 节）。

用于表征离子化静电消除器性能的 CPM 应尽可能具有代表性，以更接近其模拟的实际情况。这就意味着在 AHE 环境中需要使用尺寸较小的低电容平板。为了模拟低 CDM 耐受电压器件的电荷中和，测量衰减时间最好在低电压范围（如 200～20V）条件下进行，而不是在标准的 CPM 测量的电压范围（通常为 1000～100V）条件下进行。

参考资料

Bellmore, D. G. (2001). Anodized aluminium alloys — insulators or not? In: Proc EOS/ESD Symp. EOS-23, 141-148. Rome, NY: EOS/ESD Association Inc.

Bellmore, D. G. (2004). Paper 4A.6. Characterizing automated handling equipment using discharge current measurements. In: Proc EOS/ESD Symp. EOS-26. Rome, NY: EOS/ESD Association Inc.

EOS/ESD Association Inc. (2015). ESD TR17.0-01-15. Technical Report for ESD Process Assessment Methodologies in Electronic Production Lines — Best Practices used in Industry, Rome, NY, EOS/ESD Association Inc.

EOS/ESD Association Inc. (2016a). ESD Association Electrostatic Discharge (ESD) Technology roadmap — revised 2016. [Accessed: 10th May 2017]. Rome, NY, EOS/ESD Association Inc.

EOS/ESD Association Inc. (2016b). ANSI/ESD SP10.1-2016. Standard practice for protection of Electrostatic Discharge Susceptible Items — Automated handling Equipment (AHE), Rome, NY, EOS/ESD Association Inc.

Gärtner, R. (2007). Paper 3B.1. Do we expect ESD—failures in an EPA designed according to international standards? The need for a process related risk analysis. In: Proc. EOS/ESD Symp. EOS-29, 192-197. Rome, NY: EOS/ESD Association Inc.

Gärtner, R. and Stadler,W. (2012). Paper 3B.5. Is there a correlation between ESD qualification values and the voltages measured in the field? In: Proc. EOS/ESD Symp. EOS-34. Rome, NY: EOS/ESD Association Inc.

Jacob, P., Gärtner, R., Gieser, H. et al. (2012). Paper 3B.8. ESD risk evaluation of automated semiconductor process equipment — A new guideline of the German ESD Forum e.V. In: Proc. EOS/ESD Symp. EOS-34. Rome, NY: EOS/ESD Association Inc.

Kim, D. S., Lim, C. B., Oh, D. S. et al. (2012). Paper 2B.1. Minimizing electrostatic charge generation and ESD Event in TFT-LCD production equipment. In: Proc. EOS/ESD Symp. EOS-34. Rome, NY: EOS/ESD Association Inc.

Koh, L. H., Goh, Y., and Lim, S. H. (2013). Reliability assessment of high temperature automated handling equipment retrofit for CDM mitigation. In: Proc. EOS/ESD Symposium EOS-35, 43-48. Rome, NY: EOS/ESD Association Inc.

Millar, S. and Smallwood, J.M. (2010). Paper 3B.2. CDM Damage due to Automated Handling Equipment. In: 217-223. Rome, NY: EOS/ESD Association Inc.

Olney, A., Gifford, B., Guravage, J., and Righter, A. (2003). Real-world charged board model (CBM) failures. In: Proc. EOS/ESD Symp. EOS-25, 34-43.

Paasi, J. (2004). ESD control in automated handling. In: 6th International ESD Workshop in Dresden, Germany, September 7-8, 2004. Rome, NY: EOS/ESD Association Inc.

Smallwood, J. (2017). A practical comparison of surface resistance test electrodes. J. Electrostat. 88: 127-133.

Smallwood, J. (2018). Paper 4B3. Comparison of surface and volume resistance measurements made with standard and non-standard electrodes. In: Proc. EOS/ESD Symp. EOS-40. Rome, NY: EOS/ESD Association Inc.

Smallwood, J. M. and Millar, S. (2010). Paper 3B4. Comparison of methods of evaluation of charge dissipation from AHE soak boats. In: Proc. EOS/ESD Symp. EOS-32, 233-238. Rome, NY: EOS/ESD Association Inc.

Swenson D.E. (2018). Private communication.

Tamminen, P., Smallwood, J., and Stadler,W. (2017a). Paper 1B.4. Charged device discharge measurement methods in electronics manufacturing. In: Proc. EOS/ESD Symp. EOS-39. Rome, NY: EOS/ESD Association Inc.

Tamminen, P., Smallwood, J., and Stadler,W. (2017b). Paper 4B.2. The main parameters affecting charged device discharge waveforms in a CDM qualification and manufacturing. In: Proc. EOS/ESD Symp. EOS-39. Rome, NY: EOS/ESD Association Inc.

Tan,W. H. (1993). Minimizing ESD hazards in IC test handlers and automated trim/form machines. In: Proc. EOS/ESD Symp. EOS-15, 57-64. Rome, NY: EOS/ESD Association Inc.

Viheriäkoski, T., Kärjä, E., Gärtner, R., and Tamminen, P. (2017). Paper 4B.3. Electrostatic discharge characteristics of conductive polymers. In: Proc. EOS/ESD Symp. EOS-39. Rome, NY: EOS/ESD Association Inc.

Yan, K. P., Gärtner, R.,Wong, C. Y., and Ong, C. T. (2009). Automatic handling equipment-The role of equipment maker on ESD protection. In: Proc. EOS/SED Symp. EOS-31, 1B.2.1-1B.2.6. Rome, NY: EOS/ESD Association Inc.

延伸阅读

Bellmore, D. G. and Bernier, J. (2005). Characterizing automated handling equipment using discharge current measurements Ⅱ. In: Proc. EOS/ESD Symp., 195. Rome, NY: EOS/ESD Association Inc.

Danglemayer, T. (1999). ESD Program Management, 2e. Springer. ISBN: 0412136716.

EOS/ESD Association Inc. (2016). ESD TR20.20-2016, ESD Association Technical Report—Handbook for the Development of an Electrostatic Discharge Control Program for the Protection of Electronic Parts, Assemblies and Equipment. Rome, NY, EOS/ESD Association Inc.

EOS/ESD Association Inc. (2002). ESD TR10.0-01-02. Technical Report — Measurement and ESD Control Issues for Automated Equipment Handling of ESD Sensitive Devices Below 100 Volts, Rome, NY, EOS/ESD Association Inc.

EOS/ESD Association Inc. (2006). ANSI/ESD STM4.1-2006. ESD Association Standard for the Protection of Electrostatic Discharge Susceptible Items — Worksurfaces — Resistance Measurements, Rome, NY, EOS/ESD Association Inc.

EOS/ESD Association Inc. (2014). ANSI/ESD S20.20-2014. ESD Association Standard for the Development of an Electrostatic Discharge Control Program for — Protection of Electrical and Electronic Parts, Assemblies and Equipment (excluding Electrically Initiated Explosive Devices), Rome, NY, EOS/ESD Association Inc.

EOS/ESD Association Inc. (2015). ANSI/ESD STM11.13-2015. ESD Association Standard Test Method for the Protection of Electrostatic Discharge Susceptible Items — Two-Point Resistance Measurement, Rome, NY, EOS/ESD Association Inc.

Halperin, S., Gibson, R., and Kinnear, J. (2008). Paper 2B-21. Process capability & transitional analysis. In: Proc. EOS/ESD Symp. EOS-30. Rome, NY: EOS/ESD Association Inc.

International Electrotechnical Commission. (2015). IEC 61340-5-3:2015. Electrostatics. Protection of electronic devices from electrostatic phenomena. Properties and requirements classifications for packaging intended for electrostatic discharge sensitive devices, International Electrotechnical Commission, Geneva.

International Electrotechnical Commission. (2016a). IEC 61340-2-3:2016. Electrostatics — Part 2-3: Methods of test for determining the resistance and resistivity of solid materials used to avoid electrostatic charging, International Electrotechnical Commission, Geneva.

International Electrotechnical Commission. (2016b). IEC 61340-5-1: 2016. Electrostatics — Part 5-1: Protection of electronic devices from electrostatic phenomena — General requirements, International Electrotechnical Commission, Geneva.

International Electrotechnical Commission. (2018). IEC TR 61340-5-2:2018. Electrostatics — Part 5-2: Protection of electronic devices from electrostatic phenomena — User guide. International Electrotechnical Commission, Geneva.

Kietzer, G. (2012). Paper 2B.2. ESD risks in the electronics manufacturing. In: Proc. EOS/ESD Symp. EOS-34, 202. Rome, NY: EOS/ESD Association Inc.

Kim, D. S., Lim, C. B., Yoon, S. H. et al. (2013). Paper 7B.1. Electrostatic control and its analysis of roller transferring processes in FPD manufacturing. In: Proc. EOS/ESD Symp. EOS-35. Rome, NY: EOS/ESD Association Inc.

Koh, L. H., Goh, Y., and Lim, S. H. (2013). Paper 1B.3. Reliability assessment of high temperature automated handling equipment retrofit for CDM mitigation. In: Proc. EOS/ESD Symp. EOS-35. Rome, NY: EOS/ESD Association Inc.

Koh, L. H., Goh, Y. H., and Wong, W. F. (2017). Paper 1B.2. ESD risk assessment considerations for automated handling equipment. In: Proc. EOS/ESD Symp. EOS-39. Rome, NY: EOS/ESD Association Inc.

Paasi, J., Tamminen, P., Kalliohaka, T. et al. (2002). ESD control tools for surface mount technology and final assembly lines. In: Proc. EOS/ESD Symp. EOS-24, 250-256. Rome, NY: EOS/ESD Association Inc.

Paasi, J., Tamminen, P., Salmela, H. et al. (2005). ESD control in automated placement process. In: Proc. EOS/ESD Symposium EOS-27, 203. Rome, NY: EOS/ESD Association Inc.

Steinman, A. (2010). Paper 3B3. Measurements to establish process ESD compatibility. In: Proc. EOS/ESD Symp. EOS-32. Rome, NY: EOS/ESD Association Inc.

Steinman, A. (2012). Paper 2B.4. Process ESD capability measurements. In: Proc. EOS/ESD Symp. EOS-34. Rome, NY: EOS/ESD Association Inc.

Steinman, A. (2014). Paper 1B.3. Measuring handler CDM stress provides guidance for factory static controls. In: Proc. EOS/ESD Symp. EOS-36. Rome, NY: EOS/ESD Association Inc.

Tamminen, P. and Viheriäkoski, T. (2007). Paper 3B.3. Characterization of ESD risks in an assembly process by using component-level CDM withstand voltage. In: Proc. EOS/ESD Symp. EOS-29, 202-211. Rome, NY: EOS/ESD Association Inc.

Tamminen, P. and Viheriäkoski, T. (2011). Product specific ESD risk analysis. In: Proc. EOS/ESD Symp. EOS-33, 97. Rome, NY: EOS/ESD Association Inc.

Welker, R. W., Nagarajan, R., and Newberg, C. (2006). Contamination and ESD Control in High-Technology Manufacturing. Wiley-Interscience/IEEE Press. ISBN: 978-0471414520.

Yan, K. P., Gärtner, R., and Wong, C. Y. (2010). Paper 3B.1. ESD protection program at electronics industry — areas for improvement. In: Proc. EOS/ESD Symp. EOS-32. Rome,NY: EOS/ESD Association Inc.

Yan, K. P., Gärtner, R., and Wong, C. Y. (2013). Semiconductor back end manufacturing process — ESD capability analysis. In: Proc. EOS/ESD Symposium EOS-35, 30. Rome, NY: EOS/ESD Association Inc.

第 6 章 ESD 防护标准

6.1 引言

世界范围内的诸多 ESD 相关标准都明确规定了避免 ESD 所需的设施、设备和材料。本书讨论的两个最主要的标准是国际标准 IEC 61340-5-1 和 ESDA 标准 ANSI/ESD S20.20。IEC 61340-5-1 也被许多国家采纳为国家标准，在欧盟则被引用为 EN 61340-5-1。个别国家可能有自己的版本，如英国颁布了 BS EN 61340-5-1。

为了清晰起见，本章采用 IEC 61340-5 中的系列术语，尽管大多数情况下 ESDA 系列标准中的术语和 IEC 61340-5 中的术语几乎相同，并且二者相互引用。IEC 的文件大多基于早前发布的 ESDA 标准，部分内容与 ESDA 标准有一些差异。

6.2 ESD 防护标准的发展历程

在电子制造业强制要求进行 ESD 防护之前，ESD 防护措施已经应用于火药和炸药处置以及一些易燃材料处理的工业过程中。20 世纪 70 年代之前，电子制造和部件处置等过程几乎没有 ESD 防护需求（Ind. Co., 2011）。20 世纪 70 年代末以来，随着 LSI 电路的发展，ESD 损伤开始引起人们的关注。最早的 ESD 控制程序是由工业公司制定的，当时几乎没有相关的标准或信息可供参考。

早期的 ESD 防护标准之一是美国军方的 MIL-STD-1686（Department of Defense, 1980a），它是和 MIL-HDBK-263 手册（Department of Defense, 1980b）一起发布的。当时，美国军方要求向其提供电子产品的公司必须遵守该标准，但是其他公司则只需遵循公司内部的 ESD 控制程序。

有的国家制定了国家标准。例如，英国制定了 BS 5783:1984。1991 年，欧洲标准 CECC 100015 的引入为 CENELEC 电子元器件委员会（CENELEC Electronics Components Committee，CECC）的成员提供了一个通用的标准，BS 5783 也被 BS EN 100015-1:1992 取代。当时，CENELEC 的成员包括奥地利、比利时、丹麦、芬兰、法国、德国、希腊、冰岛、爱尔兰、意大利、卢森堡、荷兰、挪威、葡萄牙、西班牙、瑞典、瑞士和英国的国家电工委员会。BS EN 100015 包含 4 个部分（British Standards Institution, 1992, 1994a, 1994b, 1994c），给出了符合性、设置 EPA 以及防静电包装等的基本要求，并对湿度低于 20%的环境条件提出了额外的要求。该标准的第 3 部分给出了对洁净室环境条件的要求，第 4 部分给出了对高电压区域的要求。BS EN 100015 中的所有内容依次被初版 BS EN 61340-5-1 替代。

最初，对于 ESD 防护中所采用的材料和设备的性能，缺乏标准的测试方法、步骤或设备，所采用的测量方法和设备的多样性又导致结果具有差异性。

20 世纪 80 年代初，ESDA 成立，并着手制定诸如地板、腕带、工作表面等防静电材料和设备相关的标准。供应商和用户可依据这些标准，基于公认的准则，来验证防静电材料和设备的特性和功能。

1995 年，ESDA 接到任务，任务要求其以行业标准替代 MIL-STD-1686，由此衍生出了 ANSI/ESD S20.20-1999。与此同时，20 世纪 90 年代，IEC 成立了 IEC TC 101，它主导国际适用的测量方法标准的制定，用于评估 ESD 的产生、保持和耗散，确定 ESD 的影响以及静电现象的模拟方法。IEC TC 101 主导的范围后来扩展到可用于减少或消除静电危害或不良影响的处置区域/步骤、设备和材料的设计和实施，以及需要避免的行为或物品。尽管 IEC TC 101 所制定的标准（如防静电材料电阻、地板性质以及地板-鞋束系统的测量）的实际应用范围更广泛，但其大部分工作都聚焦于电子行业 ESD 防护。这些标准是基于已有的 ESDA、欧洲、亚洲或行业标准制定的。IEC TC 101 还制定了用于其他行业的防静电设备和材料的标准（如用于化学工业的柔性集装袋的特性）。

1998 年发布的第一版 IEC 61340-5-1 是从 CECC 100015 及其他标准发展而来的，与 ANSI/ESD S20.20（EOS/ESD Association Inc., 2014c）相比，它的灵活性较差。21 世纪的第一个十年见证了电子工业过程及环境的全球化和日益多样化，ANSI/ESD S20.20 的影响和适用范围也日益扩大。作为回应，本着电子行业 ESD 防护标准全球一致化的精神，第二版 IEC 61340-5-1 采用了和 ANSI/ESD S20.20 基本一致的要求（尽管仍然存在少许差异）。随着 2016 版 IEC 61340-5-1（International Electrotechnical Commission, 2016c）的发布，残存的差异基本被消除，目前普遍认为 IEC 61340-5-1 和 ANSI/ESD S20.20 这两个标准在技术上是等效的。

一些早期的标准在同一份文件中既给出了指南，又给出了符合性要求。这通常会让用户感到困惑，许多人将指南解释为达到合规要求必须实施的内容。后来的标准将指南单独剥离出来，分别成为 IEC 61340-5-2 和 ESD TR 20.20（International Electrotechnical Commission, 2018; EOS/ESD Association Inc., 2016b）。这些指南中不包括符合性要求，但提供了越来越多的有用信息和指导，以帮助用户制定和维护有效的 ESD 控制程序。

这些不包括符合性要求，但通常包含不同类型的指导和信息的文件被称为"技术报告"。在 IEC 和 ESDA 系统中，这些文件编号以"TR"标识，如 ESD TR 20.20 或 IEC TR 61340-5-2。这些文件提供了许多非常有用的信息，本章将在参考资料中列出绝大部分相关技术报告。

6.3　ESD 防护标准的制定主体

ESDA 和 IEC 的标准是由 ESDA 和 IEC TC 101 工作组（Working Group，WG）专家共同编写的。工作组专家通常是志愿者，他们参与 ESD 标准的工作有可能得到雇主或组织机构的支持，也有可能得不到支持。他们可能来自电子制造公司、防静电设备制造商或供应商，从事相关研究或咨询等工作。

ESDA 自 20 世纪 80 年代初成立以来，一直致力于 ESD 相关测量方法的开发。当前使用的许多标准的测量方法都是由 ESDA 开发的，经修订或改编后应用于 IEC 体系，后来又被世界范围内各个 IEC 参与国（或地区）采纳。大多数情况下，两个标准体系中的要求和规定的标准测量方法都相差不大。

IEC 是世界贸易组织授权委托的机构，由其起草电工标准以促进全球贸易。IEC TC 101 负责静电相关的测量方法以及其他文件。IEC TC 101 的成员由其国家标准委员会（National Standards Committee，NC）提名，从事对其国家有利的项目。例如，在英国，BSI 委员会 GEL101 是遵循和参与 IEC TC 101 工作的主要 NC。在制定新标准的过程中，IEC 会定期将过程稿反馈给 GEL101 征求意见，并且在对过程稿进行修改时会考虑这些意见。该过程贯穿标准制定的各个阶段，直到所有成员的 NC 达成一致，最后形成国际标准草案。2017 年，IEC TC 101 包括 20 个参与成员（参加会议并就草案发表意见）和 13 个观察成员（见表 6.1）。

表 6.1　2017 年 IEC TC 101 的参与成员和观察成员

国家	身份类别
阿根廷	观察成员
澳大利亚	观察成员
奥地利	参与成员
比利时	参与成员
保加利亚	观察成员
中国	参与成员
捷克	参与成员
丹麦	观察成员
埃及	观察成员
芬兰	参与成员
法国	参与成员
德国	参与成员
匈牙利	参与成员
爱尔兰	参与成员
以色列	观察成员
意大利	参与成员
日本	参与成员
韩国	参与成员
荷兰	参与成员
挪威	观察成员
波兰	参与成员
葡萄牙	观察成员
罗马尼亚	观察成员
俄罗斯	参与成员
塞尔维亚	观察成员
西班牙	参与成员
瑞典	参与成员
瑞士	参与成员
泰国	观察成员
土耳其	观察成员
乌克兰	观察成员
英国	参与成员
美国	参与成员

大多数 IEC TC 101 成员采用 IEC 61340-5-1 作为其国家标准，而非全部。值得注意的是，美国一直将 ANSI/ESD S20.20 作为其国家标准。

发布新的 IEC 标准时，应先将其提交给欧洲标准化组织 CENNELECC（以便其可被采纳为欧盟标准）和成员的标准化机构。然后，参与 CENNELECC 的标准化机构会进行投票表决。如果投票结果是采纳，该标准就会成为欧盟标准（European Norm，EN）。在英国（大不列颠及北爱尔兰联合王国），成员通常会采用欧盟标准。如果成员同意采纳，BSI 会将该标准发布为 BS EN 标准。因此，IEC 61340-5-1：2016 在欧洲成为 EN 61340-5-1：2016，在英国则成为 BS EN 61340-5-1:2016。完成上述所有步骤需要花费一定的时间，从 IEC 项目开始到 IEC 标准发布通常需要几年的时间，之后还需要几个月的时间才能在英国以 BS EN 或者在其他国家以该国家的国家标准发布。

6.4 IEC 与 ESDA 标准

6.4.1 标准编号

所有标准都会按照一定的体系制度给定一个编号。第 11 章将列出本书编写时 ESD 防护相关工作中所采用的现行的 ESDA 和 IEC 测试方法标准。好消息是，电子行业的普通 ESD 从业人员不必掌握上述所有标准。大多数现行的 ESDA 和 IEC 标准中的 ESD 测试方法都是相似的，但是必须谨慎对待，因为它们也有可能存在一些显著差异。

6.4.2 标准中的用语

标准中会以特定的方式使用一些词语。标准中所描述的许多方面为"要求"——在标准的用词中，这意味着"必须这样做才能符合标准"。标准中所描述的有的方面为"建议"——这意味着与其不一致并不一定不符合标准。然而，应当牢记的是，该建议可能具有充分的依据。

标准中"要求"和"建议"的差异通常通过文本内容所采用的语言来体现。"应"表示"要求"，而"可"则表示"建议"。例如，标准 IEC 61340-2-3:2016a 第 8.2.1 节中有如下描述："接触材料表面的体积电阻应小于 $10^3\Omega$……"该句中用的是"应"，意味着要符合标准要求，电极制造商必须选择具有该特性的电极材料。

在具体操作方面，有的标准给出了"示例"。例如，标准 IEC 61340-2-1:2002 中的图 1 为"使用电晕荷电法测量电荷耗散设置示例"。IEC（2015a）给出了用于指导用户的示例。尽管在进行测量设置时，遵循示例通常是最容易的，但与示例不一致不一定不符合要求。

标准 IEC 61340-5-1:2016 中，附录 A 为"规范性"，表示该附录中的测量方法是标准"要求"的一部分。反之，如果内容为"资料性"，则表示可以将该部分视为资料性质的内容或者视为"建议"。

IEC 标准中有"规范性引用文件"部分，其中包括一系列对该标准应用至关重要的文件。凡是标注日期的引用文件（如 IEC 61340-4-1:2003），意味着只能使用该版本——该文件可能有更新版本，但不适用于该标准。

相反，凡是未标注日期的引用文件（如 IEC 61340-4-1，未注明日期），表示其最新版本适用于该标准。

有的 IEC 文件还标注了"TS"，如 PD IEC/TS 61340-4-2（International Electrotechnical Commission, 2013b）。这表示该文件为技术规范，尚未达到以国际标准进行发布的阶段，相关内容和技术仍在发展中，或者将来有可能以国际标准进行发布但是当下尚未发布。因此，技术规范类似于国际标准，但不具备国际标准的地位和强制性，通常会在 3 年内进行再次审查。

还有一类文件是 TR，表示"技术报告"，如 IEC TR 61340-5-2。技术报告中包含的资料与已正式发布的国际标准中包含的不同。技术报告必须完全是资料性的，不得包含暗示其规范性的内容。

有些 ESDA 标准同时也是 ANSI 标准。例如，标准 ESDA 20.20-2014 就是 ANSI/ESD S20.20-2014。

这里提到的许多 ESDA 文件在编号体系中是以字母 S 标记的标准。这些文件规定了"材料、产品、系统以及过程的一系列要求的确切说明"，还规定了"明确是否满足相关要求的步骤"（见 D. E. Swenson 2017 年的私人信件）。STM 表示"标准测试方法"，如 ANSI/ESD STM11.13-2015。STM 文件规定了"鉴定、测量以及评估材料、产品、系统以及过程的质量、特点或性质的最佳步骤，以产生可复现的测量结果"。

SP 表示"标准操作规程"，如 ANSI/ESD SP15.1。标准操作规程规定了"执行一项或多项操作或功能的步骤，可能会得到测量结果，也可能不会"。标准操作规程有可能不能复现结果。

与 IEC 体系文件一样，ESDA 也有其他类型的非标准文件，其中一些是技术报告，给出了"发布为资料性参考文件的具体材料、产品、系统或过程相关的技术数据、测量结果的集合"。这类文件没有技术要求，本质上是资料性的，如 ESD TR20.20 和 ESD TR53-01-06（EOS/ESD Association Inc., 2006b）。ESDA 也有 ADV（公告）文件，如 ESD ADV1.0-2017。这类文件通常是标准操作规程或技术报告文件的前身。

世界各国已通过多方努力协调 ESDA 和 IEC 系列标准。因此，这两个系列中的一些标准在某种程度上相似或者接近等效（详见表 6.2 和表 6.3）。

表 6.2 IEC 61340-5-1 和 ANSI/ESD S20.20 系列文件中近似等效的 ESD 防护标准内容对比

IEC 61340-5-1 系列文件	ANSI/ESD S20.20 系列文件	内容
IEC 61340-5-1	ANSI/ESD S20.20	ESD 控制程序的通用要求
IEC 61340-5-2	ESD TR20.20	按照 IEC 61340-5-1 和 ANSI/ESD S20.20 实施 ESD 控制程序的用户指南
IEC 61340-5-3	ESDA，ANSI/ESD S541	ESDS 器件包装的特性和分类

表 6.3 IEC 61340-5-1 和 ANSI/ESD S20.20 系列文件中近似等效的测量方法内容对比

IEC 61340-5-1 系列文件	ANSI/ESD S20.20 系列文件	内容
IEC 61340-5-4:2019	ESD TR53-01-06	符合性验证测量技术
IEC 61340-2-3	ANSI/ESD STM11.11-2015 ANSI/ESD STM11.12-2015 ANSI/ESD STM11.13-2015	通用的表面电阻和体积电阻测量方法
IEC 61340-4-3:2001	ANSI/ESD STM9.1-2014	鞋束（未穿）电阻测量方法
IEC 61340-4-1	ANSI/ESD STM7.1-2013	地板材料安装前后电阻的测量
IEC 61340-4-5:2004	ANSI/ESD STM97.1-2015 ANSI/ESD STM97.2-2016	地板-鞋束系统与人结合的电阻测量和人体电压的测量
IEC 61340-2-3	ANSI/ESD STM4.1-2006	工作表面对地电阻及其到接地点电阻的测量
IEC 61340-4-9:2016	ANSI/ESD STM2.1	防静电服的电阻的测量
IEC 61340-2-3	ANSI/ESD STM12.1-2013	防静电椅到接地点电阻的测量
IEC 61340-4-6:2015	ANSI/ESD S1.1-2013	腕带要求与测量
IEC 61340-2-3	ESD SP9.2-2003	脚部接地装置的电阻的测量
IEC 61340-4-7:2017	ANSI/ESD STM3.1-2015	离子化静电消除器性能测量
IEC 61340-4-8:2014	ANSI/ESD STM11.31-2012	静电屏蔽袋性能测量

6.4.3 标准中术语的定义

标准中给出了所使用的一些术语的具体定义。这些定义可能因文件或标准版本不同而有所差异。例如，对于不同的行业标准以及不同的产品（如鞋束和包装材料），导电、耗散和绝缘的定义往往不同。在不同版本的标准中，术语的定义也可能发生变化。例如，在不同版本的 IEC 61340-5-1 和 IEC 61340-5-3 (International Electrotechnical Commission, 2015c) 中，导电和耗散包装材料的电阻范围的定义发生了变化。当依据某一标准开展 ESD 防护工作时，必须遵循该标准所采用的定义。如果对术语理解不当，可能会导致无意中使用不符合要求的设备或材料。

6.5 标准 IEC 61340-5-1 与 ANSI/ESD S20.20 的要求

6.5.1 背景

2007 年，IEC 61340-5-1 和 ANSI/ESD S20.20 均发布了新版本，该版本取代了早期版本。之前 IEC 61340-5-1 和 ANSI/ESD S20.20 在方法上有很大不同，但新版标准的要求大致相似。

IEC 61340-5-1 被 CENELEC 采用，并在欧洲取代了初版 EN 61340-5-1: 2001。

2014 年，ANSI/ESD S20.20 发布了新版本；2016 年，新版 IEC 61340-5-1 发布。至本书（英文版）成稿时，上述版本仍是最新版本，接下来将对上述标准中的要求进行总结。随着时间的推移，技术持续革新，行业不断变化，ESD 防护知识以及人们对知识的理解也不断发展，这些文件必将持续更新。读者可查看标准的最新版本，以获取最新信息。

6.5.2 文件编制与计划

IEC 61340-5-1:2016 和 ANSI/ESD S20.20-2014 中要求企业编写 4 个 ESD 计划：
- ESD 控制程序计划；
- ESD 培训计划；
- （防静电）产品认证计划；
- 符合性验证计划。

但是，标准中没有详细规定计划中应包含的内容——编写具体内容是 ESD 协调员的责任。计划的目的和内容将在后文进一步阐述。ESD 控制程序中使用的设备通常应符合标准要求（如有），除非有变更说明从基本原理和技术的角度给出不一致的正当理由，且该理由应当是可接受的。

尽管 IEC 61340-5-1:2016 和 ANSI/ESD S20.20-2014 的要求几乎相同，但还是建议拟遵循相关标准的用户查看并参考标准内容，因为要求的具体细节和措辞可能有细微的差异。由于知识和技术的进步以及最佳操作理念的不断变化，标准通常每几年更新一次，应确保及时获取最新版本的标准。下面概述本书成稿之时（2019 年）标准的主要要求。

6.5.3 ESD 控制程序技术基础

根据标准要求设计的 ESD 控制程序旨在安全处置 ESD 耐受电压低至 HBM 100V 和 CDM 200V 的 ESDS 器件。标准 IEC 61340-5-1 的范围为"适用于制造、加工、组装、安装、包装、标识、维护与保养、测试、检查、运输以及以其他方式处置电气或电子零件、组件和设备的活动"。

可以根据标准设计 ESD 控制程序，以处置 ESD 耐受电压更低的 ESDS 器件。但是在这种情况下，控制程序可能需要针对特定的产品设置额外的控制要素或者调整需求限制。

重要的是要理解这些标准不会用于非电子的应用和过程。电起爆装置、易燃液体、气体和粉末的处置，以及涉及电起爆装置、易燃液体、气体和粉末的过程不包含在上述标准的适用范围内。某些非电子的应用可能会包含在特定的国家规范或其他标准（如 IEC 60079-32-1, 2013a）中。

6.5.4 人身安全

从前述标准可知，某些情况下，使用某些防静电设备可能会使人员暴露于不安全的环境条件下。另外一些情况下，材料、设备或处置 ESDS 器件的过程可能需要使用安全或其他规范。在此情况下，ESD 防护措施必须符合相关规范、法律或行业规则。ESD 防护措施绝不可违背人身安全要求。

6.5.5 ESD 协调员

标准要求必须指定一名负责实施标准要求的人员（ESD 协调员），职责包括建立、记录、维护和验证ESD控制程序在标准上的符合性。有的企业对ESD协调员的称呼可能不同，如称其为ESD项目经理。

6.5.6 ESD控制程序变更

部分标准内容可能不适用于所有情况。如果评估认为标准的某一部分内容不适用，则可根据需要进行添加、修改或删除。这些变更必须形成文件记录，内容包括基本原理以及技术层面的决策理由。

如果ESD控制程序中的要求都在标准要求范围内，则不需要给出变更说明。例如，如果ESD控制程序中要求地板的最大对地电阻为10MΩ，而标准中的要求为1GΩ，ESD控制程序中的要求在标准要求范围内，则不需要给出变更说明。然而，如果ESD控制程序中明确座椅的最大对地电阻为10GΩ，而标准中的要求为1GΩ，则需要给出变更说明以符合要求。

6.5.7 ESD控制程序计划

IEC 61340-5-1:2016规定，"ESD控制程序应包括本标准中的所有管理和技术要求"，"企业应按照本标准的要求建立、记录、实施、维护和验证ESD控制程序的符合性"。

ESD控制程序计划必须包括：
- 培训；
- 产品认证；
- 符合性验证；
- 接地和连接系统；
- 人员接地；
- EPA要求；
- 包装系统；
- 标识。

ESD控制程序计划是实施和验证ESD控制程序最主要的文件，必须应用于所有相关区域，且应符合内部质量要求。

IEC 61340-5-1要求ESD控制程序中明确规定该体系下可处理的最小ESD耐受电压。由于很难确定所有部件的ESD耐受电压数据，因此最简单的做法通常是规定ESD控制程序计划中HBM 100V和CDM 200V为标准ESD耐受电压。

6.5.8 培训计划

培训计划必须明确以下内容：
- 需要接受 ESD 培训的人员；
- 培训的类型和频次（周期）；
- 培训记录要求；
- 培训记录的存储位置；
- 确保受训者理解且培训充分的方法。

所有处置或接触 ESDS 器件的人员都应接受首次培训和定期培训。首次培训应在人员处置 ESDS 器件之前进行。

6.5.9 产品认证计划

选用的所有防静电物品必须质量合格。标准中给出了测量方法和要求。质量合格证明包括：
- 制造商提供的数据；
- 实验室测试（包括内部测试和第三方测试）；
- 采用标准之前所安装物品的符合性验证记录。

6.5.10 符合性验证计划

符合性验证计划旨在检查是否满足 ESD 控制程序要求。该计划必须包括：
- 需要测量和验证的物品；
- 合格判据（所测参数上下限）；
- 采用的测量方法，包括非标准测量方法；
- 测量频次（周期）。

允许采用非标准测量方法，但必须在变更说明中提供证据，证明非标准测量方法的结果和标准测量方法的相关性。

测量记录必须妥善保存，以作为符合 ESD 控制程序技术要求的证据。

6.5.11 测量方法

IEC 61340-5-1 和 ANSI/ESD S20.20 中的大多数测量方法相似，甚至几乎完全相同。ESD TR53 中给出了符合性验证测量方法，IEC 可能会在适当的时候发布相似的文件。

测试类型有两种：产品认证测量和符合性验证测量。当为 ESD 控制程序选择所采用的设备时，需要进行产品认证测量，但产品认证测量不会对使用中的设备进行定期检查和测量，因此需要进一步开展符合性验证测量。

根据测量结果对设备的符合性做出评估，所依据的关键测量值为：
- 接地电阻（R_g）或接地点电阻（R_{gp}）；
- 点对点电阻（R_{p-p}）；
- 包装表面电阻（R_s）或体积电阻（R_v）。使用微型双针探针测量包装的结果视为表面电阻；
- 静电屏蔽包装（袋）；
- 电场和电势；
- 人体电压；
- 离子化静电消除器衰减时间和残余电压。

表 6.4～表 6.8 总结了 EPA 中所用设备的要求。ANSI/ESD S20.20 中还给出了对手工焊接和脱焊工具（如电烙铁）尖端对地电阻、尖端电压和尖端泄漏电流的一些要求（见表 6.9）。

表 6.4 接地要求

接地方式	IEC 61340-5-1:2016 要求		ANSI/ESD S20.20-2014 要求	
	测量方法	规定限值	测量方法	规定限值
保护接地（电气接地）	国家电气标准	国家电气规范	ANSI/ESD S6.1:2014	<1Ω
功能接地	国家电气标准	国家电气规范	ANSI/ESD S6.1	<1Ω
等电位连接	详见表 6.5 和表 6.6	详见表 6.5 和表 6.6	ANSI/ESD S6.1	<1GΩ

表 6.5 人员接地要求

测量类型	IEC 61340-5-1:2016 要求和测量方法		ANSI/ESD S20.20-2014 要求和测量方法	
	产品认证	符合性验证	产品认证	符合性验证
腕带（未佩戴）	内部电阻≤10^5Ω 外部电阻>10^7Ω IEC 61340-4-6	未指定	内部电阻≤10^5Ω 外部电阻>10^7Ω ANSI/ESD S1.1	采用腕带系统测试
腕带绳	<$5×10^6$Ω 或用户自定义 IEC 61340-4-6	采用腕带系统测试	$0.8×10^5$≤R≤$1.2×10^6$Ω ANSI/ESD S1.1	—
腕带连接点（不受监测）	未指定	<$5×10^6$Ω	R_g<2Ω ANSI/ESD S6.1	R_g<2Ω ESD TR53 接地和连接系统

测量类型	IEC 61340-5-1:2016 要求和测量方法		ANSI/ESD S20.20-2014 要求和测量方法	
	产品认证	符合性验证	产品认证	符合性验证
腕带系统测试	未指定	$<3.5\times10^7\Omega$ IEC 61340-4-6	$<3.5\times10^7\Omega$ ANSI/ESD S1.1 第 6.11 节	$<3.5\times10^7\Omega$ ESD TR53 腕带
连续监测	未指定	未指定	用户自定义	制造商定义限值 ESD TR53 连续监测
鞋束	$<10^8\Omega$ IEC 61340-4-3	采用人体-鞋束系统测量	$<10^9\Omega$ ANSI/ESD STM9.1 ANSI/ESD STM9.2	$R_g<10^9\Omega$ ESD TR53 鞋束部分
人员、鞋束和地板系统测量	人体电压<100V 且 $R_g<10^9\Omega$ IEC 61340-4-5	$R_g<10^9\Omega$ IEC 61340-4-5 定期测量电压	人体电压峰值<100V 且地板 $R_g<10^9\Omega$ ESD STM97.1 和 97.2	鞋束 $R_g<10^9\Omega$ ESD TR53 鞋束部分 地板 $R_g<10^9\Omega$ ESD TR53 鞋束部分
人体-鞋束系统测量	未指定	$R_g<10^9\Omega$ IEC 61340-5-1 附录 A	—	—

表 6.6 工作台、地板和座椅要求

测量类型	IEC 61340-5-1:2016 要求和测量方法		ANSI/ESD S20.20-2014 要求和测量方法	
	产品认证	符合性验证	产品认证	符合性验证
工作表面，储物架、转运车等的表面	$R_{p\text{-}p}<10^9\Omega$ IEC 61340-2-3 $R_{gp}<10^9\Omega$ IEC 61340-2-3	$R_g<10^9\Omega$ IEC 61340-2-3	$R_{p\text{-}p}<10^9\Omega$ ANSI/ESD STM4.1 $R_{gp}<10^9\Omega$ ANSI/ESD STM4.1 $R_g<10^9\Omega$ ANSI/ESD STM4.1 <200V ANSI/ESD STM4.2:2012	N/A $R_g<10^9\Omega$ ESD TR53 工作表面 ESD TR53 可移动设备
地板	$R_{gp}<10^9\Omega$ IEC 61340-4-1	$R_g<10^9\Omega$ IEC 61340-4-1	$R_g<10^9\Omega$ ANSI/ESD STM7.1 $R_{gp}<10^9\Omega$ ANSI/ESD STM7.1 $R_{p\text{-}p}<10^9\Omega$ ANSI/ESD STM7.1	$R_g<10^9\Omega$ ESD TR53 地板

续表

测量类型	IEC 61340-5-1:2016 要求和测量方法		ANSI/ESD S20.20-2014 要求和测量方法	
	产品认证	符合性验证	产品认证	符合性验证
座椅	$R_{gp}<10^9\Omega$ IEC 61340-2-3	$R_{gp}<10^9\Omega$	$R_{gp}<10^9\Omega$ ESD STM12.1	$R_g<10^9\Omega$ ESD TR53 座椅

表 6.7 防静电服要求

测量类型	IEC 61340-5-1:2016 要求和测量方法		ANSI/ESD S20.20-2014 要求和测量方法	
	产品认证	符合性验证	产品认证	符合性验证
防静电服	$R_{p\text{-}p}\leqslant 10^{11}\Omega$ 或用户自定义 IEC 61340-4-9 或用户自定义	$R_{p\text{-}p}\leqslant 10^{11}\Omega$ 或用户自定义 IEC 61340-4-9 或用户自定义	$R_{p\text{-}p}<10^{11}\Omega$ ANSI/ESD STM2.1	$R_{p\text{-}p}<10^{11}\Omega$ ESD TR53 服装
可接地防静电服	$R_{gp}<10^9\Omega$ IEC 61340-4-9	$R_{gp}<10^9\Omega$ IEC 61340-4-9	$R_{gp}<10^9\Omega$ ANSI/ESD STM2.1	$R_{gp}<10^9\Omega$ ESD TR53 服装
可接地防静电服系统	未指定	未指定	$R_g<3.5\times 10^7\Omega$ ANSI/ESD STM2.1	$R_g<3.5\times 10^7\Omega$ ESD TR53 服装

表 6.8 离子化静电消除器要求

测量类型	IEC 61340-5-1:2016 要求和测量方法		ANSI/ESD S20.20-2014 要求和测量方法	
	产品认证	符合性验证	产品认证	符合性验证
离子化静电消除器中和（衰减）时间	衰减时间<20s （1000～100V） 或用户自定义 IEC 61340-4-7	衰减时间<20s （1000～100V） 或用户自定义 IEC 61340-4-7	用户自定义 ANSI/ESD STM3.1	用户自定义 ESD TR53 离子化静电消除器
离子化静电消除器残余电压	±35V IEC 61340-4-7	±35V IEC 61340-4-7	±35V ANSI/ESD STM3.1	±35V ESD TR53 离子化静电消除器

表 6.9 手工焊接和脱焊工具要求（仅 ANSI/ESD S20.20）

测量类型	IEC 61340-5-1:2016 要求和测量方法		ANSI/ESD S20.20-2014 要求和测量方法	
	产品认证	符合性验证	产品认证	符合性验证
尖端对地电阻	未指定	未指定	<2.0Ω ANSI/ESD S13.1	<10Ω ESD TR53 电烙铁 或 ANSI/ESD S13.1 第 6.1 节
尖端电压	未指定	未指定	<20mV ANSI/ESD S13.1	
尖端泄漏电流	未指定	未指定	<10mA ANSI/ESD S13.1	

6.5.12 ESD 控制程序计划技术要求

6.5.12.1 安全性

标准中给出的技术限值并没有解决从安全性的角度可能需要更低的电阻，应适当考虑是否需要设定这样的限值。

6.5.12.2 接地和连接系统

所有可能接触 ESDS 器件的导电（非绝缘）物体必须电气连接在一起或接地，方式有以下 3 种。

（1）保护接地。这是首选方案，其中所有导电物体和人员均连接至电气系统保护接地。

（2）功能接地。这包括将导电物体和人员连接到功能接地（如接地桩）的情况。建议将该功能接地连接到保护接地。

（3）等电位连接。如果既没有保护接地体系，也没有功能接地系统可利用，可将导电物体和人员简单地进行电气连接（连接在一起）。

无论采用哪种方式，本质上都是"接地"。通常只能选择一种方式，而且 EPA 中只能存在一个接地系统，如果 EPA 中存在不同的接地系统，它们可能处于不同的电压，从而导致 ESD 风险。接地相关要求如表 6.4 所示。

6.5.12.3 人员接地

当处置 ESDS 器件时，所有人员必须接地或等电位连接。坐着的人员应通过腕带系统接地。站立人员可通过腕带或地板-鞋束系统接地。如果采用地板-鞋束系统（见表 6.5），人员必须双脚均穿着鞋束，产生的最大人体电压应小于 100V，且人体通过鞋束和地板到大地的电阻必须小于 1GΩ。

IEC 61340-5-1 和 ANSI/ESD S20.20 的早期版本中有一种符合性验证方式是人体对地电阻小于 35MΩ，不需要测量人体电压。后来的版本取消了该方式，因为发现仅限制电阻无法确保人体电压达到足够安全的水平。

6.5.12.4 EPA

在 EPA 内，ESDS 器件必须在防静电包装外进行处置。EPA 边界必须明确标识。只有接受过 ESD 培训的人员或由接受过 ESD 培训的人员陪同的人员，才有权限进入 EPA。

6.5.12.5 EPA 中的设备

EPA 中的设备具有可测量和可验证的技术要求，具体要求在标准中有明确规定（详见表 6.6～表 6.8）。这些设备应采用规定的标准方法进行测量（详见第 6.5.11 节和第 11 章）。

6.5.12.6 绝缘体

所有非必需绝缘体，如杯子、包装以及其他个人物品，都不可放置于处理无防护 ESDS 器件的工作表面（ANSI/ESD S20.20 中规定所有非必需绝缘体不可放置于 EPA 内）。

对于存在必需绝缘体的工艺过程，则必须评估 ESD 威胁：

- 处理 ESDS 器件的位置，静电场强不得超过 $5kV\cdot m^{-1}$；
- 如果绝缘体的表面电压超过 2kV，则该绝缘体必须与所有 ESDS 器件保持至少 30cm 的距离；
- 有一项新的要求是，如果绝缘体的表面电势超过 125V，则该绝缘体必须与 ESDS 器件保持至少 2.5cm 的距离。

此外，必须通过某些方法（如使用离子化静电消除器）来降低 ESD 风险。

6.5.12.7 孤立导体

标准中描述了对孤立导体的要求。如果与 ESDS 器件接触的导体无法接地，则该导体与 ESDS 器件之间的电压必须降低至小于±35V。

6.5.12.8 手工焊接和脱焊工具

ANSI/ESD S20.20 中包括对手工焊接和脱焊工具的要求（详见表 6.9），这部分内容在 IEC 61340-5-1 中是没有的。

6.5.13 防静电包装

防静电包装以及标识"应符合客户合同、采购订单、图纸或其他文件要求"。即使这些文件未明确规定采用防静电包装，也必须明确定义"防护区内、防护区之间、工作点位之间、现场服务操作以及和客户之间所有材料移动"需采用何种类型的包装。包装材料可分为静电耗散、导电、绝缘、静电场屏蔽或静电屏蔽，标准 IEC 61340-5-3 和 ANSI/ESD S541 中对防静电包装有明确的定义（见表 6.10 和表 6.11）。

表 6.10 防静电包装电阻分类

分类	IEC 61340-5-3:2015 要求和测量方法		ANSI/ESD S541-2018 要求和测量方法	
	表面电阻	体积电阻	表面电阻	体积电阻
静电耗散包装	$10^4\Omega \leqslant R_s < 10^{11}\Omega$ IEC 61340-2-3	$10^4\Omega \leqslant R_v < 10^{11}\Omega$ IEC 61340-2-3	$10^4\Omega \leqslant R_s < 10^{11}\Omega$ ANSI/ESD STM11.11 ANSI/ESD STM11.13	$10^4\Omega \leqslant R_v < 10^{11}\Omega$ ANSI/ESD STM11.12

续表

分类	IEC 61340-5-3:2015 要求和测量方法		ANSI/ESD S541-2018 要求和测量方法	
	表面电阻	体积电阻	表面电阻	体积电阻
导电包装	$R_s \leq 10^4 \Omega$ IEC 61340-2-3	$R_v < 10^4 \Omega$ IEC 61340-2-3	$R_s < 10^4 \Omega$ ANSI/ESD STM11.11 ANSI/ESD STM11.13	$R_v < 10^4 \Omega$ ANSI/ESD STM11.12
绝缘包装	$R_s \geq 10^{11} \Omega$ IEC 61340-2-3	$R_v \geq 10^{11} \Omega$ IEC 61340-2-3	$R_s \geq 10^{11} \Omega$ ANSI/ESD STM11.11 ANSI/ESD STM11.13	$R_s \geq 10^{11} \Omega$ ANSI/ESD STM11.12
静电（场）屏蔽包装	$R_s < 10^3 \Omega$ IEC 61340-2-3	$R_v < 10^3 \Omega$ IEC 61340-2-3	用户应确定特定的包装构造是否会降低包装中敏感物品所在位置的电场强度	

表 6.11 对防静电包装的要求和测量方法

分类	IEC 61340-5-3:2015 要求和测量方法	ANSI/ESD S541-2018 要求和测量方法
静电屏蔽（袋）	<50nJ IEC 61340-4-8	<20nJ ANSI/ESD S11.31
低带电（抗静电）	未指定	用户自定义 与标准的包装材料相比，电荷累积量较少的材料 ESD ADV11.2

按照 ANSI/ESD S20.20，如果 ESDS 器件放置于包装上并在包装上进行操作，则应将包装视为一个工作表面，对工作表面接地电阻的要求适用于该包装。

6.5.14 标识

ESDS 器件、系统或包装的标识应符合客户合同、采购订单或其他文件要求。如果这些文件未明确规定，则应在 ESD 控制程序计划中考虑是否需要进行标识，如果需要，则必须将其记录在 ESD 控制程序计划中。

参考资料

British Standards Institution. (1984). BS 5783:1984. Code of practice for handling of electrostatic sensitive devices. London, BSI.

British Standards Institution. (1992). BS EN 100015-1:1992. Basic specification. Protection of electrostatic sensitive devices. Harmonized system of quality assessment for electronic components. Basic specification: protection of electrostatic sensitive devices. General requirements. London, BSI.

British Standards Institution. (1994a). BS EN 100015-2:1994. Basic specification. Protection of electrostatic sensitive devices. Requirements for low humidity conditions. London, BSI.

British Standards Institution. (1994b). BS EN 100015-3:1994. Basic specification. Protection of electrostatic sensitive devices. Requirements for clean room areas. London, BSI.

British Standards Institution. (1994c). BS EN 100015-4:1994. Basic specification. Protection of electrostatic sensitive devices. Requirements for high voltage environments. London, BSI.

British Standards Institution. (2001). BS EN 61340-5-1:2001. Electrostatics. Protection of electronic devices from electrostatic phenomena. General requirements. London, BSI.

British Standards Institution. (2016). BS EN 61340-5-1:2016. Electrostatics. Protection of electronic devices from electrostatic phenomena. General requirements. London, BSI.

Department of Defense. (1980a). MIL-STD-1686. Standard Practice. Electrostatic discharge control program for protection of electrical and electronic parts, assemblies and equipment (excluding electrically initiated devices). Washington, D.C., DoD.

Department of Defense. (1980b). MIL-HDBK-263. Military handbook. Electrostatic discharge control handbook for protection of electrical and electronic parts, assemblies and equipment (excluding electrically initiated devices. Washington, D.C., DoD.

EOS/ESD Association Inc. (1999). ANSI/ESD S20.20-1999. ESD Association Standard for the Development of an Electrostatic Discharge Control Program for — Protection of Electrical and Electronic Parts, Assemblies and Equipment (excluding Electrically Initiated Explosive Devices). Rome, NY, EOS/ESD Association Inc.

EOS/ESD Association Inc. (2003). ESD SP9.2-2003. ESD Association Standard for the Protection of Electrostatic Discharge Susceptible Items — Footwear — Foot Grounders Resistive Characterization (not to include static control shoes). Rome, NY, EOS/ESD Association Inc.

EOS/ESD Association Inc. (2006a). ANSI/ESD STM4.1-2006. ESD Association Standard for the Protection of Electrostatic Discharge Susceptible Items — Worksurfaces — Resistance Measurements. Rome, NY, EOS/ESD Association Inc.

EOS/ESD Association Inc. (2006b). ESD TR53-01-06. Technical Report for the protection of electrostatic discharge susceptible items — Compliance Verification of ESD Protective Equipment and Materials. Rome, NY, EOS/ESD Association Inc.

EOS/ESD Association Inc. (2012a). ANSI/ESD STM4.2-2012. ESD Association Standard for the Protection of Electrostatic Discharge Susceptible Items — ESD Protective Worksurfaces — Charge Dissipation Characteristics. Rome, NY, EOS/ESD Association Inc.

EOS/ESD Association Inc. (2012b). ANSI/ESD STM11.31-2012. ESD Association Standard Test Method for Evaluating the Performance of Electrostatic Discharge Shielding Materials — Bags. Rome, NY, EOS/ESD Association Inc.

EOS/ESD Association Inc. (2013a). ANSI/ESD STM12.1-2013. ESD Association Standard Test Method for the Protection of Electrostatic Discharge Susceptible Items - Seating - Resistance Measurement. Rome, NY, EOS/ESD Association Inc.

EOS/ESD Association Inc. (2013b). ANSI/ESD STM7.1-2013. ESD Association Standard for the Protection of Electrostatic Discharge Susceptible Items — Floor Materials — Resistive Characterization of Materials. Rome, NY, EOS/ESD Association Inc.

EOS/ESD Association Inc. (2013c). ANSI/ESD S1.1-2013. Standard for protection of Electrostatic Discharge Susceptible Items — Wrist Straps. Rome, NY, EOS/ESD Association Inc.

EOS/ESD Association Inc. (2013d). ANSI/ESD STM2.1-2013. ESD Association Standard for the Protection of Electrostatic Discharge Susceptible Items — Garments. Rome, NY, EOS/ESD Association Inc.

EOS/ESD Association Inc. (2014a). ANSI/ESD S6.1-2014. Standard for the Protection of Electrostatic Discharge Susceptible Items — Grounding. Rome, NY, EOS/ESD Association Inc.

EOS/ESD Association Inc. (2014b). ANSI/ESD STM9.1-2014. ESD Association Standard for the Protection of Electrostatic Discharge Susceptible Items — Footwear — Resistive Characterization. Rome, NY, EOS/ESD Association Inc.

EOS/ESD Association Inc. (2014c). ANSI/ESD S20.20-2014. ESD Association Standard for the Development of an Electrostatic Discharge Control Program for — Protection of Electrical and Electronic Parts, Assemblies and Equipment (excluding

Electrically Initiated Explosive Devices). Rome, NY, EOS/ESD Association Inc.

EOS/ESD Association Inc. (2015a). ANSI/ESD STM3.1-2015. ESD Association Standard for the Protection of Electrostatic Discharge Susceptible Items — Ionization. Rome, NY, EOS/ESD Association Inc.

EOS/ESD Association Inc. (2015b). ANSI/ESD STM11.11-2015. ESD Association Standard for Protection of Electrostatic Discharge Susceptible Items — Surface Resistance Measurement of Static Dissipative Planar Materials. Rome, NY, EOS/ESD Association Inc.

EOS/ESD Association Inc. (2015c). ANSI/ESD STM11.12-2015. ESD Association Standard for Protection of Electrostatic Discharge Susceptible Items. Rome, NY, EOS/ESD Association Inc.

EOS/ESD Association Inc. (2015d). ANSI/ESD STM11.13-2015. ESD Association Standard Test Method for the Protection of Electrostatic Discharge Susceptible Items — Two-Point Resistance Measurement. Rome, NY, EOS/ESD Association Inc.

EOS/ESD Association Inc. (2015e). ANSI/ESD STM97.1-2015. ESD Association Standard Test Method for the Protection of Electrostatic Discharge Susceptible Items — Floor Materials and Footwear — Resistance Measurement in Combination with a Person. Rome, NY, EOS/ESD Association Inc.

EOS/ESD Association Inc. (2016a). ANSI/ESD STM97.2-2016. Floor Materials and Footwear — Voltage Measurement in Combination with a Person. Rome, NY, EOS/ESD Association Inc.

EOS/ESD Association Inc. (2016b). ESD TR20.20-2016. ESD Association Technical Report — Handbook for the Development of an Electrostatic Discharge Control Program for the Protection of Electronic Parts, Assemblies, and Equipment. Rome, NY, EOS/ESD Association Inc.

EOS/ESD Association Inc. (2017). ESD ADV1.0-21017. ESD Association Advisory for Electrostatic Discharge Terminology — Glossary. Rome, NY, EOS/ESD Association Inc.

EOS/ESD Association Inc. (2018). ANSI/ESD S541-2018. Packaging Materials for ESD Sensitive Items. Rome, NY, EOS/ESD Association Inc.

Industry Council on ESD Target Levels. (2011). White paper 1: A case for lowering component level HBM/MM ESD specifications and requirements. Rev. 3.0. [Accessed: 10th May 2017].

International Electrotechnical Commission. (1998). IEC 61340-5-1:1998. Electrostatics — Part 5-1: Protection of electronic devices from electrostatic phenomena — General requirements. Geneva, IEC.

International Electrotechnical Commission. (2001). IEC 61340-4-3:2001. Electrostatics — Part 4-3: Standard test methods for specific applications — Footwear. Geneva, IEC.

International Electrotechnical Commission. (2003). IEC 61340-4-1:2003+AMD1:2015 CSV. Electrostatics — Part 4-1: Standard test methods for specific applications — Electrical resistance of floor coverings and installed floors. Geneva, IEC.

International Electrotechnical Commission. (2004). IEC 61340-4-5:2004. Electrostatics — Part 4-5: Standard test methods for specific applications — Methods for characterizing the electrostatic protection of footwear and flooring in combination with a person. Geneva, IEC.

International Electrotechnical Commission. (2007). IEC TR 61340-5-2:2007. Electrostatics — Part 5-2: Protection of electronic devices from electrostatic phenomena — User guide. Geneva, IEC.

International Electrotechnical Commission. (2013a). PD/IEC TS 60079-32-1. Explosive atmospheres Part 32-1. Electrostatic hazards, guidance. Geneva, IEC.

International Electrotechnical Commission. (2013b). PD IEC/TS 61340-4-2:2013. Electrostatics — Part 4-2: Standard test methods for specific applications — Electrostatic properties of garments. Geneva, IEC.

International Electrotechnical Commission. (2014). IEC 61340-4-8:2014. Electrostatics — Part 4-8: Standard test methods for specific applications — Electrostatic discharge shielding — Bags. Geneva, IEC.

International Electrotechnical Commission. (2015a). IEC 61340-2-1:2015. Electrostatics — Part 2-1: Measurement methods — Ability of materials and products to dissipate static electric charge. Geneva, IEC.

International Electrotechnical Commission. (2015b). IEC 61340-4-6:2015. Electrostatics — Part 4-6: Standard test methods for specific applications — Wrist straps. Geneva, IEC.

International Electrotechnical Commission. (2015c). IEC 61340-5-3:2015. Electrostatics. Protection of electronic devices from electrostatic phenomena. Properties and requirements classifications for packaging intended for electrostatic discharge sensitive devices. Geneva, IEC.

International Electrotechnical Commission. (2016a). IEC 61340-2-3:2016. Electrostatics. Part 2-3: Methods of test for determining the resistance and resistivity of solid materials used to avoid electrostatic charging. Geneva, IEC.

International Electrotechnical Commission. (2016b). IEC 61340-4-9:2016. Electrostatics — Part 4-9: Standard test methods for specific applications — Garments. Geneva, IEC.

International Electrotechnical Commission. (2016c). IEC 61340-5-1:2016. Electrostatics — Part 5-1: Protection of electronic devices from electrostatic phenomena — General requirements. Geneva, IEC.

International Electrotechnical Commission. (2017). IEC 61340-4-7:2017. Electrostatics — Part 4-7: Standard test methods for specific applications — Ionization. Geneva, IEC.

International Electrotechnical Commission. (2018). IEC TR 61340-5-2. Electrostatics — Part 5-2: Protection of electronic devices from electrostatic phenomena — User guide. Geneva, IEC.

International Electrotechnical Commission. (2019). IEC TR 61340-5-4. Electrostatics — Part 5-4: Protection of electronic devices from electrostatic phenomena — Compliance verification. Geneva, IEC.

延伸阅读

EOS/ESD Association Inc. (1995a). ESD ADV53.1-1995. Advisory for Protection of Electrostatic Discharge Susceptible Items — ESD Protective Workstations. Rome, NY, EOS/ESD Association Inc.

EOS/ESD Association Inc. (1995b). ESD ADV11.2 1995. Advisory for the Protection of Electrostatic Discharge Susceptible Items — Triboelectric Charge Accumulation Testing. Rome, NY, EOS/ESD Association Inc.

EOS/ESD Association Inc. (1999a). ESD TR13.0-01-99. Technical Report — EOS Safe Soldering Iron Requirements. Rome, NY, EOS/ESD Association Inc.

EOS/ESD Association Inc. (1999b). ESD TR15.0-01-99. Standard Technical Report for the Protection of Electrostatic Discharge Susceptible Items—ESD Glove and Finger Cots. Rome, NY, EOS/ESD Association Inc.

EOS/ESD Association Inc. (1999c). ESD TR50.0-01-99. Technical Report — Can Static Electricity be Measured? Rome, NY, EOS/ESD Association Inc.

EOS/ESD Association Inc. (1999d). ESD TR50.0-02-99. Technical Report — High Resistance Ohmmeter Measurements. Rome, NY, EOS/ESD Association Inc.

EOS/ESD Association Inc. (2000a). ESD TR2.0-01-00. Technical Report — Consideration For Developing ESD Garment Specifications. Rome, NY, EOS/ESD Association Inc.

EOS/ESD Association Inc. (2000b). ESD TR2.0-02-00. Technical Report — Static Electricity Hazards of Triboelectrically Charged Garments. Rome, NY, EOS/ESD Association Inc.

EOS/ESD Association Inc. (2001). ESD TR1.0-01-01. Technical Report — Survey of Constant Monitors for Wrist Straps. Rome, NY, EOS/ESD Association Inc.

EOS/ESD Association Inc. (2002a). ESD TR3.0-01-02. Technical Report — Alternate Techniques for Measuring Ionizer Offset Voltage and Discharge Time. Rome, NY, EOS/ESD Association Inc.

EOS/ESD Association Inc. (2002b). ESD TR4.0-01-02. Technical Report — Survey of Worksurfaces and Grounding Mechanisms. Rome, NY, EOS/ESD Association Inc.

EOS/ESD Association Inc. (2002c). ESD TR10.0-01-02. Technical Report — Measurement and ESD Control Issues for Automated Equipment Handling of ESD Sensitive Devices Below 100 Volts. Rome, NY, EOS/ESD Association Inc.

EOS/ESD Association Inc. (2003). ESD TR50.0-03-03. Technical Report — Voltage and Energy Susceptible Device Concepts, Including Latency Considerations. Rome, NY, EOS/ESD Association Inc.

EOS/ESD Association Inc. (2004). ESD TR55.0-01-04. Technical Report — Electrostatic Guidelines and Considerations For Cleanrooms and Clean Manufacturing. Rome, NY, EOS/ESD Association Inc.

EOS/ESD Association Inc. (2005). ESD TR3.0-02-05. Technical Report — Selection and Acceptance of Air Ionizers. Rome, NY, EOS/ESD Association Inc.

EOS/ESD Association Inc. (2011a). ANSI/ESD SP15.1-2011. Standard Practice for the Protection of Electrostatic Discharge Susceptible Items — In-Use Resistance Measurement of Gloves and Finger Cots. Rome, NY, EOS/ESD Association Inc.

EOS/ESD Association Inc. (2011b). ESD TR7.0-01-11. Technical Report for the Protection of Electrostatic Discharge Susceptible Items — Static Protective Floor Materials. Rome, NY, EOS/ESD Association Inc.

EOS/ESD Association Inc. (2012). ANSI/ESD S11.4-2012. Standard for the Protection of Electrostatic Discharge Susceptible Items — Static Control Bags. Rome, NY,

EOS/ESD Association Inc.

EOS/ESD Association Inc. (2015a). ANSI/ESD S13.1-2015. Provides electrical soldering/desoldering hand tool test methods for measuring current leakage, tip to ground reference point resistance, and tip voltage. Rome, NY, EOS/ESD Association Inc.

EOS/ESD Association Inc. (2015b). ESD TR17.0-01-15. Technical Report for ESD Process Assessment Methodologies in Electronic Production Lines — Best Practices used in Industry. Rome, NY, EOS/ESD Association Inc.

EOS/ESD Association Inc. (2015c). ESD TR53-01-15. Technical Report for the Protection of Electrostatic Discharge Susceptible Items — Compliance Verification of ESD Protective Equipment and Materials. Rome, NY, EOS/ESD Association Inc.

EOS/ESD Association Inc. (2016a). ANSI/ESD SP3.3-2016. Standard Practice for the Protection of Electrostatic Discharge Susceptible Items — Periodic Verification of Air Ionizers. Rome, NY, EOS/ESD Association Inc.

EOS/ESD Association Inc. (2016b). ANSI/ESD SP3.4-2016. Standard Practice for the Protection of Electrostatic Discharge Susceptible Items — Periodic Verification of Air Ionizer Performance Using a Small Test Fixture. Rome, NY, EOS/ESD Association Inc.

EOS/ESD Association Inc. (2016c). ESD SP10.1-2016. Standard practice for protection of Electrostatic Discharge Susceptible Items — Automated handling Equipment (AHE). Rome, NY, EOS/ESD Association Inc.

EOS/ESD Association Inc. (2017a). ESD ADV1.0-2017. ESD Association Advisory for Electrostatic Discharge Terminology — Glossary. Rome, NY, EOS/ESD Association Inc.

EOS/ESD Association Inc. (2017b). ANSI/ESD S8.1-2017. Draft Standard for the Protection of Electrostatic Discharge Susceptible Items — Symbols — ESD Awareness. Rome, NY, EOS/ESD Association Inc.

EOS/ESD Association Inc. (2019). ESD Fundamentals Part 6: ESD Standards. [Accessed: 26th January 2019].

第 7 章 防静电设备与设施的选型、使用、保养及维护

7.1 引言

防静电设备是 ESD 控制程序成本投入的重要组成部分。要注意确保设备在使用期限内完成预期的任务。这类设备在市面上品种繁多，应根据使用的场地设施及工艺流程进行选型。在使用过程中需要定期清洁、保养和维护，以确保设备的正常运行。

除非是一次性独立使用的设备，否则一定要高度重视设备故障排查，及时停用故障设备并尽快对其进行维护或更换。因此，大多数防静电设备都需要定期进行周期性的符合性验证测试。应当定义适宜的测试方法和合格判据。这些问题将在第 9 章中进一步讨论，所涉及的一些测试方法将在第 11 章中讨论。

7.1.1 设备的选型与确认

防静电设备的选型，首先要做的是明确具体需求。需要考虑的问题主要如下。
（1）设备的具体用途是什么？
（2）需要具备哪些防静电功能及特性？
（3）有哪些安全注意事项？
（4）如果有必要，应当符合什么标准？
（5）有哪些测试方法可以验证其功能及特性？
（6）设备是一次性的还是长期使用的？
（7）在保养与维护方面有什么要求？
（8）如果需要长期使用，是否明确符合性验证要求和测试方法？应如何发现和检测故障？

其次要做的是明确所选产品的合格判据，以确保它们能在预期使用期限内完成既定的任务。产品认证的形式可以多样化，但应覆盖全部主要参数。

在最理想的情况下，可以通过说明书的数据来确定产品性能和功能是否符合标准要求。这里所称的标准可以是 ESD 防护或安全等方面的标准。例如，在欧洲范围内，鞋子作为 PPE 需要符合 ISO 20345 等标准。

有些时候，可以通过在产品中抽取一个或多个样本，在组织内部或委托第三方对其进行评估或测试。由于这些测试工作属于在产品投入使用前的初检，因此它们比符合性验证测试更加全面、彻底。这种方式通常用于对设备构件的个别特性进行详细检测。例如，在对防静电椅进行认证时，可能需要分别检查靠背、扶手以及椅座是否由静电耗散材料制成，是否可靠地连接到一起并连接到一个接地点、凳脚或脚轮。有时候很有必要检查是否有至少一个凳脚或脚轮是非绝缘的，以建立有效的接地通路。

在产品认证测试过程中，有时会要求将设备从正常工作状态中隔离出来。例如，可以对工作表面的点对点电阻以及点对地电阻进行测试，但后者测试时是不接地的。通常来讲，可以选择在"极端条件"下对设备进行测试，一般是指在将相对湿度控制在 30% 以下的低湿环境中进行测试。

相对应地，在一些认证测试中，所测试的设备需要与其他防静电设备组成一个系统。这里有一个很好的案例：对一个受试者测量其通过防静电鞋束和地板的人体电压。这只能在地板-鞋束系统的抽样检测中实现（详见第 7.5.4 节）。

在要求符合标准的情况下，应按照标准规定的测试方法进行检测，并严格遵守文件所规定的合格判据。这些标准规范通常会要求验证条件为低湿环境，例如 IEC 61340-5-1 和 ANSI/ESD S20.20 通常要求在 12%±3% 的相对湿度下进行认证测试（IEC, 1998, 2016b；ESDA, 2014b）。

7.1.2 用途

设备的预期用途应该是设备选型的一项重要参考要素。所选设备首先应当满足使用需要，其次应当符合所需特性。防静电设备和其他的配套设备组成了系统不可或缺的一部分，因此应仔细考虑设备将如何使用，是否有助于为相关人员提供一个便捷的工作环境。这个分析结果可能影响防静电设备的组合选型。在实践中发现，选择一个方便操作的 ESD 防护措施才更可能落到实处。这个问题将在第 10 章中进一步讨论。

7.1.3 设备的清洁、保养及维护

在选择防静电设备时，需要重点关注是否有清晰的清洁、保养和维护程序以及材料要求。这些要求可能与 UPA 中设备的要求不同。例如，防静电地板和工作

站可能需要选用不同的清洁工艺和材料来保持和增强防静电属性,而 UPA 中没有这些特殊规定。

像离子化静电消除器这类设备可能需要定期维护,以保持长效性能。

通过凳脚或脚轮接地的设备往往会在接触点处积聚污垢,并逐渐导致接地路径失效或间断性失效,因此需要清洁凳脚和脚轮,帮助设备恢复正常。

7.1.4 符合性验证

如果设备不是一次性的,应对其性能进行定期检查和周期性验证,以便及时发现故障或性能的偏差。

符合性验证通常是一些简单有效的测试,旨在检查在用设备的功能和性能。当设备作为系统的一部分进行工作时,测试目标往往是整个系统。由于这些测试是周期性的,而且在一个审查周期内会重复多次,因此快速、有效对测试而言非常重要。

例如,一个简单的对地电阻测量可以同时用于检查工作表面或地板的表面及接地情况。对于放置在防静电地板上的椅子,通过测量椅子到地面的电阻,可以同时检查椅子的性能及其通过脚轮和地板到大地的连接情况,如果脚轮上有污垢堆积,电阻读数就会高出预期值。

7.2 防静电接地

7.2.1 防静电接地的作用

ESD 控制的一个主要目标是使所有带电设备、材料和人员处于等电位,使其不会因为带电而成为静电源,这通过将其连接到一个称为"地"的公共连接点来实现。将所有导体连接到一个公共点称为等电位连接,可以为 ESD 控制建立"零电压"环境。当导体相互连接时,静电电位差很快就会消减。将两者之间的电位差归零可以消除两者接触时 ESD 的可能性。

7.2.2 防静电接地的选择

公共连接点一般被称为地,通常(但不总是)会电气连接到真实的大地。一种比较常见也很方便的做法是将公共连接点连接到市电保护地上。有时也会采用另外一种做法——连接到埋入地下的接地桩,该接地桩在 ESD 防护标准中被称为功能地。例如,车辆或飞机等无法电气连接到大地的环境中,仅使用等电位连接也能达到 ESD 防护效果。

在同一个工作区域不应该出现一个以上的接地系统。如果存在多个接地系统,但它们没有连接到一起,那么这些接地系统很可能由于接地电流等原因产生不同的电压。通常情况下,EPA 中各式各样的设备都已经连接到了电源保护的"安全"地,因此可以很方便地把市电保护地作为防静电接地。关于电力系统的更多信息可以在 IEC 60364-1 等标准和国家电气规范(International Electrotechnical Commission, 2005)中查询到。

如果 EPA 中没有市电保护地,使用埋入地下的独立接地桩作为防静电接地也很方便。

最好使用"星形"连接方式将每个设备(如防静电工作台)分别与地相连(见图 7.1),而不是使用链式连接或串联连接(见图 7.2)。因为如果使用了链式连接,一旦某个连接点失效,可能会导致多个防静电设备与地断开。

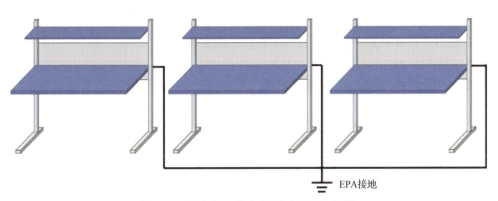

图 7.1　防静电工作台使用"星形"连接

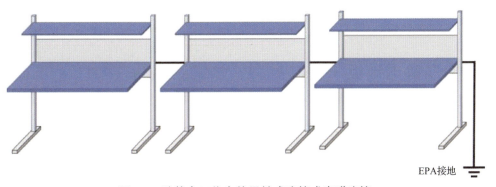

图 7.2　防静电工作台使用链式连接或串联连接

但也有例外的情况，如某些防静电设施（如防静电地板）的设计初衷就是为设备（如椅子、转运车）或人员提供接地路径。

7.2.3 防静电接地的质量测试

使用电气保护地进行防静电接地时，首先应符合国家电气规范要求。防静电接地检测活动应指定相应的专业人员，并着重强调要对接地线，而非相线和零线进行检测。

即使只是临时或暂时通过市电插座来接地，也应当认真检查插座的连接是否有效。必须通过检测确保接地点和大地之间的电气连接足够牢固，并且电阻应该足够低。ESD 防护标准 IEC 61340-5-1 和 ANSI/ESD S20.20 中对此提出了一些要求，可以作为国家法律法规的补充。

7.2.4 防静电接地的符合性验证

防静电接地点与保护地或功能地之间电气连接的电阻应足够低。对于检测人员的选择，法律法规中可能会有一些资质上的要求。

7.2.5 接地连接的常见问题

即使是临时使用市电插座来接地，偶尔也会有插座接线错乱的情况发生，因此投入使用前应当严格检查。

有时候，为了给其他设备供电，通过插座进行接地的连接器可能临时被拔掉（例如，清洁人员为了使用吸尘器，或者某个工程师为了使用一些设备，都可能拔掉接地插头）却忘记恢复。即使接地线很牢固，有时也会由于不经意或意外的损坏而断开，例如移动工作台可能会使固定接地线出现隐蔽的断点。

7.3 防静电地板

7.3.1 防静电地板的作用

防静电地板是一项必要且重要的投资，它能为 ESD 控制带来显著的收益和便利。

防静电地板能够为置于其上的各种物体［例如人员、转运车、储物架、椅子以及其他独立设备（详见第 4.7.10 节）］提供简易接地。防静电地板的面层可以通过基层材料或接地组件，在地板表面和大地之间构建一条电气通道。地板的面层处理可以减轻表面起电的程度，并将静电导入大地。

防静电地板还是将不同工作站或不同区域连接为一个 EPA 的纽带，它可以使不同工作站或不同区域之间没有不受控的区域，从而使 ESDS 器件在工作站之间的转运可以不需要防静电包装，转运工作变得更加便捷。

防静电地板和通过其接地的设施共同构成一个防静电系统。因此，在明确规定地板特性时，需要兼顾通过该地板接地的所有设施。典型的防静电地板接地系统包括：

- 人体通过地板-鞋束系统接地；
- 转运车通过底盘-脚轮-地板接地；
- 储物架通过框架-支脚-地板接地；
- 椅子通过框架-支脚或脚轮-地板接地。

当然，防静电地板及其面层材料还具备防静电之外的很多性能。它们必须能承受地板使用寿命内的物理磨损，包括使用叉车、运载工具或化学品带来的影响。洁净室内的地板材料应选择颗粒物或其他污染物释放量较小的材料。以上内容都应作为挑选地板时考虑的因素。

7.3.2 长效型防静电地板材料

地板面层使用最多的是橡胶基和树脂基材料，一般以板材或瓷砖的形式出现。有些材料在潮湿条件下可能会变得湿滑，有些材料无法承受较高的使用频率，还有些材料可能含有碳粉或会释放气体，导致其不适合洁净室。

环氧树脂和多分子聚合物可以形成一种坚固的涂层，这种涂层具有耐化学品污染、耐使用磨损和耐车辆碾压磨损的特点。这种材料的面层是无缝的，容易维护，适合在洁净室中使用。

高压胶合板通常用作架空地板或地垫。由于亲水性较强，因此它不适合可能出现水或发生化学品溢出的区域，也不宜铺在湿度较大的混凝土基材上。随着湿度的变化，高压胶合板的电阻会发生很大的改变。

很多人倾向使用地毯，因为地毯不仅可以吸收噪声，而且与弹性材料相比维护与保养的要求更少。地毯有卷材和片材两种不同样式。如果片材的个别位置磨损或污染，很容易对其进行更换。然而，地毯可能不适合洁净室，也不适合可能发生严重污染、磨损、渗水、化学品泄漏或高温焊接以及车辆通行的区域。

7.3.3 半长效型或非长效型防静电地板材料

半长效型或非长效型防静电地板材料包括联结地砖、脚垫以及地面处理材料、（油漆、涂料和局部抗静电剂等）。这些材料可以为防静电地板提供一个简便快捷的解决方案，尤其适用于较小区域或临时改造区域。这类材料的使用寿命相对较短，需要定期进行二次处理或更换。

对于小型区域，例如某个工作站旁的区域，地垫是一种简易实用的解决方案。地垫也可以为重污染或焊料损坏区域外围提供可更换的"替代型"工作面。当人员长时间在工作站操作时，可使用舒适的地垫。

然而，地垫可能会卷曲不平，容易把人绊倒。地垫一般通过连接点上的导线接地，可能带来跳闸或意外断路的风险。

对于已经铺设完成的地面，如混凝土地面等，可以使用油漆或涂料来进行大面积改造。这些涂料使用寿命较短、容易磨损，需要定期重新粉刷。有的材料含炭量较高，存在磨损和颗粒脱落的风险，因此不建议用于洁净区。

局部抗静电剂是一种可以用于地面快速处理的手段，有效周期较短，需要定期补充。这类材料的防静电效果与空气的湿润程度有关，在相对湿度较低的环境下，这类材料可能会失效。有些抗静电剂比较光滑，会带来人员滑倒的风险。还有些抗静电剂很容易被洗掉或磨损，如果使用和保养不当就会出现性能不稳定的情况。另外，考虑到污染问题，一些抗静电剂可能不允许在洁净区使用。

7.3.4 防静电地板材料的选择

在选择防静电地板材料时，首先应考虑到其使用环境和使用过程。需要考虑以下问题。

（1）该区域是永久性区域还是临时性区域？
（2）预期的工作和过程是什么？
（3）是安装新地板还是对现有地板进行改造？
（4）是否是禁止颗粒物或其他污染的洁净环境？
（5）该区域是否会使用化学试剂？
（6）有没有人体工程学方面的考虑？
（7）在清洁和保养方面有哪些要求？
（8）是否有电气方面的考虑，如高压？
（9）是否有安全风险分析？
（10）是否需要考虑其他关于安全或制度的要求？

（11）是否需要使用叉车或转运车，或者是否有其他重物碾压的情况？

如果地板可能用于处理溶剂、火工品或其他易燃材料，则需要说明地板使用安全事项，并优先考虑当地的安全法规要求。

7.3.5 防静电地板材料的质量测试

防静电地板的产品质量测试应在最低湿度环境下，将其作为系统一部分，结合预期使用的设备进行。面层、涂层或地垫的小尺寸（如 1m×2m）样品可以在低湿度实验条件下进行测试。测试的内容如下：

- 从表面若干个点到接地点或模拟接地组件的电阻，判断接地路径上是否安装了接地电阻；
- 表面多个位置和方向的点对点电阻；
- 按规定穿着防静电鞋、站立在与现场同款地板样块上的人体对地（或接地点）电阻；
- 穿着用于测试所选地板-鞋束系统的防静电鞋在地板上进行行走测试，以检测人体产生的电压；
- 如果转运车、椅子或其他设备都需要接地，最好测试所有设备接地的可靠性。

常见的测试方法已在标准规范［如 IEC 61340-4-1、IEC 61340-4-5、ANSI/ESD STM97.1，以及 ANSI/ESD STM97.2（IEC，2003，2005，2015；EOS/ESD Association Inc，2015，2016）］中进行说明。

在实验室测试前，防静电地板材料一般需要在标准要求的湿度和温度条件（如相对湿度为 12%，温度为 23℃±3℃）下调节 24h。在某些标准中，所需的调节时间可能高达 48h（甚至 72h）。具体条件可根据试验标准或用户要求来确定。按照测试方法或标准确定了适合试验的方式后，需要安装一个或多个被测样块。这可能包括增加接地点或模拟安装条件下的接地方式。

电阻测量是通过置于材料表面的标准电极进行的。当材料电阻小于 1MΩ 时测量挡位设置为 10V，当材料电阻大于 1MΩ 时测量挡位设置为 100V。

当测量点对点电阻时，两个电极在材料表面上放置的间隔为 30cm 或标准规定的其他距离，则可测得两电极之间的电阻（详见第 11.8 节）。测量应在不同位置和方向上重复多次。

当测试接地点电阻时，应该先在样块表面放置一个单独的电极，然后测量其与接地点或模拟接地点之间的电阻。

如果防静电鞋通过地板将人体接地，则需要对地板-鞋束系统进行测试认证

（详见第 7.5.4 节）。在测量地板-鞋束系统中的人体对地电阻时，测试对象穿着被测鞋站在地板样块上，手持电极，对电极与地板样块接地点之间的电阻进行测量。通常规定最大电阻低于某个限值。有时为了安全等原因，也会要求最小电阻高于某个限值。

在人体电压行走测试中，受试者穿着被测鞋在被测地板样块上行走。被测地板样块通过接地点接地。有的标准规范会对受试者所使用的行走方式和受试者行走的步伐提出明确要求。受试者通过一个手持电极连接静电电压表以记录电压的最高峰值。

地板的最终对地电阻和性能在一定程度上取决于底层基板、接地方式和其他安装条件。因此，在大面积铺设地板之前，建议安装并测试小面积的样板。有些材料（如保护层和涂层）就其性质而言只能在铺设完毕后进行测试，有时会担心对地板外观的处理等操作会影响地板的其他特性，这个时候建议在处理整体区域之前对一小部分区域进行测试。已铺设地板的合格测试通常必须在日常工作环境下进行。如有可能，还应当选择在最恶劣的环境条件（如低湿度条件）下进行测试。测试内容通常包括以下 3 种：

- 地板材料表面若干个点的对地电阻；
- 当穿着防静电鞋、站立在地板上时的人体对地（或接地点）电阻；
- 受试者穿着防静电鞋进行行走测试时，人体通过地板-鞋束系统产生的电压。

ESD 防护标准可能会将以上测试纳入其防静电产品认证条件。应当符合标准的产品，需要按照标准要求进行检测，并建立相应的合格判据。

7.3.6 防静电地板的安装验收

防静电地板安装完成后，应在使用前进行检测，以确保其性能满足要求。这些检测通常是在常规环境条件下进行的。如果有可能，一些测试项目应该在最极端的环境条件（如低湿度条件）下进行。

这些检测主要是测量地面多个点的对地电阻，有时需要测量人体的对地电阻，并由受试者穿着拟选用的防静电鞋进行行走测试，以明确所选定的地板-鞋束系统中的人体电压。

7.3.7 防静电地板的作用

防静电地板的作用是为地板上的人员、储物架、椅子、转运车等提供便捷的接地。为了在防静电地板的投入中获得最佳性价比，在选择 EPA 内的设备时，应考虑充分利用防静电地板的优势。

7.3.8 防静电地板的保养与维护

防静电地板上的污渍和粉尘会大幅改变地板的起电特性和电荷耗散特性。为了使地板持续保持最佳状态，必须定期对地板进行清洁。

使用普通的地板清洁用品会影响（甚至损害）地板的特性。所使用的清洗方法和材料应符合制造商的出厂说明，以维护地板良好的性能。

为了维护和保持地板的防静电性能，选用正确的清洁方法非常重要。如果使用了错误的清洁材料或抛光剂，会在地板表面留下一层蜡或其他污染物。这将严重影响地板表面的起电特性以及地板的表面电阻。因此，应该从制造商或供应商处及时获得关于清洁方法和材料的正确指导。

如果使用了水或其他液体清洁剂对防静电地板进行清洁，要在重新对地板进行测试之前将地板充分晾干，因为残留的水分会极大地影响电阻测量值。

7.3.9 防静电地板的符合性验证

防静电地板的符合性验证可以直接采用简单的对地电阻测量法（详见第 11.8 节）。在地板表面放置一个标准电极，在电极与防静电接地点之间连接电阻表。标准中通常会规定在同一个楼层或一定面积内最少进行几次测量。实时记录测量期间的环境湿度是一个良好的习惯，随着时间推移，这些记录与测量数据可以综合显示地板电阻随湿度变化的情况，并显示地板在低湿度条件下的对地电阻是否合格。

检测的频率应当与地板性能随时间变化的概率相关联。例如，洁净区的永久性地板，在很长一段时间内都不会发生变化，因此不必频繁进行测试。相对而言，随时发生改变、磨损或污染的材料需要更频繁地检测。受到严重磨损或污染风险的区域需要经常进行测试。在两个测试周期之间，需要经常对容易发生意外断裂的线路进行目测检查。

IEC 61340-5-2:20 2018 建议符合性验证测试的周期为 3 个月。

7.3.10 常见问题

由灰尘、化学品、喷剂、错误的抛光或清洁材料造成的表面污染会严重影响地板的起电特性以及对地电阻，大大增加地板上的设备和人员的对地电阻，并使行走时的人体电压增强。

如果地板的对地电阻测试不合格，第一步要做的是进行目视检查。如果发现任何表面污垢或污染，均应使用正确的清洁程序对其进行清洁。应检查测试电极，排除其被污染的可能性。对于地垫等临时铺设的结构，应对接地系统进行检查。

如果使用了水或其他液体清洁剂对地板进行清洁，要在重新对地板进行测试之前将地板充分晾干，因为湿度会极大地影响电阻测量值。

电极上的落灰可以用干纸巾或干净布料来清洁，如果擦不干净，使用乙醇（前提是与电极材料兼容）擦拭效果会更佳，并且乙醇能快速挥发。在重新测量之前，应确保电极完全干燥。

如果发现地板上存在对地电阻过大的区域，应对该区域进行清洁，检查对地电阻过大的现象是否由污染所致。如果地板性能在清洁后仍然异常，则应评估受影响范围、性能偏差幅度、是否有潜在低湿度问题，以及有无其他类似区域出现。可以根据评估的结果，来分析下一步所需采取的补救行动。

小面积出现电阻过大的现象，有可能是地板材料或安装前未发现的问题导致的。如果受影响的区域非常小，对 ESD 控制的影响很弱，则直接标识出该位置即可，同时将该不符合项看作非关键问题。这里所说的关键问题，是指不符合要求的区域会影响防静电产品的可靠接地，从而给 ESDS 器件带来 ESD 风险。

7.4 接地连接点

7.4.1 接地连接点的作用

接地连接点为防静电设备通过接地线连接到 EPA 接地端子提供了桥梁，有一些会内置串联电阻（见图 7.3）。接地连接点可以使用各式各样的接口来连接防静电设备。常见的接口类型包括 4mm 香蕉插头和 10mm 圆形螺柱。

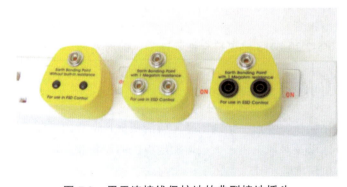

图 7.3 用于连接线保护地的典型接地插头

接地连接点可以直接硬连接到工作台或其他设备上，也可以作为一个插件连接到市电插座。有的型号可以拧到椅子下面，留出一个飞线，从而可以很方便地硬连接到接地点。

7.4.2　接地连接点的选型

在选择接地连接点时，主要考虑下列问题。
（1）连接点的目标是什么？是硬连接还是临时连接？
（2）设备连接过来需要什么规格的插座？
（3）通过连接点的最大对地电阻是多少？
（4）对通过连接点的最小对地电阻有要求吗？

在选择连接测量仪器的接地连接器时，一般优先考虑不包含串联电阻的连接器。因为任何内电阻都会被附加到被测电阻上。

7.4.3　接地连接点的确认

对接地连接点进行认证确认时，应检查接口是否符合要求，是否包含正确的串联电阻（如有需要）。

7.4.4　接地连接点的检查

当电源插座上插入接地连接点时，应当对其进行目视检查，确定插头在使用前已经正确地插入并连接牢固。这种检查主要针对那些插头被拔掉换成其他设备的情况。

在使用市电插座提供防静电接地连接点前，必须检查插座接线是否正确。可以使用一个简易的插座专用测试器来完成检查。

7.4.5　接地连接点的符合性验证

务必要定期查验接地连接点的功能和规格，可以通过简单的接地电阻测量法来完成（详见第11.8节）。

测试频率取决于连接点的可靠性。与坚固耐用的硬连接点相比，对于容易断开的插头或者容易受损的位置，更应当经常地进行目视检查和功能检查。

7.5 人体接地

7.5.1 人体接地的目的

人体接地的目的是将操作人员的身体电压维持在一个较低水平，防止其成为设备 ESD 损伤的重要来源（详见第 4.7.9 节）。在一个标准的 ESD 控制程序中，操作 HBM 100V 耐受电压的 ESDS 器件，通常需要使身体电压低于 100V。要做到这一点，必须建立并保持持续可靠的电气接地。在操作 HBM 耐受电压较低的器件时，最好将最大人体电压调整到较低水平，或调整到低于器件的耐受电压。

人体接地的方式主要有两种：防静电腕带接地、防静电地板-鞋束系统接地。有时也会使用其他渠道接地，例如通过服装或椅子接地。同时使用腕带和地板-鞋束系统接地尽管会提供有用的冗余，有助于加强 ESD 防护措施的可靠性，但是没有必要。

人体接地虽然能控制身体上产生的电压，但并不一定会消除服装以及人员穿戴或手持物品上的电压和磁场，除非这些物品的设计思路就是通过人体接地。服装、工具等 EPA 内的设备，通常是在与使用者的身体接触过程中通过人体而接地的。

尽管不是当下的主流情况，有些系统已经超前设计了通过定制的防静电服或椅子将人员接地。一般来讲，不会默认防静电服或座椅所实现的人体接地功能完全符合 ESD 防护标准。如果试图建立这样的系统，应经过严格的测试。

人体接地是操作 ESDS 器件时最基本的 ESD 防护措施之一。正因如此，人体接地系统要经常进行检测。这项工作一般会在每天的工作开始前进行，另外的选择是使用连续监测系统来持续监测接地情况。

7.5.2 人体接地与电气安全

人员在处置 ESDS 产品时的接地是非常必要的。在一些存在高压电的工作（如涉及电路的测试或老化试验）中，如果把人体接地则可能与安全要求产生冲突。必须始终把当地的电气安全法规考虑在内，并选择符合其要求的人体接地策略。电气安全问题在第 10.5.6 节中会有进一步的讨论。

IEC 61340-5-1 和 ANSI/ESD S20.20 标准中没有规定人体接地的最小对地电阻。然而如果有接触高压的风险，应考虑规定一个人体接地系统的最小对地电阻。在腕带接地扣、鞋和地板等物品中一般会有较小的电阻。最小对地电阻应根据电压源的电阻水平和电压承受能力而适当规定。电阻应该有能力把可能接触电压源的电流限制在一个安全的水平。早期标准曾对此提出建议——IEC 61340-5-1:1998

建议这个值应是 750kΩ 每 250V AC 或每 500V DC,随着电压的增加,这个值应按比例增加。如果当地有相应的安全法规,那么应当遵守这些安全法规。在一些国家,如果人员接触高压电源,必须使用接地故障电路中断器(Ground Fault Circuit Interrupter,GFCI)或断路器等手段将电路断开。

任何保护电阻的使用都必须确保能够承受现有的电压。另外,应当考虑故障模式,开路故障是不容忽视的问题。短路故障可能会使用户面临严峻的触电风险。

可能的话,确保安全和防静电的最佳选择是建设一个在高压存在的情况下,防止人员触碰 ESDS 器件的系统。操作没有电压的系统是安全的,前提是该系统没有内置的能源,如高压电池或充电电容。

在高压环境中工作时,会要求工作人员佩戴高压防护手套。这种手套在一定程度上可以给人体带来有效的 ESD 防护屏障,也是一种对电气安全的基本保护。尽管手套的摩擦起电可能会产生 ESD 风险,但这需要另行评估。

7.5.3 腕带

7.5.3.1 典型腕带系统

腕带系统的作用是通过接地连接点在佩戴者的皮肤和大地之间建立一个电气连接路径,从而把人体电压控制在规定的数值以下。典型的腕带系统由腕带、接地扣和接地连接点构成(见图 7.4)。腕带和接地扣的电气性能和机械性能在 IEC 61340-4-6 以及 ANSI/ESD S1.1(IEC, 2015; EOS/ESD Association Inc, 2013)等标准中有具体规定。这些标准不仅规定了电气参数(如腕带的系统电阻、腕带内表面和外表面电阻)的测试方法和阈值,还规定了机械参数(如腕带尺寸、分离力、接地扣的伸缩性能和弯折寿命)的测试方法和阈值。接地连接点也必须确认和检查。

图 7.4 典型的腕带系统

顾名思义，腕带一般佩戴于手腕上，但偶尔也会佩戴于手臂或腿部的其他位置，使用时要与佩戴者皮肤有良好的接触。接地扣在腕带和接地连接点之间实现电气连接，通过接地扣将腕带直接连到 EPA 接地系统。

腕带的样式繁多，有针织或纺织的、弹性合金或树脂的，还有使用魔术贴的。腕带通常包括一个对皮肤敏感性较低的金属板，以保障腕带与皮肤的接触良好。腕带内表面基本上全部与皮肤接触，材质通常是导电的。腕带和接地扣之间有一个快速接头，这是一个可靠的连接，足够牢固，可以防止意外断开，同时也足够轻、易于拆卸，分离力一般在 13～36N 的范围内。

接地扣是一根两端有连接端子的绝缘线，它的作用是将腕带的接地点与防静电地的接地点相连。接地扣要考虑各种安全特性和其他因素。腕带末端的导线通常会有一个阈值电阻。有些类型的腕带的导线两端都有一个电阻。导线的弹性必须良好，能够承受设备和工作站边缘的各种弯折和拖曳。导线有各种长度和颜色，有直线或绕线结构。连接端子虽然种类繁多，但一般默认是一个卡扣接头或 4mm 插头。

腕带系统接地连接点可以是任何适当、可靠的 EPA 接地点。在工作站或设备上通常提供专用的接地连接点。不建议将腕带扣直接夹在工作站台垫或其他可能会在接地线和地之间引入大量附加电阻的物品上。专用接地连接点可能会包括一些电阻，前提是整个腕带系统的对地电阻不超过规定的阈值上限。当前版本的 IEC 61340-5-1 和 ANSI/ESD S20.20 标准对腕带电阻的上限做出了规定，即腕带系统的对地电阻为 35MΩ，但用户可以根据自己的需要进行修改。

7.5.3.2 腕带连续监测系统

在使用腕带的过程中，可以使用腕带连续监测系统来持续检测腕带的接地情况。腕带连续监测系统通常在操作昂贵或超敏感 ESDS 产品时使用。腕带连续监测系统的设计初衷是测试人体、腕带和接地扣之间的电气连接，及其与接地连接点之间的连接情况，如果其中任何一个点出现故障，系统就会发出警报。

腕带连续监测系统有两种类型——单通道腕带连续监测系统和双通道腕带连续监测系统。单通道腕带连续监测系统可以和普通的腕带一起使用，而双通道腕带连续监测系统则需要使用双通道腕带。腕带连续监测系统通过施加微小电流对腕带系统进行测量，在使用过程中会在佩戴者的身体上产生低电压。然而，这个量级的电压对接触敏感度极高（ESD 耐受电压低）的器件来说也可能无法承受。

电容式连续监测仪使用单通道腕带连续监测系统，利用系统中的交流传感信号来检测人员在佩戴腕带时的人-地电容，当电容变化超出了监测系统的阈值就会发出警报。其不足之处在于监视器必须进行个性化的参数"定制"，并且可能对非腕带系统故障导致的电容变化进行误报。

阻抗式连续监测仪使用单通道腕带连续监测系统,工作原理与电容式连续监测仪的相似,但其监测的是电路中阻抗的变化,而非电容的变化。这样就不需要进行个性化的参数定制,可以减少误报。

电阻式连续监测仪使用双通道腕带连续监测系统,对通过腕带系统与佩戴者身体的回路电阻进行测量。如果发现该回路的直流电阻超出可接受范围,系统就会发出警报。该系统可以使用高达 16V 的恒定直流或脉冲直流进行测量。大多数此类监视器的设计数据上,最大电压只在报警状态下才出现。在正常情况下,当人体电阻远低于监测仪的阈值时,电压一般要小得多。在使用直流电压时,有些人员的皮肤可能会有刺激感。

人体电压式连续监测仪使用双通道腕带连续监测系统来测量使用者的人体电压。该系统可能无法检测到导致人体电压为 0 的开路状态。某些系统会使用阻抗或电阻监测仪来监测这种情况。

每一种连续监测系统都需要合格的测试人员来检查系统运行情况。与监测仪配合使用的单通道和双通道腕带连续监测系统也可以通过电阻测量法进行测试。

7.5.3.3 无线腕带

截至本书(英文版)成稿时,还没有发现一种可以将身体电压控制到可接受水平的无线腕带。接地需要人体和接地点之间的不间断连接,而无线腕带不能满足这一要求。现行标准规定了人体和大地之间应当维持的最大电阻,而无线腕带显然不能提供满足这一要求的连接。

对于非传统的解决方案,如无线腕带,应在投入使用前仔细地进行测试和评估。

7.5.3.4 腕带系统的选择

在一个标准 ESD 控制程序的设计中,对保护 ESD 耐受能力低至 HBM 100V 的 ESDS 器件,通常会为佩戴者身体到接地点的电阻规定一个上限(35MΩ)。当操作 ESD 耐受电压较低的器件时,这个上限理应按比例降低。因此,在处理 HBM 50V 器件的 ESD 控制程序中,从佩戴者的身体到接地点的最大电阻理应降至 17MΩ。在磁盘驱动器的 MR 磁头和 GMR 磁头的生产过程中,人员接地电阻的上限通常设置为 10MΩ。如果遇到极其敏感的器件,最好通过腕带质量检验来了解人体电压的上限。

腕带系统的设计可靠性和耐用性非常重要。要令佩戴者在使用腕带系统的过程中保持舒适。若佩戴者感到不适可能会在处理 ESDS 产品时取下腕带,忘记或忽略佩戴。

许多腕带都内嵌一个金属片,可以与接地扣插头之下的皮肤接触,提高可靠性。手环内其余部分一般也具有导电性,能全方位与皮肤良好接触。

应考虑接地扣是否可收放。接地点连接器的类型应在整套设施中标准化,以便在不同区域按需使用。

如需连续监测,则有必要选择为腕带连续监测系统设计专用腕带系统。

7.5.3.5 腕带系统的应用

腕带必须让佩戴者感到舒适,并且能与佩戴者的皮肤直接接触。使用时切记不能将腕带套在衣服(如衬衫或防静电服的袖子)外面。

腕带只有在连接到接地点时才生效。在操作 ESDS 设备前,应连接腕带,并在操作过程中保持连接。

当坐在椅子上时,必须通过腕带接地。因为在这种情况下,通过鞋子和地板接地的路径是不可靠的——很多人坐下后会不时地把脚抬离地面,使得鞋底与地面的连接断开。

7.5.3.6 腕带的检测认证

腕带接地扣可以直接通过接地线的电阻测量进行检测。导线两端的接口类型应明确适用的功能用途。

正确佩戴使用的腕带系统应当能够准确提供符合 ESD 控制程序要求的系统电阻。大多数组织会选择使用专用的腕带测试仪进行符合性验证,以检查所佩戴的腕带是否符合测试标准。

应在常规的操作条件下对腕带连续监测系统进行检查,以确保它能监测到常见的腕带系统故障,并且不会出现难以接受的误报。该系统应当可以发现腕带未被佩戴或通道断开的情况。在操作 ESDS 产品时,还应测试佩戴者身体上所产生的电压,以确保不会出现 ESD 损伤风险。

应当符合标准规范的产品,需要按照标准要求进行检测,并建立相应的合格判据。

7.5.3.7 腕带的维护

如果发现腕带的部件(手环和导线)未通过符合性验证测试,则需要及时更换。

7.5.3.8 腕带系统的符合性验证

作为 ESD 防护的关键措施,防静电腕带接地的可靠性至关重要。腕带系统的所有组件都必须定期测试,以确保其能够正常工作。

腕带和导线通常被视为一个系统,通过专用腕带测试仪进行磨损测试(见图 7.5)。这些腕带测试仪有便携式的,也有壁挂式的,有些还附带防静电鞋测试功能。腕带测试仪的工作原理是测量佩戴者的身体到腕带导线接地点的电阻是否在可接受的范围内。阈值由标准规范给出,用户可以根据其具体需求选择不同的合格判据。从皮肤到所接触腕带的电阻也在该检测项目中进行测量,这项数据的变化幅度很大。如果腕带佩戴者的皮肤比较干燥,测得的电阻就会很高,甚至导致测试不合格。

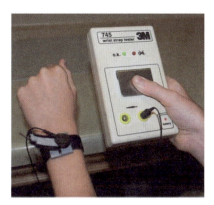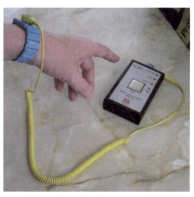

图 7.5 便携式专用腕带测试仪示例[来源(左图):D. E. Swenson]

在实际工作中,这些测试通常由工作人员使用专用腕带测试仪自行完成。该设备内置一个电阻检测功能,并通过指示灯来显示合格与否。一些复杂的监测系统可以控制入口处的门禁,实现 EPA 访问控制,并自动更新数据。在其他环境下,用户可能需要记录他们的腕带检查的结论,如果有故障显示,这个结论则可以作为维护的依据。

利用这些设备可以有效掌握合格判据,并根据需要对其进行灵活调整。务必确保合格判据与 ESD 控制程序的要求一致。现行的测试装置一般把上限设置为 35MΩ,下限设置为约 750kΩ。在对 ESD 控制程序所涉及的测试仪进行资格认证时,应对这些限值进行查验,并在必要时对其进行调整。

通过使用合适的电阻表来测量从身体到导线接地点的腕带电阻也是可以接受的。这里所选用的电阻表必须首先考虑安全性,应当能够对输出电流进行控制,以防止发生触电风险。当测试电压的范围是 10~100V 时,很多仪器都可以用来测量,对电压的选择取决于标准规范或安全规定的要求。测试设备与人体的接触应借助手持电极,来提供一个较大的皮肤接触面积。如果使用很小的手持探针,则可能无法提供足以进行可靠测量的皮肤接触面积。

在 ESD 防护中,对腕带的故障数据进行保存与备份非常有价值,故障数据包括皮肤接触情况、接地扣或接头故障的识别,以及制造商和型号等。这样可以对各种腕带系统及其部件在工作环境下进行可靠性比较,从而识别出更加可靠的部件,以供将来选型和采购。

与此同时,还应定期检查 EPA 中腕带接地连接点,确保及时发现故障。这一项可以通过使用简单的对地电阻测试法来完成(详见第 11.8.3.5 节)。在 ESD 控制程序的符合性验证计划中应规定接地连接点的最大对地电阻和适当的测试方法。

检测腕带的频率取决于腕带系统的使用程度和可靠性级别等因素。此外,产品的 ESD 敏感度和价值,以及产品故障的后果和成本,也都会对其有所影响。如果腕带失效,那么所有排错操作和故障检测都有可能失效。

由于人体接地在 ESD 防护中占据着非常重要的位置,因此佩戴者应每天在开始操作防静电设备之前,对腕带系统进行检查。某些 ESD 控制方案会要求佩戴者每次进入 EPA 时都对腕带进行测试。如果产品损坏的风险等级很高,并要求实时发现腕带系统故障,可以规定采用腕带连续监测系统。

7.5.3.9 常见问题

干燥的皮肤不一定能与腕带保持良好的低电阻连接,这个问题可以通过专用皮肤保湿乳解决。

有人试图将腕带夹在台垫边缘或其他没有接地连接点的地方,不推荐这样做,因为这样做可能会把台垫的电阻串联到腕带接地路径中,而这个电阻可能是系统无法忽略的。

应确保专用测试方法的合格判据与 ESD 控制程序中要求的是一致的。

7.5.4 地板-鞋束系统接地

7.5.4.1 地板-鞋束系统在 ESD 控制中的重要性

地板-鞋束系统的作用是在人员行走及进行各种活动时将人体电压保持在 100V 以下。恰当的地板-鞋束系统可以替代腕带,即可以为站立工作的人员提供可靠的接地。对于坐着的人员,由于他们的双脚可能悬空,与地面的接触面积会减少,甚至断开与地面的接触,因此仍需要使用腕带。

如前文所述(详见第 4.7.9 节),行走时产生的人体电压取决于行走这个动作产生的电荷及其在耗散过程中所通过的电阻。地板-鞋束系统产生的电荷及对地电阻取决于地板-鞋束系统这个整体,与地板和鞋束的接触情况有关。两者都是成功控制人体电压的必要条件。

防静电地板可以使人员(和设备)通过地板接地,但普通鞋子或工作鞋的鞋底一般采用绝缘材料制成,这会阻止人体与地板之间的电荷流动,而通过防静电鞋可以为人体与地板之间提供电气连接。最终对地电阻是由人体与鞋子之间的接触电阻、鞋子自身的电阻、鞋子与地板之间的接触电阻以及从地板到大地的电阻综合得出的。

7.5.4.2 防静电鞋的分类

在现行的 ESD 控制程序中，防静电鞋的选择空间非常大，并允许根据 ESD 控制程序中的不同需求和不同工作岗位来选择。

脚跟带和脚尖带可以直接套在鞋上以提供接地连接（见图 7.6）。它们通常带有一个导电条，导电条会穿过鞋底与地板接触。导电条的另一端可以塞进鞋子中，与袜子或足部皮肤相接触。访客可以使用成本较低的一次性用品。

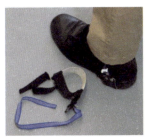

图 7.6　脚跟带与脚尖带

由于脚跟带与脚尖带的作用是为人体提供接地的电气通路，因此必须将它们穿在双脚上。如果只穿在一只脚上，那么当这只脚抬离地板时，接地就断开了。显然，脚尖带的效果比脚跟带的好，因为在走路的过程中，脚跟离地的时间更长。

靴子和鞋套（见图 7.7）通常用于有防尘和防静电需要的洁净区，能够同时满足无尘和接地的规定。

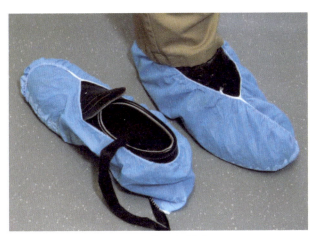

图 7.7　靴子与鞋套

如今的防静电鞋和防静电靴种类繁多（见图 7.8）。它们可内置安全功能模块，如防砸模块。许多防静电鞋在外观上与普通运动鞋或工作鞋几乎没有区别。不少品牌会用一个明显的标识或符号来表示防静电鞋的防静电功能，以帮助用户识别。

图 7.8　各类防静电鞋和防静电靴

7.5.4.3　防静电鞋与安全性

防静电鞋除具有 ESD 防护功能外，还可兼备个人防护安全功能。在欧洲，PPE（包括防静电鞋）必须遵守 PPE 法规，即必须满足 ISO 20345 等标准的要求。这些规定涉及一系列物理性能，包括脚趾保护、渗透阻力、防泄漏、渗水和吸水，以及防割。

根据 ISO 20345 规定，鞋类的电气性能根据电阻的不同而被归类为"绝缘""防静电"或"导电"。依照 ISO 20344 的测试说明，防静电鞋的电阻为 100kΩ～1000MΩ，导电鞋的电阻小于 100kΩ（IOS，2011a，2011b）。这里的测试方法与防静电鞋的测试方法相似，但略有不同，测试条件和环境要求也不一定完全相同。这也就导致了大多数类型的防静电鞋和导电鞋都可能符合 EPA 的使用要求，但没有按照 EPA 所要求的测试方法和条件对它们进行测试。应对未获得 EPA 使用资格的 PPE 鞋类再次进行检测，并采取相应的合格判据。

7.5.4.4　防静电鞋的选型

如今，ESD 控制程序中可以使用各式各样的防静电鞋，还能根据 ESD 控制程序中人员的不同需求和不同岗位来选择不同的鞋子。在为个人选择鞋子时，可考虑其性别、个人习惯、岗位要求以及是一次性还是长期使用。安全要求是必须要考虑的内容，尤其是在欧洲，需要遵守 PPE 法规（European Union，2016）。欧洲企业对 PPE 的选型、保养、使用和维护指南见 CEN/TR 16832（European Committee for Standardization (CEN), 2015）。

所使用的防静电鞋应与相应的防静电地板一起进行鉴定，以确保它们能够按照需要提供 ESD 防护功能。

7.5.4.5 防静电鞋的合格判定

用来实现防静电功能的鞋子，必须适用于各种防静电地板。对防静电鞋进行检测认证有行走测试和极端测试两种基础方式。

首先必须对防静电鞋进行测试，以确保人员穿着防静电鞋时的人体对地电阻能够达到 ESD 控制程序的要求（见第 11.8.3.4 节）。

有一项参数应当严格进行测量，即当使用者穿上防静电鞋在地板行走时的人体电压。这个参数可以通过行走测试来进行测量（见第 11.8.9 节）。在大多数 ESD 控制程序中，人体电压的上限定为 100V，这反映了把所处置的器件降低到 HBM 100V ESD 耐受电压的目标。如果处置耐受电压低的器件，可能需要采用更低的人体电压限值。在第 4.7.9.3 节和图 4.8 中，可以看到同一种鞋在不同地板上的人体电压波形示例。

根据适当的标准对鞋子的电阻范围进行测试，可以用来进行预认证，相关规定见 IEC 61340-4-3 或 ANSI/ESD STM9.1（IEC, 2001; EOS/ESD Association Inc, 2014a）。然而，这些测试结果不能替代受试者穿着防静电鞋站在防静电地板上时的性能指标。掌握受试者通过防静电鞋站在防静电地板上时的人体对地电阻非常重要，所选用的鞋子与所使用的地板材料应符合要求，以确保在行走测试时产生的人体电压是合理的（IEC, 2014; EOS/ESD Association Inc, 2015）。如果防静电鞋将与多种地板交叉使用，那么它应该与这些地板材料都接受测试。

如果有可能，可以尝试在极端条件下对地板进行测试。这里的极端条件一般是指将实验室的湿度降到最低。如果对影响电气安全的最小电阻有要求，则可能需要在一定的湿度条件下进行性能检测。

在对地板进行检测认证的过程中，在实验室中完全复原地板-鞋束系统的可能性不大。实际上，资格认证应该在极端情况下进行。考虑到冬季的寒冷气候，可以在低湿环境条件下进行性能确认。

防静电鞋应使用规范的测试设备进行检查，以确保其按要求通过符合性验证测试。

需要符合标准规范的，应当按照标准文件规定的内容进行检测，并制定合格判据。

对于采用的防静电鞋，建议进行抽样测试。

7.5.4.6 防静电鞋的使用

虽然腕带能为人体接地提供可靠连接，但实际工作中需要站立或走动的人员可能会觉得腕带有约束，导致他们行动不便。这时使用地板-鞋束系统接地可以为工作中站立或走动的人员提供一种有效的选择。

人体通过地板-鞋束系统的接地只有在鞋底接触到防静电地板时才生效。如果二者的接触被破坏了，那么系统接地不复存在。例如，如果一个人坐在椅子上将双脚抬离地面，或者只用脚跟着地，或者只用脚尖着地，就会发生这种情况。因此，通过地板-鞋束系统接地对于坐着的人员是不可靠的，这种人员必须佩戴腕带。

脚跟带或脚尖带必须穿在双脚之上。如果只穿在一只脚上，那么当这只脚抬离地板时，与地的接触就断开了。

地板-鞋束系统的对地电阻和人体电压的限制皆有可能因鞋子与地板接触面的污染而改变。很多污染物，如沥青、涂料、油漆或化学品，都会对耗散电流带来绝缘屏障。水则会起到相反的作用——水分渗入鞋底会降低鞋与地板的接触电阻和对地电阻。如果出于电气安全考虑需要一定的电阻，这一问题需要关注。

由于以上原因，一些组织规定不能把防静电鞋穿到室外。

7.5.4.7 防静电鞋的符合性验证

防静电鞋的符合性验证通常是测量脚与金属电极板接触时的对地（鞋底）电阻。市面上有很多专用测试设备。在进入 EPA 前，工作人员可以用此类设备在入口外对他们的鞋子进行测试。

许多检测设备都有一个共同的缺点，那就是只给出合格/不合格的指示，而不是具体的电阻值。一些自动记录数据的设备可以记录测得的电阻值。如有必要，可以使用合适的电阻表进行电阻测量（见第 11.8.3.3 节）。鞋测试仪的合格判据应与 ESD 控制程序要求的一致。

7.5.4.8 常见问题

在使用过程中，脚跟带或脚尖带可能不慎脱落而导致接地路径断开。有的固定带可能不够长，无法将绑带固定在大码的鞋子上面。有些类型的鞋子（如高跟鞋和拖鞋）可能难以使用绑带。

如果鞋底沾满了灰尘，粘贴带在使用时可能无法良好地黏附在鞋子上。

防静电鞋依靠脚的水分来维持皮肤透过袜子与鞋垫的接触。如果使用者的皮肤干燥或使用者穿上了较厚的人造纤维袜，这个接触就可能会受到破坏或者需要较长时间来建立。特别是在凉爽环境下，双脚穿上鞋后可能需要经过几分钟才能足够潮湿。环境湿度条件也会对其有所影响（Swenson et al., 1995）。

有时候可以使用腕带测试仪来测试鞋子，但测试结果可能有误差。目前的标准要求腕带的最大电阻为35MΩ，而鞋的电阻可能高达1000MΩ。

在ISO 20345中，安全鞋分为绝缘鞋、防静电鞋和导电鞋。有人会选择穿绝缘鞋来进行防电击保护，而有人会选择在穿着防静电鞋或导电鞋的情况下处理爆炸物或易燃材料等，还有人会使用专用的防静电鞋而非劳保鞋。使用者可能对这些差异的认识不足，只知道自己穿的是"安全鞋"或"防静电鞋"。这可能导致工作人员在进入EPA或从事特定工作时，无意中穿错鞋子。在高压作业时穿着防静电鞋或导电鞋是很危险的。而在进入EPA和操作ESDS器件时如果使用了绝缘的安全鞋，则可能会导致发生ESD风险。在EPA中，可以通过规定人员进入前要对鞋子进行测试来规避这个问题。

7.5.5 防静电椅接地

人们往往错误地认为，防静电椅是为坐在上面的人提供接地的，其实在大多数ESD控制程序和现行的ESD标准中并不是这样。虽然在个别ESD控制程序中，椅子已经成功实现人员接地，这一点将在第7.9.8节中进一步讨论。

7.5.6 防静电服接地

接地的防静电服可以帮助使用者接地。它们通常自带一个接地端子，可以连接到接地插座。这类服装由电阻较低的材料制成，且必须与穿戴者的皮肤有效接触。这将在第7.11.8节中进一步讨论。

7.5.6.1 防静电服的合格评定

对服装材料的基础性能检测可以使用样品来进行，通常采用点对点电阻测量法。一些织料的电阻会随着方向的变化而改变，这取决于导电纤维的方向（经线和纬线），因此在测量时应该考虑到这种可能性。

可接地服装在检测时应连接到接地点，服装上所有面板的点对点电阻都应小于规定的上限。服装必须与穿戴者的身体有可靠的直接接触，同时穿戴者必须通过接地系统可靠接地。

当接地人员穿上防静电服后,应测量其人体电压是否保持在ESD控制程序所要求的水平以下。检测环境应该包括实际中可能遇到的最低湿度条件。防静电标准对检测环境的要求是相对湿度为12%±3%。

7.5.6.2 防静电服的符合性验证

应在使用前验证给人体提供接地的防静电服的接地效果，对材料和接地路径的电阻进行检测。如果服装的作用是使穿戴者的身体接地，那么从身体到接地点的整个接地路径都应使用与腕带相同的方法进行验证。如果合格判据与ESD控制程序对服装的要求一致，可以使用专用测试仪。

7.6 工作表面

7.6.1 工作表面的作用

设置接地的静电耗散型工作表面有两个作用（见第4.7.10节）：第一，工作表面制作材料本身不携带电荷并且不会产生静电场，否则可能导致ESD风险；第二，工作表面为置于其上的所有非绝缘材料或物品（包括工具、组件和ESDS产品等）提供了电荷泄放的可行方法。

工作表面可以提供一个区域，在这里处理的物品可以被连接到防静电地，使其具有等电位，从而把ESD风险降低。任何置于工作表面的非绝缘物品都会将电荷传导入大地。工作表面的关键特性是可以让放置在工作表面上的任何带电ESDS产品进行主动放电，并确保这种放电不会对ESDS产品造成损伤。

在实践中，最简化的EPA可能只包括一个便携式工作站、人体接地、接地路径。在这样一个简单的示例中，工作表面的边界就是EPA的边界。

7.6.2 工作表面的材料

工作表面的材料种类很多，有些是单一或均质材料，有些是复层材料。

单一或均质材料在整个材料中具有相同的电学性能。这些材料的点对点电阻会随电极之间距离的变化而变化。测得的对地电阻也通常会随测量点与接地点之间距离的变化而变化。

复层材料一般有两层或三层。最上层的电阻通常在$10k\Omega$和$1G\Omega$之间。下面一层通常是低阻材料。它可能还有一个额外的基层。在基层的作用下，工作表面的点对点电阻与接地点电阻都相对稳定。

高压积层材料一般是一种基板材料经过单层或多层压制而成的刚性材料。有些材料容易受到湿度影响，因此应在低湿度条件下测试它的性能是否符合要求。如果对最小电阻也有规定，则应当在高湿度条件下进行测试。

台垫和滑轨通常选用柔性材料，方便用于遮盖非防静电用途的工作台。它们可以使用单层或复层材料，也可用于高污染区域的牺牲层或改善高压积层材料的特性。

涉及便携式和移动作业的工作表面通常选用质轻、灵活的材料，以将其方便地折叠或卷放在移动作业工程师的工具包中。

7.6.3 工作表面的选型

在选择工作表面时，首先要考虑的应该是它的用途和使用地点。可能需要考虑的问题如下。

（1）工作区域是永久的还是临时的？

（2）工作台承担的工作内容是什么，在上面操作的ESDS产品的型号和种类是什么？

（3）对物理性能有何要求？

（4）是否需要具有耐腐蚀性？

（5）是否用于对颗粒物和污染物有限制的洁净厂房？

（6）是否有电气方面的考虑，如在高压环境下使用，或处理带有板载电池的PCB？

（7）是否有安全风险？

（8）是否需要符合人体工程学要求？

（9）是否建立了保养和清洁制度？

（10）是否有其他方面（如防火性能）的安全规定或法律要求？

所涉及的ESDS产品操作方法、流程和类型，以及是长期使用还是临时使用，都将在很大程度上决定所选择的工作表面类型。对于一个移动作业工作站的台垫，紧凑的贮存空间和便携的工具箱可能是最重要的考虑因素。

耐久性方面主要关注工作台的硬度、耐磨损性和抗撕裂性。另外，化学（如溶剂）、高温和焊接电阻等方面也需要考虑到。

还有一个关键的问题需要考虑：是需要一个柔软、弹性桌面的工作台来操作ESDS产品，还是需要一个坚固耐用的工作台来处理沉重或尖锐的物品？即使是在永久性工作站上，也可能因某些需要而使用临时铺设的工作表面。一些ESD控制程序会要求在有化学污染或物理损伤的情况下使用可更换的台垫作为消耗层。有人喜欢用台垫来改善工作站的桌面，例如在坚硬的工作站上使用台垫来作为缓冲层。在使用台垫时，由于时间久、以卷放或折叠的形式存储等原因产生的褶皱可能会带来麻烦。

如在工作站上使用切割垫或托盘等物品，应符合工作表面的相关要求。

如果工作站应用于洁净室中，应要求工作台的制作材料与洁净室兼容。

在工作站上进行高压作业或处理含有电池或电源的ESDS产品时，该工作表面的电阻应大于规定的最低要求。最低电阻应充分考虑安全、电力损耗或消除短路等因素。在涉及电气安全方面，必须选择符合当地法规的测试方法和参数指标。在安全性测试中，尤其是在有高压交流电的环境下，用于 ESD 防护的直流电阻测量方法并不适用。

在测试工作站中，操作时接近或接触到导电工作表面可能会对被测的 ESDS 产品产生不利影响。

为了控制置于工作表面上的 ESDS 器件受到 ESD 损伤的风险，对于工作表面的最小电阻可能会有要求（见第 4.7.5 节）。将 ESDS 器件放置在工作表面上的金属托盘内，也会对带电器件造成静电危害。

工作表面的外观可以作为选型的一个考虑因素。工作站的颜色可以用来区分操作用途或用于识别企业身份。

7.6.4 工作站的认证测试

对工作站的测试应涵盖在选型过程中所确定的功能、耐久性、化学、电气性能和其他特性。

对工作表面的测试使用标准的点对点电阻和接地点电阻测量法（见第 11.8 节）。测试工作应在可控的湿度环境下进行，以模拟实际可能经历的最极端情况。一般来说，这意味着测试应在低湿度条件下进行，以确保工作表面满足这些条件下的电阻上限要求。如果需要测试数据表作为合格判据，应通过正确的测试方法在 12%±3%的湿度下获得。

如果规定了表面电阻的最低值，则应在高湿度条件下进行测试。

应当符合标准的产品，需要按照标准要求进行检测，并建立相应的合格判据。

7.6.5 工作表面的验收

工作表面应在安装后和首次使用前进行测试。可采用接地电阻测试仪检测接地点电阻，从而确认工作表面的接地情况。点对点电阻的测量可用于检查工作表面的表面电阻特性是否符合预期。

7.6.6 工作表面的清洁与维护

工作表面的清洁应当遵守产品说明书的要求。常规的清洁材料和流程可能并不适用，因为它们可能会遗留下蜡、聚硅氧烷或其他材料形成的表面薄膜，而这些表面薄膜会严重影响工作台的性能。

如果用水或液体清洁剂清洗过工作表面，应在测试前将其晾干，因为残留的水分可能会影响测量结果。

7.6.7 工作表面的符合性验证

目前,工作表面符合性验证方法是测试工作表面对防静电地板的电阻。虽然 ESD 控制程序可以指定其他标准值,以适应目标器件的预期操作,不过现行标准仍对该电阻规定了一个上限。

目视检查是检查接地情况的一种有效方法,特别是对临时连接(如台垫与电源接地端子之间的导线)而言。

测试的频率取决于工作表面的材料及其连接可靠性,以及 ESD 安全故障可能带来的后果。如果测试的是洁净区中永久接地的工作表面,并且它的已经确定的历史测试数据只有很小的变化,那么把它的测试周期拉长是可以的。但对于放置在工作台上的作为牺牲品的台垫,已经确认它们会被工艺化学品污染,并且它们接地使用的是临时连接点,就需要非常频繁地对其进行测试。

7.6.8 工作表面的常见问题

工作表面的常见问题可能是接地线故障或意外断开,或工作表面被绝缘材料等化学品污染。

任何放置 ESDS 产品的面层(包括托盘或包装)都应符合工作台的要求。

在将其他材料放置在工作台上时,要注意 ESD 防护性能不受影响。一个容易犯的错误是把由绝缘材料制成的切割垫放置在防静电工作台上,这样可能会引入带电绝缘体。另一个容易犯的错误是在工作台上放置金属托盘,这可能会对金属托盘内的 ESDS 器件带来 ESD 损伤风险。

7.7 储物架

7.7.1 储物架的选择

储物架(又称货架)的用途是贮存产品和材料。储物架没有 ESD 防护性能要求,如果只是在 EPA 外存放那些已经妥善采用防静电包装的 ESDS 产品,则不需要出现在 EPA 中。

储物架在 EPA 内被用来贮存无防护的 ESDS 产品时,必须具有比拟工作表面的防静电质量。它们也可以用于存放非 ESDS 产品，但前提是这些产品使用的包装都应具有一定的防静电特性，并且这些产品的相互接近不会带来 ESD 风险。非防静电物品（如外壳等绝缘部件）在二次（非防静电）包装中存放，或者其本身可能造成 ESD 风险的，应远离无防护 ESDS 器件和 EPA 储物架。

工作站的上方通常会配备储物架，用来存放测试设备、IT 设备、工具、材料、ESDS 器件及其他物品。如果储物架用于存放无防护 ESDS 器件，则应将其看作 EPA 工作站的一部分。这意味着它必须具有工作表面的电气特性并接地，并且必须符合 EPA 工作站常规 ESD 防护要求，如绝缘材料的控制等。

在不用于存放无防护 ESDS 器件时，工作站储物架可视为 UPA。它们可以由非 ESD 防护材料制成，但要确保其与各种无防护 ESDS 器件距离足够远，并且不会产生 ESD 风险。需要对操作人员进行教育培训和纪律管理，以防止他们将无防护 ESDS 器件放置在这些储物架上。在条件允许的情况下，应避免出现一部分工作站使用防静电储物架，而另一部分工作站使用非防静电储物架的情况，因为这可能会导致错把 ESDS 器件放置在非防静电储物架上。必要时可以使用标识来区别非标准储物架。在采用非常规做法时应对其进行详细记录，以避免出现违反 ESD 控制程序的情况。为了确保风险管理措施的有效落实，有时需要进行额外的教育培训和符合性验证。

储物架一般用于存放 ESDS 产品或非 ESDS 产品，用户需要根据用途决定是否将它们列为 EPA 专用储物架。如果存放的是无防护的 ESDS 器件，该储物架应作为 EPA 专用储物架。如果不是 EPA 专用储物架，那么其中存放的 ESDS 器件需要用防静电包装保护起来，以便在 UPA 周转和贮存。

EPA 和 UPA 的储物架最好不要放在一起，以防止出现混用。如果将它们放在一起，则可能导致无防护 ESDS 器件被放置在 UPA 的储物架上，或将绝缘物品放置在 EPA 的储物架上，造成 ESD 风险。EPA 的储物架应该远离那些 UPA 的工艺或仓储。通常 0.5m 的距离可以使带电绝缘材料产生的静电场衰弱到足够低的水平，从而最大限度地降低所有 ESD 风险（除超敏感 ESDS 器件外），距离越远越保险。

好的 EPA 储物架可能具备下列优势：
- 储物架可以方便地存放 ESDS 器件，而不需要对它们进行额外的包装保护；
- 储物架中存放的物品可以直接送到同 EPA 内的工作站；
- 储物架离开 EPA 后也可以正常使用（如果 EPA 工作站与储物架之间没有防静电地板，则可以在 UPA 有效周转）；
- 非 ESDS 器件和绝缘物品都可以存放在储物架的独立隔断中。

如果出现下列情况，建议将储物架视作 UPA：
- 存放的物品大都不是 ESDS 器件；

- 需要将二次包装的物品或绝缘物品与 ESDS 器件一同放置在储物架上。
- 在 UPA 周转和贮存时，不便使用防静电袋进行包装。
- 物品后续不在 EPA 中使用。
- 通过 UPA 后放入储物架（如经过非防静电地板）。

用于直接存放无防护 ESDS 器件的储物架，通常可认为具有防静电包装的功能，并可以近似地视作防静电包装。

7.7.2 储物架的选型、保养及维护

当选择 EPA 的储物架时，可以参考工作站的选型思路，考虑以下问题。
（1）外观要求是什么（如质量、尺寸）？
（2）所处理的 ESDS 产品的类型和样式是什么？
（3）是否存在颗粒脱落或其他对洁净区有污染的情况？
（4）是否涉及化学品？
（5）是否有电气方面的考虑，如高压作业或操作带有板载电池的 PCB？
（6）是否有安全方面的考虑？
（7）是否有人体工程学和便捷方面的考虑？
（8）是否有保养和清洁的制度？
（9）是否有其他安全方面的要求或法规（如防火性能）需要考虑？
储物架的保养和维护要求与工作站的类似。

7.7.3 EPA 储物架的合格验证

工作站的合格验证应包括选择过程中所确定的各项功能、寿命、电气性能和其他特性。EPA 储物架的测试和工作表面的一样，可以使用标准的点对点电阻和接地点对地电阻测量法（见第 11.8 节）。测试环境的湿度条件应当是可控的，能够代表现实中可能出现的极端情况。一般来说，这意味着需要在低湿度条件下测试，以确保储物架在这些状态下可以满足电阻上限要求。如果对表面电阻有下限要求，则应在高湿度条件下进行测试。

应当符合标准规范的产品，需要按照标准要求进行检测，并建立相应的合格判据。

7.7.4 储物架的验收

储物架应在安装后和首次使用前进行检测。通过测量对地电阻来验证工作表

面是否接地。通过点对点电阻测量可以检查工作表面的材料电阻特性是否满足合格判据。

7.7.5 储物架的清洁与维护

储物架的清洁应按照使用说明进行。普通的清洁材料和工艺可能并不适用，因为它们或许会遗留下蜡、聚硅氧烷或其他材料形成的表面薄膜，这些表面薄膜会严重影响储物架的性能。

如果用水或液体清洁剂清洗过货架和储物架，应在测试前将其晾干，因为残留的水分可能会影响测量结果。

7.7.6 储物架的符合性验证

目前常用的符合性验证测试方法是测试储物架的表面对地电阻。尽管ESD控制程序可以根据选定的材料特性来自定义阈值，但当前ESD标准对表面对地电阻的上限有规定。

目视检查是检查接地情况的一种有效方法，特别是对临时连接（如台垫和电源接地线插座之间的导线）而言。

测试的频率取决于储物架的可靠性及其连接情况，以及ESD安全故障可能带来的后果。如果测试的是洁净区中长期固定的带电储物架，并且它们在已知测量历史中变化不大，就可以设置相对较长的测试间隔。

7.7.7 储物架的常见问题

储物架的常见问题可能是接地线的故障或意外断开，比如接触到了绝缘材料。有的可移动储物架难以直接从视觉上判断是否为EPA使用而设计。例如，金属储物架是通过塑料部件将储物架固定到框架上。这可能导致不恰当的物品在整理时被无意间放在了EPA储物架上。

7.8 转运车与可移动设备

7.8.1 转运车与可移动设备的种类

转运车与可移动设备的用途是在EPA内部或不同EPA之间存放和周转产品、

材料或设备。它们可能是简易的移动式工作表面、储物架或专用设施，如带脚轮的 PCB 储物架（见图 7.9）。

图 7.9　带脚轮的 PCB 储物架

在使用过程中，转运车及可移动设备不能给任何可能靠近、接触或存储、周转的 ESDS 器件带来 ESD 风险。这要求转运车必须使用非绝缘材料，并且在装卸 ESDS 产品[①]时必须接地。如果转运车未接地，人员即使已接地也不能接触到车上任何无防护 ESDS 产品。只有当人员与转运车等电位连接时，才能对转运车上的 ESDS 产品进行安全操作。

如果转运车上有储物架可以放置无防护 ESDS 产品，那么这些储物架的性能应该参照 EPA 工作表面的。如果可移动储物架或类似设备是有效的可移动式防静电包装，可以参照防静电包装袋进行要求。

可移动设备和转运车可以采用非绝缘脚轮、拖链或其他方式通过防静电地板接地。如果转运车放置在防静电地板上，这些都是可以考虑的便捷接地手段，且具有无须手工操作的优点。但应经过测试验证，当设备放在防静电地板上的转运车中时，可以有效接地。

在没有防静电地板的情况下（如孤立工作站），转运车和可移动设备应在装卸前和装卸过程中通过接地线接地。

7.8.2　转运车与可移动设备的选择、保养及维护

选择合适的可移动设备或转运车时，应考虑以下问题。

---

① 原书中为 ESD product，译者认为这里应为 ESDS product，即 ESDS 产品。——译者注

（1）是用来盛放 ESDS 器件，还是只用于工具、工艺设备或材料？

（2）是用在同一个还是多个不同的 EPA 中？

（3）是否会涉及化学品？

（4）规格要求（如质量要求、外观要求）是什么？

（5）会留在 EPA 内，还是会通过 UPA，甚至出现在建筑物之外？需要进行包装覆盖或额外的保护吗？

（6）处理的 ESDS 器件是什么型号和类型的？

（7）无防护 ESDS 器件是否会放置在转运车表面？如果会，这些 ESDS 器件是否具有 ESD 敏感性？

（8）如果用于存放或周转 ESDS 产品，是否会采用防静电包装，或者转运车本身是否具备所需的 ESD 防护功能？

（9）在 EPA 范围内，是否有防静电地板使小车接地？是否需要一直通过接地线来保持接地？

（10）是否可以使用标准电极来测量转运车的防静电特性，还是需要特制的电极或技术手段？

（11）是使用了具有永久的防静电特性的材料，还是使用了涂层等可能磨损或降解的 ESD 防护材料？

（12）是否存在颗粒物脱落等对洁净区有污染的可能？

（13）是否有电气方面的考虑，如高压作业，或处理带有电池的 PCB？

（14）是否有安全方面的考虑？

（15）是否有人体工程学和便捷方面的考虑？

（16）是否有维护和清洁制度？

（17）是否有其他安全要求或法规要求？

如果使用脚轮作为接地点，应确保存在两个或两个以上的非绝缘脚轮接地。这将提供一定程度的冗余，以确保即使地面或脚轮上的污染导致接触不良，也能保证接地效果。并不是所有类型的脚轮、支脚或接地链都能与各类防静电地板保持良好接触。

作为接地点的脚轮需要定期清洁，以避免污垢积聚。如果污染会损害储物架的性能，那么储物架需要经常清洁。

7.8.3 转运车与可移动设备的确认

如果转运车上的储物架中存放了无防护 ESDS 器件，该转运车须参照防静电工作表面的要求进行检测，应采用点对点电阻测量来检测其表面性能。如果对存放在转运车表面的 ESDS 器件来说,带电器件的 ESD 是一个非常值得关注的问题,应当考虑规定点对点表面电阻的下限。

应对接地点对地电阻进行测量,以确认储物架等其他部件到脚轮或接地点之间的接地路径。可以先把车停在地面上再进行对地电阻测试,确保脚轮通过地面的接地是可靠的。

在测试对地电阻时,最好分别将小车放置在每一块地板上,以便检查是否可靠接地。

对于移动式 PCB 储物架或其他指定的物品(如防静电包装),应测试暴露的表面,以确认其是静电耗散还是导电的;应进行接地点对地电阻测试,以确保表面与接地点连接。

转运车或可移动设备的任何盖子、门或侧面都应进行测试,以确保其没有暴露出可能带电并产生显著静电场的绝缘面。

应当符合标准的产品,需要按照标准要求进行检测,并建立相应的合格判据。

7.8.4 转运车与可移动设备的符合性验证

对于带有储物架或工作表面的转运车,符合性验证测试方法通常是放置在防静电地板上测试其表面的对地电阻。即便 ESD 控制程序可以自行规定合格范围,现行标准规范仍对表面电阻的上限做出了规定。

诸如移动式 PCB 储物架等设备,可以将其视作一种防静电包装。其中如 PCB 卡槽、晶圆盘或其他专用 ESDS 器件,可能需要测试其表面电阻和对地电阻。由于这类物品比较小巧、复杂,且它们的表面并非平面,使用标准电极难以进行检测,因此需要设计一个适当的电极系统来进行测试。使用的任何特殊测试方法或设备都应形成文件记录,并列入符合性验证计划的一部分。

测试的频率在很大程度上取决于接地的可靠性。如果在洁净区使用的可移动设备在以往的测量中变化不大,则其测试间隔可以相对较长。任何有可能被磨损的涂层或部件都应该定期进行测试。如果可能接触到 ESDS 器件的导电涂层由于磨损而变得绝缘,它将是 ESD 风险的高危来源。

7.8.5 转运车与可移动设备的常见问题

转运车与可移动设备的常见问题是脚轮积聚污垢导致对地电阻过高。

脚轮与地面的接触面积很小。由于某些地板材料中的导电剂分布稀疏,脚轮与地板中导电剂的接触可能出现间断。

储物架表面的污染，如沾染了绝缘的工艺材料，将有损其防静电性能。

有的可移动设备很难从直观上区分是不是 EPA 专用的。这可能导致在移动过程中，本该是 ESD 储物架隔板的位置上误用了非防静电隔板。如果存在风险，应以合适的方式对设备进行明确标识，以区分符合防静电要求和不符合防静电要求两种类型。

7.9 防静电椅

7.9.1 防静电椅的概念

常规非防静电椅的组成结构包括脚轮或支脚、结构部件和绝缘椅面。绝缘椅面和结构部件在与使用者的衣物接触时、椅子在地板上挪动时都很容易起电。如果不进行有效接地，人员坐在易起电座椅上可能携带很高的感应电压，成为 ESD 风险的来源。防静电椅则解决了这些问题（见第 4.7.10.5 节）。

轮式座椅的脚轮在地板上滚动时容易起电。普通座椅不仅容易形成很强的静电场，还会产生内部 ESD，从而发生 EMI，影响电子设备（Smith, 1993, 1999）。

防静电椅的材料是非绝缘的，可以将与用户的衣服接触所产生的电荷耗散掉。椅子通常会通过支脚、脚轮或拖链等接地手段，使椅面和椅子部件之间形成电气通道并接地。

人们普遍有一个误解，即认为防静电椅的用途是为在坐姿状态下的人员提供接地。然而在大多数 ESD 控制程序和现行 ESD 标准中并非如此。这主要是因为无法确保人体和椅子之间通过层层衣物还能保持可靠连接，经常难以确保接地电阻和人体电压保持在足够低的水平。通常要求工作人员坐下后使用腕带接地（见第 7.4 节）；不过在个别情景下，人们还是会选择通过椅子接地。这个问题将在第 7.9.8 节中进一步讨论。

7.9.2 防静电椅的分类

防静电椅（见图 7.10）的类型有很多，包括各种不同高度和造型的椅子及凳子。许多防静电椅的设计是让导电轮或支脚通过防静电地板接地；有些防静电椅会配有额外的接地点，如接地扣。

第7章 防静电设备与设施的选型、使用、保养与维护

图7.10 防静电椅

椅面和椅背可以由非绝缘的织料或树脂材料制成。如果配有扶手，扶手应采用非绝缘塑料。防静电椅上通常还会提供金属脚踏板。

椅面所采用的织料一般都含有导电纤维。如果椅面采用的是树脂材料，下面往往会附有很薄的导电层。

7.9.3 防静电椅的选型

防静电椅的选型主要需要考虑其功能和在 EPA 工作站中使用的便利性，另外，还应把安全因素考虑在内（如使用时的稳定性）。

对于在使用中可能出现摩擦起电的椅面，特别是防静电椅与人体接触的部位，应使用非绝缘材料制成，并且这些椅面应全部与接地点相连。

如果防静电椅通过脚轮（或支脚）和防静电地板接地，应确保配置两个或多个非绝缘的脚轮或支脚。这个方法可提供一定程度的冗余，即使地板、脚轮或支脚上存在污垢对接触带来影响，也能确保接地的可靠性。

防静电椅从外观上看与普通椅子几乎没有区别。如果担心在使用过程中与普通椅子产生混淆，请考虑用适当的标识来加以区分。

7.9.4 防静电椅的认证测试

防静电椅的认证测试，主要应该通过检测确认容易起电的椅面是非绝缘的，并能与接地点（脚轮、支脚或接地连接点）实现电气连接。这些测试一般应该在

干燥的环境下进行。产品应当符合标准，需要按照标准内容进行检测，并制定相应的合格判据。

7.9.5 防静电椅的清洁与维护

在两次符合性验证测试期间，脚轮或支脚上的污垢是导致不合规的常见原因。如果防静电椅是将脚轮或支脚作为接地点，则需要定期清洁，以避免积聚污垢。

7.9.6 防静电椅的符合性验证

对于放置在防静电地板上、通过脚轮或支脚接地的座椅，常见的符合性验证方法是将电极置于防静电椅表面，测量其接地电阻（见第11.8.1节）[测试的是防静电椅表面接地点（如脚轮和地板）到EPA接地点的接地路径]。

7.9.7 常见问题

对于放置于防静电地板通过支脚或脚轮进行接地的防静电椅，常见问题是脚轮上积聚污垢，导致产生接地故障。防静电椅表面（特别是与人体接触的椅面）的磨损和损坏，会有损其ESD防护性能。严禁使用绝缘材料修补防静电椅。

7.9.8 通过防静电椅实现人体接地

人们普遍有一个误解，即认为防静电椅的用途是为采取坐姿的人员提供接地。然而在大多数ESD控制程序和现行ESD标准中并非如此。这主要是因为无法确保人体和防静电椅之间通过层层衣物还能保持可靠连接。另外，依赖脚轮或支脚的接地不可靠，因为污垢可能会积聚在上面。很多时候，维持足够低的接地电阻和人体电压并非易事。

对接地人员来说，通过各类防静电椅的对地电阻都很高，按现行标准可达$10^9\Omega$。相反，腕带接地电阻的上限是35MΩ。依据标准要求，坐着工作的人员必须通过腕带接地。

如果要为接地人员提供防静电椅，必须解决上述潜在问题。第一个难点是如何确保防静电椅和使用者之间能够建立可靠的连接。在环境条件温和时，由于人员穿的衣服较少，暴露在衣服外的皮肤容易接触到防静电椅，这时比较容易满足接地需要。在温度较高时，人体湿度较大，也有助于皮肤通过衣服材料与防静电椅接触。在较冷的环境下，随着人员穿的衣服增多，人体湿度降低，人体与防静电椅之间较难建立可靠的接触。

第二个难点是如何确保防静电椅与防静电地板之间的可靠接地。防静电椅脚轮或支脚与地板的接触面积很小，容易积累污垢。在对洁净度有要求的区域尤其需要引起重视。

由于现行的标准并不涉及防静电椅接地问题，防静电椅是否符合规定应参考具体检测报告，应对技术基础和基本原理进行说明，并以具体数据为支撑，以确定采用的接地方式是否可被接受。由于标准没有提供这些内容，需要自行明确合格判据和符合性验证测试方法，并指定防静电椅的合格判据。因此，应探索人员通过防静电椅接地的符合性验证测试方法和合格判据。此外，应研究在一定的温度和湿度条件下，人体对地电阻和人体电压的变化。寒冷和干燥的条件可能是"最恶劣的环境条件"。对于这一条件，以及其他可以预期的最坏情况，都应该仔细分析。研究结果需要准确记录在报告中，在 ESD 控制程序文件中归纳和引用，并保存在档案中以供日后参考。ESD 控制程序文件中应包含试验的说明文件和测试报告的引用文件。

如果直接通过防静电椅接地，那么人体电压必须保持低于 ESD 控制程序所要求的最大电压。这项测试应该先模拟包括低湿环境在内的最差操作条件，然后对人体电压进行测量。这里存在一个问题：除非对外套做出规定（如要求使用防静电外套），否则外套对防静电椅所产生的电荷特性可能会随着外套材料的变化而发生很大的改变。

如果选用了多款防静电椅，对这些型号的防静电椅都应进行检测，并对每种防静电椅进行分类测试，以证明人体电压可以得到充分控制，并确定对地电阻的可接受范围。采购的防静电椅应仅限于经过测试并合格的型号。

应选用适当的符合性验证测试方法和合格判据。对防静电椅进行简单的对地电阻测试并不能复现人员接地效果。应当让工作人员坐在防静电椅上，测试从人体到地面的电阻（见第 11.8.3 节），以验证电气连接是否有效。基于第 11.8.9 节内容，测量模拟正常工作的受试者的人体电压也是一种可取的方法。

7.10　离子化静电消除器

7.10.1　离子化静电消除器的用途

离子化静电消除器通常用来衰减 ESDS 器件附近绝缘体的电荷水平、电压和静电场（见第 4.6.3 节）。抑制导体电压的主要方法是将其可靠接地，但在接地不便时，可以使用离子化静电消除器将导体上的电压降至可接受的水平。为了降低 ESD 风险、减少洁净区内颗粒物对设备的 ESA，衰减静电场和降低电压非常重要（见第 4.7.9 节）。

离子化静电消除器的工作原理是将正负电荷以离子的形式"喷射"到空气中（见第 2.8 节）。极性相反的离子在静电场作用下漂移到电场源表面。到达电场源表面后，它们将中和掉极性相反的多余电荷，或聚集起来降低电压。

离子是从环境空气中产生的。在离子化静电消除器中产生的空气离子不会造成任何污染，因此电离技术很适合在洁净室使用，但应考虑主动式离子化静电消除器喷嘴的侵蚀。

使用电离方法来中和电荷与电压，主要有两个缺点。

第一个缺点是使用这种方法所需的时间受限于离子到达目标物体表面的速度，这可能需要耗费数秒时间。如果电荷产生的速度大于空气离子到达并中和的速度，那么中和电荷的目标是无法实现的。

第二个缺点与所用离子化静电消除器的类型有关，大多数离子化静电消除器产生的正负离子并不是完全平衡的。这导致在电离范围内不接地的设备或材料将携带一个微弱的残余电压。用户必须确认这个残余电压是否无关紧要。离子化静电消除器的不平衡性通常随着时间和寿命而发生改变。

极性相反的空气离子会相互吸引。这意味着它们将相对漂移并重新组合成中性分子或粒子。离子到达的速度，以及由此引起的电荷或电压的衰减程度，高度依赖离子化静电消除器的位置、与目标表面的距离、局部空气流动和其他因素。有效的中和作用发生在离子化静电消除器周围的有限区域内，中和的时间会随着距离增加而延长。如果物品在电离区域内的停留时间不足，表面电压将不能被完全中和，并可能留下 ESD 隐患。因此，在选用离子化静电消除器时，务必要了解其有效中和区域的大小、方位、中和时间、残余电压等特性。

7.10.2 离子源

市面上的离子化静电消除器的技术原理有很多种。大多数离子化静电消除器采取的是针尖高压放电，通过电晕放电产生空气离子。从正负电极发射出来的离子通常具有不同的速度。核离子化静电消除器可以利用核辐射产生平衡性良好的空气离子源。X 射线离子化静电消除器使用软 X 射线也可以达到同样的目的。

核离子化静电消除器通常使用钋-210 核源。为了保证安全，这些核材料会被包装起来防止核泄漏，但会允许它们释放出 α 粒子（氦原子核）。这些粒子与空气中的气体分子发生碰撞并分裂,产生等量的正负离子,从而形成平衡的离子源。核离子化静电消除器不涉及高电压,因此不会产生静电场。其不同寻常之处在于,它可以产生完全平衡的离子流,因此离子抵消后的电压为 0。但其一大缺点是离子产生速度受限于核衰变速度。虽然可以利用气流来辅助离子的扩散,但核离子化静电消除器的作用范围仍然有很大局限。

交流式离子化静电消除器将交流电施加于针状电极,在同一电极上交替产生正负离子。高压交流电的频率一般与市电的同步。由于相反极性的离子产生于相同电极,它们将快速重新结合起来。通常使用风扇或其他空气动力系统将离子输送到预期的有效中和区域中。

直流式离子发生系统使用正、负直流高压源来进行针尖电晕放电。这些电针相隔一定距离摆放,离子重新结合带来的损失通常比交流系统的要少。这样就可以使用较温和的气流向预期的有效中和区域输送离子。如果各个电极相距太远,靠近电极的离子平衡性较差,可能导致离子化静电消除器附近的残余电压较高。

脉冲直流式离子化静电消除器将相反极性的高压交替作用于同一电极,从而产生极性相反的离子。电压的交流脉冲频率较低,通常不高于 10Hz。因此离子重新结合率比交流系统的低,但残余电压可能在正、负两个极性之间交替出现,越接近离子化静电消除器的电极越明显。这种设备的优点之一是在高压脉冲频率的条件下,可以调整离子的输送速度,从而对有效中和区域内超过预期的性能加以优化。

软 X 射线离子化静电消除器使用 X 射线源来电离空气,从而产生正负平衡的离子流。离子是沿着 X 射线的光束产生的,它们可以从离子化静电消除器向外延伸 1m 左右。工作人员必须避免暴露于 X 射线的辐射之下。该离子化静电消除器的优点是可以在某些没有电场或气流的区域内产生非常平衡的离子源。

7.10.3 离子发生系统的分类

各种离子化静电消除器的核心都是内置离子源,使其在一定的范围内或安装形式下实现效果。在很多工艺流程和自动化系统中也可以大放光彩。

当需要在一个较大的生产环境或车间内中和电荷时,可以采用整屋型电离系统,而不必局限于某个工作站或过程装置。整屋型离子发生系统采用多个电极作为极棒或栅格,可以覆盖所选定的整个区域。它们可以根据不同需要使用交流、直流或脉冲直流离子源。

层流型台式离子化静电消除器可以用来创造一个污染可控的工作站,它通常会被放在一个更大的污染不受控的工作区域中使用。离子化静电消除器的作用是抑制静电起电，以免工作站中发生 ESD 和颗粒污染（颗粒吸引）。它可以使用交流、直流、脉冲直流或核形式的离子源。

台式离子化静电消除器用于工作表面等区域的静电控制，可以使用交流、直流、脉冲直流或核离子源。常见类型有风机型离子化静电消除器等。

如果只是工艺或机器的一个很小的区域内需要进行 ESD 防护，可以选用点式离子化静电消除器。在离子化静电消除器上安装压缩空气喷嘴，可以减少吹除颗粒时的静电荷。它们可以使用包括交流、直流、脉冲直流、X 射线或核离子源。

一些系统能够通过反馈来调节离子平衡并提高性能。它们依靠传感器来感知周围区域的离子平衡水平。然而使用传感器只能保证周围有限区域内的离子平衡，当需要在大范围内实现离子平衡时，最好让多个系统联动，每个系统通过自身传感器来影响较小的区域，而不是用一个系统去控制较大的区域。反馈控制系统可以自动调节发射，减少维护成本。

7.10.4 离子化静电消除器的选择

人们普遍认为，离子化静电消除器通常只会在有确定需要时才会用到。然而，如果离子化静电消除器经常以"贴膏药"的方法来使用，去尝试解决或防止实际存在或可能发生的 ESD 防护问题，难以物有所值。

离子化静电消除器最常见的作用是降低工艺中绝缘体的电荷和电压，也可以用于控制 ESDS 器件或孤立导体电压。这些绝缘体或导体可能是正在制造或处理的产品的一部分，也可能是工艺设备的一个模块。明确所要面对的具体 ESD 防护问题，是选择正确解决方案的先决条件。

离子化静电消除器的一个关键性能要求是：能够快速提供足够多的离子，并在最短时间内中和目标对象上的电荷。在实际情况中，工艺过程或操作所产生的电荷以及之前残存的电荷必须被中和掉。如果电荷的中和速度不够快，ESDS 产品可能处于潜在的风险中，电离的优势就不明显，或者有效中和过程比较缓慢（通过等待或降低工作速度），这往往是很难接受的。中和所需的时间范围可以从几十秒或更久（在手工流程或组织要求了等待时间的流程中）到 1s 或更短（在快速自动化流程中）。

在选择离子化静电消除器时，既要考虑离子化静电消除器的工作环境和工艺因素，还要考虑它在所需的时间尺度内将电荷和电压降低到目标水平的能力。抑制面积的大小是一个重要的考虑因素。通常，离子化静电消除器是为满足工程应用的需要而设计的，应当在实际操作环境内进行评估和合格判定。

如果使用气流将离子输送到工作区域实现中和，离子化静电消除器的性能会得到显著提升。在气流受限或受阻的地方，离子化静电消除器的性能就会大大降低。有些类型的离子化静电消除器安装了风机来帮助空气流动。在部署现场环境时应消除空气流向中和目标的各种阻碍。

主动式离子化静电消除器使用的是高电压和放电针。如果防护不当，可能会带来人员触电或人员意外受到伤害的风险。主动式离子化静电消除器产生的少量臭氧不会对人员健康或工序构成威胁。离子化静电消除器必须满足当地和国家的电气、X 射线或核安全、臭氧产生规定或其他规定。电子离子化静电消除器也会产生 EMI，可能会干扰到敏感的电子设备。

综上所述，在选择离子化静电消除器时，可能需要考虑以下方面。

(1) 离子化静电消除器的用途和任务。
(2) ESDS 器件的耐受电压。
(3) 离子化静电消除器的残余电压目标。
(4) 控制区域的大小和位置。
(5) 该工艺是否可以调整，使得离子化静电消除器更易用或更可靠？
(6) 是否会产生高电压和静电场？是否会在一定范围内出现一定程度的离子不平衡现象（特别是在离子化静电消除器放电针附近）？
(7) 环境方面因素，如气流和阻碍电离的气流。
(8) 利用气流增强中和效果。
(9) 安全事项和规定。
(10) 维护要求。
(11) 安装、运行和维护费用以及设备费用。
(12) 是否需要相关设施，如送风模块？
(13) 洁净和污染情况，特别是涉及送风和净化的区域。
(14) 臭氧和 EMI 效应（对于主动式离子化静电消除器）。
(15) 是否适用于大型系统和配电要求？

在未向制造商咨询的情况下，核离子化静电消除器不能用于化学环境。

7.10.5 离子化静电消除器的质量认证

当明确了使用目的，并选定了离子化静电消除器的类型后，下一步要做的就是验证它是否能够满足要求。这可能涉及很多标准测试和非标准测试。应能掌握具体测试数据，并能代表实际工作环境下的中和进度。现场检测可能是确定离子化静电消除器能否完成预期任务的唯一手段。一旦设备合格，还需要进行一些简单的验收程序，确保采购设备的准确性。

使用 CPM 进行标准测试可以评估离子化静电消除器的基础性能（见第 11.8.8 节）。在同一环境条件下对电荷衰减时间和残余电压进行重复测量，是对不同离子化静电消除器进行比较的基础手段。两个极性电荷都应进行中和试验。产品应当符合标准规范，需要按照标准要求进行检测，并建立相应的合格判据。

另外，还应将离子化静电消除器置于实际工艺和环境中测试其工作状态，测试设备在中和 ESDS 器件等物品时所处位置范围的性能。应设计专用和非标准试验流程，以证明离子化静电消除器能够可靠地完成预定的任务。例如，尽可能在接近实操环境的条件下，测试工作涉及的绝缘物品、ESDS 器件或孤立导体上的电荷衰减时间和残余电压。在现场确认过程中，设计一套满足符合性验证需求的测试计划或正确选择 CPM 位置十分必要。在某些情况（如机器正在运行中）下，在运行条件下直接测量会十分不便或不可行。

质量验证可能需要用到非标准 CPM 设备以及其他仪器（如静电电压表或静电场仪等设备）来对实际工作参数进行测量。除静电性能测试外，可能需要测试离子化静电消除器的其他性能，如臭氧积累量、粉尘污染或 EMI 等。

离子化静电消除器在正式投入生产过程后能够成功解决已识别的问题，而不会引入新的隐患，这是离子化静电消除器能够有效阻止小概率 ESD 事件的有力证明。

7.10.6　离子化静电消除器的清洁与维护

主动式离子化静电消除器中包含高电压和放电针，应根据制造商的说明，由持证人员进行清洁和维护。

主动式离子化静电消除器的放电针需要定期清洗、维护或更换。这些工作所需的周期取决于制作材料、离子化静电消除器的设计指标以及操作环境。放电针的性能下降不仅会影响衰减时间，还会影响离子化静电消除器的平衡性及残余电压。

放射性离子化静电消除器的强度随着放射性同位素的衰变而逐渐衰减。一旦其强度衰减到不可接受的程度，就需要及时进行更换。放射源一般需要返厂更换和处理。设备需要接受泄漏测试以确保使用安全。

X 射线离子化静电消除器可能需要定期返厂更换 X 射线源，可以通过与其他离子化静电消除器类似的方法来测量衰减时间和残余电压等参数。

7.10.7　离子化静电消除器的符合性验证

离子化静电消除器的符合性验证标准方法是通过使用 CPM 测量其衰减时间

和残余电压（见第 11.8.8 节）来进行的。应选用可复现的试验计划或地点，最好是在离子化静电消除器的质量认证条件下现场进行符合性验证，以确保测试的结果能够代表被中和物品所在位置所需的要求。

测试周期应根据具体情况和经验适当选择。如果测试的对象是昂贵或高敏感部件，可能需要相对频繁地进行功能测试和定量测试。目视检查能够发现可移动离子化静电消除器的朝向是否正确。对于对性能要求不高，或者以往的验证记录显示其性能稳定可靠的测试对象，可以降低其测试频率。

7.10.8　离子化静电消除器的常见问题

随着离子发射效率的变化，主动式离子化静电消除器维护不当会导致残余电压过剩，从而导致附近的物体因残余电压而发生起电，进而出现未检测到的 ESD 风险。容易接触 ESDS 器件的孤立导体的风险最高。曾有因离子化静电消除器管理疏漏而使物品起电到近 1000V 的案例。脉冲直流离子化静电消除器也会随时间变化而产生残余电压（见图 7.11）。

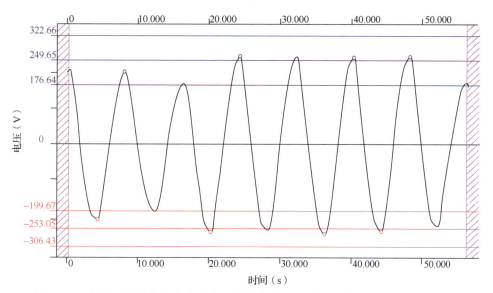

图 7.11　典型天花板式脉冲直流离子化静电消除器在桌面高度对物体进行充电
（来源：D. E. Swenson）

化学污染或过高的湿度环境会影响到主动式离子化静电消除器的高压源，导致其内部出现泄漏电流，从而减少离子输出，出现中和时间延长和残余电压积累的现象。

7.11 防静电服

7.11.1 防静电服的用途

设计良好、穿着正确的防静电服可以保护穿戴者处理的 ESDS 器件免受静电场的伤害，也可以阻断外套上高电荷产生的静电。如果为了洁净或其他原因需要穿上外套或工作服，选用 ESD 控制程序规定的服装可以防止产生静电场或成为静电源（见第 4.7.10.8 节），避免内层服装产生的静电场和 ESD 对 ESDS 器件带来不良影响（Paasi et al., 2005a; Paasi et al., 2005b）。

穿上防静电服并不代表可以不佩戴防静电腕带、不穿防静电鞋或不使用防静电地板。

7.11.2 防静电服的种类

现行的 ESD 标准 IEC 61340-5-1 和 ANSI/ESD S20.20 中定义了 3 类防静电服。

（1）不接地，直接提供静电防护的防静电服。这类服装的点对点电阻符合标准规定。

（2）具有固定接地点的可接地防静电服。这类服装的点对点电阻和点对地电阻符合标准规定。

（3）可接地的防静电服系统，服装可以让穿戴者接地。这类服装的点对点电阻和点对地电阻符合标准规定，可以为穿戴者提供一种可靠的接地方式，如集成一条已接地的腕带或导电的袖口。

IEC 61340-4-9 进一步详细描述了防静电服的类型和特性，以及用于检测和验证服装特性的测试方法（IEC, 2016a）（见表 7.1）。

表 7.1　IEC 61340-4-9:16 中防静电服的类型和特性及其测试方法

功能描述	类型	测试方法	阻值区间（Ω）
抑制静电场	静态防护	点对点电阻	$<10^{11}$
指定接地点	接地型（人体-服装）	点对点电阻 点对地电阻	$<10^{9}$
作为非主要接地路径	接地型	点对点电阻 点对地电阻	$<10^{9}$
连续监测、两路独立接地	接地型（人体-服装）	点对点电阻 点对地电阻	$<10^{9}$
		腕带符合 IEC 61340-4-6 要求	$<3.5\times10^{7}$

续表

功能描述	类型	测试方法	阻值区间（Ω）
连续监测、单路接地	接地型（人体-服装）	点对点电阻 点对地电阻	$<10^9$
		腕带符合 IEC 61340-4-6 要求	$<3.5\times10^7$
作为主要接地路径	接地型（人体-服装）	点对点电阻 点对地电阻	$<10^9$
		腕带符合 IEC 61340-4-6 要求	$<3.5\times10^7$

一次性防静电服，顾名思义，是指可用频次很少的防静电服。它们通常不是由针织材料制成的，防静电特性通常由非耐久性饰面带来或加工所得，性能更多取决于环境湿度，在低湿度条件下会被削弱。在有污染而导致服装寿命短并需要频繁更换的工艺过程中，这类服装有它的用武之地。

可重复使用的局部处理防静电服需要在每次清洗后重新加工。加工工序通常依赖环境湿度，如果湿度太低则不宜加工。有些材料虽然含有导电纤维，但也需要进行局部处理，这类材料的性能一般与湿度关联不大。

具有耐久性 ESD 防护性能的服装应在其预期寿命内保持静电防护性能。这种服装通常将导电纤维以网格或条纹形式编织到布料中（见图 7.12 和图 7.13）。如果没有接地，这种服装中裸露出来的导电纤维可能成为静电源。

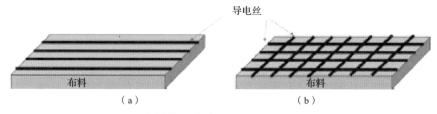

图 7.12　导电纤维图案（Paasi et al., 2005a, 2005b）
（a）条纹　（b）网格

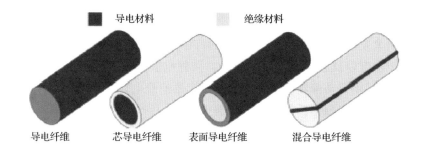

图 7.13　导电纤维分类示例（Paasi et al., 2005a, 2005b）

制作防静电服的材料多种多样，有一次性的，也有可重复使用的；防静电服可以由均匀的原始织料或涂层织料制成，也可以由具有单向排列的导电纤维或交叉栅极排列的导电纤维的织料制成。

可接地防静电服能够将织料中的一个或多个导电纤维作为接地点接地。服装接缝处应该形成电气连接。具有网格图案的织料所产生的连接更加可靠。可以在服装接缝处使用非绝缘（导电）的缝纫线来加强材料之间的电气连接效果。服装接地的路径可以是从穿戴者的身体到导电手腕袖口，或者在其他部位与皮肤接触的物品接地，前提是可以通过腕带或地板-鞋束系统接地，或者可以通过接地扣实现接地。

如果织料中的导电纤维是条纹图案而非网格图案的，那么电气连接的效果可能相对较差。这就需要经过局部处理或在服装接缝处添加导电材料以改善导电纤维之间的连接情况。

经过局部处理的织料可能无法均匀降解，并有可能使部分接地通道断开。

有一种观点是对于服装材料不能只测量其电阻。由于测试电极不与导电纤维接触，包裹在布料内的导电纤维材料往往无法在电阻测量时被检测到，所以这种简单的测试并不能代表服装材料的全部性能（Paasi et al., 2004; Baumgartner, 2000）。容易被电阻测试方法忽略的潜在因素包括：

- 布料的摩擦起电性能；
- 接地纤维对布料防护性能的影响；
- 材料中未接地的导电纤维的 ESD 风险；
- 非均匀材料绝缘部分起电的 ESD 风险；
- 布料起电状态下对静电场的有效隔离保护；
- 接地人员对服装防护性能的影响。

21 世纪初，欧洲 ESTAT 服装项目研究了上述因素的重要性，并结合表面导电纤维和芯导电纤维及金属导电丝，提出了一些使用和测试防静电服的建议。相关建议目前还没有被 ESD 标准化广泛采用，但是他们的结题报告读起来很有意思（Paasi et al., 2005b）。这个项目的研究结果大致证实了简单电阻测量在评价可穿戴材料活动中的价值。

上述研究发现，防静电材料和服装的特性在很大程度上取决于材料和服装的设计、环境湿度以及服装/人员是否接地。防静电服的主要功能有：

- 弱化或消除防静电服下面的衣物所产生的静电场；
- 防止防静电服下面的衣物产生静电；
- 防静电服本身不应带电，不能引起外部静电场或成为潜在的破坏性静电源。

ESDS 器件可能由于与衣物材料发生意外摩擦而起电，这虽然不能通过选择材料而轻易避免，但可以通过尽量减少摩擦的风险来规避，如避免穿戴宽松的衣物。宽松的衣物在防护方面的能力不如紧身的衣物。如果服装材料上有不接地的导电线或足够大的绝缘区域（超过 20mm×20mm），则服装很有可能发生 ESD。表面电阻在 100kΩ～100GΩ 范围内的材料的防静电效果最理想。

Paasi 等人（2005b）将防静电服分为 A 类（电连续、低起电、使用静电耗散或导电材料、接地）和 B 类（低起电但无须测量电导率，不需要接地）。这基本符合 IEC 61340-4-9 的"接地防静电服"和"防静电服"分类（见表 7.1）。

将可接地防静电服的导电部分接地（如连接到已接地人员），无论是从外部静电场的角度，还是从潜在静电源的角度，都能够提高其防静电性能。

7.11.3 防静电服的选择

在工作中可能需要防静电服来保护 ESDS 器件，以防止 ESD 可能产生的影响。在处理易燃材料（如化学试剂）时，有些国家或地区会将这些服装纳入 PPE 进行监管。欧洲的 PPE 选择、保养、使用和维护指南见 CEN/TR 16832。

在选择防静电服时，首先要考虑的问题就是，防静电服是必需的吗？回答这个问题并不容易。在开发 ESD 控制程序的过程中，ESD 协调员需要结合许多因素来综合评估这一需求。

有时，ESD 协调员必须评估日常工作服在处理 ESDS 器件和其他工作中的 ESD 风险是否显著。评估防静电服需求需要考虑的因素如表 7.2 所示。

表 7.2 评估防静电服需求需要考虑的因素

需要使用防静电服的因素	不需要使用防静电服的因素
1. 处理 CDM 耐受电压低的部件 2. 操作成本高、耐受电压低的 ESDS 产品 3. ESD 失效的后果难以承受 4. 避免静电吸引现象的洁净区 5. 用户穿戴的衣物可能会产生高电荷（如在干燥、凉爽环境中） 6. 产品或市场要求高可靠性和低 ppm 故障率 7. 使用防静电服有助于建立 ESD 防护文化或有助于展示最佳实践和管理模式（访客视角）	1. 处理的部件具有中等或较高的 ESD 耐受电压，成本较低或中等 2. 偶发 ESD 失效的后果可接受 3. EPA 不是主要需求 4. 环境条件温暖、潮湿（如穿戴低起电的单薄衣物） 5. 消费者市场允许适当的故障率

虽然 Paasi 等人（2005b）认为防静电服并非总是刚需，但他们仍然建议，如果 ESDS 产品的 ESD 耐受电压低于 CDM 500V 或 HBM 1kV，应当认真考虑对防静电服的需求。如果有洁净防污需求，或者对产品有高可靠性需求，又或者 ESD 失效所致的成本较高、后果较严重，那么也应当对防静电服提出要求。对于洁净区中使用的服装，制衣材料的荷电率也是主要考虑因素。

普通服装的主要 ESD 风险是产生高电荷，并在 ESDS 器件附近形成静电场。这种静电场会对器件产生高电压，导致带电设备或带电平板发生 ESD。在洁净区内也需要高度关注 ESA，防止静电场诱使污染物吸附到正在操作的物品上。一般来说，人体最可能接近 ESDS 产品的部位是躯干和前臂。因此，一定要特别注意保护 ESDS 产品不受这部分服装静电场的影响。从这个角度来看，下身所穿的服装往往不那么重要了，因为它们不大可能太接近无防护 ESDS 器件。

衣服的布料会掉落纤维碎片，这些纤维碎片会给洁净区带来不可接受的污染。因此，在洁净区使用的工作服全部都可采用防静电材料，采用低发尘率设计，以减少颗粒物的 ESA。

一旦决定使用防静电服，必须选择合适的服装类型。在某些情况下（如在洁净室中），这个问题很容易直接通过指定服装的防静电性能（如人体防护或防止污染）来解决。常规工作服有可能是由绝缘材料制成的，这将是静电场的强来源。

防静电服应能在身体关键部位处把穿在里面的服装完全遮盖。因此，当普通服装距离 ESDS 器件 30cm 以内时，需要使用防静电服遮蔽。这类防静电服的设计目标是减少内层服装产生的静电场。它本身不应产生静电场或成为静电源，因此它所使用的原料不能含有低电阻纤维或金属，避免发生充电并成为静电源或引发其他电气安全问题。

根据 Paasi 等人（2005b）的研究，密集的导电纤维网格（如尺寸为 5mm×5mm 的网格）可以改善对静电场的控制。对于带有导电条的材料，导电条的间距应小于 10mm。网格织料的方格尺寸应控制在 20mm×20mm 或更小范围内。该研究发现，在干燥的环境中，芯导电纤维织料中的纤维不具备良好的接地，但这并不影响它们在防静电服中的地位。他们不建议只将一件衣服作为使用者的接地路径。

在一些国家（如欧洲各国），具有个体防护功能的服装要符合法律规定、遵守特定的安全规范。有些组织在选择工作服装时也可能会有相关的安全管理要求。

7.11.4　防静电服的合格测试

如果要求对应标准文件，应按照标准规定的内容进行检测，并确定合格判据。目前的标准测试方法主要是通过测量点对点电阻来确定材料的表面电阻（见第 11.8.2 节）。对于具有接地点的服装，还应测量接地点的对地电阻。对于不同衣片接缝处，应测量衣片之间的点对点电阻。如果服装会与使用者皮肤接触，也应该进行测试。

许多服装材料都会在一定程度上受到环境湿度的影响。棉布材料具有良好的吸湿性,但人造纤维[如 PET（Polyethy-lene Terephthalate,聚对苯═甲酸乙═醇酯)和尼龙]通常没有很好的吸湿性。局部处理的材料往往高度依赖环境湿度来发挥作用。因此,电阻测量工作被控制在低湿度条件下进行。在实践中,可以选择不同的温度和湿度条件进行测试。

服装材料如果使用了芯导电纤维,就无法使用表面电阻测量方法,因为测试电极不能与内置的芯导电纤维良好接触。目前,在电气环境中测量这类材料的标准测试方法还没有相关规范（Swenson,2011）。用户需要自行确定合适的测试方法,并确定合格判据。

Paasi 等人提议,在服装材料的表面电阻检测过程中,EN 1149-3 中的方法 1 可用于评估摩擦起电,方法 2 可用于评估各类服装材料的感应起电（BSI,2004）。Holdstock 等人（2003）开发了一种"电容加载"测试方法,可用于评估服装材料的起电情况。

使用声称具有永久防静电性能的材料制成的服装前应进行检测,应将新材料的测量结果与模拟长期使用并反复清洗的材料的测量结果相比较。IEC 61340-5-2 中建议使用 50 次循环清洗。

7.11.5 防静电服的使用

在选择防静电服的尺寸时,应确保其套在普通服装外面时能比较合身。出于 ESD 防护要求,防静电服应至少覆盖到里层服装的手臂和躯干部分。应选择紧身的服装,杜绝宽松和敞口的服装,以免露出里层服装。

在接触 ESDS 产品前,应将穿戴的接地防静电服连接到接地点。在操作 ESDS 器件的过程中,应保持防静电服接地。

7.11.6 防静电服的清洁与维护

破损的防静电服应该根据制造商的建议更换或修补。修补后的服装在使用前应送检并通过符合性验证测试。

防静电服的清洁应按照制造商的说明进行。需要对其进行彻底冲洗,以确保沾染的化学品试剂全部被清除。要采用可审计的跟踪记录系统来监测清洁情况。清洗之后,对于防静电服的 ESD 防护性能应全部或抽样进行符合性验证测试。

7.11.7 防静电服的符合性验证

服装应定期（尤其在清洗后）进行符合性验证测试。经过处理或化学添加的服装的测试通常需要比那些包含导电纤维的服装的测试更频繁。对于表面电阻可直接测量的服装材料，可以使用标准的点对点电阻测试法（见第 11.8.2 节）。对于可接地服装，接地点的电阻也应进行测试。

电阻测试方法不适用于进行芯导电纤维材料的符合性验证。如果选择这类材料，则需要定义合适的验证测试方法和合格判据。

符合性验证测试的频率应当反映出服装材料的预期生命周期。

7.11.8 防静电服接地

可接地的防静电服能够帮助穿戴者直接通过该服装接地。它们通常有一个接地点，能连接到一个接地连接点上。这些接地端子的材料电阻相对较低，必须与穿戴者的身体有可靠接触。

服装材料的基础测试可在样块上进行，通常采用点对点电阻测量法。一些织料的电阻会随方向的变化而变化，这取决于导电纤维的分布状态（经纱和纬纱），因此在测量时应对这种可能性进行分析。

接地服装的认证应包括测试所有材料的点对点电阻小于所要求的上限，并与该服装的接地点电气连接；接地服装必须与穿戴者的皮肤有直接接触，能够且必须使穿戴者通过该系统可靠接地。

对于接地人员所使用的防静电服，应在穿戴前验证其接地通路、测试材料的对地电阻。如果服装的作用是使穿戴者的身体接地，那么在使用衣服前，应当用类似腕带测试的方式验证从穿戴者的身体到地的整个接地路径。

7.12 手持工具

7.12.1 手持工具的意义

手持工具指的是各种需要手持使用的工具，包括螺钉旋具、钳子、剪刀、镊子、真空拾取器等。如果手持工具不是为防静电而设计的，通常会用绝缘材质的手柄（见第 4.7.10.6 节）将导电金属材料与手隔开。这些被隔离的导电金属材料可能会带电，如果接触到 ESDS 产品，可能发生具有潜在破坏性的 ESD 损伤。大多数防静电工具在设计时都会保证工具的所有部件都通过接触使用者的手来接地。

7.12.2 手持工具的种类

主要关注的手持工具是那些在使用过程中可能直接接触 ESDS 产品的工具，包括钳子、铅切刀和焊接工具，以及螺钉旋具和调节工具。

手持工具一般都是防静电的，其中的金属部件需要确保可以通过使用者的手接地。这就意味着工具的绝缘部件会被非绝缘材料所取代。

在某些情况下，在操作 CDM 耐受电压较低的 ESDS 器件时，可能需要确保金属部件（即使已经接地）不能接触到 ESDS 器件。接触到 ESDS 器件的金属部件要具有电阻性，还需要规定一个电阻最小值，使接触 ESDS 器件时任何可能发生的 ESD 风险达到最低。

7.12.3 手持工具的认证检测

如果手持工具应当对应标准文件，需要按照标准规定的内容（如果有）进行检测，并确定合格判据。然而，IEC 61340-5-1 和 ANSI/ESD S20.20 的现行版本尚没有对手持工具的要求或测试方法进行规定。因此，用户必须自行制定测试方法和合格判据。

许多手持工具（如刀具或钳子）是由金属制成的，如果该手持工具是非防静电工具，这些金属部件和使用者的手之间用绝缘材料制成的手柄相隔。对于一个常规工具，这些金属部件可能是可以起电的孤立金属部件，它们可能接触 ESDS 器件并对其放电。为了防止这种情况发生，应当使用非绝缘材料替换掉绝缘手柄。工具的金属部件和使用者的手之间的电阻应低于一个数值，从而使金属部件上的电荷能在短时间内耗散。在大多数情况下，耗散时间在 1s 内是可以接受的。如果可以测量或估算金属部件的电容 C，就可以得出金属部件接地电阻 R 的 RC 上限小于 1。例如，如果工具的金属部分电容为 10pF，可以接受的电阻 R 为 $10^{11}\Omega$。在实际操作中，准确测量大电阻比较困难，因此最好定义一个比较贴近实际的低电阻限值，它也会很容易通过市面上的产品实现。事实上很多防静电工具的电阻都小于 1GΩ。如果可以使用 CPM，那么直接进行电荷衰减测量通常比测量工具的大电阻更容易和更可靠。

IEC 61340-5-1 的早期版本（IEC 61340-5-1:1998）中对电阻和电荷衰减测试与合格判据做出了规定，并给出了可直接使用或参考的标准。

有些手持工具（如手持设备）的裸露外壳的面积较大，如果该手持工具是由绝缘材料制成的，它则可能会带电并产生静电场，当靠近 ESDS 器件时就会带来 ESD 风险。为避免这种情况，可以在干燥的环境下对材料进行起电测试，以评估材料上是否会产生并聚集超出接受范围的高压。

7.12.4 手持工具的使用

手持工具是通过与使用者的手接触来接地的。如果使用者佩戴了绝缘手套，那么将阻断手持工具的接地通路，这些手持工具就会变成带电导体，从而产生ESD风险。

因此，与手持工具配合使用的手套必须具有足够低的电阻，从而为工具提供合适的接地路径。

7.12.5 手持工具的符合性验证

如果要求对应标准文件，应按照标准规定的内容（如果有）进行检测，并确定合格判据。然而，IEC 61340-5-1 和 ANSI/ESD S20.20 的现行版本尚未对手持工具的要求或测试方法做出规定。因此，用户必须自行制定测试方法和合格判据。

可以通过一个简单的方法来测量工具尖端通过手到地的电阻（见第 11.9.5.2 节）。另外，CPM 也可以用于电压衰减测试（见第 11.9.8.1 节）。如果是佩戴手套后手持着工具，那么工具-手套-手-地面系统可以通过以上任一种方法进行测量。

7.12.6 手持工具的常见问题

具有防静电功能手持工具的常见问题是容易把它们与相似的非防静电类工具搞混。这就可能导致在 EPA 中出现非防静电工具并被误用。如果能在工具上进行适当的标识，就可以避免这种问题的发生。

绝缘手套将阻断工具接地，那样这些手持工具就会变成带电导体，从而产生ESD风险。

7.13 电烙铁

7.13.1 电烙铁的防静电问题

关于电烙铁的许多问题都与 EOS 有关，这是由于出现了具有破坏性的泄漏电流和泄漏电压,而非 ESD(EOS/ESD Association Inc, 1999)。如果烙铁头已经接地,那么与电压敏感器件相比,能量敏感器件可能更容易因为泄漏电流和泄漏电压而受到损伤。

电烙铁的安全使用参数为:对地开路电压不超过 20mV,对地短路电流不超过 10mA,对地电阻不超过 2Ω。

7.13.2 电烙铁的产品认证

ANSI/ESD S20.20 要求测量焊接电烙铁或脱焊电烙铁的 3 个参数,它们分别是尖端对地(或接地点)电阻、尖端电压和尖端泄漏电流。IEC 61340-1-1 对焊接和脱焊工具没有提出要求。

7.13.3 电烙铁的符合性验证

ANSI/ESD S20.20 只要求测量焊接电烙铁或脱焊电烙铁的烙铁头对地(或接地点)电阻。这一点用万用表很容易做到(见第 11.9.6 节)。

7.14 防静电手套与指套

7.14.1 防静电手套与指套的使用环境

在工作中使用手套或指套,主要基于两个原因(见第 4.7.10.7 节)。

第一,待处理的产品可能需要避免操作人员的皮肤上沾有油、盐、微生物或其他污染物。在处理产品、工具或其他物品时,戴上手套也可便于提高抓力。

第二,在一些工作过程中,操作人员可能需要保护他们的双手,避免接触到过热物品、过冷物品、化学品、锋利的边缘、高压物品等。在这种情况下,一些国家可能会把手套归类为 PPE,并通过地区、国家或组织的 PPE 法规、政策或其他安全法规进行约束,必须把遵守当地安全规定放在首位。

在使用手套或指套的过程中,可能会带来 3 种与静电有关的威胁。

第一,将一种潜在的绝缘材料置于手持的物品和人体之间。任何需要通过操作人员的手将设备进行接地的情况,如使用手持防静电工具,都应当考虑到这一点。

第二，有些手套的材料可能会带电并产生静电场，这将会对正在处理的 ESDS 产品带来 ESD 风险。

第三，手套或指套的接触可能会给 ESDS 产品或其他物品带来一定程度的充电，这可能导致器件带电、PCB 带电或其他 ESD 风险。

7.14.2 防静电手套与指套的分类

手套和指套有很多种类型，不同类型的手套和指套分别用不同的材料制成。在一些国家和组织的工作流程中，出于安全考虑，会要求人员佩戴 PPE 手套。这些属地法律法规和管理要求必须始终遵守。

手套可以是一次性的也可以是可重复使用的。对于可重复使用的手套，应当对其性能进行实时监测并定期验证，以确保它是可用的。有的手套和指套会经过局部处理或添加抗静电剂。在某些操作过程中，这些都有可能导致所接触的物品受到不可逆污染。

乳胶、乙烯和丁腈等材料制成的手套或指套通常是一次性的。这类产品可能经过了局部处理或添加了抗静电剂。

针织手套一般都会含有表面导电纤维或者芯导电纤维。当需要通过手套在手持物品和手掌之间建立电气通道时，应使用含有表面导电纤维的手套。如果不经过局部处理，芯导电纤维很难维持导电路径。

7.14.3 如何选择防静电手套与指套

从安全角度出发，部分国家或组织会要求人员佩戴 PPE 手套，这些地方性法规和要求超出了本书所讨论的范围，但必须遵守。欧洲地区 PPE 的选用、保养、使用和维护指南可以在 CEN/TR 16832 中查到，并且手套需要符合 EN 16350（European Committee for Standardization (CEN), 2014）的规定。

在选择手套和指套时，首先应当确定它们的主要作用。例如，它们是用于个人防护还是用来避免产品污染。手套的基本样式往往取决于这些因素。其他可能需要考虑的因素如下。

（1）是一次性的还是可重复使用的？

（2）物理性能和安全保护注意事项。

（3）手持的设备是否需要接地？

（4）是否要带电操作？

（5）ESDS 产品操作的成本和敏感性。

(6)是否方便使用?

(7)是否适用于净化间?

(8)被污染时是否会影响防静电效果?

即使有些类型的手套(如薄乳胶手套和黑胶手套)的设计初衷不是防静电,它们也具有非常好的防静电性能。如果经过检测确认如此,那么合格的型号款式允许在ESD控制程序中使用。

7.14.4 防静电手套与指套的合格测试

产品应当符合标准,需要按照标准要求进行检测,并建立相应的合格判据。如果没有规定标准依据,则需要在ESD控制程序中规定测试方法和合格判据。截至本书(英文版)成稿之时,大多数的现行标准文献并没有对防静电手套和指套做出明确规定。

除了针对物理性能和安全功能的检查,还需要特别关注对防静电功能的测试。记录表格中经常会列出物理特性和PPE属性。手套和指套的检测通常可以使用两种方法。第一,利用电阻测试来确定佩戴者的手与所持物品之间的接地路径是否连通,这种方法可以通过直接的电阻测量或者间接通过电荷衰减测试来进行,符合EN 16350的手套材料电阻将小于100MΩ。第二,在直接操作ESDS器件的区域进行静电充电/放电测试可能存在困难,这时可以考虑使用在第11.9.7节、第11.9.8.2节、第11.9.8.3节和第11.9.9节中给出的一些测试方法。

手套电阻和电荷衰减的理论上限可以由第一种方法计算得出(见第7.12.3节)。在实际操作中,准确测量大电阻比较困难,因此最好定义一个比较贴近实际的低电阻限值,这个测量也会很容易通过市面上的产品实现。如果可以使用CPM,那么直接进行电荷衰减测量通常比测量手套材料的大电阻更容易和更可靠。

7.14.5 防静电手套的清洁和保养

可重复使用的纺织手套应按照出厂说明书进行清洁,有时需要进行专业保养使之恢复作用。

7.14.6 防静电手套与指套的符合性验证

如果使用的是一次性手套或指套,并且已按规定完成抽检程序,则并不需要再进行符合性验证测试。对于可重复使用的手套与指套，应当在一段时间内通过符合性验证测试来确认基础的防静电特性没有发生改变。这里需要制定合适的符合性验证测试方法和合格判据。检测的周期频率应考虑以下 4 个方面：
- 手套与指套被污染的概率；
- 建立了可靠性和寿命的经验；
- 手持操作 ESDS 产品的成本和灵敏度；
- 手套与指套的静电性能一旦发生变化，可能引发的后果。

对于手套与指套的测试，最简单的方法大概就是由接地的人员佩戴后测试其对地电阻（见第 11.9.7 节）。

7.14.7　防静电手套与指套的常见问题

手套和指套一般都使用普通聚乙烯包装，这些聚乙烯包装如果被带进 EPA，就会变成不合规的次级包装材料的来源，并出现 ESD 风险。为了防止这种情况发生，应先去除外部包装，再把手套、指套拿进 EPA。

7.15　防静电设备设施标识

可以通过一些标识来区分防静电设备设施与非防静电设备设施，也只有符合防静电要求的产品才可以进行标识。IEC 61340-5-2 和 ANSI/ESD S8.1 中推荐了一种用于识别防静电设备设施的标识（IEC, 2018; EOS/ESD Association Inc, 2017），如图 7.14 所示。

图 7.14　EOS/ESDA 推荐的一种用于识别防静电设备设施的标识
（EOS/ESD Association Inc, 2017）

参考资料

Baumgartner G. (2000). ESD TR2.0-01-00. ESD Association Technical Report — Consideration For Developing ESD Garment Specifications. Rome, NY, EOS/ESD Association Inc.

British Standards Institution. (2004). BS EN 1149-3:2004. Protective clothing — Electrostatic properties — Part 3: test methods for Measurement of charge decay. ISBN: 580437361.

EOS/ESD Association Inc. (1999). ESD TR13.0-01-99. ESD Association Technical Report EOS Safe Soldering Irons requirements. Rome, NY, EOS/ESD Association Inc.

EOS/ESD Association Inc. (2013). ANSI/ESD S1.1-2013. Standard for protection of Electrostatic Discharge Susceptible Items — Wrist Straps. Rome, NY, EOS/ESD Association Inc.

EOS/ESD Association Inc. (2014a). ANSI/ESD STM9.1-2014. ESD Association Standard for the Protection of Electrostatic Discharge Susceptible Items — footwear - Resistive Characterization. Rome, NY, EOS/ESD Association Inc.

EOS/ESD Association Inc. (2014b). ANSI/ESD S20.20-2014. ESD Association Standard for the Development of an Electrostatic Discharge Control Program for — Protection of Electrical and Electronic Parts, Assemblies and Equipment (excluding Electrically Initiated Explosive Devices). Rome, NY, EOS/ESD Association Inc.

EOS/ESD Association Inc. (2015). ANSI/ESD STM97.1-2015. ESD Association Standard Test Method for the Protection of Electrostatic Discharge Susceptible Items — Floor Materials and footwear — Resistance Measurement in Combination with a Person. Rome, NY, EOS/ESD Association Inc.

EOS/ESD Association Inc. (2016). ANSI/ESD STM97.2-2016. Floor Materials and footwear — Voltage Measurement in Combination with a Person. Rome, NY, EOS/ESD Association Inc.

EOS/ESD Association Inc. (2017). ANSI/ESD S8.1-2017 Draft Standard for the Protection of Electrostatic Discharge Susceptible Items — Symbols — ESD Awareness. Rome, NY, EOS/ESD Association Inc.

European Committee for Standardization (CEN). (2014). EN 16350-2014 Protective gloves — Electrostatic properties. Brussels, CEN.

European Committee for Standardization (CEN). (2015). PD CEN/TR 16832:2015. Selection, use, care and maintenance of personal protective equipment for preventing electrostatic risks in hazardous areas (explosion risks) Brussels, CEN.

European Union. (2016). Regulation (EU) 2016/425 of the European Parliament and of the Council of 9 March 2016 on personal protective equipment and repealing Council Directive 89/686/EEC. [Accessed: 17th Aug. 2019].

Holdstock, P., Dyer, M. J. D., and Chubb, J. N. (2003). Test procedures for predicting surface voltages on inhabited garments. In: Proc. of the EOS/ESD Symp. EOS-25, 300-305. Rome, NY: EOS/ESD Association Inc.

International Electrotechnical Commission. (1998). IEC 61340-5-1:1998. Electrostatics — Part 5-1: Protection of electronic devices from electrostatic phenomena — General requirements. Geneva, IEC.

International Electrotechnical Commission. (2001). IEC 61340-4-3:2001. Electrostatics — Part 4-3: Standard test methods for specific applications — footwear. Geneva, IEC.

International Electrotechnical Commission. (2003/2015). IEC 61340-4-1:2003+AMD1:2015 CSV. Electrostatics — Part 4-1: Standard test methods for specific applications — Electrical resistance of floor coverings and installed floors. Geneva, IEC.

International Electrotechnical Commission. (2004). IEC 61340-4-5:2004. Electrostatics — Part 4-5: Standard test methods for specific applications — Methods for characterizing the electrostatic protection of footwear and flooring in combination with a person. Geneva, IEC.

International Electrotechnical Commission. (2005). IEC 60364-1:2005. Low-voltage electrical installations — Part 1: Fundamental principles, assessment of general characteristics,definitions. Geneva, IEC.

International Electrotechnical Commission. (2015). IEC 61340-4-6:2015. Electrostatics — Part 4-6: Standard test methods for specific applications — Wrist straps. Geneva, IEC.

International Electrotechnical Commission. (2016a). IEC 61340-4-9:2016. Electrostatics — Part 4-9: Standard test methods for specific applications — Garments. Geneva, IEC.

International Electrotechnical Commission. (2016b). IEC 61340-5-1:2016. Electrostatics — Part 5-1: Protection of electronic devices from electrostatic phenomena — General requirements. Geneva, IEC.

International Electrotechnical Commission. (2018). IEC TR 61340-5-2. Electrostatics — Part 5-2: Protection of electronic devices from electrostatic phenomena — User guide. Geneva, IEC.

International Organisation for Standardization (ISO). (2011a). ISO 20344:2011. Personal protective Equipment — test methods for footwear. Geneva, ISO.

International Organisation for Standardization (ISO). (2011b). ISO 20345:2011. Personal protective Equipment — Safety footwear. Geneva, ISO.

Paasi, J., Nurmi, S., Kalliohaka, T. et al. (2004). Electrostatic testing of ESD—protective clothing for electronics industry. In: Proc. Electrostatics 2003 Conference, Edinburgh, 23-27 March 2003. Inst. Phys. Conf. Ser. No. 178, 239-246.

Paasi, J., Nurmi, S., Kalliohaka, T. et al. (2005a). Electrostatic testing of ESD—protective clothing for electronics industry. J. Electrostat. 63 (6-10): 603-608.

Paasi J, Fast L, Lemaire P, Vogel C, Coletti G, Peltoniemi T, Reina G, Smallwood J, Bjesson A.(2005b). Recommendations for the use and test of ESD protective garments in electronics industry. Estat Garments Project VTT Research Report No. BTUO45-051338. [Accessed: 11th Oct 2017].

Smith, D. C. (1993). A new type of furniture ESD and its implications. In: Proc. of the EOS/ESD Symposium. EOS-15, 3-7. Rome, NY: EOS/ESD Association Inc.

Smith, D. C. (1999). Unusual forms of ESD and their effects. In: Proc. of the EOS/ESD Symp. EOS-21, 329-333. Rome, NY: EOS/ESD Association Inc.

Swenson D. E. (2011). Understanding core conductor fabrics. In: Proc. Electrostatics 2011. J. Phys. Conf. Se. 301012051.

Swenson, D. E.,Weidendorf, J. P., Parkin, D. R., and Gillard, E. C. (1995). Paper 3.6. Resistance to Ground and tribocharging of personnel, as influenced by relative humidity. In: Proc. of the EOS/ESD Symp. EOS-17, 141-153. Rome, NY: EOS/ESD Association Inc.

延伸阅读

EOS/ESD Association Inc. (2016). ESD TR20.20-2016. ESD Association Technical Report — Handbook for the Development of an Electrostatic Discharge Control Program for the Protection of Electronic Parts, Assemblies and Equipment. Rome, NY, EOS/ESD Association Inc.

Paasi J, Kalliohaka T, Luoma T, Soininen M, Salmela H, Nurmi S, Coletti G, Guastavino F, Fast L, Nilsson A, Lemaire P, Laperre J, Vogel C, Haase J, Peltoniemi T, Viheriäkoski T, Reina G, Smallwood J, and Bjesson A. (2004). Evaluation of existing test methods for ESD garments. VTT Research Report BTUO45-041224.

第 8 章 防静电包装

8.1 防静电包装在 ESD 控制中的重要性

普通包装材料由各种各样的原材料（见图 8.1）复合而成，其中一部分由绝缘材料制成，如塑料。这些材料很容易充电，从而形成静电场，增加 ESD 风险。还有一些材料，如纸张和纸板，则会因为类型的不同或水分含量的不同产生很大差异。一些在中等湿度条件下的非绝缘物在低湿度条件（相对湿度低于 30%）下可能变为绝缘物。

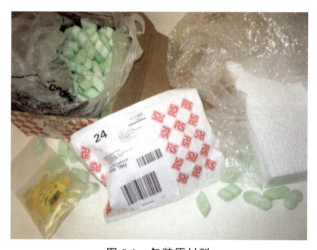

图 8.1 包装原材料

普通（非防静电）的纸张和纸板具有高度可变的特性，它的变化取决于材料水分含量和大气湿度以及材料的等级。图 8.2 所示为办公室常用纸张的表面电阻随空气相对湿度变化的曲线。一些类型的纸板或纸张可能会产生几个数量级的电阻变化，并且在干燥的条件下变为绝缘物。当然，有一部分材料本身的电阻率较高，即使在中等湿度条件下也是绝缘的。这类材料的电阻特性不稳定且不可预测，因此在 ESD 防护应用领域里并不属于理想的类型。因此，普通纸张和纸板通常被当作绝缘物，不允许放置在有静电控制要求的区域内。纸张和纸板的水分含量也会受到工艺过程影响。例如，用于办公的复印纸就需要干燥和易带电的条件。

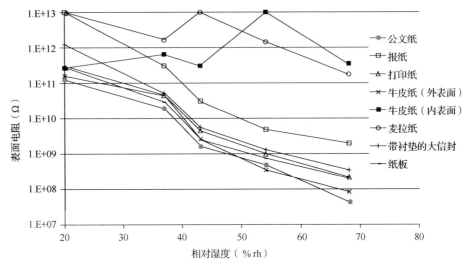

图8.2　办公室常用纸张的表面电阻随空气相对湿度变化的曲线

一些纸张也可以制成具有ESD保护作用的纸板当作包装，它们通常会被加工成包装箱。当然也有为EPA而配制的特殊纸张。

使用防静电包装主要有两个目的：首先，在EPA内使用时，这类包装需要具有特定的ESD防护性能，以在使用时减少ESD风险；其次，在EPA外使用时，这类包装需要保护ESDS器件在贮存和运输期间不会受到ESD的影响。

当ESDS器件、PCB以及装配组件在EPA内进行处置时，由于防静电设施的作用，ESD风险以及静电源的带电电压还不足以损伤器件，因此在EPA内，器件是实时受到保护的。但当ESDS器件被移出EPA时，有屏蔽作用的包装则用来保护内部的ESDS器件，以抵御外部的ESD威胁、隔离静电源。ESD防护性能可以与其他特定防护性能结合起来使用，如将ESDS器件按照批次、数量或型号进行分组，根据需求增加机械损伤的防护、潮湿环境的防护等。防静电包装现在有非常多的类型和形式（见图8.3），以适应不同种类的ESDS器件。

防静电包装在ESD防护领域里非常重要，以至于IEC和ESDA标准系统都有针对防静电包装的特定标准。在IEC标准系统中，IEC 61340-5-3（IEC, 2015）给出了对防静电包装的要求；在ANSI/ESDA美国国家标准体系中，有关包装的标准是ANSI/ESD S541。不过，在ESD防护和控制领域中，防静电包装仍然是最知之甚微的一个话题。

图 8.3 具有 ESD 防护性能的各类防静电包装

8.2 防静电包装的功能

防静电包装主要的 ESD 防护功能包括以下一种或几种：
- 防止静电场感应；
- 防止直接 ESD；
- 防止由于摩擦起电而积累静电荷；
- 防静电包装与 ESDS 器件接触的表面具有足够高的电阻，可以避免板载电池、电源或带电器件放电造成的 ESD 损伤。

各种各样的防静电包装解决方案中所使用的材料都具有一个或多个以上这些特性。在 EPA 内的工作台上处置暴露的 ESDS 器件或 PCB 时，应始终使用防静电包装，普通材质（非防静电）包装很容易带电，导致 ESD 风险增加。

包装还应具有一些与 ESD 防护不相关的其他作用，这些作用也同样重要，例如：
- 防潮；
- 透明度，即能看到内部所装物品以及物品的数量；
- 物理性能；
- 保持内部物品持续可用的状态，以便在自动化处置和装配时可以随时开始生产进程；
- 有明显的可识别标识或其他物品信息。

选择包装时，要考虑到在使用过程中所涉及的全过程以及在这些过程中对包装有哪些要求。

8.3 防静电包装相关术语

防静电包装的各种术语在标准中已经有了明确定义,在日常的使用中也有对它们的描述,但这些定义不尽相同。

一次包装是指在包装内部可能直接接触到包装内任何 ESDS 器件的防静电包装。接近包装是用来包裹一次包装的防静电材料包装。二次包装通常包裹在已经做过防静电处理的包装外部,只对产品有物理性的保护作用或其他用途,并没有 ESD 控制的作用,因此它可以是任何非防静电包装。

图 8.4 所示为一个防静电包装的实例。IC 放置于防静电包装盒内,为了固定 IC,减少其在盒子内部的震动,通常会在盒子内部加入固定的填充材料,这部分填充材料就可以视为与器件直接接触的一次包装。而包装盒本身可以视为接近包装。填充的一次包装和外层的接近包装构成了对 IC 加以 ESD 防护的 ESD 屏蔽系统。当这套"系统"在密闭状态时,内部的 ESDS 器件可以说受到了全面保护,几乎不会受到 ESD 的影响。此时,这个密闭的盒子就可以从 EPA 中取出或放在二次包装(非防静电包装)中运输或贮存。

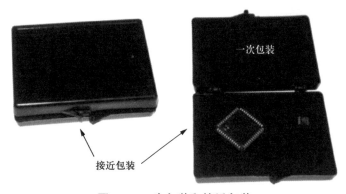

图 8.4 一次包装和接近包装

材料的防静电性能也有常用的术语,包括材料的电阻特性、静电场衰减的特性、静电屏蔽特性或起电能力特性。

防静电包装中使用的材料按照电阻通常被分为导电材料、静电耗散材料或绝缘材料,或其他同义词。导电材料具有相对较低的电阻。静电耗散材料具有中等大小的电阻,而绝缘材料具有高电阻。一般情况下,绝缘材料不会用于和 ESDS 器件相接触或者可能暴露在 ESDS 器件附近区域的包装表面,因为绝缘材料容易起电且不易泄放电荷。按照电阻分类的电阻限值在不同的 ESD 标准中可能会有一些差异。IEC 61340-5-1(IEC, 2016b)和 ANSI/ESD S20.20 系列标准(EOS/ESD

Association Inc, 2014; EOS/ESD Association Inc, 2016）中所定义的电阻限值分类在第 8.8 节中给出。

如果使用的包装材料可以减弱静电（或电）场强，则可以将这种材料归类为"静电（或电场）屏蔽"材料，当这种材料作为 ESD 防护材料时，通常我们称它为"静电放电（ESD）屏蔽材料"。不同的防静电包装标准对"屏蔽包装"的术语和定义的描述会有所不同。

"抗静电"一词已被广泛使用，而且用于描述许多不同的事物。许多人将防静电包装称为抗静电包装。然而，在防静电包装标准中几乎不会使用"抗静电"一词，因为需要避免混淆的风险。当然在某些情况下，抗静电可能具有其特定的含义。

防静电包装材料的一种特性是低起电。与普通材料相比，低起电材料有着不易起电的特性。在某些领域，这种材料也可能被称为抗静电材料。

这些术语在防静电包装标准（见第 8.8 节表 8.8）中可能有特定的定义。材料的电阻特性是根据规定的测试方法测量所得到的表面电阻 R_s 或体积电阻 R_v 来定义的。这些标准也根据材料电阻对静电（或电场）屏蔽进行了定义。相比之下，静电屏蔽以两种不同的方式定义：对包装袋来说，它被定义为在标准测试方法中施加到包装外部的标准能量在包装袋内部出现的响应能量；而对除袋子以外的其他包装来说，静电（或电场）屏蔽则由不同的评判标准组合来定义。

8.4 防静电包装的特性

防静电包装必须具有可被定义的特性，这些特性可以按照标准或者用户指定的标准测试方法进行测试。测试方法在第 11 章中进行叙述。以下各节将对材料的 ESD 控制的特性进行探讨。

8.4.1 摩擦起电

材料产生和积累静电荷的倾向性是很重要的，因为它与材料可能引起静电场和接近 ESDS 产品的电压的可能性有关。此外，还要关注组件通过与包装材料接触而带电的倾向性。这些是独立但相关的问题。

当两种材料发生接触时，就会出现摩擦起电的现象。无论两种材料的材质是相同的还是不同的，都无法避免这种现象的出现。摩擦起电现象在带电材料相互分离时最明显。然而，摩擦起电所产生的电荷量取决于两种材料的材质，还有材料表面的状态以及其他因素产生的影响，如表面污染物和大气中的水分。由此可见，摩擦起电所产生电荷的多少并不取决于材料的固有特性，而是取决于两种相接触的材料和当时的环境条件。在摩擦起电序列中，材料可以根据其相对充电极性进行分类或排序（见第 2.2 节）。然而，摩擦起电效应复现性差，实验结果差异大是众所周知的，以至于不同的实验人员在进行摩擦起电实验后，对材料在序列中的排名都会有不同的看法（Cross, 1987）。

一些材料因为相对其他普通材料而言更不易产生静电荷，通常它们都会被当作"低起电"或"抗静电"材料来使用，它们在 IEC 61340-5-1 和 ANSI/ESD S20.20 系列标准中所使用的定义在本文的第 8 章第 8.8 节中给出。由于测试结果不可复现，所以对低起电特性的测试方法很难标准化，以至于对低起电的属性至今都尚未形成一致的标准，它仍然是一个比较参数。

摩擦起电经常和材料的表面电阻或者体积电阻、表面驻留电荷的特性混为一谈。实际上，材料的电阻特性和它通过摩擦能产生多少电荷的特性并不相关。从摩擦起电的角度来说，接触和充电的必要条件是有两种材料，如果其中一种材料是绝缘体，另一种接触材料即使不是绝缘体，也一样会带电。当接触材料是静电耗散材料或导电材料时，摩擦起电的现象有可能比接触材料是绝缘体时更明显。

8.4.2 表面电阻

材料的表面电阻与其耗散静电荷和防止电荷积聚的能力有关。顾名思义，表面电阻就是穿过材料表面的电阻。表面电阻可以使用同心环电极、微型针式探头或重锤式双电极进行测量（见第 11.8.4 节）。

这里需要重点说明的是，材料的表面电阻和材料本身产生电荷的特性无关。实际上，低电阻材料表面的带电电压低（积聚的电荷少）是因为低电阻材料的电荷耗散速度更快。在摩擦起电过程中，与低电阻材料相接触所产生的电荷和与高电阻材料相接触所产生的无异，甚至比高电阻材料的表面电压更高。这个特点在解释绝缘的器件包装与防静电包装材料相接触时带电的问题时会变得比较重要，绝缘材料的包装之所以会带电，是因为两种材料相互作用，而不是因为材料本身的高电阻特性。

8.4.3 体积电阻

顾名思义，体积电阻是指穿过材料本身的电阻，表征电荷或电流可以通过材料的可能性。

近年来，很多防静电包装材料都由非均匀材料制成，例如多层薄膜或表面带有涂层的纸板。表面电阻测量仅给出了材料的表面特性，但对于多种材质构成的非均匀材料，每一层材料的表面都有不同的特性，而且它们有可能被其他材料隔开。包装的内表面电阻和外表面电阻值得关注，因为内表面和外表面间需要有电连接性，不可隔开。但我们又希望它具有一定的高电阻（甚至是绝缘），以此来有效预防内外表面间发生 ESD 直流电流穿过的问题（见第 8.4.5 节）。

8.4.4 静电场屏蔽

静电场屏蔽是指由一种材料或多种材料所组成的系统对静电场起到屏障作用的能力。当包装内部装有 ESDS 器件时，必须屏蔽包装外部的静电场对器件的影响，在这种情况下，包装材料的屏蔽性能尤为重要。但是在 EMC 的工作领域里，静电场屏蔽的性质和电磁屏蔽的性质并不相同。

静电场屏蔽性能与材料的电阻率息息相关，因为它与电荷在电场影响下重新排列的难易程度有关。通俗一些来说，电荷在电场中会发生移动，从而使材料表面重新回到等电位的状态，此时可以认为材料封装的内部不存在静电场。但是，纯绝缘材料包装不会产生任何静电场屏蔽效果，在材料本身属性的作用下，其表面的电荷不能快速重新排列来"响应"电场。金属等导体则有着出色的静电场屏蔽性能，因为它的电荷几乎可以瞬间重新排列。由金属等导体制成的容器内的电场为 0，因为导体周围的电压可以迅速达到平衡状态。这种类型的容器就是我们常说的法拉第笼（见第 2 章）。

对于中间电阻材料，电荷重新分布所需时间取决于材料的有效电阻和电容（电荷存储）效应。电阻越大，电荷的移动速度越慢，电荷重新分布以响应外部电场的变化所需的时间就越长。

中间材料所制容器内的电场为 0，就像由良导体制成的容器一样，达到屏蔽效果。但是，如果此时外部静电场发生迅速变化，则在电荷重新分配时，容器内可能会产生瞬态静电场。静电场的强度和持续时间取决于电荷重新分布的衰减时间特性，例如，不同包装的测试波形如图 8.5 所示。

如果外部电场处于不断变化的状态，那么电场对容器（包装）内的影响则主要取决于容器材料电荷重新分布的响应时间和电场变化的相对速度。如果与容器衰减时间（响应速度）相比，外部电场变化缓慢，此时，容器可以表现出良好的静电场屏蔽作用。如果外部电场变化与容器衰减时间（响应速度）相比较快，那么容器内部则存在明显的电场变化。图 8.5 所示为在约 $5kV \cdot m^{-1}$ 的外部静电场阶跃变化期间，普通聚乙烯袋、粉色聚乙烯袋和金属静电场屏蔽袋内感应测试到的内部电场。

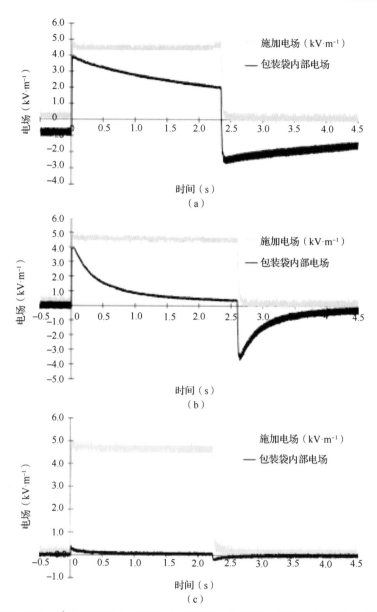

图 8.5 在约 $5kV·m^{-1}$ 的外部静电场阶跃变化期间，普通聚乙烯袋、粉色聚乙烯袋和金属静电场屏蔽袋内感应测试到的内部电场

（a）绝缘包（普通聚乙烯袋）内由于外部电场变化而产生的瞬态静电场　（b）中间电阻封装（相对湿度为 50%时，粉色聚乙烯袋）内由于外部电场变化而产生的瞬态静电场　（c）在相对湿度为 50%时，金属静电场屏蔽袋内由于外部电场变化而产生的瞬态静电场

图 8.5（a）所示是一个透明包装袋的测试波形，该包装袋所使用的材料是普通聚乙烯，这种材料被视为绝缘体，电荷在其表面的移动非常缓慢。通过响应波形可看出，这种材料的包装在短时间内对电场的屏蔽作用是有效的，在电荷开始

移动的几秒内，其内部电场降低。由于袋子表面存在的电荷，在施加外部电场之前，在包装袋内部还有一个初始场。

图 8.5（b）所示是一个粉色包装袋的测试波形，该包装袋所使用的是一种高度依赖环境相对湿度的聚乙烯材料（见第 8.7.1.1 节）。这种材料的有效电阻取决于周围环境的相对湿度，所以它的静电场屏蔽效果具有高度可变的特点。在干燥的环境条件下，包装的屏蔽效果欠佳，但在潮湿的环境中，尽管包装内部可能出现瞬态静电场，但仍然可以起到显著的屏蔽作用。材料表面的防静电涂层会吸附空气中的水分，使包装表面的电荷可以缓慢移动，以降低其内部的电场强度。当外部电场被移除时，电荷会再次发生移动，此时内部会产生瞬态静电场，直到达到新的平衡。

当包装袋材质是静电场屏蔽材料时，在材料内部有一层金属屏蔽层，屏蔽层的电阻很小，其表面的电荷移动速度快，因此在外部电场发生变化时，电荷响应速度相对较快，内部所形成的瞬态静电场很小［见图 8.5（c）］。

近年来，防静电包装和静电场屏蔽材料的标准一直在根据材料的表面电阻或体积电阻进行分类。IEC 61340-5-1 和 ANSI/ESD S20.20 标准体系中的定义和要求在第 8.8 节中给出。

8.4.5　ESD 屏蔽

ESD 屏蔽是指材料（或材料系统）作为屏障对 ESD 事件发生时的屏蔽能力。对于保护 ESDS 器件或产品在包装内不受到静电放电的影响来说，材料的屏蔽能力非常重要。在 EMC 的领域里，ESD 屏蔽和电磁屏蔽是两种不同的特性。

ESD 屏蔽包装有一个重要的元素——它必须含有可以预防 ESD 的屏障作用，使包装可以抵御外部的 ESD 风险，从而保护包装内的 ESDS 器件不受到 ESD 的影响。在本书第 8.8 节中会给出 IEC 61340-5-1 和 ANSI/ESD S20.20 系列标准中所述的定义和要求。

8.5　防静电包装的使用

8.5.1　防静电包装性能的重要性

8.5.1.1　电荷的产生和驻留

防静电包装的起电性能以及保持电荷的性能的优劣对防止 EPA 内和包装内

的任何 ESDS 器件受到 ESD 损伤而言非常重要。

在 EPA 中，必须减少或消除静电场的存在，以防止 ESDS 器件（或产品）上的感应电压在接触其他导体时发生 ESD。在大多数情况下，要求防静电包装材料不能成为静电场的来源，因此，包装材料的表面不能产生和驻留电荷，这一点对 ESD 控制来说同样重要。产生和驻留电荷的能力取决于材料本身的起电特性和材料的电阻（电荷耗散特性）。在一般情况下，不允许 ESDS 器件附近出现绝缘材料的包装，因为此类材料极易带电，进而导致 ESD 风险增加。

我们希望在与防静电包装接触时，可以尽可能地减少 ESDS 器件带电量，因为当 ESDS 器件从包装中取出时如果接触可导电的表面，可能会导致带电器件放电。许多 ESDS 器件不仅具有导电部分，还具有暴露的绝缘表面。ESDS 器件与包装表面接触的部分可能会带电。ESDS 器件的带电情况取决于器件的包装材料之间相互充电的特性（材料序列差异），此时与包装材料的电阻大小无关。当包装材料的电阻可导电或可耗散时，ESDS 器件可导电部分上的电荷可以通过防静电包装泄放出去，但 ESDS 器件的绝缘部分就没有电荷泄放能力，所产生的电荷会驻留在绝缘表面。所以，在有些情况下，更应重视的是如何控制带电量，使器件上所产生的电荷最小化，并不一定必须通过选择非绝缘材料来解决器件带电的问题。

当带电器件与低电阻材料或导体接触时，就会产生 ESD 风险。带电器件放电可以通过避免 ESDS 器件与低电阻材料之间的接触来最小化。因此，对于防静电包装，要求其表面电阻应该有一个最小值（至少 $10k\Omega$）。

对于微小型部件和组件，组件或防静电包装上驻留的电荷可能会因为静电场引力或斥力的影响而从内部溢出。

8.5.1.2 静电场屏蔽

静电场可能在以下方面带来风险：
- ESDS 器件本身就容易受到静电场的影响；
- 如果 ESDS 器件上的导体部分带有感应电压，静电场会导致过电压，损坏器件上的某一部分；
- 静电场可能在 ESDS 器件之间或和其他导体之间产生电势差，ESDS 器件与其他 ESDS 器件或导体之间发生位移或接触时，都可能导致 ESD 的发生。

在实践中，已知的容易由静电场造成直接损坏的敏感组件很少。用光掩模分光镜举例来说，其中相邻导体之间的感应电压可能导致它们之间发生 ESD。静电场对 ESDS 器件的损伤情况取决于当时的环境状况和器件的敏感度，因此在 EPA 外时，ESDS 器件的防护包装可能需要具有静电场屏蔽作用，也可能在实际情况中不需要。

静电场屏蔽是否有效取决于电荷重新分布的速度是否能和电场的变化速度一样快,以获得持续的平衡状态。而电荷分布响应的速度会受到包括材料电阻在内的各种因素影响。对于变化速度快的电场,则需要低电阻以使电荷能够快速响应电场变化;对于变化速度缓慢的电场,高电阻也是有效的。

8.5.1.3 ESD 屏蔽

大多数 ESDS 器件更容易受到 ESD 的损伤,尤其是当 ESD 直接作用在 ESDS 器件上时。对没有防护设计或防护设施保护的 ESDS 器件来说,这通常是其所面临的最大风险。大多数 ESDS 器件在 EPA 之外时,需要采取适当的防护措施来防止直接 ESD 的发生,因此当 ESDS 器件在 EPA 外放置时,必须使用具有 ESD 屏蔽特性的包装来保护它们。

8.5.2　EPA 内防静电包装的使用

在 EPA 内,通常通过 EPA 内的防护设计和配置的防静电设备来消除 ESD 风险。对在 EPA 内使用的包装来说,最基本的要求是不可对所处置的 ESDS 器件造成 ESD 风险。因此,EPA 内不得有暴露在外的易起电、易造成 ESD 风险的绝缘材料包装,须使用低起电材料或有良好导电性的静电耗散材料。这些要求同样适用于一次包装和接近包装材料。

可以看出,用于二次(非防静电)包装的材料通常都是绝缘的,至少不是用于 ESD 防护目的的材料。所以必须要求带有绝缘二次包装的物品远离 ESDS 器件和敏感产品,应该尽可能将这些物品从处置 ESDS 器件的工作台或工作区域(工作站)移除,因为这些物品可能导致 ESD 风险。因此,如果没有特别的需要,尽可能杜绝将绝缘物品带入 EPA 内。

有时,需要在 EPA 内使用防静电包装,以保护 ESDS 器件在 EPA 内的防护措施失效或防护不到位的情况下,不会受到损伤。而当 ESDS 器件或产品转运出 EPA 时,要求它的包装有更多附加特性来达到防护需求。

某些类型的 ESDS 器件在选择包装材料时,会因为某些特殊性对包装提出一些额外要求。例如,有些 PCB 上装配有电池,在与包装接触时,可能会对电池内的电量造成一定损耗,因此,需要包装材料有尽可能小的表面电阻。

8.5.3　EPA 外防静电包装的使用

在 EPA 外使用的防护包装会根据 ESDS 器件的类型和 ESD 的具体方式而有

所不同。与 ESD 控制无关的其他要求可能会在选择包装类型时有所影响。在 EPA 中使用的防静电包装通常是包装要求的最低标准。因为 ESDS 器件必须放在包装中，或必须在 EPA 内，才能将其从包装中取出。

一般来说，PCB 或半导体组件等 ESDS 器件需要放置在 ESD 屏蔽包装内，以便在 EPA 外运输或贮存。那么，在 EPA 内，就不需要高阻值或绝缘材料包装作为屏障来避免 ESD 风险。

有时 ESD 风险仅限于特定的威胁，可以通过简单的保护性包装解决方案来应对。例如，一个模块可能被放置在一个静电屏蔽包装内，但在与连接器端子或飞线接触时仍然可能存在 ESD 风险。此时，可能在插接处安装保护罩以防止在插接时与连接器端子接触就足够了。

8.5.4 非 ESDS 产品的包装

虽然 ESD 包装对 ESDS 器件保护的需求是显而易见的，但当它用于不易受影响的物品时，它的作用就不那么明显了。关键是我们要求带入 EPA 的任何材料都不能对其附近的 ESDS 器件造成 ESD 风险。而绝缘材料制成的包装可能会导致 ESD 风险，因此普通的二次包装材料通常是不允许在 EPA 内使用的。当然，任何合适类型的防静电包装都可以用于包装非 ESDS 产品。

8.5.5 避免带电电缆和模块

已经封装于设备内部且不暴露于外界的 ESDS 器件通常被认为不容易受到 ESD 损伤。一个可能的例外是，当 ESDS 产品内的部件连接到连接器时，它们可能受到连接器的 ESD 的影响（如在连接用的电缆带电时）。

电缆通常采用聚乙烯包装，特别是在干燥的空气条件下，其表面通过充电往往会带有高电压。在将电缆从包装中取出时，它可以通过摩擦起电获得几千伏电压。靠近电缆的已充电的包装也会在导电芯上产生高压。这些都属于高能量的静电源，可以在连接到设备连接器时放电。电缆也会在处置时（见第 2.6.6 节）起电。

当封装在绝缘外壳中的模块或设备被包装在聚乙烯包装或其他高度绝缘的包装中时，也会出现类似的问题。设备外壳或附近的包装上可能会产生高水平的电荷，从而对内部 PCB 产生高电压。封装后的模块连接到电缆或其他设备时会放电。

电缆放电问题可以通过将电缆或模块的包装更换为低起电材料来减少或避

免。在大气湿度较高的地方，粉色聚乙烯是一种合适的材料。然而，这种材料在相对湿度小于30%时就会失去低起电的特性。在低于此湿度水平时，应使用另一种静电耗散材料，而粉色聚乙烯则应谨慎使用——这种材料将在第8.6.2节中进一步讨论。

在模块内部的部件可能产生摩擦电或感应电压的地方，应避免将可能敏感的飞线或连接器引脚连接或接触到电线或其他导电物品。必要时可能需要盖住连接器或引线，以防止意外接触。

8.6 防静电包装的材料与工艺

8.6.1 概述

防静电包装使用的基本材料通常是某种类型的聚合物。这些材料中可能有使用一些添加剂来改善性能或通过涂层对表面进行处理，以使其获得所需的ESD控制性能。

8.6.2 抗静电剂、粉色聚乙烯及低起电材料

抗静电剂是表面活性剂长链分子，具有亲水（吸水）端和疏水（拒水）端。疏水端附着在聚合物表面，亲水端则从空气中吸收水分。粉色聚乙烯中使用的抗静电剂通常是乙氧基脂肪酸胺或酰胺，这些化学物质使粉色聚乙烯在较高的大气湿度下具有低起电的特性（Havens, 1989）。"无胺"材料通常使用酰胺而不是胺。

粉色聚乙烯是指聚乙烯材料内含有抗静电元素或表面涂有化学抗静电剂。呈粉色是因为含有粉色着色剂，最初添加粉色着色剂是为了区分静电控制材料与普通二次包装。然而，粉色并不能保证材料具有低起电特性。这些材料的使用者在使用这些材料前应谨慎，确保了解其特性。

在某些类型的防静电材料中仅使用了一种胺，这导致金属层发生氧化以及塑料层容易开裂。基于这个原因，一些制造商转而使用基于酰胺的抗静电剂。但是同时，需要关注这种抗静电剂对器件可焊性的影响。

这种材料是通过将抗静电剂与聚合物基材（通常是低密度聚乙烯）混合而制成的。其他聚合物可用于改变材料的硬度和密封性等性能。添加一种材料，

如二氧化硅或碳酸钙粉末，可以防止成品膜粘在一起。如果添加剂、聚合物和抗静电剂的比例不平衡，成品可能会有油腻感。添加剂可能污染与其接触的任何表面。最终的材料可以制成薄膜、薄片或泡沫，也可以注塑成托盘或其他形式的容器。

为了让抗静电剂获得有效的性能，首先，抗静电剂必须附着于材料表面；其次，大气中的水分必须被吸附到表面。表面抗静电剂的含量主要取决于材料的配方，但由于抗静电剂的蒸发，它的含量会随着材料的使用年限而减少。表面存在的抗静电剂的数量取决于从大块材料向表面的蒸发和扩散的相对速度。可被吸附到抗静电剂上的大气水分的多少随大气相对湿度而变化。这些因素意味着材料的性质会随着大气湿度和使用的时长发生很大的变化。在环境相对湿度低和使用时间比较久的情况下，材料可能会失效。这意味着许多粉色聚乙烯材料的有效期很短。

粉色聚乙烯材料涉及镀层结合强度问题和聚碳酸酯材料的开裂问题。后者是由于添加剂溶解到聚碳酸酯材料中，包装上的标签附着力和印刷适性等性能可能会降低。

8.6.3 静电耗散材料与导电聚合物

静电耗散材料与导电聚合物是含有导电颗粒的聚合物材料，如炭黑、碳纤维、金属纤维或薄片、金属涂层纤维或金属粉末等（Drake, 1996）。最近，碳纳米管或碳纤维开始纳入使用范围，加入导电材料的聚合物电阻可以控制在 $1\Omega\sim100G\Omega$ 区间内。这种材料的电阻取决于材料本身的属性，并不依赖大气湿度。材料基材一般为尼龙（地毯或设备部件）、聚乙烯（软包装）、聚丙烯（托特箱）和丙烯腈丁二烯。

材料的导电性是通过绝缘聚合物基体中的导电颗粒之间的接触产生的，通过材料建立连续的导电路径。材料的电阻与材料中添加的导电颗粒的占比之间并不是线性关系（Blythe et al., 2008）。在对材料施加负载很小的情况下，对材料电阻的影响很小，因为导电颗粒之间的接触很少，穿过材料的导电路径也很少。当施加负载增加超过一个水平时，阻力会突然降低（见图 8.6）。该水平被称为临界负荷或渗透阈值。该水平受树脂基材的性质、尺寸分布和添加剂颗粒的形状以及颗粒之间接触的程度的影响。在不同的负载下加入不同的填料，以产生给定的电阻范围。球形导电颗粒的渗透阈值在 10%～20%，而纤维导电材料的渗透阈值较低。

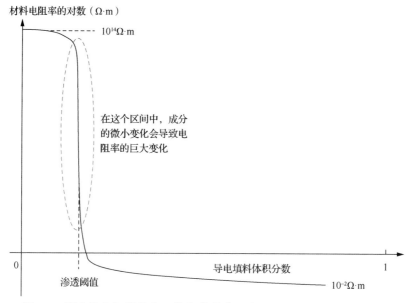

图 8.6 聚合物电阻随导电颗粒负载的典型变化（Blythe et al., 2008）

材料电阻在导电颗粒负载超过阈值水平时会迅速下降。同时，由于混合的可变性，不可避免地会出现颗粒载荷的变化。这意味着在短距离内材料电阻可能会有相当大的变化。在进行成品包装时也会影响局部添加剂负载和材料导电性，并导致材料中出现高电阻或绝缘区域。

粒子的纵横比是粒子长度与直径的比值。高纵横比颗粒改善了颗粒之间的接触，因此具有更好的导电性（更低的电阻）。导电颗粒材料的加入会影响材料的物理性能，如弯曲模量、拉伸强度、硬度、黏度和热变形温度等。材料表面起尘、内部小颗粒脱落是这种材料的缺点，因此这种材料不适用于有洁净度要求的区域。

这种材料通常用于制作包装产品，如工具箱、袋、管、抽屉和托盘（通常采取真空成型、注塑成型或薄膜挤压等工艺制成）。

炭黑是最常用的添加剂，用于生产导电材料或静电耗散材料，炭黑粉末的经济成本相对较低。含碳材料通常呈黑色。炭黑含量较小的材料不可用作ESD控制的材料，但它仍然具有呈黑色和其他性能。当材料的含碳量较低时，材料仍然高度绝缘。所以，我们要知道呈黑色并不一定意味着材料具有静电耗散或导电性能，这样的材料可能并不适用于ESD控制。

8.6.4 本征导电聚合物与本征耗散聚合物

本征导电聚合物（Intrinsically Conductive Polymer，ICP）和本征耗散聚合物

（Intrinsically Dissipative Polymer，IDP）是具有固有导电性能的高分子材料，如聚苯胺或聚吡咯。这些材料可以用作其他聚合物的涂层或当作导电添加物。它们可以用来制造用于织物的导电纤维。

将这些材料与传统的聚合物混合，可以在静态耗散和导电电阻范围内产生电阻稳定的材料。它们已经在商业上与 ABS、聚碳酸酯、聚酯、尼龙和聚氨酯混合，可以制作成半透明的、不脱落的材料，并且有许多颜色可供选择。

8.6.5 金属化膜

聚合物基材（如聚酯）上的金属化膜通常与其他材料以多层结构叠合，以提供静电场和 ESD 屏蔽作用，并有一定的防潮性能。

金属化膜通常是铝制的。用于防静电屏蔽袋的金属化膜通常是薄且透明的。用于防潮袋的金属化膜通常是较厚且不透明的。

8.6.6 阳极氧化铝

铝是一种高导电材料，但其阳极氧化形式是氧化铝的黏性表面层。阳极氧化铝可用于制造"船"（支架）或用于 AHE 的部件，以及组件的管道。铝制底座可接地。阳极氧化层薄膜可能损坏，也可能有针孔等缺陷。该层的击穿电压低至几百伏，因此带有高电压的带电组件可以击穿氧化铝层并在接触其表面会发生放电（Bellmore, 2001; Smallwood et al., 2010）。

8.6.7 填充聚合物的真空成型

填充导电聚合物和耗散聚合物片材可以在加热和真空处理后，通过模具塑型成一些复杂的形状。这一过程会导致材料导电性的变化，特别是对于深度拉伸的地方。

8.6.8 注塑成型法

填充导电和耗散聚合物材料通常通过注塑成型形成刚性形状。成型过程通常会改变材料的导电性，甚至会产生局部非导电区域。

8.6.9 模压加工

模压加工可用于改变材料的表面轮廓。在某些情况下，这可以通过减少表面接触面积来改变电荷产生特性。

8.6.10 气相沉积法

气相沉积法主要用于在聚合物表面形成金属化涂层，在静电屏蔽袋或防潮袋的制造中会用到。

8.6.11 表面涂层

可以在材料表面涂上其他材料以获得所需的表面性能，如在纸板箱上涂上导电层。这种导电层使用柔性薄膜材料，涂层可以通过移动的腹板形式完成。

8.6.12 层压

具有不同性能的几层材料通常可以层压在一起，形成达到特定性能的包装，例如静电屏蔽袋和防潮袋。一些层压材料可以真空成型，但成型过程可能会改变层压材料的性能。

8.7 防静电包装的种类与形式

现代防静电包装形式多样。包装材料和产品可以单独使用，也可以作为包装系统搭配使用。这些包装系统是包装材料的组合，用于提供所需的物理保护、ESD控制和其他特性。

8.7.1 包装袋

市场上有各种防静电包装袋，这些包装袋有着不同的物理和ESD控制性能。比如它们可能是热密封的、拉链式或自粘密封式的，可能是低起电的，也可能是静电耗散的，或是导电的和采用了金属化的ESD屏蔽材料的。低起电气泡袋也是可用的。有些材料是透明的，而有些材料则是不透明的。图8.7所示为一些用于ESD控制或防护的包装袋示例（包括粉色聚乙烯、黑色聚乙烯和金属化静电屏蔽袋等）。包装袋的属性在 ANSI/ESD S11.4（EOS/ESD Association Inc, 2012a）和 MIL-PRF-81705D 标准中有明确规定。

图 8.7　防静电包装袋示例

8.7.1.1　粉色聚乙烯包装袋

粉色聚乙烯是一种低成本的低起电材料，它依靠吸收空气中的水分来保持自身的低起电特性。其他物品在与其接触的过程中会降低起电量，但也会在表面留下抗静电剂污染层。

最初，粉色聚乙烯之所以被制作成粉色，是为了与普通的聚乙烯区别开来。现有的版本可能是无色的或其他颜色的。它本身是一种透明的材料，以便人们看清包装里的物品。

这种材料的包装测得的表面电阻会随着大气湿度的变化产生很大差异。在环境相对湿度大于 30%时，这种材料通常处于静电耗散状态。在环境相对湿度小于 30%时，测量到的表面电阻可能会上升到 $10^{11}\Omega$（100GΩ）以上；在湿度环境最差的情况下，该材料的表现与普通（非防静电）聚乙烯的没有太大区别。

粉色聚乙烯包装袋本身没有 ESD 防护功能。在较高的大气湿度下，它可能具有不同水平的静电场屏蔽能力，但这与 ESD 防护要求还是有差距的，且它的防护效果不可靠。

粉色聚乙烯袋主要用于取代聚乙烯二次包装，用于环境相对湿度保持在 30%以上的 EPA 中。它们可用于封装不易被 ESD 损坏的文件或组件，并减少来自 EPA 的静电荷产生。

粉色聚乙烯袋是美国军事标准 MIL-PRF-81705D 中的"Type Ⅱ"或 ANSI/ESD S11.4 中的 Level 5 和 ANSI/ESD S541 中的"抗静电"（EOS/ESD Association Inc, 2018）的一个示例。它随后从 MIL-PRF-81705E 中删除。

8.7.1.2　导电（黑色聚乙烯）包装袋

黑色聚乙烯包装袋主要由含碳材料制成，它的表面电阻和体积电阻相对较低，

通常在 $10^3 \sim 10^4 \Omega$（$1 \sim 10\text{k}\Omega$）。这种材料是黑色不透明的，只有打开包装才能看到其中的物品。

这种材料具有良好的静电场屏蔽和电荷耗散性能。与它接触的材料不一定会抑制起电。但由于这种材料具有较小的体积电阻，可以通过材料将袋内物品所带电荷释放至袋外。这种材料本身不具有 ESD 防护能力。这种材料包装可以将器件上的电荷通过材料耗散到其他接地设备上，而不是屏蔽在袋外。

导电袋在 ANSI/ESD S11.4 标准中被分类为 Level 4。

8.7.1.3 金属化静电屏蔽袋

金属化静电屏蔽袋一般具有多层结构，这种结构包括一层阻挡层，防止通过袋的内部直接导电。结构中间是金属化层，该金属化层提供静电场屏蔽和 ESD 电流在包装材料周围流动的路径。这种材料的包装是透明的，无须打开包装即可看到其中的物品。

这种材料的结构有两种常见类型。一种被称为"金属外层"结构（见图 8.8），"金属外层"结构中的耗散型聚乙烯与聚酯纤维（绝缘层）结合在一起。绝缘层形成一个屏障，可以防止 ESD 电流流过材料。该结构的外层是金属化层，由耗散型涂层保护。

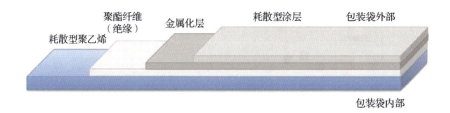

图 8.8 典型的"金属外层"静电屏蔽袋的结构

另一种结构被称为"金属内层"。在"金属内层"结构中，内部的耗散型聚乙烯层外有金属化层，金属化层靠近包装袋内部（见图 8.9）。外面是一层聚酯纤维（绝缘层），该层的外面是耗散型涂层。

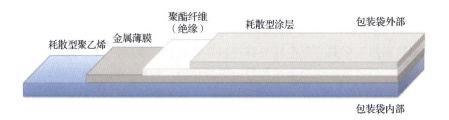

图 8.9 典型的"金属内层"静电屏蔽袋的结构

静电屏蔽袋可以对 UPA 内的 ESD 器件、单板和组件进行静电屏蔽和防护。它们被分类为 MIL-PRF-81705 中的 Type Ⅲ 和 ANSI/ESD S11.4 中的 Level 3（见表 8.1）。包装袋的静电屏蔽性能是通过能量衰减试验（见第 11.8.6 节）来测量的（不同种类包装袋的静电屏蔽性能比较见图 8.10，译者注）。

表 8.1 静电屏蔽袋标准分类及其性质

标准	类型	静电特性						EMI 屏蔽
		低起电	表面电阻或电阻率	电荷衰减	静电场屏蔽	静电屏蔽	防潮	
MIL-PRF-81705D 和 MIL-PRF-81705E	Type Ⅰ	—	是	是	是	是	是	是
	Type Ⅱ*	是	是	是	—	—	—	—
	Type Ⅲ	—	是	是	是	是	是	是
ANSI/ESD S11.4	Level 1	是	是	—	是	是	是	
	Level 2	是	是	是	是	是		
	Level 3	是	是	是	是	是	是	
	Level 4	—	是		是			
	Level 5	是	是	—	—			

*Type Ⅱ 已经从 MIL-PRF-81705E 中删除。

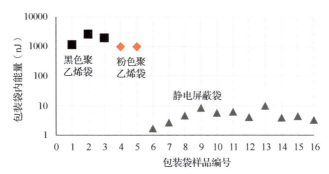

图 8.10 不同种类包装袋的静电屏蔽性能比较（2 个粉色聚乙烯、3 个黑色聚乙烯和 11 个静电屏蔽袋样品）（Smallwood et al., 1998）

8.7.1.4 防潮袋

防潮袋通常包括具有静电耗散特性的外表面和内表面，且它们具有低起电处理或涂层。它们通常提供静电场和静电屏蔽功能，包括水汽屏障保护功能（见第 8.8.2 节），以保护湿敏物品，提高这些物品的存储期限。

防潮袋的材料结构（见图 8.11）与金属化防静电屏蔽袋的相似，但其物理强度高于普通防静电袋。它们可能具有一个或多个金属化层，该金属化层可能比静电屏蔽袋的金属化层厚。这种金属化层通常是不透明的。防潮袋在存储有防潮需求和静电防护需求的物品时使用。防潮袋在 MIL-PRF-81705 中被分类为 Type I，在 ANSI/ESD S11.4 中被分类为 Level 1 或 Level 2（见表 8.1）。

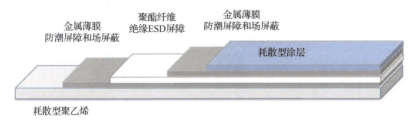

图 8.11 典型防潮袋的材料结构

8.7.2 气泡膜

气泡包装材料包括用于物理缓冲包装内容物的密封气泡。它可在低起电材料的基础上添加抗静电剂，如粉色聚乙烯吹塑。除了粉色，还可以选择其他颜色。

8.7.3 泡沫

泡沫可用于绝缘、低电荷、耗散和导电材料。它们可以对包装箱内物品起到缓冲作用，或用于安全固定包装内器件（见图 8.12）。盒子或其他包装系统内的高电阻泡沫可以帮助实现静电屏蔽。

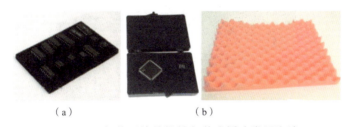

（a） （b）

图 8.12 包装系统的接触包装或缓冲常用泡沫
（a）含碳静态耗散泡沫 （b）粉色低起电聚乙烯泡沫

8.7.4 盒子、托盘及 PCB 架

盒子（见图 8.13）、托盘及 PCB 架通常由导电或含碳静态耗散聚合物制成。它们可以有盖子或格挡分隔板，并且可以按照被包装产品的规格和形状来注塑成型。它们可能被设计用于成品模块或组件。它们可以用注塑成型材料（如聚丙烯或高密度聚乙烯等材料）制作。

图 8.13　防静电盒子

转运箱和贮存箱可以由纸板制成，通常它们的表面附着导电或静电耗散涂层，内层包含有泡沫。

盒子表面的导电层或涂层，可以起到静电场屏蔽作用。空气间隙和高阻材料以及内部的绝缘层则作为 ESD 屏障，可以起到 ESD 屏蔽作用。

华夫格托盘（见图 8.14）是可堆叠的托盘，在其方形矩阵中包含多个凹槽，它被设计用于保存按 JEDEC 标准定义的尺寸制作的组件。当然，也可以根据生产需要定制特殊尺寸的华夫格托盘。

图 8.14　符合 JEDEC 标准规格的华夫格托盘

8.7.5　卷带包装

卷带包装（见图 8.15）通常用于存放表面安装半导体或自动组装的无源组件。组件被装在磁带内的小口袋里。先用黏合剂将小口袋固定在适当的位置，再用透明轻胶带覆盖这些小口袋。然后，将卷带缠绕在卷轴上，方便运输、贮存和分配组件。

图 8.15 卷带包装

卷带包装可用在纸张或聚合物绝缘材料中,用于无源组件的处理;也可用在耗散或导电的防静电材料中,用于 ESDS 器件的处理。卷轴本身可以由绝缘材料、静电耗散材料或导电材料制成。当用于包含 ESDS 器件时,磁带和卷轴应由静电耗散的导电材料制成。胶带的亲密表面应该是静电耗散材料或导电和低起电材料。

磁带的尺寸较小,因此它们无法用目前使用大电极的标准测试方法进行测试。胶带成型方法会影响材料的电阻率,并可能导致胶带袋内导电或耗散区域的隔离。

8.7.6 包装管

包装管(见图 8.16)主要用于运输和贮存 ESDS 器件,或在将器件送入自动贴片机时用于表面和通孔板安装。装有器件的几个包装管通常被放置在盒子或袋子中,以给出规定的器件数量。包装管两端通常使用端销或插头将器件固定在管杆内,端销或插头应由静电耗散材料制成。

图 8.16 包装管的构成

包装管通常由具有一定挤压刚性、透明或半透明的 PVC 构成。有时,金属棒、含碳耗散材料或导电材料也被用于包装管。挤压成型是根据组件的类型或形状量身定制的。挤压包装管通常通过浸入溶液进行表面处理。引脚和插头也经过特殊处理。

8.7.7 自黏胶带与标签

传统的自黏胶带与标签会产生大量的静电荷。截至本书（英文版）成稿之时，用于 EPA 内的防静电自黏胶带（简称防静电胶带）和标签已经被开发出来，并已投入应用。

一般情况下，防静电胶带和标签的表面电阻最高可达 $10^{11}\Omega$。使用一种低起电的黏合剂，可以使标签与衬底材料分离时产生的电荷迅速消散。

由于有颗粒污染的风险，卷在纸质卷芯上的防静电胶带不适合在洁净室中使用。在有洁净要求的实验室内应使用静电耗散材料作为防静电胶带的卷芯。

在这里应该注意的是，一些写有"防静电胶带"的胶带只是设计用于密封和标记包装，而不是用于 EPA，这类胶带可能是由绝缘材料制成的，不可在 EPA 内使用。

8.8 包装标准

8.8.1 ESD 控制与防静电包装相关标准

ESD 标准体系 IEC 61340-5-1 和 ANSI/ESD S20.20 均有具体的标准来规定防静电包装的分类和特性。它们分别是 IEC 61340-5-3 和 ANSI/ESD S541。这些标准根据静电荷特性（见表 8.2）和电阻范围（见表 8.3）对防静电包装材料进行了具体的分类，并对静电场屏蔽和 ESD 屏蔽性能（见表 8.4）进行了定义。包装材料的产品检测是在规定的环境条件下进行预处理和测试的。例如，在 IEC 61340-5-3 中，要求在温度为 23℃±2℃ 和相对湿度为 12%±3% 的情况下，调节时间大于或等于 48h。之所以设置这些条件，是因为干燥的空气条件通常可视为"最恶劣的情况"，在这种情况下，材料电阻可能达到最高。

表 8.2 IEC 61340-5-3:2015 和 ANSI/ESD S541-2019 中防静电包装材料根据静电荷特性的分类

分类	定义	
	IEC 61340-5-3:2015	ANSI/ESD S541-2019
低起电	未定义	用户自定义的水平，以确保 ESDS 产品不会过度充电（产生不可接受的 ESD 风险）

表 8.3 IEC 61340-5-3:2015 和 ANSI/ESD S541-2019 中防静电包装材料根据其表面电阻（R_s）和体积电阻（R_v）范围的分类

分类	定义	
	IEC 61340-5-3:2015	ANSI/ESD 541-2019
耗散	$10^4\Omega \leq R_s < 10^{11}\Omega$ $10^4\Omega \leq R_v < 10^{11}\Omega$	电荷从封装中消散的电路径 $10^4\Omega \leq R_s < 10^{11}\Omega$ $10^4\Omega \leq R_v < 10^{11}\Omega$
表面传导率	$R_s < 10^4\Omega$	电荷从封装中消散的电路径 $R_s < 10^4\Omega$
体传导率	$R_v < 10^4\Omega$	电荷从封装中消散的电路径 $R_v < 10^4\Omega$
绝缘	$R_s \geq 10^{11}\Omega$ $R_v \geq 10^{11}\Omega$	$R_s \geq 10^{11}\Omega$ $R_v \geq 10^{11}\Omega$

表 8.4 IEC 61340-5-3:2015 和 ANSI/ESD S541-2019 中包装材料根据静电场屏蔽或 ESD 屏蔽性能的分类

类型	定义	
	IEC 61340-5-3:2015	ANSI/ESD 541-2019
静电场屏蔽	能衰减静电场 R_s 或 R_v 小于 $10^3\Omega$	见电场屏蔽
电场屏蔽	见静电场屏蔽	衰减电场
ESD 屏蔽（袋）	能衰减 ESD； 按照 IEC 61340-4-8 的方法测试，包装袋内能量小于 50nJ（IEC, 2014）（版本 2：……或为适应产品而修改的等效测试方法）	保护包装内物品不受外部 ESD 的影响，并限制电流通过包装； 按照 ANSI/ESD STM11.31 的方法测试，包装袋内能量小于 20nJ（EOS/ESD Association Inc, 2012b）
ESD 屏蔽（其他包装）	包装应是导电或耗散的； 屏蔽层或确定的气隙应包括衰减 ESD 能量； 在 EPA 范围内，包装系统的任何组件都不会造成 ESD 风险	用户定义

这些防静电包装标准还提供了建议用于识别 ESD 控制和防静电包装的标识示例。它们用于识别包装材料或警告用户包装中可能包含 ESDS 器件。这将在第 8.10 节中进一步讨论。

8.8.2 防潮包装标准

8.8.2.1 湿敏器件的处理、包装、运输和使用

自动化装配过程和表面安装器件（Surface Mount Device，SMD）的使用可能导致焊料回流过程中材料表面产生裂缝和分层等问题，从而损坏器件。器件的包装材料吸收的大气中的水汽会渗透到包装内部，而在焊料回流过程中，SMD 薄膜

会暴露在超过 200°C 的温度下。快速的水分膨胀和材料不匹配会导致设备内部材料表面的开裂和/或分层现象。

IPC/JEDEC J-STD-033D 描述了湿度/回流敏感 SMD 的标准化暴露水平，以及为避免湿度/回流相关故障需满足的处理、包装和运输的要求（IPC et al., 2018）。该标准适用于 PCB 组装过程中通过焊料回流工艺批量处理的所有器件，包括塑料封装、工艺敏感器件，以及其他由暴露在环境空气中的透湿材料（环氧树脂、聚硅氧烷等）制成的湿敏器件。

该标准要求先对湿敏器件进行干燥处理，再将其贮存于在防潮包装内。IPC/JEDEC J-STD-033D 要求使用符合 MIL-PRF-81705 I 型相关规定的防潮袋。这些包装的材料应能够限制每天的渗水量小于或等于 $0.0310\text{g}\cdot\text{m}^{-2}$。防潮包装上应标有 MIL-PRF-81705D 和 ANSI/ESD S11.4 中规定的温敏器件包装标签（见图 8.17）。材料包装后应进行热密封，并配备干燥剂和湿度指示卡。

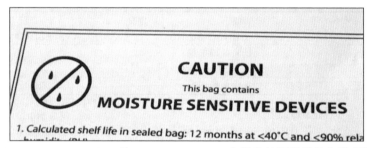

图 8.17 MIL-PRF-81705D 和 ANSI/ESD S11.4 中规定的湿敏器件包装标签示例

8.8.2.2 MIL-PRF-81705

MIL-PRF-81705D: 2004 给出了用于军用 ESDS 产品包装的热密封防静电柔性屏蔽材料的规范，供美国国防部使用。它将材料分为 I 类、II 类或 III 类（见表 8.5 和表 8.6）。每种类型有两个子类：第一类无使用限制，第二类仅用于自动制袋机。该标准规定了材料的接缝强度、水蒸气透过率、厚度、透明度以及静电性能等物理特性。

表 8.5 MIL-PRF-81705D 定义的防静电防潮材料类型、属性及应用

类型	属性	应用
I	防水、防静电、静电屏蔽、电磁屏蔽	微电路、半导体器件（如二极管、场效应晶体管和敏感电阻）的防水蒸气、防静电和电磁保护
II	透明、防水、防静电、静电耗散	适用于有透明和静态耗散需求的场景，不考虑与油或润滑脂接触
III	透明、防水、防静电、静电屏蔽	适用于有透明、防水、防静电、静电场屏蔽需求的场景

表 8.6 MIL-PRF-81705D 防静电防潮材料的静电性能要求

类型	静电性能要求				
	表面电阻率 ρ_s ($\Omega \cdot sq^{-1}$)	静电衰减	静电屏蔽	静电屏蔽	电磁衰减
Ⅰ	内：$10^5 \leqslant \rho_s < 10^{12}$ 外：$\rho_s < 10^{12}$	<2s	最大峰值 30V	10nJ	>25dB
Ⅱ	内：$10^5 \leqslant \rho_s < 10^{12}$ 外：$\rho_s < 10^{12}$	<2s			
Ⅲ	内：$10^5 \leqslant \rho_s < 10^{12}$ 外：$\rho_s < 10^{12}$	<2s	最大峰值 30V	10nJ	>10dB
测试方法	ASTM D257	FED STD 101 method 4046A（由 MIL STD 3010 方法 4046 取代）	EIA 541 2 探针法 1000V	ANSI/ESD S11.31	标准中规定的方法

表 8.5 总结了按 MIL-PRF-81705D 分类的材料的主要属性及应用。这些材料的静电性能要求如表 8.6 所示。新版本 MIL-PRF-81705E:2009 取消了Ⅱ类。

MIL-PRF-81705D 指定了一些不同于 ESDA 和 IEC 标准中指定的属性。首先，表面特性是根据 ASTM D257（ASTM International, 2014）测量的表面电阻率来规定的，而不是根据表面电阻。其次，"静电屏蔽"是指使用 ANSI ESD S11.31 的 EIA 541（Electronic Industries Assoc., 1988）双探针方法测量的电压为判定指标。最后，"静电衰减"是根据 FED STD 101 方法 4046A[由 MIL STD 3010 方法 4046（Department of Defense, 2002）取代]进行测量的。这些区别将在第 8.8.3 节中进一步讨论。

8.8.2.3　ESDA 标准 ANSI/ESD S11.4

ESDA ESD S11.4 定义了 5 个等级的防潮袋（见表 8.7），具体如下。

1 级包装袋是用于湿敏器件的防潮袋，用于存储需要进行回流焊的物品。它们的防潮性能可以防止吸收过多的水分，从而导致器件本体开裂。它们同时具有静电放电和静电场屏蔽特性。内表面材料不易起电且能够避免电荷在袋上或袋内积聚。包装袋的内表面和外表面电阻可能不同，当表面接地时，电荷可以从包装内部或外部耗散。这类包装袋通常是由涂有抗静电剂的金属箔和塑料层的多层结构组成的。

2 级包装袋是用于一般器件包装的防潮袋，用于存储不受回流焊影响的物品。它们具有 ESD 屏蔽和静电场屏蔽特性，以保护电子产品免受静电伤害。它们具有低起电特性，可以避免电荷在包装上或包装内积聚。它们的内外表面电阻可能是不同的，电荷可以在表面接地时耗散。此类包装通常具有金属化塑料的多层结构，并含有或涂有抗静电剂。

3 级包装袋具有 ESD 屏蔽和静电场屏蔽特性，可保护 ESDS 器件和电子产品。它们的内表面和外表面电阻可能不同，电荷可以在表面接地时耗散。它们通常是透明金属化塑料和含有或涂有抗静电剂的塑料层的多层结构。

4 级包装袋是导电包装袋，用于保护 ESDS 器件。它们的表面电阻和体积电阻很低，电荷可以在表面接地时耗散。它们具有静电场屏蔽特性，但不具有 ESD 屏蔽特性。它们通常由含有导电材料的挤压塑料制成，内外表面具有相同的表面电阻。

5 级包装袋是防静电袋，用于保护 ESDS 器件。它们具有低起电特性，旨在避免电荷积聚在袋子上或袋子里，从而损坏 ESDS 器件。它们的内表面电阻和外表面电阻的差异不大，这种设计的作用是在表面接地时能够将电荷耗散出去。这类包装袋通常由含有抗静电剂或涂有抗静电剂的挤压塑料制成。

表 8.7　ANSI/ESD S11.4 中定义的防潮袋

等级	应用	结构	特性				
			低起电	静电场屏蔽	静电屏蔽	表面电阻（Ω）	防潮层
1	设备包装：需要进行回流焊的物品	多层金属化塑料	是	是	是（<20nJ）	是。内表面电阻能与外表面电阻不同 内：$10^4 \leq R_s < 10^{11}$ 外：$R_s < 10^{11}$	是（≤0.002g/100in²/d）
2	一般包装：不需要回流焊的物品	多层塑料	是	是	是（<20nJ）	是。内表面电阻可能与外表面电阻不同 内：$10^4 \leq R_s < 10^{11}$ 外：$R_s < 10^{11}$	是（≤0.002g/100in²/d）
3	静电屏蔽，保护 ESDS 器件	多层塑料	是	是	是（<20nJ）	是。内表面电阻可能与外表面电阻不同 内：$10^4 \leq R_s < 10^{11}$ 外：$R_s < 10^{11}$	否
4	导电，保护 ESDS 器件	导电注塑塑料	是	是	否	是 $R_s < 10^{11}$	否
5	静电耗散，保护 ESDS 器件	含有或涂有抗静电剂的注塑塑料	是	否	否	是。内表面电阻与外表面电阻通常相似 内：$10^4 \leq R_s < 10^{11}$ 外：$10^4 \leq R_s < 10^{11}$	否
测试方法			ANSI/ESD STM11.31		ANSI/ESD STM11.11（EOS/ESD Association Inc., 2015a）		ASTM F1249（ASTM International, 2013）

8.8.3 防静电包装测试

防静电包装测试包括与防静电相关的包装材料和产品的标准测试，大致分为 4 种类型：电阻测试（用于确定材料表面电阻和通过材料的体积电阻）、电荷衰减测试、摩擦起电测试，以及 ESD 屏蔽性能测试。

当然，包装材料也可以进行许多其他与防静电无关的性能（如物理特性和防潮性能）测试。

多年来，人们已经制定了各种标准测试方法，它们被用于不同的防静电包装标准。IEC 61340-5-3 和 ANSI/ESD S541 标准中规定的测试方法在第 11.5 节中给出。

一般来说，不同的测试方法可能会由于测试电极、测试程序和测试电压的变化而得出不同的结果。重要的是，在 ESD 控制程序中指定和选择使用的材料时，应明确规定材料的特性并使用适当的方法进行测试。标准通常规定了用于评估材料性能是否符合标准的测试方法。

IEC 61340-5-3 和 ANSI/ESD S541 中规定的测试方法在大多数情况下几乎相同。表 8.8 给出了 IEC 和 ESDA 标准体系中 ESD 包装测试标准的近似等效性。在某些情况下，标准中给出的测试方法之间可能存在一些差异。

表 8.8　IEC 和 ESDA 标准体系中 ESD 包装测试标准的近似等效性

测试指标	标准体系试验方法标准	
	IEC 61340-5-3	ANSI/ESD S541
表面电阻	IEC 61340-2-3	ANSI/ESD S11.11
体积电阻	IEC 61340-2-3	ANSI/ESD S11.12
点对点电阻	IEC 61340-2-3	ANSI/ESD S11.13
静电屏蔽性能	IEC 61340-4-8	ANSI/ESD S11.31

一个明显的区别是，MIL-PRF-81705 中的材料表面通过材料表面电阻率来评估（根据 ASTM D257 测量），而 ESDA 和 IEC 61340 标准中的材料表面则通过材料表面电阻来评估（根据 IEC 61340-2-3 和 ANSI/ESD S11.11 测量）。

表面电阻率（见第 1.7.2 节）定义为根据测量电极形式校正的材料表面参数。相比之下，表面电阻是表面测量的结果，没有对电极形式进行校正。IEC 61340-2-3 (IEC, 2016a) 和 ANSI/ESD S11.11 中规定的电极，与材料的表面电阻率相比，测量的电阻降低为原来的 1/10。因此，根据 MIL-PRF-81705，表面电阻率为 $10^{12}\Omega$ 的材料在根据 IEC 61340-5-3 或 ANSI/ESD S541 的规定进行判定和测量时，它的表面电阻极限为 $10^{11}\Omega$。

8.9 如何选择合适的包装

8.9.1 概述

在为 ESDS 产品选择合适的包装时，可能需要考虑许多因素。这些因素包括客户要求、ESDS 产品的类型、ESD 风险和 ESD 敏感性、预期包装任务、包装的操作环境、ESD 防护功能的选择以及包装系统的测试。此外，包装的总成本是一个重要的考虑因素。

8.9.2 客户要求

选择合适的包装时首先要考虑的是，客户是否在合同中对包装提出了强制性要求。如果客户提出了强制性要求，则必须按照合同规定的要求履行。

即使合同中不存在强制性要求，也需要考虑可能的客户要求和市场需求。以零售包装计算机 PCB 为例，该产品可能需要在零售展台上展示，那么包装可能需要是透明的，且有必要根据将要展示的展台的类型来设计包装。另外，包装可能需要显示产品特征并对产品特征进行一些描述，或包含部分市场营销或技术信息，以引导消费者做出选择。

包装设计还需要注意防篡改或防止伪造，或者可能需要包含可验证真伪的设计。

8.9.3 ESDS 产品的类型

选择合适的包装时，另外一个要考虑的问题是明确 ESDS 产品的类型，因为这可能会排除一些不可使用的包装并得出一些包装使用上的建议。ESDS 产品可能是部件、元件，也可能是 PCB、模块或组件。ESDS 产品的大小、质量和价值都是重要的考虑因素。虽然小的组件可以单独包装或多个组合包装，但一个大的组件或模块需要一个规格足够大的包装或专门定制的包装来容纳。

8.9.4 ESD 风险与 ESD 敏感性

当两个带有不同电压的导体相互接触（或足够接近）时，它们之间会发生放电现象（此时就可以说发生了 ESD），并且流过的放电电流足以造成器件损坏。可以通过以下方法防止 ESD：确保带电设备与其他导体之间不发生接触，确保带电设备与可能接触的导体之间不存在显著的电压差，或者当 ESD 发生时，其强度（峰值电流）受到限制，放电能量被接触材料的高电阻吸收。

通常，应该考虑避免两种类型的 ESD 风险：首先要保护 ESDS 器件避免外部静电源的风险，其次要避免 ESDS 器件与外部导体接触所产生的直接 ESD 风险。

静电场属于第二种风险。虽然大多数 ESDS 器件不会直接受到静电场的损坏，但它们可以通过对 ESDS 器件内的导体施加高压（见第 2.4.4 节），从而使器件具备发生 ESD 的条件。

在不清楚静电是否会对 ESDS 器件造成威胁的情况下，最好对 ESDS 器件进行直接 ESD 防护，同时考虑对静电场的防护。采用这种方法不需要分析和评估 ESDS 器件可能会发生的特定的 ESD 威胁，通常最具成本效益。

如果明确了 ESDS 器件的特定风险，则可以直接选择有效防止风险发生的防静电包装。以内置在金属屏蔽外壳中的 ESDS 电子模块为例，对其而言唯一的风险是连接器引脚可能发生 ESD。在这种情况下，只需要保护连接器免受直接 ESD 就足够了，例如在使用这种模块时使用静电耗散或导电连接器盖帽。在某些情况下，如果在 EPA 中不存在 ESD 风险，甚至可以使用绝缘材料的连接器盖帽。

ESDS 器件的导电部分在与环境中的其他导体（人、设备或物体）接触时，存在 ESD 风险。当然，ESD 的威胁取决于暴露的 ESDS 器件对与其接触的静电源的敏感性。静电源包括：人体带电，包装、物品或设备带电，以及 ESDS 器件本身被它们接触到的物体充电和放电。

静电进入 ESDS 器件的方式会根据 ESDS 器件的类型和形式的不同而有很大的差异。PCB 或多引脚组件可能有许多 ESD 接触点，这些 ESD 接触点在接触到外部物品或人员时，会导致放电的发生。某些类型的模块可能具有很少的接触点，仅限于暴露的飞线引脚或连接器引脚。一种情况是，连接器引脚可能嵌在连接器外壳中，以至于与它们接触的可能性不大。另一种情况是连接器通过最后一个触点与另一个模块的第一个接触点相连接进行扩展。

ESDS 器件的敏感度以及 ESD 进入 ESDS 器件的方式可能随着结构的状态而变化。许多 ESDS 产品都是通过内置外壳或封装来防止放电发生的，除了少数明确定义的方式外，其他所有方式都可以防止 ESD 的发生。我们可以把已有封装处理的产品识别为对 ESD 不敏感。对于某些市场，例如欧洲市场，产品可能需要通过 ESD 敏感度测试才能投放市场。一些客户可能有类似的要求。结构状态的更改可能引入新的 ESD 风险。将 PCB 装入塑料外壳中可以防止 ESD 进入除连接器引脚外的所有部件。同时，它引入了外壳可能高度带电并在内部 PCB 上诱导高电压的风险，从而有可能在连接到其他外部设备时产生 ESD。

8.9.5 预期包装任务

包装任务可能需要考虑各种因素，如 ESDS 器件的数量、物理保护需求、包装寿命和可回收性。

在某些情况下，每个包装内只装入一个器件；而在其他情况下，一个包装也可能需要封装多个器件，例如，一个托盘可以容纳多个 PCB，以便贮存和转运。

包装可能需要保护其内部的器件免受物理冲击、破碎和其他物理特性的威胁。对于旨在保护 ESDS 器件在 EPA 以外和站点之间转运的包装，特别是使用商业运输网络的包装，这一要求可能更高。

包装可用于运输或贮存，或两者兼用。贮存的需求对于零售商来说更加重要，他们会对包装提出一些特殊要求。包装可能需要更适合在特定的贮存区域堆叠的设计，并可以在特定的贮存方法下使用。

包装可以是一次性的或可重复使用的。一次性包装产品的初始成本可能较低。某些类型的包装（如袋子）可能不如其他类型的包装（如盒子和刚性或半刚性容器）坚固。而比较坚固耐用的包装相对昂贵，初始成本高，但当考虑到所有的生命周期成本时，它反而可能是最便宜的选择。对于可重复使用的包装，材料的成本可以在预期的可重复使用次数上摊销。这需要对包装进行使用寿命的测试，通过测试手段破坏包装，从而得出材料的生命周期。如果包装有可能重复使用，则应进行成本效益分析，以评估包装材料在其生命周期内的预期用途。回收包装以重复使用的成本可能需要与其他生命周期成本一起考虑。这些成本可能包括收集成本、分类成本、清洗成本和准备返运及重复使用的材料成本、测试成本和运输成本。

如果要重复使用包装，则可能需要在其生命周期内测试和验证包装每个元素的属性。用户可以使用简单的测试方法来评估包装表面和体积电阻性能。其他类型的包装特性（如静电屏蔽）在没有精密设备的情况下很难评估。因此，金属防静电屏蔽袋可视为一次性包装。测试的成本应该被视为包装的生命周期成本的一部分。

一些包装材料是有有效期的，如果要进行长期贮存，需要考虑这一点。此外，还应考虑废弃或失效包装材料的回收利用。

8.9.6 包装的操作环境

如果包装仅在 EPA 内使用，则主要的 ESD 防护任务可能是确保包装不会带电且不会对 ESDS 器件造成放电风险。在许多情况下，包装需要保护 ESDS 器件在 EPA 外的运输和贮存。此时它必须防止预期的 ESD 风险，并且确保在 EPA 内不产生放电风险。

在 EPA 中时，包装只能由通过培训的人员处理，这可能会在物理性能的保护等方面降低要求。在 EPA 外时，在包装由未经培训的人员处理时，必须考虑处理过程中可能遭到的物理性能破坏，此时包装必须能够承受此破坏。其处理方式与任何其他包装的相同。

在 EPA 中，通常需要对非敏感器件使用 ESD 包装。二次包装必须远离 ESDS 器件。许多 ESD 项目使二次包装完全不受 EPA 的影响。在进入 EPA 后，任何合适的 ESD 包装都可以用于非敏感器件的包装。例如，导电或静电耗散包装袋可以用来装非敏感器件。非敏感器件可使用导电或静电耗散袋，而不是普通塑料袋。低起电材料（粉色聚乙烯）也可用于 EPA 内外的非敏感器件，EPA 内的大气相对湿度预计不会低于约 30%。粉色聚乙烯也应定期检查，以确保其防静电性能持续有效。

如果要求包装进入洁净区，则可能需要选择不会产生污染风险的材料。一些常见的防静电材料（如含碳材料或粉色聚乙烯）在这种情况下将无法使用。在这种情况下，本身具有耗散性能或导电性能的聚合物材料是更好的选择。

当包裹从工厂运出，在不同地点之间运输或运往客户时，来自物理特性的危险和环境造成的危险更严重。

使用第三方快递或邮政服务可能比使用厂家的运输服务需要更大程度的防护。包裹可以经历空运、船运、陆运等。

当包裹跨国运输时，可能需要由未经 ESD 控制程序培训的人员检查包裹内的物品。

包裹在运输和贮存过程中可能遇到温度和湿度变化大的情况。此时，要求包装具备防止陆运或空运过程中温差或湿度差异过大的性能。即使在 EPA 内，相对湿度也会随着季节、天气和热源（如烤箱）的存在而发生巨大变化。

在 EPA 内应选择可以在低湿度水平中仍然可以保持其性能的包装。低湿度水平应为操作环境中可能达到的最低湿度。现代包装标准通常要求材料在低相对湿度（如 12%）条件下进行特性测试。有些材料（如粉色聚乙烯）的性能依赖抗静电剂和大气湿度。在相对湿度可能低于 30%的地方，这些材料要谨慎使用。在这种湿度条件下，它们的防静电性能和普通的二次包装材料的无异。

如果包装是为了把物品送到客户那里，那么客户的要求是必须考虑的因素。有些客户只接受合同或标准中规定的产品包装。

客户现场使用、贮存或处理包装的方式可能会对包装和包装标识提出具体要求。例如，零售客户可能要求包装让产品看起来有吸引力，便于产品的零售展示。包装上可能需要标注其内部产品的相关信息，以帮助消费者方便选择要购买的产品。

在某些情况下，包装可能足以保护包裹内的物品不受雨水侵蚀，例如在邮寄和运输期间。在其他情况下,对湿度保护的需求可能包括在包装内保持低湿度条件,以避免后期出现工艺问题。高湿度会对电子部件造成腐蚀和焊接困难等问题,此时有必要将易受此类问题影响的部件密封在防潮包装内。

运输和贮存期间的预期温度范围是一个需要重点考虑的因素。在密封薄膜中,温度每下降 10°C,薄膜的相对湿度就提高 1 倍。如果温度低于露点(见第 1.11 节),包装内的表面就会出现冷凝现象。在包装密封前应使用干燥剂将空气湿度降至最低,或者在密封过程中抽走空气以防止这种情况的发生。此类包装应有防潮的性能,以防止蒸汽进入。

如果用干燥剂去除包装内部空间中的水分,此时包装内部的湿度条件达到"最坏"的低湿度条件,这时应考虑静电荷更易产生的问题。即使没有干燥剂的存在,由于温度的变化,包装内部也会出现低湿度的情况。当环境温度升高时,薄膜内部的相对湿度下降,环境温度每升高 10°C,薄膜内部的相对湿度就减半。

8.9.7 防静电包装与 ESD 防护功能的选择

8.9.7.1 一次包装

一次包装是指在包装内与 ESDS 器件接触的材料。它应该具有低起电的特性,以避免静电对 ESDS 器件和 EPA 中其他物品产生 ESD 风险。

这种包装材料在与 ESDS 器件接触时不能产生大量静电荷,换一个角度来说,材料本身能够快速耗散静电荷可以减少 ESDS 器件的带电风险。然而,任何材料上的电荷积累都源自两个特性——电荷的产生和电荷的耗散。通常情况下,ESDS 器件表面分为绝缘表面和导电表面。绝缘表面与包装接触时产生的任何电荷都会驻留在 ESDS 器件上。相比之下,包装材料则应是非绝缘材料,以此来耗散在这种材料上产生的电荷。因此,驻留在包装上的电荷与 ESDS 器件上的电荷并不相关。对于 ESDS 器件的低起电要求,应选择能使 ESDS 器件保持低起电特性的材料。

ESDS 器件与一次包装材料接触而产生电荷是不可避免的。为了在一定时间内耗散这些电荷,一次包装材料应该是静电耗散或可导电的(见第 8.3 节和表 8.3)。任何与 ESDS 器件的接触都会在一定程度上引起 ESD。如果使用高电阻的封装材料,峰值电流就会受材料高电阻的限制。放电中的能量主要被封闭的包装材料吸收,而不会释放在 ESDS 器件上。

在实际应用时,有必要规定一次包装的表面电阻的下限。例如,在包装带有板载电池的 PCB 时,需要使用电阻足够高的一次包装,以避免电池与包装接触而放电。

一次包装的物理性能的设计有一定的作用。例如,刚性材料可以被塑造成固定形状,用来稳定 ESDS 器件,使 ESDS 器件可以与周围其他物品或包装保持一定距离,最大限度地减少与其表面接触的机会,同时避免直接 ESD 的发生。另外,一些盒子内使用硬质泡沫来固定各种尺寸和类型的 ESDS 器件,将 ESDS 器件引脚插入泡沫中可以减少器件晃动和位移,消除盒子与 ESDS 器件引脚的接触。

8.9.7.2 接近包装

接近包装的设计和材料将在很大程度上取决于实际应用的场合。表 8.9 所示为在 EPA 内和在 EPA 外所使用的包装的特性要求。由于防静电包装需要在 EPA 内使用,因此它应具有不易起电的性质,以避免对 EPA 内的 ESDS 器件造成放电风险。在 EPA 内,所有暴露的表面都应是不易起电的,且是静电耗散或可导电的材料。

表 8.9 在 EPA 内和在 EPA 外所使用的防静电包装的特性要求

包装的特性	EPA 内	EPA 外
低起电	要求	要求
表面电阻（内、外）	静电耗散或导电	静电耗散或导电
静电场屏蔽	无要求	可选,取决于 ESDS 故障模式
静电屏蔽	无要求	通常需要,取决于 ESDS 失效模式

接近包装经常在 EPA 外使用,主要用于 EPA 内外间的运输和贮存,因此,接近包装除了要有防静电功能外,还需要考虑它的物理性能以及其他保护功能,以保证 ESDS 器件在 EPA 内外都能得到很好的保护。

要在 EPA 外使用接近包装,则应考虑是否需要静电场或静电屏蔽（见第 8.4.4 节和第 8.4.5 节）。其中,最重要的是对环境中静电源的直接放电进行屏蔽。在没有防护设施的区域,人员、转运车、大型金属设备等都可能导致直接放电。

ESD 屏蔽是指通过一个屏障来阻止或衰减通过包装外部或从封装外部到 ESDS 器件的放电电流。ESD 屏蔽的目的是将流经 ESDS 器件的放电电流尽可能地降低。为达到这个目的,可以在静电源和 ESDS 器件中间留有足够的间隔,也可以放置一层高电阻材料或将 ESDS 器件放入防静电包装中。值得一提的是,任何可能造成 ESD 风险的绝缘材料都不可暴露在 EPA 内。

静电场屏蔽是通过包裹一层低电阻率材料来实现的。这个方法可以参考"法拉第笼"原理（见第 2.4.3 节）。

8.9.7.3 包装系统

防静电包装的功能可以由一种类型的包装（如防静电包装）来实现,也可以由多种包装材料组合起来实现。图 8.4 所示为一个防静电包装的实例。紧密接触的泡沫包装可以在一定程度上衰减流向 ESDS 器件的放电电流，此外，还可以为 ESDS 器件提供物理缓冲，并安全地固定器件。导电盒包装可以扮演法拉第笼的角色，提供静电场屏蔽作用，并显著降低盒内的电压差。放电电流可以在导电盒表面随意流动，而不会穿过封装。这种组合既能起到静电屏蔽作用，又能起到静电场屏蔽作用。

包装还需要考虑与静电防护无关的一些性能。这些性能包括对器件的物理保护，例如防止器件破碎、受到冲击和振动、具有一定的强度、表面清洁度、化学污染、塑料兼容性、是否有清晰的标识和条形码读取、材料透明度和可测试性等。

在 EPA 外运输和贮存的完整包装系统可能包括二级外包装，以提供一些与 ESD 控制无关的保护。

8.9.8 包装系统的测试

在某些情况下，可能需要对包装系统进行测试，以确保包装内的物品不会在运输或贮存过程中损坏。测试可能包括物理测试（如振动或跌落测试）以及环境测试（环境条件包括雨水、湿度和温度循环）。

应选择静电和 ESD 测试和通过标准，以反映预期的 ESD 威胁和 ESDS 器件的敏感性。它们可能包括诸如 ESD 在包装上的应用或所附 ESD 的静电荷量评估等方面。

包装在重复使用前应进行检查和测试。首先应进行目视检查，主要检查包装在使用过程中的损坏程度。如果包装有明显的可能会影响包装的防护性能的损坏，此时防静电包装不可重复使用。包装袋很容易因为被内部件和组件或 PCB 上的引线或尖锐边缘刺穿而损坏，其上的涂层也可能会因为去除附着在包装外面的文件或标签而脱落。

8.10 防静电包装的标识

目前，防静电包装有着各种类型的标识。这些标识主要用于告知用户包装内的 ESDS 产品或提供包装材料类型的详细信息。在本书撰写时，IEC 61340-5-1 和 ANSI/ESD S20.20 标准要求，如果存在客户合同要求，则应根据客户合同要求进行标识。如果没有客户合同要求，则应根据这些标准要求来确定标识的需要，必要时定义合适的标识。

防静电包装标准 IEC 61340-5-3 和 ANSI/ESD S541 给出了可用于识别防静电控制和保护性包装的防静电包装标识示例。防静电保护包装的外表面应标有标识和/或文字，以标识该包装内的 ESDS 器件（见图 8.18）。这样，处置包装的人员可以很容易地识别出包装内可能装有的 ESDS 器件，不应该在 EPA 外打开包装。当一个包装系统有多层材料时，每一层材料都应被标识为防静电控制材料。"手"标志下方一般应带有用于表示包装主要功能的字母代码：S（静电屏蔽）、F（静电场屏蔽）、C（静电导电）、D（静电耗散）。

图 8.18 可用于识别防静电控制包装或材料的防静电包装标识示例（参考 IEC 61340-5-3、ANSI/ESD S541 和 ANSI/ESD S11.4）（来源：经 EOS/ESD 协会许可转载）

但是，在实际使用中，包装制造商在如何标识防静电包装材料和产品方面是可变的。旧的和被取代的标准的标识仍然经常出现在使用的包装上。用于表示包装主要功能的字母代码经常缺失。

参考资料

ASTM International. (2013). ASTM F1249 13 Standard Test Method for Water Vapor Transmission Rate Through Plastic Film and Sheeting Using a Modulated Infrared Sensor. West Conshohocken, PA, ASTM.

ASTM International. (2014). ASTM D257-14 Standard Test Methods for DC Resistance or Conductance of Insulating Materials. West Conshohocken, PA, ASTM.

Bellmore, D. (2001). Anodized aluminium alloys — insulators or not? In: Proc EOS/ESD Symp. EOS-23, 141-148. Rome, NY: EOS/ESD Association Inc.

Blythe, T. and Bloor, D. (2008). Electrical Properties of Polymers, 2e. Cambridge University Press. ISBN: 978-0521558389.

Cross, J. A. (1987). Electrostatics Principles, Problems and Applications. Adam Hilger. ISBN: 0852745893.

Department of Defense. (2002). MIL-STD-3010. Test Method Standard. Testing Procedures for Packaging Materials. Test Method 4046 Electrostatic Properties, 33-41. Washington, D.C.: DoD.

Department of Defense. (2004). MIL-PRF-81705D:2004. Military Specification. Barrier Materials, Flexible, Electrostatic Protective, Heat Sealable. Washington, D.C.: DoD.

Department of Defense. (2009). MIL-PRF-81705E:2009. Military Specification. Barrier Materials, Flexible, Electrostatic Protective, Heat Sealable. Washington, D.C.: DoD.

Drake N. (1996). Polymeric materials for electrostatic applications. RAPRA Report. ISBN: 1859570763.

Electronic Industries Assoc. (1988). ANSI/EIA-541-1988. Packaging material standards for ESD sensitive items. Washington D.C., USA, Electronic Industries Association.

EOS/ESD Association Inc. (2012a). ANSI/ESD S11.4-2012. ESD Association Standard for the Protection of Electrostatic Discharge Susceptible Items — Static Control Bags. Rome, NY, EOS/ESD Association Inc.

EOS/ESD Association Inc. (2012b). ANSI/ESD STM11.31-201. ESD Association Standard Test Method for Evaluating the Performance of Electrostatic Discharge Shielding Materials — Bags. 2 Rome, NY, EOS/ESD Association Inc.

EOS/ESD Association Inc. (2014). ANSI/ESD S20.20-2014. ESD Association Standard for the Development of an Electrostatic Discharge Control Program for — Protection of Electrical and Electronic Parts, Assemblies and Equipment (excluding Electrically Initiated Explosive Devices). Rome, NY, EOS/ESD Association Inc.

EOS/ESD Association Inc. (2015a). ANSI/ESD STM11.11-2015. ESD Association Standard for Protection of Electrostatic Discharge Susceptible Items — Surface Resistance Measurement of Static Dissipative Planar Materials. Rome, NY, EOS/ESD Association Inc.

EOS/ESD Association Inc. (2015b). ANSI/ESD STM11.12-2015. ESD Association Standard for Protection of Electrostatic Discharge Susceptible Items — Rome, NY, EOS/ESD Association Inc.

EOS/ESD Association Inc. (2015c). ANSI/ESD STM11.13-2015. ESD Association

Standard Test Method for the Protection of Electrostatic Discharge Susceptible Items — Two-Point Resistance Measurement. Rome, NY, EOS/ESD Association Inc.

EOS/ESD Association Inc. (2016). ESD TR20.20-2016. ESD Association Technical Report Handbook for the Development of an Electrostatic Discharge Control Program for the Protection of Electronic Parts, Assemblies and Equipment. Rome, NY, EOS/ESD Association Inc.

EOS/ESD Association Inc. (2018). ANSI/ESD S541-2018. Packaging Materials for ESD Sensitive Items. Rome, NY, EOS/ESD Association Inc.

Havens, M. R. (1989). Understanding pink poly. In: Proc. EOS/ESD Symp. EOS-11, 95-101. Rome, NY: EOS/ESD Association Inc.

International Electrotechnical Commission. (2014). IEC 61340-4-8:2014. Electrostatics — Part 4-8: Standard test methods for specific applications — Electrostatic discharge shielding — Bags. Geneva, IEC.

International Electrotechnical Commission. (2015). IEC 61340-5-3:2015. Electrostatics — Part 5-3: Protection of electronic devices from electrostatic phenomena — Properties and requirements classification for packaging intended for electrostatic discharge sensitive devices. Geneva, IEC.

International Electrotechnical Commission. (2016a). IEC 61340-2-3:2016. Electrostatics. Part 2-3: Methods of test for determining the resistance and resistivity of solid materials used to avoid electrostatic charging Geneva, IEC.

International Electrotechnical Commission. (2016b). IEC 61340-5-1: 2016. Electrostatics — Part 5-1: Protection of electronic devices from electrostatic phenomena — General requirements. Geneva, IEC.

IPC, JEDEC. (2018). Handling, Packing, Shipping and Use of Moisture/Reflow Sensitive Surface Mount Devices. J-STD-033D. ISBN: 978-1611933482.

Smallwood, J. M. and Millar, S. (2010). Paper 3B4. Comparison of methods of evaluation of charge dissipation from AHE soak boats. In: Proc. EOS/ESD Symp, 233-238. Rome, NY: EOS/ESD Association Inc.

Smallwood J M, Robertson C J. (1998). Evaluation of Shielding Packaging for Prevention of Electrostatic Damage to Sensitive Electronic Components. ERA Report 97-1079R, ERA Technology Ltd., Cleeve Rd, Leatherhead, Surrey, KT22 7SA.

延伸阅读

EOS/ESD Association Inc. (1995). ESD ADV11.2-1995. Advisory for the Protection of Electrostatic Discharge Susceptible Items — Triboelectric Charge Accumulation Testing. Rome, NY, EOS/ESD Association Inc.

EOS/ESD Association Inc. (2017). ANSI/ESD S8.1-2017. Draft Standard for the Protection of Electrostatic Discharge Susceptible Items — Symbols — ESD Awareness Rome, NY, EOS/ESD Association Inc.

EOS/ESD Association Inc. (2017). ESD ADV1.0-2017. ESD Association Advisory for Electrostatic Discharge Terminology — Glossary. Rome, NY, EOS/ESD Association Inc.

Fowler S. (2000). ESD protective packaging. [Accessed: 10th Nov. 2017].

Gale S F. (2006). Zero tolerance for ESD. Solid State Technology. [Accessed: 29th Nov. 2017].

Huntsman J. R., Yenni D. M., Mueller G. E. (1980). Fundamental requirements for static protective containers. Nepcon West VI pp. 624-635.

Huntsman, J. R. and Yenni, D. M. (1982). Test methods for static control products. In: Proc. of EOS/ESD Symp. EOS-4, 94-109. Rome, NY: EOS/ESD Association Inc.

Huntsman, J. R. (1984). Triboelectric charge: its ESD ability and a measurement method for its propensity on packaging materials. In: Proc. EOS/ESD Symp. EOS-6, 64-77. Rome, NY: EOS/ESD Association Inc.

International Electrotechnical Commission. (2018). IEC TR 61340-5-2:2018. Electrostatics — Part 5-2: Protection of electronic devices from electrostatic phenomena — User guide. Geneva, IEC.

Koyler, J. M. and Anderson, W. E. (1981). Selection of packaging materials for electrostatic discharge (ESDS) items. In: Proc. EOS/ESD Symp. EOS-3, 75-84. Rome, NY: EOS/ESD Association Inc.

Matisoff, B. (1997). Handbook of Electronics Manufacturing Engineering, 3e. Springer.

Swenson, D. E. and Lieske, N. P. (1987). Triboelectric charge-discharge damage susceptibility of large scale IC's. In: Proc. EOS/ESD Symp. EOS-9, 274-279. Rome, NY: EOS/ESD Association Inc.

Swenson, D. E. and Gibson, R. (1992). Triboelectric testing of packaging materials: practical considerations — what is important? What does it mean? In: Proc. EOS/ESD Symp. EOS-14, 209-217. Rome, NY: EOS/ESD Association Inc.

Texas Instruments. (2002). Electrostatic Discharge (ESD) Protective Semiconductor Packing Materials and Configurations. Application Report SZZA027A - April 2002.

Vermillion R. (2014). The Silent Killer: Suspect/Counterfeit Items and Packaging. In Compliance. [Accessed: 29th Nov. 2017].

Vermillion R. (2013). Pin Holes & Staples Lead to Diminished Performance in Metallized Static Shielding Bags. InCompliance. [Accessed: 29th Nov. 2017].

Vermillion R. (2016). Have Suspect Counterfeit ESD Packaging & Materials Infiltrated the Aerospace & Defense Supply Chain? Interference Technology. [Accessed: 29th Nov. 2017].

Vermillion R. J., Fromm L. (n.d.). A Study of ESD Corrugated. [Accessed: 29th Nov. 2017].

第 9 章 ESD 控制程序的评估策略

9.1 引言

有几种方法可以用来评价 ESD 控制程序的"适用性"。评价 ESD 控制程序之前有必要理解 ESD 控制程序需要解决的各种问题和所要达到的目标。ESD 控制程序的主要目标应该是控制 ESD 风险,并将 ESD 损伤降低到可接受的水平。

ESD 控制程序的另一个目标通常是帮助满足客户需求:组织在生产或处置产品时充分考虑了市场需求,并采取一些措施使产品可靠性达到客户要求。通过这种方式,ESD 控制程序可以对所处置产品的营销起到积极的作用。客户可以不时地对工厂进行审查,并将审查结果作为其供应商质量保证程序的一部分。有些客户可能要求他们的供应商遵守静电防护标准,当客户有特殊要求时,他们还会要求供应商遵守他们自己选定的静电防护标准。

ESD 控制程序评估的一个重要方面是 ESD 控制程序的成本效益。人们通常希望投入最少的资源(时间和金钱)而获得最大的收益。有时很难评估 ESD 控制程序可能带来的好处,但是对 ESD 控制程序的评估有助于选择 ESD 控制程序的目标,以及确定用于投资该程序的资源水平。

9.2 ESD 风险评估

9.2.1 风险源

EPA 通常需要控制两种类型的 ESD 风险:
- 对器件或来自器件本身的直接放电;
- 器件本身或周围环境中的静电场所产生的放电对 ESDS 器件带来的损伤风险。

对这些风险的识别和评估会在本章进一步讨论。常见的静电源有带电人体、带电金属或其他导体材料、带电器件。其他静电源可能有带电平板、带电电缆，以及带电模块或组件。

了解 ESD 风险是确定有效 ESD 防护措施的重要一步。

9.2.2　ESD 敏感度评估

评估 ESD 风险的过程必须从评估 ESDS 器件和组件的 ESD 敏感度开始。在一些情况下，器件 HBM 和 CDM 下的 ESD 耐受电压数据可以从设备数据表中获得。但是，并非所有制造商的设备数据表都提供了这方面的信息。此外，PCB、模块和组件的 ESD 敏感度在通常情况下不进行测试。因此，此类评估大部分是基于假设分析进行的。

当处置 ESD 耐受电压未知的 ESDS 器件时，通常最简单的方法是使用标准的 ESD 防护措施来实施 ESD 控制程序，例如参考 IEC 61340-5-1 或 ANSI/ESD S20.20 中所给出的措施。这些设计用于控制 ESD 耐受电压低至 HBM 100V 和 CDM 200V 的器件的最常见 ESD 风险。

组织应尽可能地对任何具有特别低的 ESD 耐受电压或特殊 ESD 敏感度的器件进行识别。在识别过程中，我们要注意，对于任何 ESD 耐受电压低于 HBM 500V 或 CDM 250V 的器件，或有时被称为"0级"的设备，都应该特别小心地进行处置。抗静电电压小于 HBM 100V 或 CDM 200V 的器件则需要特殊的或更严格的 ESD 控制要求。

被处置器件的 ESD 敏感度会在生产过程中发生变化。ESDS 器件会被组装到 PCB 组件中，然后以 PCB 组件的形式组装到更高级别的组件或模块中。在装配阶段，这些组件或模块会被集成为最终的产品。ESD 风险和器件敏感度在每个构建阶段是不同的。在大部分情况下，采用标准的 ESD 防护措施来处理这些 ESD 敏感度未知的物品是最便捷的。

当然，交付的最终产品在组装至机壳并做过防静电处理后，一般是不易受 ESD 影响的。因此，在某些结构状态下，最终产品被视为不会受到 ESD 的损坏。尽管如此，这种设想仍然是有很多争议的，因为产品的整体 ESD 敏感度并不在初期设计决定。如果产品已经经受并通过了 EMC 抗扰度测试中的一部分 ESD 测试，那么我们可以认为它对 ESD 损伤也具有较强的抗扰性。然而，未测试的部件仍有可能存在某种程度的 ESD 敏感度，例如，在设备的电缆接口处，它们就容易受到带电电缆放电所带来的损伤。

最终产品因为有机箱外壳或密闭的盖子来保护内部部件，因此不容易受到

ESD 损伤，但如果将机箱外壳或密闭的盖子拆除，就要对最终产品的 ESD 敏感度重新进行评估，判断是否需要采取 ESD 防护措施。

包含 ESDS 器件的组件应被认为是 ESD 敏感的，除非有充分的理由或证据表明它在该组件级别得到了充分的 ESD 防护。应考虑以下可能的静电源：

- 带电人员对 ESDS 产品的直接处置，特别是通过手持工具进行处置；
- 与带电金属部件、底盘或机械部分接触会产生静电；
- 内部部件可能通过感应或摩擦带电，成为带电器件，在与其他导体接触时发生放电；
- 由于带电产品暴露的端子接触外部导体而发生放电；
- 带电电缆或配线与集成组件连接。

如果在某一个工艺过程中会发生特殊的放电风险，那么需要对该工艺过程进行特殊的 ESD 防护措施，因为普通的 ESD 防护措施可能无法防范特殊放电风险的发生。

9.3 基于 HBM、MM 及 CDM 数据的过程能力评估

9.3.1 过程能力评估

近年来，对工艺过程进行评估成为 ESD 防护的目标之一，需根据器件的 HBM、MM、CDM ESD 耐受电压水平，明确该工艺过程是否具备处置器件的能力。随着越来越多的器件有较低的 ESD 耐受电压，这一点变得越来越重要（EOS/ESD Association Inc., 2015; Lin et al., 2014; Halperin et al., 2008）。这也与降低器件的片上 ESD 防护的趋势有关，使器件的耐受电压不超出在简单防护程序下可能产生的电压水平。（Industry Council, 2010; Industry Council, 2011; EOS/ESD Association Inc., 2016b）。

9.3.1.1 过程评估的结构化方法

要进行人工操作或自动化过程的过程风险评估最好使用结构化方法，在该方法中，整个过程自始至终遵循 ESDS 路径（Gärtner, 2007; Halperin et al., 2008; Jacob et al., 2012; EOS/ESD Association Inc., 2015; EOS/ESD Association Inc., 2016a）。在每个工艺步骤中，都要对 ESD 风险进行评估。这些 ESD 风险包括与人员的接触，与可能带电的金属物体的接触，以及 ESDS 器件在带电状态下接触低电阻导体的风险。Halperin 等人（2008）将这种过程评估称为过渡性分析。

9.3.1.2 评估过程中的 ESD 关键路径

从 ESD 风险的角度来看,无防护的 ESDS 器件在该过程中所处的位置决定了 ESDS 器件会涉及的关键路径,我们可以认为仅在该关键路径周围的区域(EOS/ESD Association Inc., 2016a)会发生 ESD 风险,并且必须对这些区域进行 ESD 风险识别。在这些区域之外,则可以认为静电源与器件保持安全距离,不会产生 ESD 风险。

对风险的响应通常是根据 IEC 61340-5-1 和 ANSI/ESD S20.20 或 ESD SP10.1 的指导规定的。例如,ESD SP10.1 建议在 ESD 关键路径周围以 15cm 为半径的区域内,所有导电的设备、部件都应接地,绝缘部件应进行静电消电处理。ANSI/ESD S20.20 和 IEC 61340-5-1 要求防静电设备应与静电场小于 $5kV\cdot m^{-1}$、表面电压大于 2kV 的物体至少保持 30cm 的距离。还有一些风险需要通过未做规定的特殊措施来管理。

(1)处置无防护的 ESDS 器件的人员必须按标准接地。

(2)接触 ESDS 器件的金属物体必须接地。如果不能接地,ESDS 器件与金属物体之间的电压差必须减小到危险阈值以下(按照 IEC 61340-5-1:2016 和 ANSI/ESD S20.20-2014,阈值为±35V)。

(3)为了降低带电器件的 ESD 风险,可以将与 ESDS 器件接触的导体替换为具有中电阻或高电阻的静电耗散材料。

(4)为了解决静电场所导致的 ESD 风险,将可能带电的非必要绝缘体从 ESDS 器件附近移除,或按照绝缘物品消电方法对其进行处理。

(5)为解决 ESDS 器件接触充电或摩擦 ESD 设备而引起的 ESD 风险,应尽量减少会导致 ESDS 器件摩擦放电的工艺流程。

值得注意的是,所有可知的 ESD 风险都与器件和人体、物体的接触有关,对于大多数 ESDS 器件,如果没有与人体、物体接触,则不存在 ESD 风险。所引发的 ESD 风险均来自接触的过程,而不是来自起电带电的过程。

静电场通常只在与 ESDS 器件接触的情况下才会产生 ESD 风险。然而,有一小部分 ESDS 器件类型(如网栅)可能仅因静电场引起的电压差而损坏,导致内部低压绝缘层或空气间隙击穿。Smallwood(2019)已经证明,通过快速变化的静电场的电荷注入,可能会对一些电压敏感器件(例如具有高阻抗端子的 MOSFET)造成伤害。

在评估过程时,静电防护方面的专家需要在涉及工艺、设计、生产等过程的专家帮助下来完成 ESDS 器件的过程轨迹的识别,确定风险点,并对风险点涉及区域进行相关测量,找到合适的解决方案,有研究者给出了一些相关案例(Gärtner, 2007; Halperin et al., 2008; Lin et al., 2014; EOS/ESD Association Inc., 2015)。文件

ESD TR17.1-01-15 借鉴了一些早期的工作成果。

ESD TR17.1-01 遵循 Jacob 等人（2012）提出的程序评估步骤，具体如下：
- 评估潜在风险；
- 识别测量点；
- 进行测量；
- 评估测试结果；
- 实施最终纠正措施。

在真实条件下演示生产过程，目标是识别潜在风险和测量点，定义并实施纠正措施。Lin 等人（2014）讨论了在测量和评估过程中遇到的一系列问题和挑战。

9.3.1.3 静电耐受电压数据在过程评估中的应用

将过程能力与器件 HBM、MM 或 CDM 下的静电耐受电压数据关联起来并不容易。本节可以提供一些一般性的指导。在实际操作中，本节给出的分析和假设是近似的。就目前来说，仍然没有在实际生产情况下评估 ESD 风险的准确方法。在某些情况下，我们给出的估计值并不精准，很可能会大大高估实际的风险，但这些风险也可能在某些情况下被低估。

原则上，可以通过每种预知的 ESDS 器件敏感度级别来了解静电源。将每个静电源的放电参数保持在已知发生 ESD 损伤的阈值以下，就可以控制风险的发生。为此，我们研究了 HBM、MM 和 CDM 下的 ESD 敏感度测试，从而可重复测量器件的 ESD 敏感度（见第 3 章）。器件的 ESD 敏感度是指在静电源中不导致器件损坏的最高测试电压。

由此看来，风险评估和管理的策略似乎很清晰明了——如果静电源所产生的真实电压低于耐受电压，就不可能发生 ESD 损伤。那么此时，可以认为 ESD 防护措施的规范是将放电电压维持在 ESDS 器件耐受电压的风险阈值以下（Steinman, 2010, 2012）：
- 人体电压应保持在器件 HBM 耐受电压以下；
- 与 ESDS 器件接触的金属物体上的电压应保持在 MM 耐受电压以下；
- 器件上的电压应保持在 CDM 耐受电压以下。

虽然这个简单的观点和策略在部分场合下是有效果的，但是它在一些过程上过于简化。尽管如此，在我们建立 ESD 控制程序的起步阶段，对现场进行"最坏情况"的预估，可能是最直接和最简单的办法。所以，Steinman（2010）建议，在设计限制条件时，应该将电压设计为各自静电耐受电压的 50%，而不是 100%。

在 ESDS 器件和金属物体之间发生放电的情况下，ESDS 器件的耐受电压是 MM 和 CDM 下的极限电压值（Steinman, 2010; Tamminen et al., 2007）。例如，如果 ESDS 器件接触的导体是电阻大于 10kΩ 的导体，而不是电阻很小的金属物体，那么当 ESDS 器件上的电压远远大于 CDM 耐受电压时，不会造成损坏。在人体 ESD 的情况下，我们可以知道一部分 ESDS 器件的 HBM 静电耐受电压的极限值，这主要取决于 ESDS 器件的特定类型的 ESD 敏感度。

事实上，器件的敏感度通常不会受到静电源电压的影响，而会受到其他参数（如峰值电流、充电功率或放电过程中传递给 ESDS 器件的能量）等的影响。这些参数通过电路中的电感、电阻、源电容等与源电压相关。在实际操作环境中，电容、电阻和电感参数与 HBM、MM 和 CDM 的理论值会有一些差别。我们只能通过这 3 种模型的模拟放电来对 ESDS 器件进行敏感度测试。而在实际操作中，ESD 大多来自人体、金属部件、设备或其他静电源。由于 HBM、MM 和 CDM 的静电源不同，所以其 ESD 波形有各自的特征，因此对于这 3 种放电模型来说，ESDS 器件也会有不同的耐受电压限（ESD TR17.0-01; Tamminen et al., 2007; Gärtner et al., 2012）。因此，相对于 HBM、MM、CDM 来说，ESDS 器件更容易被实际环境中的静电源损坏。而且，一些很小的环境条件变化，例如 ESDS 器件的位置变化，可能就会引起其电容、电压等相关参数的变化，从而导致其敏感度的变化。

Tamminen 和 Viheriäkoski（2007）发现，在一个过程中，真正带电器件的 ESD 风险其实明显小于 CDM 中的耐受电压值所给出的 ESD 风险。当 ESDS 器件接近平坦的接地表面时，在某些情况下，设备电压与远离表面的初始值相比可以降低 95%。这种下降随着组件封装的不同而不同，对高组件（如双列直插式封装）来说这种下降变化是最小的。组件接近浮动 PCB 时也会出现类似的结果。在某些情况下，他们能够通过考虑设备上的初始电压和电荷，特别是通过考虑设备的几何形状和所处的环境，更好地评估 ESD 风险。例如，将 ESDS 器件放置在锡膏附近时，锡膏具有电阻特性，它可能会对其放电特性产生影响，导致 ESD 风险的变化。

即使在进行 ESD 敏感度测试时的稳定测试环境中，由于敏感度测试仪器组装部件较多，测试时的参数也会因为某 部件的轻微变化而产生明显差异。这可能导致用不同的测试仪对同一器件进行敏感度测试时得到的耐受电压测试结果不一致。改变同一器件的封装形式，也会导致其耐受电压程度发生变化。

一些 ESDS 器件，如 PCB 板件或装配组件，通常不使用标准 HBM、MM 或 CDM 测试其敏感度，即使进行了测试，ESDS 器件上每一个可能的接触点或 ESD 入口点的敏感度也可能发生变化。因此，PCB 等复杂的 ESDS 器件可能有大量可能的接触点。对 ESD 的敏感度可能因添加到组件中的每个新组件以及装配过程中的每个 ESDS 位置变化而有所不同。

一些操作人员建议，将峰值电流、电荷、功率或能量当作指定参数会更有意义（Bellmore, 2004; Smallwood et al., 2003），而不将源电压作为静电耐受电压数据的参数。这些更加复杂的参数，可以更多地还原实际使用环境下的更真实的放电风险评估。即便如此，我们也无法得知完整的测试参数。在一个放电过程中测量真实的 ESD 参数是很困难的，特别是在快速移动的 AHE 中，很难在不修改流程的情况下安全地添加测量设备。

要获取所有组件的静电耐受电压数据是非常不容易的，且过程更加复杂。但是在过程评估的实际操作中，获取全部敏感度数据并不是很重要，因为评估主要关注最敏感的组件，只要识别出了最敏感的一部分组件并且在处置时增加 ESD 控制设计，就可以认为另一部分不太敏感的组件得到了充分的保护。

9.3.2 人体 ESD 和手动处置过程

人体带电所引发的 ESD 风险理论上与组件的 HBM 耐受电压程度有关。假设处置人员身上所产生的电压应限制在所处置的最敏感设备的 HBM 耐受电压以下，则在处置 HBM 100V 器件时，应要求处置人员的身体电压不超过 100V。如果所处置的器件为 HBM 50V，则人体电压应限制在 50V 以下。

如果被处置 ESDS 器件的耐受电压较低，则应相应地降低允许的人体带电电压值。例如，在处置 HBM 50V 的 ESDS 器件时，人体带电电压不能超过 50V。对于 HBM 100V 的 ESDS 器件，腕带系统的最大接地电阻值为 35MΩ，那么当限值电压为 50V 时，腕带系统的最大接地电阻值则应按比例降低至 17MΩ。

当处置 HBM 耐受电压值较低的器件时，可以直接测量正常工作中和正在进行处置活动的人员的人体带电电压，以确保人体电压不会超过要求的最大限值。因为操作人员的对地电阻只是与人体带电电压有关的一个因素，而操作人员身上所产生的电荷是非常重要的，如果只测量对地电阻，就会忽略电荷这个因素。电荷的产生取决于操作人员所使用的材料和设备，如果材料或设备的类型、表面条件（包括表面污染）或大气湿度发生变化，所产生的电荷量会发生巨大的变化。对人体电压进行评估，以鞋束或地板类型或其他环境条件来举例，对于处置 HBM 耐受电压值较低的器件的静电安全来说是非常重要的。

9.3.3 孤立导体造成的 ESD 风险

MM ESD 测试模拟了一个由外部金属物体放电所产生的"双引脚"ESD 风险，放电导致放电电流流过 ESDS 器件，并通过第二个引脚流向另一个导体（HBM 和 MM 测试的是"双引脚"ESD，带电器件 ESD 是"单引脚"的，因为器件带电后是通过一个引脚进行放电的）。举例来说，如果一个外部的带电物体通过 ESDS

器件放电到大地，或者 ESD 电流通过 ESDS 器件流过 PCB 时在带电的板上发生 ESD，ESD 风险就会产生。

原则上，如果 ESDS 器件易受到放电能量的影响，那么 MM 测试中的电容储能将全部转移到 ESDS 器件上。能量 E_{mm} 可以由 MM 测试电容 C（200pF）和测试电压 V 计算得到：

$$E_{mm}=0.5CV^2$$

假设能量 E_{mm} 是 ESDS 器件在其他金属物体放电时的耐受能量最大值，那么其他源的电容 C_s 可允许的最大电压 V_s 可以由以下公式计算得到：

$$E_{mm}=0.5C_sV_s^2$$

很多静电源的真实电容都小于 200pF，因此通常可允许的耐受电压会比 MM ESD 测试得到的耐受电压高得多。在实际中，（ESD）源的电容远小于 200pF，所以通常可以允许比 MM ESD 耐受电压高得多的电压。在实际操作中，（ESD）源的电容是可变的，并且很难测量。

这种分析取决于 ESDS 器件是容易受到放电能量的影响的。如果 ESDS 器件容易受到放电中电压或电荷转移的影响，则需要采用不同的分析方法（Paasi et al., 2003）。为了简单起见，通常更倾向于指定任何外部金属静电源和 ESDS 器件之间的最大电压不能超过 MM ESD 耐受电压，在这种情况下，ESD 风险很容易被高估，且很难将电压维持在较低的 MM ESD 耐受电压范围内。在实际应用上，IC 制造商们已经不再采用 MM 的 ESD 敏感度测试。

与带电器件 ESD 一样，如果接触材料的电阻足够大，接触材料的电阻则会"吸收"一些放电能量，在保护对放电能量敏感的 ESDS 器件上起到了一定的作用。但如果 ESDS 器件对电压或电荷敏感，则接触材料的电阻可能不会起到任何保护作用。

9.3.3.1 什么是孤立导体

首要的 ESD 防护措施是尽可能地将所有可能与 ESDS 器件接触的导体接地。而在某些不方便的特殊条件下，这些导体可能无法实现接地，这时就需要将导体与器件保持电气隔离。在此类情况下，ESD 风险则需要被评估和控制。ESDS 器件本身通常是不接地的。

尽管标准中提出了一些处理与 ESDS 器件接触的孤立（未接地）导体的要求（见第 6.5.12.7 节），但实际上标准中并未给出孤立导体的任何定义，也没有给出识别孤立导体的判断准则。未来的标准可能会解决这个问题，但与此同时，如果实际中导体对地电阻小于 1GΩ（$10^9Ω$），通常情况下会认为此导体是接地的。如果导体对地电阻大于 100GΩ（$10^{11}Ω$），则应认为此导体是与接地隔离的。当导体对地电阻在 1G 和 100GΩ 之间时，则需要采用一些测试来进行评估，如果在正常运行期间导体的表面上能够保持足够低的电压，则可以认为导体是充分接地的。那么，电压值低到何种程度才可以称为"足够低"呢？这个答案取决于可能与导体接触或在导体附近的 ESDS 器件的敏感度，当然也可以参考静电防护标准中的规定。

9.3.3.2 如何处置孤立导体

图 9.1 所示为检测和处置孤立导体的简单流程。当孤立导体不与 ESDS 器件接触时，则认为不产生 ESD 风险，因此可以忽略它们并不进行处理。

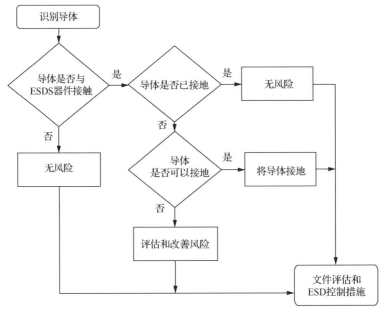

图 9.1　检测和处置孤立导体的程序流程

ESD 风险的根源是导体和 ESDS 器件之间的电压差达到足以产生破坏性 ESD 的强度。这可以是一种带电器件（单引脚）ESD，或者更像带电金属物体的 ESD（双引脚）。如果导体是一种低电阻材料，意味着它具有更明显的 ESD 风险。因此必须通过措施使导体和 ESDS 器件之间的电压保持在足够低的水平，以控制这种风险。

现行标准 IEC 61340-5-1 和 ANSI/ESD S20.20 中规定了未接地导体的要求。IEC 61340-5-1 要求 ESDS 器件与导体之间的电压差必须小于±35V。要测量 ESDS 器件与导体之间的电压差并没有看起来那么简单，这个过程需要两次测量：

- 必须在工作条件下测量 ESDS 器件的电压范围和极性；
- 必须在工作条件下测量导体上的电压范围和极性；
- 计算两个电压之间的差值范围。

在正常运行条件下测量 ESDS 器件和导体上的电压，特别是在自动化处置条件下，器件在 AHE 上的移动速度很快。因此，会增加测量的难度。如果 ESDS 器件或导体的体积很小，则必须使用能够测量小物体的接触或非接触静电电压表来进行测量（Steinman, 2010, 2012）。

为了将 ESDS 器件与导体之间的电压差降低并保持在较低的水平，通常将它们置于离子化静电消除器所产生的离子流中。在没有其他感应电荷产生的条件下，给定足够的衰减时间，可以得到离子流消电后的残余电压。然而，在快速移动的过程中，可能没有足够的时间，或者如果电荷的产生速度快于离子化静电消除器在安装中可以实现的中和速度，则很难达到消电的效果。

当 ESD 问题仅涉及带电器件 ESD 而没有其他放电模型（如一个其他的未连接的 ESDS 器件与导体接触）时，如果导体表面电阻大于 10kΩ，则 ESD 风险可以忽略不计（见第 9.3.4 节）。

9.3.4 带电器件的 ESD 风险

带电器件的 ESD 风险是自动化处置过程中发生的主要风险，它发生在带电器件可能接触到导体（如金属）的任何情况下。带电器件 ESD 是一种"单引脚"接触的 ESD 风险，由设备引脚接触低阻性导体而发生。接触高阻性导体可以降低失效的风险，因为接触点材料的电阻会使 ESD 电流减小。简言之，假设带电器件与导体之间的电压差可以控制在 CDM 耐受电压以下，则不太可能发生 ESD 损伤。

在这种情况下，可以进行目视检查，观察 ESDS 器件通过自动化处置系统的路径，以识别可能与金属或其他低电阻性导体接触的位置。在这些接触点上，如果 ESDS 器件和接触金属之间的电压差超过 ESDS 器件 CDM 耐受电压，则带电器件 ESD 风险是明显的。

如果带电器件接触低电阻材料，在人工操作过程中会有发生放电的风险。所以与器件直接接触的防静电包装和填充、固定器件的填充物应该用表面电阻大于 10kΩ 的材料来制作。当 ESDS 器件接触表面电阻小于 10kΩ 的材料时，应该优先评估带电器件 ESD 风险。

确定带电器件和接触材料之间的电压差是有一定难度的，特别是在正常运行的自动化过程下。如果其中一个导体已接地，那么至少该导体的电压已知为 0。如果带电器件未接地，则导体接地并不能防止带电器件 ESD，因为带电器件本身就是静电源。将接触导体接地会减少一些风险发生的概率，并确保导体不会因带电而成为 ESD 风险的另一个来源（见第 9.3.3 节）。

在实践中，放电中的峰值电流通常会导致器件损坏，为了降低放电风险，可以通过增加接触 ESDS 器件的材料的电阻来实现，并且保持带电器件与接触材料之间的电压差不超过 CDM 耐受电压值。带电器件的放电风险会随着与之接触的材料电阻的增大而降低。接触材料的电阻降低了 ESD 峰值电流，并吸收了放电电流的部分能量。ANSI/ESD S20.20 和 IEC 61340-5-1 建议最小接触材料表面点对点电阻为 10kΩ，以避免带电器件 ESD 风险。

在低电阻导体的接地路径中增加电阻，例如增加一个分立电阻，并不能降低带电器件 ESD 风险，因为放电会进入导体的局部电容（Wallash, 2007）。接地路径中的电阻不会限制 ESD 电流进入该电容就像图 9.2 中所示，在接地路径上增加来自接触导体的电阻并不像使用电阻表面那样起到限制带电器件的 ESD 电流的作用）。器件电容可以放电，峰值电流仅受放电阻抗（如火花）和导电材料的限制。

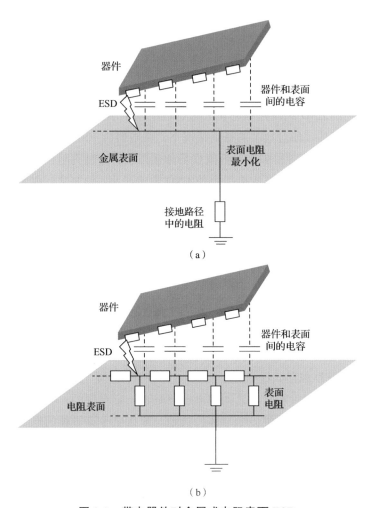

图 9.2　带电器件对金属或电阻表面 ESD
（a）带电器件对金属表面 ESD　（b）带电器件对电阻表面 ESD

评估器件在生产过程中可能产生的电压并不容易（见第 11.9.4 节）。在器件转运、移动过程中，通过摩擦起电或由于附近静电场的感应，器件会被充电而产生电压。如果此时需要进行测量，则必须以尽量减少测量设备对器件带电电压的影响的方式进行。测量方法还必须将器件上的电压与该区域的任何其他静电场和电压区分开来。这种测量需要使用低电容、高输入阻抗的接触或非接触静电电压表才能够准确测量较小物体上的电压。

如果成功地测量了设备电压，那么在包括低大气相对湿度在内的所有可能的工艺条件下，确保这个电压代表可能的最大值仍然是一个挑战。

如果与隔离的导体发生接触，则导体上产生的电压必须按照与设备相同的方法进行评估，而且必须计算器件和导体之间可能的电压差的范围。

如果需要降低摩擦起电对设备产生的电压，则必须评估由于与导致该过程点的材料接触而产生的充电效应。

小心地更换与设备接触的材料可能是减少摩擦起电的一种方法。鉴于此，摩擦起电是一种可变现象，试图将其用于 ESD 控制通常是不可行的。

评估和降低设备上的感应电压可能更简单。此时必须评估靠近设备的材料上因电压而产生的静电场。这些电场在设备上产生的电压不能超过电场源的原始电压。因此，产生的电压如果小于器件 CDM 的耐受电压，则可以被认为是微不足道的。与测量设备电压一样，在包括低大气相对湿度在内的所有可能的工艺条件下，确保这个电压代表可能的最大值仍然是一个挑战。

如果电压大于 CDM 耐受电压，则可以通过以下措施降低或消除其影响：

- 对于带电绝缘体，可以用接地导体替换绝缘体；
- 增加电压源与器件路径之间的分离距离；
- 在电压源和设备之间增加静电场屏蔽。

9.3.5 电压敏感结构（电容或 MOSFET 栅极）的损坏

一些组件，如电容和 MOSFET 栅极，可能因为注入足够的电荷将电压提高到击穿电压值而被损坏（见第 3.4.3 节）。这些组件的 ESD 风险可通过摩擦起电或 ESD 事件中可以转移到 ESDS 器件的电荷来评估（Paasi et al., 2003, 2006; Smallwood et al., 2003; International Rectifier AN-986, 2004）。这可以通过各种方式实现，包括：

- 通过与其他材料接触充电；
- 通过与带电人员或导体接触充电；
- 通过静电场感应充电；

- 通过不平衡离子化静电消除器输出的离子流充电。

ESDS 器件中最危险的部分可能是具有低电容和低击穿电压的高阻抗线路。这些部分导致其即使在没有与其他 ESDS 器件接触的情况下，也会对静电场的损坏敏感。

Paasi 等人（2006）的研究表明，对于 MOSFET，ESD 风险阈值可用电荷阈值来充分描述，而 HBM 电压值不足以作为 ESD 风险的指标。当感应电荷使电压升高到栅极击穿值时，就会产生损坏风险。当 MOSFET 安装在 PCB 上时，栅极击穿电压可以取代电荷阈值作为风险指标。真正的 ESD 风险当然取决于环境和与 MOSFET 接触造成 ESD 损坏的概率。ESD 风险不是直接由静电场强引起的，而是由 MOSFET 或 PCB 上诱导的电荷引起的。PCB 上的设备损坏的场阈值比未安装的器件的要小，因为 PCB 有更大的暴露在静电场中的面积，对于相同的静电场，PCB 的感应电荷也更大。

9.3.6 静电场的 ESD 风险

ESD 风险在许多情况下是由带电材料（如基本绝缘体）产生的静电场造成的，但也可能来自老式阴极射线管（Cathode-Ray Tube，CRT）显示器屏幕或高压电缆等设备。非必要的电场源应通过将其从 ESDS 器件附近移除来处理。

静电场中 ESDS 器件和另一导体之间的电压差通常会产生风险。一旦 ESDS 器件足够接近或接触另一个电压不同的导体，它们之间就会发生 ESD。导体可以接地，也可以不接地——在任何一种情况下都会发生 ESD。

绝缘物品是属于必需的还是非必需的，有时并不绝对。同一物品在一个工艺过程中可能被认为是必需的，而在另一个工艺过程中可能被认为是非必需的。例如，在某个工艺过程中，可能很容易做到不出现纸质文件；但在另一个工艺过程中，如果必须在完成过程中更新或签署纸质文件，那么在缺少文件的情况下工艺过程将难以继续进行。

在大多数情况下，绝缘体的 ESD 风险可以通过简单的评估方法进行评估，评估流程如图 9.3 所示。

大多数 ESDS 器件本身对静电场导致的直接损伤并不敏感。通常只有当存在显著的静电场，并且该静电场内的 ESDS 器件和其他导体之间存在接触的可能时，才需要对 ESD 风险进行重点关注。如果该静电场内不存在导体与 ESDS 器件的接触，可能就不需要对该静电场进行 ESD 风险防控。如果绝缘体与 ESDS 器件的距离足够远，ESDS 器件所在位置的静电场基本可以忽略不计。（注意：通常不大可能将 ESDS 器件置于电场显著的位置）。如果绝缘体不大可能被搬运、挪动或带电，那么其产生电场的风险基本可以忽略不计。

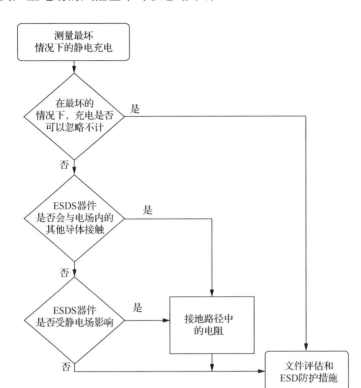

图 9.3　简单的静电场风险评估流程

最好在最恶劣情况下测量物体的静电荷，即在环境空气相对湿度较低（<30%）的条件下进行测量。但在实际应用中，由于缺少湿度控制设施，测量可能只能在环境空气条件下进行。尽管如此，在较高湿度条件下进行的初步评估也可作为首次评估的参考值，后续应持续跟进并在低湿度条件下进行复制。

这引发了一个问题：什么样的带电水平可以被认为是可以忽略不计的？不幸的是，这个问题可能不容易回答，它的答案取决于正在处理的 ESDS 器件的耐受电压和其他因素。例如，如果带电器件所带电压会对 ESDS 器件造成损坏，则认为带电器件上的电压是值得关注的，但如果器件上产生的电压低于 ESDS 器件的 CDM 耐受能力，则认为可以忽略不计。导体上的感应电压不能超过静电源的电压。

在实践中，比静电耐受电压更高的电压也许也可以忽略不计，但评估这一点可能更加困难。带电器件的 ESD 损伤是由峰值 ESD 电流引起的，而不是由源电压引起的。对于 ESDS 器件与导体之间的 ESD，其峰值电流由放电电路通过任何火花的总阻抗和接触点上的接触材料的阻抗以及 ESDS 器件与导体之间的电压差决定。该电路的阻抗通常随材料特性和 ESDS 器件的位置和方向而变化。

标准可以给出用于评估带电绝缘体产生的电场的要求。例如，IEC 61340-5-1:2016 标准要求 ESDS 器件所在位置的静电场必须小于 $5kV·m^{-1}$。在 IEC 61340-5-1:2016 和 ANSI/ESD S20.20-2014 中，充电到大于 125V 的绝缘体必须与 ESDS 器件保持至少 2.5cm 的距离，充电到大于 2kV 的绝缘体必须与 ESDS 器件保持大于 30cm 的距离。如果满足这些条件，根据这些标准，静电场和电压可以忽略不计。然而，对某些类型的 ESDS 器件的安全处理而言，这些限制可能不够低或规定得不够好（Stadler et al., 2018）。在本书撰写时，这是专家们进行研究和讨论的一个主题。

Swenson（2012）研究了电压敏感器件对静电场损伤的敏感性，并帮助建立了用于 ESD 控制的场限值。他选用一个 14 引脚 DIL 封装的阳极金属-氧化物-半导体（Positive Metal-Oxide-Semiconductor，PMOS）器件（Siliconix SM110CJ，ESD 耐受电压为 HBM 200V 和 CDM 125V）和一个 MOSFET 分立器件（Motorola 3N157，ESD 耐受电压为 HBM 200V 和 CDM 150V）作为测试器件，将这些器件安装在一个静电场中（静电场是由各种大小的带电平板与预设的高电压瞬间接触而产生的）。器件被放置在玻璃板或接地的金属板上，接地的金属探针与器件引脚接触，记录放电电流波形。Swenson 根据获得的数据绘制了图表，图表显示了在不同施加电压（静电场）和不同距离条件下 ESDS 器件的损坏率。

对于器件 SM110C，Swenson 发现，与放置在玻璃板上相比，当器件放置在接地面上时，损坏器件所需的电场强度更大。当器件放置在玻璃板上时，与器件耦合的场很可能会增强。当存在接地平面时，部分电场耦合到该平面上，器件处的电场减小，损坏器件所需的电压增加。在器件 3N157 上也观察到了差异。Swenson 指出，当设备与接地导线接触时，实际上就会发生损坏，从而产生场致带电器件 ESD。

Swenson 继续用均匀带电的绝缘塑料板进行实验。他发现，当器件 SM110CJ[①] 放置在接地平面上时，ESDS 器件与带电塑料板直接接触不会损坏器件，直到带电绝缘体电压为 18kV。在场存在条件下器件引脚接地，在 10kV 时发生损坏。[在实践中，导体（如接地面和 ESDS 器件）的存在会改变绝缘体表面电压和周围的场。在距离为 2.5cm 处用电场强度计测量绝缘体电压，测得的绝缘体表面电压与发生损坏时的电压不同]。

在对器件 3N157 进行的实验中，在带电绝缘体电压达到 18kV 之前，ESDS

---

① 原书中为 SM110C，经查有误，对应参考文献原文中为 SM110CJ。——译者注

器件与带电塑料板直接接触不会损坏器件。用接地探头接触器件引脚时，绝缘体仅充电到 2kV 时，就会导致器件损坏。

Swenson 的实验表明，如果在静电场存在的情况下通过金属接触接地，ESDS 器件就会经历潜在的破坏性 ESD。在这个过程中，器件会带电，如果电场被移除，随后器件可能会经历另一次潜在的破坏性 ESD。静电源的大小、与 ESDS 器件的距离以及带电表面电压对 ESDS 器件的 ESD 风险有很大的影响。在处理非常敏感的设备时，可能需要关注靠近器件的低电压。造成破坏性 ESD 的是接地行为而不是电场。

在高电荷水平下，直接接触绝缘体不会造成损坏。Swenson 的研究结果表明，在大多数情况下，带电绝缘体和 ESDS 器件之间的接近或接触不会造成重大的 ESD 风险，前提是 ESDS 器件在电场存在的情况下不与导体接触。小的带电物体所带来的风险比大的带电物体更低。Swenson 发现，当器件在大于 4cm×4cm 的板（充电到 500～1000V）存在的条件下接地时，两者都发生了损坏。接地平面的存在使得电场强度增加导致损伤发生。

Swenson 的研究结果支持了从 ESDS 器件附近移除非必要绝缘体以降低 ESD 风险的策略，证实了在静电场存在时，电场强度是 ESDS 器件和接地导体接触时发生 ESD 风险的一个指标。

可以说，在 Swenson 的实验中，设备的 CDM 耐受电压与 ESD 风险最相关。实验中损伤所需的电压(>500V)远远大于器件的 CDM 耐受电压(125V 和 150V)。

9.3.7 故障排除

在故障发生并怀疑有 ESD 损伤时，首先应该检查 ESD 控制流程是否正常开展并正确运行。纠正 ESD 控制程序的所有偏差，并评估它们是否会导致损伤发生。

需要检查操作人员是否遵循操作规程，并使用人体接地设备。人的天性有时会促使工作人员发明更快捷、方便的程序，但这些程序对于 ESD 控制可能并不那么有效，特别是在快速工作的压力下。

如果能获得损伤器件的静电耐受电压数据，将有助于鉴定、分析损伤器件对可能的静电源的敏感度。如果可能的话，应对损伤器件进行失效分析，以确认或排除 ESD 是其失效的原因。半导体制造商有时会为了消费者的利益，对器件开展失效分析。

如果有大气湿度数据，应检查故障率是否与大气湿度低相关。如果存在这种相关性，则可以强有力地表明 ESD 可能是造成损伤的原因，并且 ESD 控制工作做得不到位。低湿度可能发生在有强热源的地方，如烤箱附近或设备或计算机的冷却风扇排气附近。即使在湿度受控制的空调房间，热源附近也会出现局部低湿度的情况。

如果从 ESD 控制程序来看没有明显的问题，则可能需要对过程进行更详细的评估，包括在整个过程中跟踪 ESDS 器件的路径。试着把问题缩小到过程的一部分。例如，如果失败的产品在一个阶段通过测试，但在后面的阶段未通过测试，那么问题很可能发生在两个测试点之间的流程中。

严格检查 ESDS 器件接触其他导体的过程。在人工操作过程中，这应该包括人员的处理。ESDS 器件与其他导体的接触点是可能发生 ESD 的点。在 ESDS 器件可能接触金属或高导电物品的过程中应仔细检查其 ESD 风险。这将在第 9.4 节中进一步讨论。

一个经常被忽视的状况是需要将 ESDS 器件放置在夹具上的测试，在测试开始前就将 ESDS 器件与夹具进行接触。如果 ESDS 器件在接触之前就带电，或者在静电场存在的情况下进行接触，就会发生 ESD。测试夹具通常包含必要的绝缘部件，在使用过程中可能会充电并产生静电场。笔者经常发现夹具盖是由高充电材料制成的，这些材料可以在接触测试夹具触点之前立即在 ESDS 器件上感应电压。还应检查测试夹具触点和接线可能被充电或通电的可能性。

另一个经常被忽视的方面是连接到 ESDS 器件的电缆。如果电缆带电、ESDS 器件带电，或者在静电场存在的情况下电缆与 ESDS 器件发生了接触，都会导致 ESD。电缆由于被包装在聚乙烯袋中或从卷筒上取下，因此可能会产生大量电荷。带电包装的存在也会对附近的电缆、模块或组件产生高压。

人们通常认为已封装的模块对不存在 ESD 风险。然而，模块可以通过与绝缘包装接触或贮存在绝缘包装内而使其外部高度带电。然后，模块上的表面电荷会对内部导体产生高压，当与电缆或其他导体连接时，会导致 ESD。

一个可能存在问题的领域是处理或测试 ESDS 器件时（例如测试过程中）存在高电压。出于安全考虑，通常不能使用人体接地或其他标准的 ESD 防护措施，而可能需要使用 PPE，如高压防护手套或鞋子。

9.4 ESD 防护需求评估

9.4.1 标准的 ESD 防护措施无法解决所有 ESD 风险

标准的 ESD 防护措施（常规应用防静电设备）解决了大多数已知的 ESD 风

险，但不一定能解决所有 ESD 风险。处理 ESDS 器件的每一步都应仔细检查可能的 ESD 风险（Gärtner, 2007），包括任何自动化过程。发现任何可能的风险都应进行评估。当 ESDS 器件与其他导体接触时，通常会发生风险。无论在哪里发生这种情况，都应提出以下问题。

（1）导体是否已经接地？如果未接地，且它是带电导体，会出现什么 ESD 风险？

（2）ESDS 器件在接触导体前会带电吗？导体与 ESDS 器件之间的电压差是否会导致 ESD 风险？

（3）导体的电阻是多少？它是否高到足以防止 ESD 风险？

ESDS 器件或孤立导体可以通过两种方式获得高电压：第一，它们可以通过与其他材料接触而带电（摩擦起电）；第二，它们可以在静电场的影响下获得高电压。

绝缘材料与其他材料接触而带电通常是静电场的主要来源。因此，在处理无防护的 ESDS 器件时，要将非必需绝缘体从器件附近（甚至从 EPA 中）移除。然而，许多绝缘体是产品或工艺过程的重要组成部分。这些必需绝缘体不能从无防护的 ESDS 器件附近移除。必须评估与绝缘体相关的 ESD 风险。

如果 ESDS 器件暴露在静电场中，但不接触其他导体，则不太可能有 ESD 损伤的风险（Gärtner, 2007）。很少有 ESDS 器件容易被静电场损坏。例外情况可能是 ESDS 器件包含具有高阻抗电路节点的 MOSFET 等电压敏感器件（Smallwood, 2019）。因此，来自带电绝缘体的静电场的存在并不一定会导致 ESD 风险。ESDS 器件可以无损伤地进入和退出该场域。然而，如果 ESDS 器件在静电场内与另一导体接触，就会发生 ESD。进入电场而不带电的 ESDS 器件将不带电退出电场，除非通过 ESD，或者通过与其他材料接触、不平衡电离等，导致 ESDS 器件丢失或获得电荷。

在 ESDS 器件接触其他材料时，会发生摩擦起电，产生的电荷量取决于与 ESDS 器件接触的材料以及许多其他因素和条件（如湿度和摩擦作用）。通常认为只有通过绝缘材料接触才会发生摩擦起电。这个观点是不正确的，因为任何材料接触都会发生摩擦起电，尽管如果导体接地，这些分离的电荷将从导体中逃脱而不会产生任何电压。ESDS 器件的绝缘部件，如 PCB 基板、涂层或灌封化合物可以通过与导体接触而带电，并且绝缘体上产生的电荷不会通过与导体接触而去除。在某些情况下，与静电耗散材料接触比与绝缘体或低电阻导体接触具有更大的电荷水平（Viheriäkoski et al., 2012）。在带电物体上产生的电压取决于电荷量及其电容，电容反过来取决于其他材料和导体的接近程度。

在高压情况下，ESDS 器件接触导体时的损坏风险取决于 ESDS 器件遭受 ESD 的部位、ESD 的等级（能量、电流或其他与可能的损坏有关的参数），以及 ESDS 器件对所发生的 ESD 的敏感性。不幸的是，即使 HBM、MM 或 CDM 耐受电压数据可用，也很难预测 ESDS 器件对区域 ESD 事件的敏感性。

ESDS 器件感应获得高电压的常见场景如下：
- 操作人员戴手套操作时摩擦带电；
- 通过吸力和抓地力在运输过程中产生摩擦带电；
- 与支撑轮或输送机接触时摩擦带电；
- 由于靠近带电绝缘体、机器部件、计算机屏幕、衣服、手套或其他静电源而产生感应电压；
- 在移除标签、掩膜材料或黏合剂时摩擦带电；
- 在扫除碎屑时因摩擦带电；
- 由于装配在带电绝缘外壳中而产生感应电压；
- 从塑料外壳或罐装组件上摩擦或移除胶带或包装时因摩擦带电。

导体接触 ESDS 器件的常见方式如下：
- 接触金属工具或机器零件；
- 在 PCB 轨道上放置组件；
- 在机器中碰到末端的 PCB 轨道；
- PCB 轨道接触弹簧销或支撑物；
- 电缆与 ESDS 器件的端子接触。

如果发现 ESDS 器件在这些场景发生的情况下达到高电压并接触另一导体，则 ESD 风险是明确的。同样，如果发现孤立（未接地）导体在此状态下获得高电压并接触 ESDS 器件，则 ESD 风险也是明确的。为了避免这些风险，必须找到一种方法来降低接触发生前导体和 ESDS 器件之间的电压差。一种可能的方法是用静电耗散材料替代导体，以减小接触时发生的 ESD 电流。

通常情况下，如果可能的话，将接触 ESDS 器件的所有导体接地，从而消除导体因摩擦电或感应充电而获得高电压的风险。然而，这并不能排除 ESDS 器件由于摩擦起电或感应充电而获得高电压的可能性。如果发生这种情况，接触时会发生带电器件 ESD。

对自动化过程来说，理解过程和评估相关的风险可能特别困难。工作中的自动化流程通常是快速且不可访问的。在实际操作过程中，很难看到步骤，并且通常不可能测量与静电相关的参数。第 5 章中讨论了 AHE 中常用的一些做法。

9.4.2 评估 ESD 防护措施的效果

评估单个 ESD 防护措施或整个 ESD 控制程序的投资收益率（Rate of Return On Investment，ROI）是有用的（见第 9.5.4 节）。这样做可以帮助决定哪些特定的 ESD 防护措施应该优先考虑，哪些则可以省略。

9.4.3 可接受的对地电阻上限

第 4.5 节介绍了静电荷积聚的简易电气模型和绝缘体的定义。该模型允许我们在许多情况下评估对地电阻 R_g 的上限。这可以从两个方面来看待。

（1）在准连续充电过程中，对于给定的充电电流，允许的电压积聚是多少？
（2）存储的电荷需要多长时间才能消散？

在实践中，如果静电防护标准涵盖了这两个方面的考虑，我们就不必进行这种类型的评估。然而，有些情况标准没有涵盖，或者由于一些实际的原因需要对标准的要求有所质疑。

9.4.3.1 准连续充电过程中的充电电流

在准连续充电过程中，充电电流 I 有时可以用皮安计或静电计测量。这可能是有用的，例如，在自动化过程中，一些移动的机器部件可能难以接地。

通常，在可能的情况下，充电电流的测量将在最坏的情况（通常是干燥的大气环境）下进行。如果可以指定最大电压积聚 V_{max}，则利用欧姆定律可以指定最大对地电阻 R_{gmax}。

$$V_{max}=IR_{gmax}$$

例如，某部件的最大充电电流为 10nA（10^{-9}A），可接受的最大电压为 10V，则最大对地电阻为 $10/10^{-8}=10^9\Omega$（1GΩ）。

9.4.3.2 最大衰减时间

在某些情况下，具有可测量电容 C 的导体可能被确定为存在 ESD 风险，必须接地以防止带电。通常，作为一般指南，可以认为如果没有持续的充电过程，充电衰减时间 τ 小于 1s 就足以确保这一点。在快速移动的自动化过程中，更快的衰减时间可能是可取的。最大对地电阻 R_{gmax} 可以指定为：

$$R_{gmax}C=\tau$$

测量通过手柄的电阻可能是一个示例。如果通过手柄测量到从与器件接触端到操作人员的手的电容为 20pF，并且认为 1s 的衰减时间是足够的，则通过手柄的最大可接受电阻为 $1/10^{-11}\Omega=10^{11}\Omega$（100G$\Omega$）。

在实际操作中，设置一个较低的电阻可能更方便测量（见第 9.4.5 节）。

9.4.4 是否需要指定对地电阻的下限

通常可能在如下两种情况下需要指定对地电阻的下限：
- 在高电压故障条件下对人员的电击保护（见第 4.7.6 节）；
- 在与 ESDS 器件接触的材料中加入电阻，以降低带电器件的 ESD 风险（见第 4.7.5 节）。

如果在这两种情况下都不需要，则不需要指定对地电阻的下限。

9.4.5 带电工具的 ESD 防护需求评估

手工装配的一个常见风险是由于带电工具而产生 ESD。许多普通的手工工具都有一个金属部件（如刀具、钳子或螺钉旋具刀片）被安装在一个绝缘的手柄上。这是一种孤立导体，可以通过感应充电或摩擦起电获得高电压。如果该金属部件在加工过程中接触到无防护的 ESDS 器件，可能会产生潜在的 ESD 损伤。

为了避免这种风险，可以先将绝缘工具手柄替换为导电材料，通常电阻范围为 1MΩ～100GΩ。然后，金属部件通过导电材料连接到接地的操作人员的手上。

在某些情况下，如果带电器件存在 ESD 风险，则可以使用高阻材料替换金属部件，以将带电器件的 ESD 峰值电流降低到可能的损坏阈值以下。

除非操作人员佩戴绝缘手套，否则工具必须接地。如果他们这样做，工具通过手套与接地的手隔离，与手套的接触很可能使工具充电到某个电压。因此，当使用防静电工具时，如果需要戴手套，手套必须通过手柄区域（见第 9.4.6 节）。

在实际操作中，设置一个较低的电阻可能更方便测量。例如，设置 20MΩ 的上限可能会使该工具更容易使用低规格电阻表或腕带检查器进行验证。

9.4.6 佩戴手套或指套

一些工艺要求操作人员戴手套或指套来保护他们的手或正在处理的产品。与所处理的手套材料接触会引起所处理物品的摩擦起电。

如果手套和指套采用的是导电材料，导电手套和操作人员的身体接地，可以减少 ESDS 器件导体上的电荷。通过手套的电阻通常在 1MΩ～1GΩ 的范围内，尽管某些情况下可以接受的电阻为 100GΩ。在 ESDS 器件的绝缘部件上保留的任何电荷都不会被去除，但在通常情况下，ESDS 器件导体上的电压是带电器件 ESD 控制的关键问题。

9.4.7 带电电缆的 ESD 防护需求评估

长电缆通常以卷轴形式供应，短电缆通常以绝缘塑料包装形式供应。电缆和芯线导体的绝缘护套在芯线与护套之间、护套与封装区或其他护套区域之间容易因摩擦起电而带电。由于靠近带电绝缘材料，通常磁芯上会产生额外的电压。如果电缆从包装中拆下，其核心电压可能上升到几千伏（见第 2.6.6 节）。

当电缆连接到 ESDS 器件时，会产生静电。如果连接到 ESDS 器件连接器的电路对 ESD 损伤的抵抗能力不足，则可能发生损坏。

9.4.8 带电平板的 ESD 防护需求评估

在手动或自动化生产过程中，PCB 通常由于摩擦起电或由附近静电场诱导产生一些累积电压。在搬运过程中，如果 PCB 上的导体接触到另一个导体，就会发生 ESD。这种情况可能发生在与机器部件的接触上，如终端停止、金属 PCB 支撑，或弹簧销接触。

虽然 PCB 上的电荷可以使用离子化静电消除器中和，但很难避免这种类型的 ESD 发生。通过确保接触 ESDS 器件的材料具有高电阻（如 $100k\Omega \sim 100G\Omega$），而不是低电阻或金属，可以限制 ESD 峰值电流和潜在的损坏效果。

9.4.9 带电模块或装配单元的 ESD 防护需求评估

某些类型的系统组件的 ESDS PCB 包含在一个罐装块或塑料外壳中。电子器件可能只有一根飞线或连接器，用于连接外部布线织机或系统元件。在其他情况下，ESDS PCB 可能包含在与主组件隔离的子组件中。在每种情况下，由于附近存在静电场，ESDS PCB 可以通过摩擦起电或感应充电而产生高电压。当 ESDS PCB 连接到另一个系统组件时，就会发生 ESD。如果连接和 ESD 发生在电路的敏感部分，就会发生损坏。

通常很难预防这种类型的问题，除非系统组件中存在预防这种类型问题的设计。在进行 I/O 连接之前，连接到 0V、接地或电源，通常可以降低损坏的风险。

在包装有飞线的运输模块时，应指定使用防静电包装，以防止飞线与外部物品意外接触。

9.5　ESD 控制程序的成本效益评估

9.5.1　ESD 控制程序不完善带来的成本

在与 Halperin 的会谈中，Brandt（2003）指出，独立顾问和企业研究发现，ESD 损失可能高达年收入的 10%，平均负面影响约为收入的 6.5%。根据 1997—2001 年的数据，这意味着国际电子工业每年约损失 840 亿美元。虽然很难验证它是否代表重大损失，但这不仅是由于材料成本（通常是 ESD 影响的最小部分），还包括返工、保修、现场服务和客户服务等成本。客户还可能经历操作过程中的故障而导致的生产力损失等。即使是一个很小的 ESDS 器件损失，其总成本也可能是巨大的。

自认识到 ESD 控制的必要性以来，怀疑 ESD 损伤的工程师们提出了两个问题（Halperin, 1986）。

（1）如何知道与静电相关的问题对我们的操作产生了影响，以及影响到什么程度？

（2）如何定义静电影响以吸引管理层的注意，并得到他们对 ESD 控制工作的支持？

大多数公司的管理层必须确定资源的优先级。他们通过对有明确定义的问题采取实际行动来应对，并给予支持的资源，这些问题具有特定的原因和可衡量的价值影响，并具有可能的投资回报。缺乏关于成本或影响以及投资价值的量化信息，可能导致对该问题处理的投资不足。Halperin 接着讨论了估算组织 ESD 成本的方法，并建议如何将其提交给管理层以争取他们的支持。

乍一看，因缺少 ESD 控制措施而导致的成本应该很容易确定，因为 ESD 导致的产品故障成本体现在组织内部和客户方。不幸的是，由于种种原因，这部分成本的评估并不简单。

一个问题是，很少有组织将产品失效评估到可以识别 ESD 失效的级别。这种故障分析既昂贵又耗时，通常需要花费数日的时间，且结果可能是不确定的。而且，ESD 故障通常难以与 EOS 故障区分，EOS 故障有时可能是由早期 ESD 引起的。

ESD 控制程序不完善导致的成本如下（Smallwood et al., 2014）：

- 维修和更换出现故障的 ESDS 器件等产品故障；
- 失效分析；
- 购买防静电性能不符合要求的材料；

- 耽误生产时间；
- 需要超量贮存常见故障部件；
- 不必要或无效的防静电材料或设备的支出；
- 处理客户在现场发生的故障；
- 处理与客户关于他们对设施 ESD 控制充分性的看法的争议；
- 对产品、公司声誉和销售的影响。

估计部件损失的一种方法是吞吐量评估（Halperin, 1986），包括以下步骤：
- 识别 ESDS 器件，并确定购买的容量与生产中使用的容量之间的差异；
- 分析 ESDS 的使用情况，包括平均库存水平和位置、申请部门、购买量和单位成本；
- 定义与 ESDS 器件和组件相关的负担成本；
- 评估 ESD 损伤的整体影响。

另一种方法是识别在特定时期内生产的含有 ESDS 器件或组件的成品，特别是含有超敏感（低 ESD 耐受电压）器件的成品。产品的生产数量通常很容易从生产统计数据中找到，产品中使用的设备或组件的数量也可以计算出来。有时，计划的产品数量和实现的产品数量之间的差异是明显的，这本身就表明发生了一些可能值得调查的事情，例如过度返工、零件短缺或现场问题等。

如果可以获得 ESDS 器件的静电耐受电压数据，那么抗静电能力最低的设备最有可能值得进一步研究。不幸的是，这些数据通常很难获得，因为它们并不总是在设备数据表中发布。

对于被选中进行进一步调查的设备，可以获得库存和采购记录。可获得该期间实际购买的 ESDS 物品数量，包括 ESDS 器件的初始库存和最终库存以及成本。查找使用 ESDS 器件的位置或部门的详细信息也很有用。

对这些数据和生产数字的分析可能会揭示产品中剩余的器件数量与购买并保留在仓库中的器件数量之间的差异。例如，过大的差异可能表明故障导致的返工或现场服务消耗。当然，这本身并不能确认 ESD 是所有情况下的故障原因，但是识别出的任何故障模式通常都是有用的。这项分析可能对进一步集中资源的地方提供有用的指示。

了解故障设备的数量及其成本可以计算故障器件的成本，但这只代表故障成本的一部分。如果可以确定返工项目或领域或其他故障的数量，就可以估计相关的成本。这些成本可能包括劳动力支出、设备支出、电力支出和其他支出。平均成本可能比每个故障产品的实际成本更容易估算。Halperin（1986）以电子表格的形式描述了数据的准备，列出了 ESDS 部件，以及每个器件的 ESD 耐受电压、源数字与最终产品中使用的数字之间的差异、每个项目的成本、相关成本的估计"负担",以及器件和相关负担的总损失成本。每项总成本的大小为进一步的工作提供了一种排序方法,所有项目的总成本则为可能的失败成本提供了一个视角。

故障(包括现场故障)的成本可能随故障被发现的生产阶段而变化。随着产品在生产过程中的进展,失败的成本通常会增加。现场故障的成本通常是最昂贵的。对于某些市场和产品(如卫星和航空航天方面的产品),现场故障的经济和其他方面的成本非常高,可能包括设备停机、产品损失,甚至威胁到生命或财产安全。有些产品可能不可替代或无法使用。这一考虑证明了在产品制造、贮存、运输和处理过程中应非常注意 ESD 控制。

Halperin(1986)提供了这类分析的一个例子。Helling(1996)也提供了一个有趣的案例(见第 9.5.4 节)。

虽然通过故障部件的失效分析来确认 ESD 损伤可能是可取的,但在实践中很少有组织这样做。一个原因可能是器件的故障分析是一个耗时的过程,需要数人进行数日的专业工作,同时还需要专业的设备。在鉴别 ESD 故障时,结果并不总是决定性的。特别地,ESD 损伤和 EOS 损伤通常有相似之处。如果在处理的所有阶段(包括发现故障到故障分析之间)没有持续采取完善的 ESD 控制措施,情况可能会恶化,因为 ESD 仍然可能损坏已经故障的器件。

Danglemayer(1999)报告了几个有趣的案例,这些案例令人信服地证明了 ESD 控制的经济效益。他们使用了几种不同的方法来确定 ESD 故障的来源或存在,以及进行 ESD 控制的好处,包括以下内容:

- 通过故障分析来识别 ESD 故障;
- ESD 控制偏差与 ESD 损失的相关性;
- 有无 ESD 防护措施的组装产品批次的故障率的比较;
- 通过模拟 ESD 复现器件故障;
- 在操作前后对器件进行测试,以确定 ESD 损伤的来源。

9.5.2 ESD 控制程序带来的好处

虽然很难确切地知道 ESD 故障给业务带来的成本,但是至少建立一个标准的 ESD 控制程序来解决通常的 ESD 风险会容易得多。然而,ESD 故障的成本可能是相当大的,并已在一些研究中进行了评估(Helling, 1996; Halperin, 1986)。一个问题是,故障分析进行到可以明确地识别 ESD 故障的水平可能很耗时,也很昂贵。区分由 EOS 和 ESD 导致的故障是非常困难的(Lin et al., 2014)。

笔者的委托人首次联系笔者寻求帮助的常见原因之一是,其客户经审核认为其 ESD 防护不足，委托人需要笔者帮助评估其 ESD 防护工作。客户对实际 ESD 风险控制的感知并不总是正确的，然而，他们有时会选择将业务转移到其他地方，因为他们认为组织设施中的 ESD 防护不足。与客户在这方面发生争执会耗费时间和资源，而且不利于客户关系，即使他们对 ESD 防护的评价是不正确的。

一个好的 ESD 控制程序的实施，以及 ESD 控制过程的良好文档和对标准的遵守，可以使客户相信已经采取了足够的措施以及 ESD 控制是有效的。对于一些客户来说，遵守静电防护标准可能是与供应商组织开展业务的先决条件。在这种情况下，组织对 ESD 控制的积极态度甚至可以成为一种有用的营销优势。

9.5.3 ESD 控制程序的成本评估

实施 ESD 控制程序的成本包括以下方面：
- 识别和分析生产过程中与 ESD 相关的失效；
- 识别失效的工艺阶段和可能的静电源；
- 评估每个阶段的失效成本和返工成本；
- 分析客户现场发生的失效；
- ESD 控制成本估算；
- 建立和维护 EPA，购置防静电设备设施；
- ESD 控制过程的文件；
- 合规验证；
- ESD 培训；
- 防静电设备设施的维护和更换。

其中一些成本比其他成本更容易估算。有些成本可能因产品类型和市场特点而有很大差异。

通常值得考虑的一个问题是，在客户现场发生 ESD 故障的成本是多少？这个问题的答案将有助于了解 ESD 控制对组织的重要性。消费者市场上的一次性产品可能表明，最低限度的 ESD 控制足以维持可接受的故障率。在高可靠性、高价值的产品市场中，单个故障的成本，以及停机时间或安全问题等相关成本，可以证明相当大的投资是合理的。一些生产线要求故障等级在百万分率范围内。在卫星制造这样的市场中，单一的故障可能是无法忍受的。

9.5.4 ESD 控制中的 ROI

在 ESD 控制方面的有效投资应该会带来有价值的回报。Halperin 认为，一个正确实施的ESD控制程序可以在6个月内获得超过5倍的投资回报（Brandt, 2003）。遗憾的是，关于ESD控制程序评价方面的研究很少，一个早期的例子是Downing（1983）。可以对单个ESD控制措施进行ROI估计。Gumkowski和Levit（2013）研究了空气电离的效果，并比较了半导体制造过程中不同类型的离子化静电消除器。

Helling（1996）发现，内部研究表明，在其设施中未能遵守ESD控制措施通常会导致约1%的ESDS器件受到ESD的压力。大约有10%的器件会受到过大的应力，导致器件有缺陷或造成失效。因此，他假设每个ESD控制故障的ESD故障率为0.1%，在此基础上计算了5条生产线的故障率。此外，他还增加了ESD控制故障的修复成本。结果发现60%的故障发生在PCB测试中，30%的故障发生在系统测试中，10%的故障是在客户现场发现的。他通过计算比较了两个业务年的费用。各阶段的维修费用计算方法如下：

阶段维修费用=产品数量×故障率×ESD故障率（0.1%）×单件修理费用

表9.1所示为Helling对每年处理80 000件产品的人工过程中的一些结果的示例摘要。从这个示例中可以看到两个有趣的事情。第一，由于故障是在生产后期发现的，因此故障的成本会增加。第二，成本最昂贵的是客户现场发现的故障。这些在现场发现的故障很可能是典型的产品成本失效概况。

Helling用同样的方法首先估算了其他流程的维修成本，然后将这些成本相加，以估算与ESD损坏相关的业务维修成本。接着，他根据包装、防静电设备、培训、审核和考虑的每个业务年的其他项目，估计了一个示例设施所需的ESD防护措施的成本。通过计算ROI可以计算为ESD控制支出与ESD故障预期节省的成本效益比。对于考虑的两个业务年，他发现ROI分别为3:1和11:1。他评论说，ESD故障导致产品的实际成本比必要成本更昂贵，除了缺陷和故障导致的客户声誉损失，仅这一点就比ESD防护措施的成本更高。

其他研究人员报告了很高的投资回报数字。Dangelmayer（1999）在他的一些案例研究中指出，ROI高达185%，甚至950%。在另一个案例研究中，投资1000美元可以节省600万美元。他总结说，使用ESD控制可以降低运营成本，ROI高达1000%，同时提高产品质量和可靠性。

表9.1 过程中ESD故障的修复成本（Helling, 1996）

步骤	失效(%)	ESD失效率（%）	维修成本（DM）	总维修成本
PCB测试	60	0.1	100	4800
出厂测试	30	—	400	9600
客户反馈	10	—	2000	16 000
—	—	—	企业总成本	30 400

9.5.5　ESD 控制程序优化

建立和维护一个良好的 ESD 控制程序需要投入时间和资源。获得良好投资回报的关键是基于知识和理解采取行动。采取的每一项行动和 ESD 防护措施，都是为了满足需求。这种需求可能是解决 ESD 风险，提高 ESD 控制过程的有效性或效率，以及提高价值（如在客户感知或符合标准方面）。提高 ESD 控制程序的成本效益可能需要在成本之间进行权衡，例如在设备采购、文档编制时间、培训和合规性验证方面（Smallwood et al., 2014）。

在没有相关知识和理解基础的情况下应用 ESD 控制通常会花费不必要的费用，或者对 ESD 控制几乎没有真正的贡献。防静电设备通常与其他设备一起作为系统的一部分工作（见第 4.7.8.2 节）。如果没有很好地理解系统，可能会遗漏或不正确地指定另一部分工作。结果可能是系统受到损害，甚至变得无效。

投资通常被认为是在防静电设备和材料方面，但它也需要以下资源：
- 计划、开发和实施时间；
- 文件编制时间；
- 防静电设备、包装和材料的选择和鉴定；
- EPA 设备和材料的采购、安装和调试；
- 制定并定期提供 ESD 培训计划；
- 符合性验证程序制定并定期执行合规性验证程序；
- 产品故障检测、跟踪和分析。

所有这些成本都是真正的投资，加在一起应该能带来投资回报。在没有相关知识和理解基础的情况下进行 ESD 控制，就像在没有相关知识和理解基础的情况下进行金融投资一样。这两种情况都可能导致支出得到很少的回报。此外，ESD 控制方面的投资应与产品价值、市场需求和与 ESD 相关的故障的后果相适应。对于低成本的一次性消费品，由于其故障后果不重要，因此可能值得最少的 ESD 控制投资。高制造成本、高可靠性、高故障成本的产品值得更大的 ESD 控制方面的投资。

许多费用是相互关联的。例如，使用各种控制技术和设备以及在不同领域实施的不同复杂 ESD 控制程序可能具有更复杂的培训和符合性验证，需要大量的文档。防静电设备或程序的每一个变化都需要文档、培训和符合性验证。

在不同区域实施不同的防静电措施有时可以节省设备。这可能导致进入不同区域的人员的困惑，以及造成维护合规的问题。这还可能导致与审核区域的客户发生冲突，特别是使用非常规 ESD 防护措施或省略通用标准 ESD 控制程序的情形，因为客户可能认为实施的防护措施不充分或不正确。

相比之下，在不同区域实施相同 ESD 防护措施的简单标准 ESD 控制程序可能会减少培训和合规性验证的需求和成本，并有助于防止操作人员混淆。它还可以降低与客户或审核员发生冲突的风险和成本。

在这种情况下，无论是否需要 ESD 风险控制，为 EPA 配备相同的设备都有可能增加设备和符合性验证的成本。当然，任何额外的设备都必须定期进行测试和验证。

在优化 ESD 控制程序时，分析和理解过程和设施中存在的 ESD 风险是至关重要的，否则，可能实施不必要的 ESD 控制，或可能存在未解决的风险。ESD 风险的问题通常不明显或不为人所知。成功地分析这些问题需要足够的技能和经验。标准的实施将解决标准中众所周知的 ESD 风险，但可能不包括不寻常的 ESD 风险（Gärtner, 2007）。

如果仅有一点知识和理解基础，ESD 控制的成本就会很高，效果却很差（Smallwood, 2014）。当处理耐受电压低的 ESD 设备时，这最有可能发生。有了高水平的知识和理解基础，就可以降低 ESD 控制的成本，并使 ESD 控制的效果最大化。对 ESD 协调员和其他致力于 ESD 控制程序开发的人员进行 ESD 控制原则和实践方面的高水平培训，即使不是必要的，也是值得的。优化 ESD 控制程序的策略将在第 10.7 节中进一步讨论。

9.6　ESD 控制程序的符合性验证

9.6.1　符合性验证的两个步骤

可以用两个步骤来验证 ESD 控制程序是否符合标准：第一步，验证 ESD 控制程序文档是否符合标准；第二步，验证在实践中 ESD 控制计划与 ESD 控制计划文件的符合性。如果完成这两个步骤后，对应内容都符合标准，ESD 控制程序就符合标准。

9.6.2　使用检查表验证文档与标准的符合性

ESD 控制程序文档是否符合标准可以借助标准要求的检查列表进行验证。检查列表是通过详细阅读标准，注意每个要求来编制的。

表 9.2～表 9.12 是参照 IEC 61340-5-1:2016 标准以这种方式编制的检查列表示例。为了符合规定，表中的所有项目都应由 ESD 控制程序计划解决。符合性评估的结果可以用"符合、严重不符合、轻微不符合、不符合"来描述。

IEC 61340-5-1 在"ESD 协调员"的标题下指出："组织应指派一人负责实施本标准的要求，包括建立、记录、维护和验证程序的符合性。"这可以转化为表 9.2 所示的内容。

表 9.3 列出了 ESD 控制程序计划的广泛要求清单。合规验证计划的合规细节如表 9.7 所示。例如，如果合规验证的某些元素以某种方式涵盖，例如腕带测试，则合规验证计划可能被视为"已定义"。这并不意味着它一定被认为是足够的——表 9.7 测试了进一步的要求。表 9.4 涵盖了标准给出的"定制化"要求。这并不意味着必须指定一些定制化——如果不需要，也不需要进行记录。

表 9.2　ESD 协调员职责

要求	符合性验证	备注
组织必须指派一名 ESD 协调员		
协调员的职责		
建立程序		
执行标准的要求		
编写程序文件		
运行程序		
验证程序		

表 9.3　ESD 控制程序计划的广泛要求清单

要求	符合性验证	备注
制订 ESD 培训计划		
确定产品确认计划		
定义符合性验证计划		
定义接地/连接系统		
确定人员接地		
定义 EPA 要求		
包装系统的定义		
明确标记要求		
控制程序计划应用于组织工作的所有相关方面		

表 9.4　ESD 控制程序"定制化"要求

要求	符合性验证	备注
对每个要求的适用性进行充分评估		

续表

要求	符合性验证	备注
定制化后有足够的决策文档		
定制化的文档涵盖超出标准限制的情况		

表9.5详细列出了《ESD培训计划》所需的内容，表9.6列出了《ESD防护产品认证计划》的详细内容，表9.7更详细地介绍了符合性评估计划所需的内容。

表9.5 ESD培训计划

要求	符合性验证	备注
确定所有需要接受培训的人员		
在人员操作ESDS器件之前，应进行初步的防护意识培训，并且需要定期培训		
确定所有相关人员的培训类型		
确定所有相关人员的培训频率		
维护培训记录		
记录的地点有充分的文件记录		
所使用的培训方法有充分的文件记录		
用于确保理解和培训充分性的方法有文件记录		

表9.6 ESD防护产品认证计划

要求	符合性验证	备注
所有选择使用的防静电物品都要达到某种规定的合格判据		
待验证的技术要求已充分定义		
适当地定义了通过标准		
使用的任何测试方法都有充分的定义和文档化		
标准中未列出但认为属于ESD控制程序的防静电物品是合格的		

第9章 ESD控制程序的评估策略

表9.7 符合性验证计划

要求	符合性验证	备注
充分定义待验证的技术要求		
适当地定义通过标准		
充分定义验证的频率		
所有使用的测试方法都有充分的定义和文件		
如果测试方法是非标准的,应充分记录与标准测量的相关性		
用于验证标准中未涵盖的项目的测试方法与相应的测试限值形成文件		
应建立符合性验证记录		
应保持符合性验证记录		
测试设备满足测量需要		

表9.8涉及接地和等电位连接系统的定义。必须定义合适的接地方式,但并非所有设施都必须使用本表中的所有方法。通常使用其中一个即可。例如,许多设施会使用电气保护地进行防静电接地。

表9.8 接地和等电位连接系统

要求	符合性验证	备注
要求所有导电和耗散设备都要接地或相互连接		
以下至少有一种被定义为"地": 1. 通过电气保护地接地 2. 功能地 3. 等电位连接		

人员接地要求如表9.9所示。标准IEC 61340-5-1:2016和ANSI/ESD S20.20-2014中给出的详细技术指标在第6章中给出,在这种情况下见表6.5。表9.10列出了评估EPA区的通用要求。对EPA设备(如地板、坐垫和椅子)的要求在第6章中给出,在这种情况下见表6.6。

防静电包装要求如表9.11所示。IEC 61340-5-3:2015包装材料的分类和要求在第6章中给出,在这种情况下,见表6.10和表6.11。表9.12列出了防静电标识要求。

表 9.9　人员接地要求

要求	符合性验证	备注
所有人员必须接地		
当人员在工位座位上操作时，需要佩戴腕带		
使用地板-鞋束系统接地的人员必须双脚穿鞋		
接地电阻和体电压达到标准中的要求		

表 9.10　EPA 的通用要求

要求	符合性验证	备注
处理未受保护的 ESDS 器件必须始终在 EPA 内		
EPA 的范围必须明确		
只有经过培训的人员或由经过培训的人员陪同的人员才能进入 EPA		
所有非必要的绝缘体必须从处理无防护的 ESDS 器件的位置移除		
ESD 威胁阈值小于 $5kV\cdot m^{-1}$		
评估 ESD 威胁，使 2kV 电位与 ESDS 器件保持大于 30cm 的距离		
评估 ESD 威胁，125V 电位与 ESDS 器件保持大于 2.5cm 的距离		
电场或电位超限的位置，应确定降低 ESD 风险的方法		
导体可能与 ESDS 器件接触，且无法接地，则导体与 ESDS 器件之间的压差应降低至 35V 以下		

表 9.11　防静电包装要求

要求	符合性验证	备注
包装的使用应符合客户合同、采购订单、图纸或其他文件的规定		
（IEC 61340-5-1）客户合同或文件中未涵盖的 ESDS 器件必须根据包装标准定义包装要求		
（IEC 61340-5-1）所有物料在 EPA 内、EPA 之间、作业地点之间、现场服务操作以及交付客户等过程中的移动都需要包装		

表 9.12 防静电标识要求

要求	符合性验证	备注
根据客户合同、采购订单、图纸或其他规定的文件进行标识		
在客户合同、采购订单、图纸或其他文件未规定标识的情况下,需要对标识需求进行评估		
如果需要粘贴标识,必须将标号使用的要求编写到在 ESD 控制程序计划中		

9.6.3 验证设施对 ESD 控制程序的符合性

验证设施是否符合 ESD 控制程序计划的任务应在文件的符合性验证计划部分加以规定。检查列表有助于实现这个过程。ESD 控制程序计划的每一项要求都应在符合性验证计划中进行测试,从而在设施符合性验证中进行测试。

9.6.4 常见问题

外部审核员经常根据他们自己机构的实践情况对 ESD 控制程序计划进行审核和评论。一个组织的设施和实践应该始终根据其自己的 ESD 控制程序计划开展审核——这是错误的。因此,如果一个组织有一个文件完备的 ESD 控制程序计划,该 ESD 控制程序计划符合标准,并且该组织在实践中遵守计划,这可以在很大程度上防止来自习惯于以不同方式做事的客户的不利评论。

定制化允许组织以不同于标准要求的方式进行 ESD 控制。但是,如果定制的程序没有文件记录,则不符合规定。有必要以文件的形式对量身定制的 ESD 控制措施及实施相关的技术原理和测试方法进行记录,这样做能够保护使用该 ESD 控制程序的人员免受不合规的指控。详细的文件可以整合在一个单独的报告中,ESD 控制程序计划只需引用该报告即可。

参考资料

EOS/ESD Association Inc. (2014). ANSI/ESD S20.20-2014. ESD Association Standard for the Development of an Electrostatic Discharge Control Program for — Protection of Electrical and Electronic Parts, Assemblies and Equipment (excluding

Electrically Initiated Explosive Devices). Rome, NY, EOS/ESD Association Inc.

EOS/ESD Association Inc. (2015). ESD TR17.0-01-15. Technical Report for ESD Process Assessment Methodologies in Electronic Production Lines — Best Practices used in Industry. Rome, NY, EOS/ESD Association Inc.

EOS/ESD Association Inc. (2016a). ESD SP10.1-2016. Standard practice for protection of Electrostatic Discharge Susceptible Items — Automated handling Equipment (AHE). Rome, NY, EOS/ESD Association Inc.

EOS/ESD Association Inc. (2016b). ESD Association Electrostatic Discharge (ESD) Technology roadmap — revised 2016. [Accessed: 10th May 2017].

Gärtner R. (2007). Do We Expect ESD-failures in an EPA Designed According to International Standards? The Need for a Process Related Risk Analysis. Proc. EOS/ESD Symposium EOS-29 Paper 3B.1 pp. 192-197.

Gärtner R., Stadler W. (2012). Paper 3B.5. Is there a Correlation Between ESD Qualification Values and the Voltages Measured in the Field? In: Proc. EOS/ESD Symposium EOS-34. Rome, NY, EOS/ESD Association Inc.

Gumkowski G., Levit L. (2013). EOS-35 Paper 7B4. A New Look at the Financial Impact of Air Ionization. In: Proc. EOS/ESD Symposium. Rome, NY, EOS/ESD Association Inc.

Halperin, S. A. (1986). Estimating ESD losses in the complex organization. In: Proc. EOS/ESD Symp. EOS-8, 12-18. Rome, NY: EOS/ESD Association Inc.

Halperin S. A., Gibson R, Kinnear J. (2008). EOS-30 2B-2. Process Capability & Transitional Analysis. In: Proc. EOS/ESD Symp. Rome, NY, EOS/ESD Association Inc.

Helling, K. (1996). ESD protection measures — Return on investment calculation and case study. In: Proc. EOS/ESD Symp. EOS-18, 130-144. Rome, NY: EOS/ESD Association Inc.

Industry Council on ESD Target Levels. (2010). White paper 2: A case for lowering component level CDM ESD specifications and requirements. Rev. 2.0. [Accessed: 10th May 2017].

Industry Council on ESD Target Levels. (2011). White paper 1: A case for lowering component level HBM/MM ESD specifications and requirements. Rev. 3.0. [Accessed: 10th May 2017].

International Electrotechnical Commission. (2015). IEC 61340-5-3:2015. Electrostatics. Protection of electronic devices from electrostatic phenomena. Properties and requirements classifications for packaging intended for electrostatic discharge sensitive devices. Geneva, IEC.

International Electrotechnical Commission (2016). IEC 61340-5-1: 2016. Electrostatics — Part 5-1: Protection of electronic devices from electrostatic phenomena — General requirements. Geneva, IEC.

International Rectifier. (2004). ESD Testing of MOS Gated Power Transistors. AN-986. [Accessed: 10th May 2017].

Jacob P., Gärtner R., Gieser H., Helling K., Pfeifle R., Thiemann U., Wulfert F., Rothkirch W. (2012). EOS-34. Paper 3B.8. ESD risk evaluation of automated semiconductor process equipment — A new guideline of the German ESD Forum e.V. In: Proc. EOS/ESD Symp. Rome, NY, EOS/ESD Association Inc.

Lin N., Liang Y., Wang P. (2014). Evolution of ESD process capability in future electronics industry. In: Proc. 15th Int. Conf. Electronic Packaging Tech. Bristol, England, IOP Publishing.

Paasi, J., Smallwood, J., and Salmela, H. (2003). EOS-25 Paper 2B4. New Methods for the Assessment of ESD Threats to Electronic Components. In: Proc. EOS/ESD Symp, 151-160. Rome, NY: EOS/ESD Association Inc.

Paasi, J., Salmela, H., and Smallwood, J. M. (2006). Electrostatic field limits and charge threshold for field-induced damage to voltage susceptible devices. J. Electrostat. 64: 128-136.

Smallwood J M. (2019). Can ElectroStatic Discharge Sensitive electronic devices be damaged by electrostatic fields? In: Proc. Electrostatics 2019. J. Phys. Conf. Se. Vol. 1322 01 2015. [Accessed: Oct. 2019].

Smallwood J., Paasi J. (2003). Assessment of ESD threats to electronic devices, VTT Research Report No BTUO45-031160.

Smallwood J., Tamminen P., Viheriäkoski T. (2014). EOS-36. Paper 1B.1. Optimizing investment in ESD Control. In: Proc. EOS/ESD Symp. Rome, NY, EOS/ESD Association Inc.

Stadler W., Niemesheim J., Seidl S., Gärtner R., Viheriäkoski T. (2018). EOS-40 Paper 1B.4. The Risks of Electric Fields for ESD Sensitive Devices. In: Proc. EOS/ESD Symp. Rome, NY, EOS/ESD Association Inc.

Steinman A. (2010). EOS-32 Paper 3B3. Measurements to Establish Process ESD Compatibility. In: Proc. EOS/ESD Symp. Rome, NY, EOS/ESD Association Inc.

Steinman A. (2012). EOS-34 Paper 2B.4. Process ESD Capability Measurements. In:

Proc. EOS/ESD Symp. Rome, NY, EOS/ESD Association Inc.

Swenson D. E. (2012). EOS-34 paper 3B.6. Electrical fields: What to worry about? In: Proc. EOS/ESD Symp. Rome, NY, EOS/ESD Association Inc.

Tamminen, P. and Viheriäkoski, T. (2007). EOS-29 Paper 3B3. Characterization of ESD Risks in an Assembly Process by Using Component-Level CDM Withstand Voltage. In: Proc. EOS/ESD Symp, 202-211. Rome, NY: EOS/ESD Association Inc.

Viheriäkoski T, Ristikangas P, Hillberg J, Svanström H, Peltoniemi T. (2012). Paper 3B.2. Triboelectrification of static dissipative materials. In: Proc. EOS/ESD Symp. Rome, NY, EOS/ESD Association Inc.

Wallash, A. (2007). EOS-29 Paper 2B8. A Study of "Soft Grounding" of Tools for ESD/EOS/EMI Control. In: Proc. EOS/ESD Symp, 152-157. Rome, NY: EOS/ESD Association Inc.

第 10 章　ESD 控制程序的设计

10.1　有效的 ESD 控制程序体现在哪些方面

10.1.1　ESD 控制的原则

ESDS 器件需要随时处于静电防护之中，以免静电对 ESDS 器件造成损伤。采用整体静电防护原则可以直接实现这一目标。

- 未经防护的 ESDS 器件只能在 ESD 风险可控的区域内操作。这个区域通常被称为 EPA。
- 在 EPA 外的 UPA 中，ESDS 器件应一直处于防静电包装的保护之下。

如果整体静电防护得以落实，且 EPA 内的防静电包装和控制措施也充分、适当，那么 ESD 控制程序基本上是有效的。要注意的是，这一原则下除非 ESDS 器件已经处于 EPA 内，否则不得将其从防静电包装中取出。

本章介绍如何根据 IEC 61340-5-1:2016 标准制定 ESD 控制程序并记录，并点明在 EPA 中应落实的控制措施。在第 7 章、第 8 章已经分别讨论防静电设备和防静电包装。ESD 测试和 ESD 培训的内容将在第 11 章、第 12 章中详细介绍。

10.1.2　如何开发 ESD 控制程序

Danglemayer（1990）结合自己在 AT&T 的工作经验指出，开发、实施和管理一个成功的 ESD 控制程序需要一套从产品设计到用户验收的系统化方法。一个管理有方的 ESD 控制程序比一个只知道大量储备昂贵物资的 ESD 控制程序要有效得多。他总结出，成功的 ESD 控制程序是以 12 个关键因素为基础的：

- 有效的实施计划；
- 全面配合的管理层；
- 一名全职 ESD 协调员担任顾问并监督该计划；
- 一位积极的主管领导坐镇以落实 ESD 控制程序；
- 实事求是的需求输入；

- 针对量化目标的培训；
- 科学的审核方法；
- 用来对防静电设备进行认证和测试的校准、检测装置；
- 一个能让人了解 ESD 问题并展示进展的沟通交流程序；
- 系统性规划；
- 防静电设备的人体工程学设计满足员工使用需求，尽量避免人为失误；
- 持续改进。

通过将上述关键因素有机结合，可以有效打造出一套具有显著成本效益的 ESD 控制程序，并通过持续改进达到目标。Danglemayer 指出，如果不能坚持持续改进，就会止于自满并导致 ESD 控制程序失效。

有效的 ESD 防护需要满足下列条件。

（1）ESDS 器件的识别。

（2）确认处置未经防护的 ESDS 产品的工艺流程和需要使用到的设施，将涉及的所有区域识别为 EPA，其他区域则识别为 UPA。

（3）确保 EPA 中的 ESD 风险得到充分控制。这一条件应通过相应防静电设备的规范操作（如腕带、台垫的使用）以及移除不符合防静电要求或可能带来 ESD 风险的设备和物品（如普通包装材料）来实现。

（4）对处于 EPA 以外的 ESDS 器件进行 ESD 防护（如将其置于设备外壳中或防静电包装中）。

（5）对人员进行防静电相关培训。

（6）定期检查和测试（符合性验证），以确保设备正常工作、控制程序正确运行。

（7）编制 ESD 控制、培训和符合性验证程序文件和规范。

为了规范和落实科学有效的 ESD 防护措施，熟悉 ESD 控制技术和不同工艺中防静电设备的作用十分重要。如果对这些不够熟悉，ESD 控制程序中的设备选型可能既无经济性也无实用性（Smallwood et al., 2014）。没有必要对设备选型做出太具体的定义，有些设备在缺少其他设施配合的条件下并不能发挥系统化的作用。

10.1.3 安全与 ESD 控制

安全保障及当地安全法规的优先级必终 ESD 控制的优先级。

安全与 ESD 控制要求之间常见的一个矛盾点是在处置高压供电或带有漏电风险电池的 ESDS 器件时，安全对绝缘要求与静电防护对耗散、导通的矛盾，另一个矛盾点是某些生产过程对操作人员的 PPE 使用有明确规定，以避免化学品、高温等风险的影响。

通过对风险和工序的详细评估，通常可以找到一种既能最大限度地提高安全性又能最大限度地降低 ESD 风险的工作模式。例如，高压测试现场可能需要处置无防护措施的 ESDS 器件，人体如果在带电作业时接地可能会有触电风险。如果处置 ESDS 器件的工作在高压通电前完成，安全风险就被消除了。人员在带电作业时，切勿触摸 ESDS 器件，防止发生 ESD 事故和电击伤人事故！带电作业可能需要采取佩戴绝缘橡胶手套等防护措施，以避免触电风险。同时，在人体静电电压尚未达到绝缘橡胶手套的击穿电压时，这种手套可以对 ESDS 器件起到一定的保护作用。如果人体静电电压超过绝缘橡胶手套的击穿电压，可能导致 ESD 风险，但更加重要的是此时手套的防触电能力也会受到影响。在使用橡胶手套时，由于手套材料带电产生静电场，会存在 ESD 风险。

这种 ESD 风险一般可以判定为较低的级别，但也应该予以评估，并在必要时采取措施加以防护。

实际上，触电的危害程度取决于流经身体的电流大小，而不是初始电压。Dalziel（1972）对这些影响因素进行了总结与归纳，随着电流强度和电击持续时间的增加，触电的危险性不断增强。人体对电击的敏感度还取决于身体的触电部位、电击源是直流电还是交流电，以及交流电的频率。女性的敏感度通常比男性的低，而且个体敏感度差异很大。空气湿度等其他环境条件也会对此产生影响。随着电流的增强，人体开始对电流有感知（刺痛或发热），并可能出现更严重的情况，包括电击疼痛、呼吸停止、无法挣脱、烧伤、室颤（心跳停止）进而即刻或片刻后死亡。不同强度 60Hz 交流电流经过人体时人体所产生的生理反应如表 10.1 所示。

表 10.1　60Hz 交流电流经过人体时人体所产生的生理反应

电流强度（mA）	生理反应
1	开始有触电感觉
5	最大无害电流
10～20	电流通过肌体引起肌肉持续收缩
50	疼痛，可能出现晕厥、感到疲惫，心脏或呼吸系统等受到影响
>100	室颤，并可能导致死亡

10.2　EPA

10.2.1　哪里需要建设 EPA

人们为 ESD 防护所做的最大努力，就是尽可能避免在无防护状态下处置 ESDS

器件。当需要对 ESDS 器件进行处置时，应当采取适当的 ESD 控制措施，即建设 EPA。

当需要在无任何防护措施的区域内处置 ESDS 器件时，应将该区域进行一定的改造，使其建设成为 EPA。建设 EPA 并不需要把所有已知的防静电措施和设备都纳入其中。一个有效的 EPA 必须具备以下条件：

- 有明确边界；
- 有足以将重要 ESD 风险控制到可接受水平的防静电措施。

后面的章节将更详细地讨论防静电设备及其应用。

确定 ESD 危害前，需要识别处置无防护措施的 ESDS 器件、PCB 或其他 ESDS 产品的位置。很多半导体器件和无源器件都具有 ESD 敏感性。一般来说，如果 PCB、模块及类似组件（包含 ESDS 器件）没有封装外壳或其他预防 ESD 损伤的措施，则认为它们具有 ESD 敏感性。即使 PCB 或模块被完全封装在外壳中，也可能因其连接头或跳线的 ESD 而受到影响。

10.2.2　边界与标识

EPA 应设置清晰的边界，并在入口设置醒目的标识，对所有接近的人员进行预警。如果不设置，工作人员无法确认他们是处于 EPA 内部还是外部、在何处实施 ESD 防护措施（未经培训的人员不允许进入 EPA 内，是一种简单的 ESD 防护，并将无防护的 ESDS 器件的操作减少到最低限度）。

现代 ESD 标准要求在 EPA 入口外设置明显的标识。

应当精确识别 EPA 边界，使其覆盖所有需要进行 ESD 控制的区域（因为要处置无防护的 ESDS 器件），不需要或无法进行 ESD 控制的区域和工艺流程，最好不要纳入 EPA。倘若将不恰当的流程纳入 EPA，可能带来难以解决的违规问题，造成 ESD 控制策略的混乱。总之，EPA 和 UPA 的设置应该为工作人员提供方便，便利的操作更有助于合规，反之可能会导致违规。

10.3　EPA 中的 ESD 风险来自何处

本节要确定每个工艺流程中的潜在静电源，其中最常见的是：

- 带电人员接触 ESDS 器件；
- 带电金属或导体、工具或其他接触到 ESDS 器件的物体；
- ESDS 器件带电并接触导体（如金属部件或设备）。

通常，静电场本身不会造成破坏（只有少数例外）。然而，静电场会创造可能发生 ESD 损伤的条件，因为静电场内的任何孤立导体（如金属部件或设备本身）都会被感应带电。如果两个导体在静电场中接触（或足够接近），并且至少有一个是孤立（未接地）导体，那么由于孤立导体上会出现感应电压，将带来 ESD 风险。

当 ESDS 器件接触到高导电性物体（如金属等低电阻物体）时，可能会发生具有显著破坏性的 ESD 事件。由于二者此时在放电电路上的低电阻和电感，ESD 将产生一个很强的放电电流。CDM 耐受电压是 ESDS 器件对这类事件敏感的主要特征。条件允许时，这类 ESD 损伤一般可以通过在设备上使用更高电阻（大于 $10^4\Omega$）的材料来规避。

10.4 科学制定 ESD 防护措施

10.4.1 ESD 控制原则

要科学制定 ESD 防护措施，首先要明确每个 EPA 的边界。这些边界应当通过标识或标记的形式，便于工作人员识别哪些区域是 EPA，哪些区域是 UPA。ESD 防护措施可以在 EPA 中进行设计。

（1）人员在操作 ESDS 器件前必须接地，避免以高电位接触到 ESDS 器件进而将其损坏。一般要求人体电压不能超过最敏感 ESDS 器件的 HBM ESD 耐受电压。在涉及 HBM 100V 设备的 ESD 控制程序中，人员操作 ESDS 器件时的最大电压应小于 100V。

（2）与 ESDS 器件接触的金属或导体应尽可能接地，以确保它们不带电。

（3）强静电源（如带电绝缘体或产生外部静电场的设备）必须远离 ESDS 器件，以免对器件（或可能接触 ESDS 器件的孤立导体）产生高压。

ESDS 器件在工作中往往被置于孤立（未接地）状态，并且会与金属或其他部件接触。ESDS 器件可能不会按照 ESD 防护措施要求正常接地，因此 ESDS 器件上通常会携带一定程度的残余电压。如果 ESDS 器件容易被带电器件的静电所影响，而且二者的电位差足够大，将存在受损风险。因此，将 ESDS 器件低电阻导体有电气连接，往往会导致带电器件存在 ESD 风险。将具有一定电阻的材料（见第 10.3 节）接触 ESDS 器件，而不是通过低电阻材料（如金属），可以将这种 ESD 风险降至最低。若 ESDS 器件必须接触到导电物体（包括其他器件、工具或 PCB），应当评估 ESD 风险，并考虑采取 ESD 预防措施，例如降低 ESDS 器件和导体上的电压或者增加导体的体积电阻率。

制定 ESD 防护措施，应当与 EPA 中静电源的解决策略相呼应。在一个典型的 EPA 操作流程中，这些措施主要如下。

（1）在操作 ESDS 器件的过程中，无论是否使用防静电腕带、防静电鞋或防静电地板，操作人员都应接地，应为腕带提供合适的接地点（有时也会使用接地工作服等其他设备）。

（2）座椅应采取 ESD 防护措施，并通过腕带将人体接地。

（3）对于表面可能放置无防护 ESDS 器件的装置（如工作站和转运车），应对其表面接地的防静电材料做出规定。

（4）对绝缘材料进行评估，判断其在工艺环节中是否不可或缺。非必需绝缘体应当远离无防护的 ESDS 器件。ESD 控制程序可以明确要求将非必需绝缘体排除在 EPA 外。对工艺至关重要的绝缘体必须进行评估，以确定在使用过程中是否会产生 ESD 风险。一旦发现 ESD 风险，务必针对性地设计一些改善措施。一般可以通过离子化静电消除器来实现这一目标。

（5）离子化静电消除器可以针对性地用于抑制绝缘体电压或未接地的孤立导体电压。

（6）可在 EPA 外选择使用防静电包装来保护 ESDS 器件，或可在 EPA 内通过选用合适的包装材料规避 ESD 风险。

（7）规范使用防静电服，以免因服装问题引发静电场局部增强。

在设计 EPA 中的所有设备和工艺流程时都应考虑到与以上措施相关的问题。常规的防静电设备经过精心设计通常可以实现上述措施。

也可以配置其他防护要素，如防静电设备。这些防静电设备将在第 10.5.13.4 节中进一步讨论。

在个别情况下，常规 ESD 防护措施和设备无法阻断 ESD 风险，这时就必须制定特殊的 ESD 控制措施和预防措施。

在设计 ESD 控制程序时，应始终将操作人员的安全因素考虑进来（见第 10.1.3 节）。

10.4.2 选择便捷的工作方式

如果 ESD 控制程序让人感到不便，大家很可能不会正确地、统一地去遵守，特别是在时间紧张或工作压力较大的时候。相反地，如果它们为大家提供了最简单、最便捷的工作方式，那么它们很可能会一直被遵循下去。

举例来讲，在一个库房中，配备一个简单的独立工作站用于偶尔检查或统计入库的 ESDS 产品是足够的。如果员工在工作时不需要座椅，并且需要快速移动，那么最方便的措施大概是提供防静电鞋,并在工作站周围铺设防静电地板或地垫,以使人体接地。由于没有配备防静电椅,并且使用的防静电鞋和地板足以提供接地需求,因此并不需要配置腕带。只要走在防静电地板(地垫)上,人体就可以接地。

如果为了实现接地,让员工在进出工作站时都要连上一个腕带,那他们可能偶尔会在忙碌的工作中忽略掉它。

在其他类似环境下,人们可能需要在工作站内长时间保持坐姿。在这种情况下应使用防静电椅。此时的防静电地板必须可以承受座椅的反复滚动,座椅通过轮子可以轻松与地板接地。防静电地板的面积必须足够大,以确保在使用过程中操作人员和座椅不会脱离。由于坐下后鞋子不一定可以和地板持续接触,这时必须配置腕带,以便人员坐下工作时也可以有效地接地。

10.5 ESD 控制程序文件

10.5.1 ESD 控制程序文件的内容

为了使 ESD 控制措施长效化,ESD 控制程序文件应包括以下 4 个方面的内容:
- ESD 控制程序计划,规定所使用的设备及其他 ESD 防护措施;
- ESD 培训计划,规定 ESD 相关培训的强制要求;
- 防静电产品认证计划,规定 ESD 控制程序中选用的防静电设备和产品的标准与要求;
- 符合性验证计划,规定将要使用的检查和测试程序。

在编写 ESD 控制程序文件时,务必注意,至少需要两类人员能够清晰地理解这些文件。第一类人员是工作中必须用到这些文件的人员,他们应该掌握文件内容并有能力利用这些知识来维护和实施 ESD 控制程序。第二类人员是审核员(第一、第二或第三方),他们可能需要审核 ESD 控制程序,并检查实际发生的情况是否符合文档化的 ESD 控制要求。这些审核员可能还需要检查文件是否符合所选择的标准。如果文件能够快速罗列出这些要求是否响应,就可以为审核人员节省大量的时间和精力。如果 ESD 控制程序的各个部分通过独立的文档或程序记录,或以不同的形式(如纸质或内网文件)提供,可采用适当的交叉引用表示出来。

10.5.2 合规 ESD 控制程序的编制

一般来讲,开发一套符合 IEC 61340-5-1 或 ANSI/ESD S20.20(EOS/ESD

Association Inc, 2014）等 ESD 防护标准的 ESD 控制程序是更佳的。虽然遵循 ESD 防护标准并不是有效的 ESD 控制程序的必要部分，但可以向客户有力地证明 ESD 控制程序已被认真执行下去，并达到了一定的专业化水平。IEC 61340-5-1 和 ANSI/ESD S20.20 标准的主要条文（基本一致）在第 6 章给出。这些标准的新版本将不定期发布，其中的内容可能与引用时的版本中的内容有所差异，但它们的期望方向会保持大致一致。编制文档所选用的参考标准应保存一份备查。

如果希望按照标准进行工作，建议首先考虑最有可能得到市场或产品销售区域认可的标准。请注意，依照 IEC 61340-5-1 和 ANSI/ESD 20.20 标准来编写一套 ESD 控制程序会相对比较容易。

编制一套符合标准的文档，可以从编制一份标准需求清单开始。

参照标准中的结构，撰写相同或相似的条目，可以编制一个满足标准要求的文档目录，让审核员也能一眼读懂。表 10.2 给出了一个基于 IEC 61340-5-1:2016 标题的三级目录结构示例。标题可以根据实际情况修改，以加深目标读者的理解。

表 10.2　基于 IEC 61340-5-1:2016 标题的三级目录结构示例

引言
适用范围
术语及其定义
人员安全
ESD 控制程序
- ESD 控制程序要求
- ESD 协调员
- 定制化的 ESD 控制要求

ESD 培训计划
防静电产品认证
符合性验证
ESD 控制程序的技术规范
- 防静电地板
- 人体接地
- EPA
  - ESDS 产品的处置和 EPA 出入控制
  - 绝缘体
  - 孤立导体
  - 防静电设备
- 防静电包装
- ESD 相关物品的标识

参考资料

注：附录 A 基于本示例编制。

目录结构确定下来后，就可以按照环境和工艺中的 ESD 控制要求，在标准文件的指导下，撰写每个条目的正文内容。为了确保与标准文件的一致性，某些情况下可以适当引用所参考的标准原文。后文给出一个基于 IEC 61340-5-1:2016 的 ESD 控制程序框架起草目录结构的案例，同时给出每个章节的主要内容大纲。在第 6 章中已经对 IEC 61340-5-1:2016 的规定进行了深入讨论。如果有必要，正文撰写后可以重新拟定标题，以便更准确、更清晰地对正文内容进行归纳。

组织应当编制 ESD 控制程序文件，以符合内部质量体系管理要求。

10.5.3　引言部分

引言部分可以包含任何有助于向读者介绍文档和 ESD 控制程序的内容。对所处置的典型 ESDS 产品以及主要的 ESD 风险进行简要描述，可能十分有助于读者阅读。

10.5.4　适用范围部分

适用范围部分的内容主要对 ESD 控制程序的适用范围进行简要概括。此处应当对 ESD 控制程序处理和涉及 ESDS 产品的区域和行为进行明确规定。它应涵盖本组织所有适用的工作内容。标准罗列出了处理 ESDS 产品的形式，包括"制造、加工、组装、安装、包装、标识、维修、测试、检查、运输或以其他形式处理"。

适用范围部分还应明确指出 ESD 控制程序所涵盖部件的 ESD 易感区间。标准中的默认区间是"电气或电子部件、组件和设备的耐受电压大于或等于 HBM 100V、CDM 200V，以及对于孤立导体的 35V 耐受电压值"。如果所处置的产品被控制在高于这个默认的 ESD 耐受电压范围内，就可以认同这个默认值。如果操作 ESD 耐受电压较低的设备，就应该规定一个可以承受的电压范围（将该最低承受电压包括在内）。例如，在处置 HBM 60V 或 CDM 180V 的产品时，应当指出 ESD 耐受电压范围，例如大于或等于 HBM 50V 和 CDM 150V。

10.5.5　术语与定义部分

术语和定义应与所参照的标准中的相对应。对于标准中已经规定的术语，如果对该术语重新进行定义可能会导致使用上的混淆。比如，如果在设备参数中使用有两种定义的术语，可能误导人们去购买错误的设备。对于标准中没有提及的术语，应在术语和定义部分进行翔实、准确的定义。

10.5.6 人员安全部分

始终要明确表示，务必遵守当地的安全法律法规。这些要求的优先级高于标准 ESD 规范的优先级。人员安全部分可能会涉及具体的安全事项。

10.5.7 ESD 控制程序部分

10.5.7.1 ESD 协调员

IEC 61340-5-1 和 S20.20 指出，组织应当任命一名 ESD 协调员负责 ESD 控制程序。IEC 61340-5-1 同时列出了 ESD 协调员的岗位职责，诸如"贯彻执行本标准要求，包括程序的立项、文档记录、维护和符合性验证"等。最简单的做法是把这些内容直接引用到程序文件中。设置一个 ESD 协调员岗位是一种很好的做法，这样做可以确保所有遇到 ESD 控制问题的人在需要帮助时都能找到一个公认的联络纽带。

在 ESD 协调员部分的内容中没有必要写上人员姓名——这样做只会在人员离职时增加更新文档的工作。所以在编制文件时，对于岗位职责，只需要对相关人员进行任命，明确他们的岗位即可。ESD 协调员通常需要确定防静电设备、ESD 控制程序，以及开展培训，因此应该对 ESD 控制实践有充分的理解。应当为该角色提供专项培训和继续教育，并为其提供必要的时间和资源。

10.5.7.2 定制化的 ESD 控制要求

ESD 控制程序中的要求可能会时不时地进行调整，调整后的要求可能超出原始标准的范围。无论如何，都应该在 ESD 控制程序中说明该过程是合规的，并规定如何执行和记录该过程。

在第 10.5.13.4 节中会继续讨论定制化的防静电设备要求。

10.5.8 ESD 控制程序计划部分

根据 IEC 61340-5-1:2016 标准，ESD 控制程序计划部分的内容是编写 ESD 控制程序，该程序必须涵盖 ESD 培训、产品认证、符合性验证、接地/连接系统、人员接地、EPA 要求、包装体系和标识。标准还指出，本计划是实施和验证该程序的核心文档，程序必须符合内部质量体系要求，并能适用于组织的所有相关工作。如果这些都能在 ESD 控制程序中被解决，就没有必要设置条目。

10.5.9 ESD 培训计划部分

ESD 培训计划应确定需要接受 ESD 培训的人员、对应的培训形式以及接受培训的时间，规定培训记录的要素以及培训记录存放的位置，还应包括用于评价培训有效性的考试评估。

这里有种做法是先开发出一个培训矩阵，在表格左侧列出需要培训的人员类型，其他各列写上培训形式，然后在每个单元格中标出每种受训人员适合的培训（见表 12.1）。

ESD 培训将在第 12 章详细讨论。

10.5.10 防静电产品认证部分

在 ESD 控制程序中，选用的防静电设备必须经过资质认证，以证明它们在指定的使用寿命内能够胜任预期的工作。这个环节的正确做法是在本章提供相应的证明文件。这些标准文件对标准化防静电设备的一部分基础测试提出了要求。规定的测量方法和合格判据因认证产品的类型不同而有所不同（见第 7 章）。在最简单的情况下，测试方法和合格判据可以复现符合性验证中的数据。例如，手腕带或接地扣的检测基于简单的端到端电阻测量进行。同样的测量可以在符合性验证中进行，哪怕在操作时是以工作人员佩戴的腕带和导线为一体而进行系统性测试的。

在另外一些场景中，对于在符合性验证中无法复现的数据会采用附加测试的方法。例如，工作站台垫可以通过测量从其表面到接地点（接地连接点）的电阻来选择。该测量结果与台垫表面对地电阻的符合性验证系统测试有关。不过，我们通常会好奇台垫材料的表面电阻的特性是什么，因为过低的电阻可能会给带电设备造成 ESD 风险。因此，在选择和检测台垫时，会对其进行点对点电阻测量。在符合性验证测试活动中，通常不会重复这项工作，因为材料电阻的偏移已经在对地电阻系统测试中得到了充分的验证。

防静电设备的资质认证可以基于参数说明书（如果您信任它们）、内部测试或第三方评估进行评价。耐心进行内部测试，有助于发现与参数说明书不匹配的产品，以及了解 ESDS 设备的效果是否令人满意（或让人难以接受）（Smallwood et al., 2014）。

10.5.11 符合性验证计划部分

符合性验证计划应当对周期性检查进行强制规定，以确保 ESD 控制程序中所使用的防静电产品和设备符合要求。凡是文档中所指定的都必须接受测试，并记录所使用的符合性验证测试方法、合格判据以及周期测试的频率。如果存在标准中未指定的防静电设备，还必须对它们适用的符合性验证测试方法、合格判据、测试周期予以规定。一种方式是以表格形式简明扼要地规定上述内容，示例如表 10.3 和表 10.4 所示。

表 10.3　人体接地设备符合性验证测试方法、合格判据和测试周期规范示例

防静电项目	测试方法	合格判据	测试周期
腕带，佩戴腕带时从人体到接地点的电阻	方法 1	小于 35MΩ 并大于 150kΩ 时测试设备绿灯亮	每次进入 EPA 时
防静电鞋，穿上鞋时手到金属踏板的电阻	方法 2	小于 10MΩ 并大于 150kΩ 时测试设备绿灯亮	每次进入 EPA 时
防静电鞋，穿防静电鞋站在防静电地板上，手对地的电阻	方法 3	小于 1GΩ	每 6 个月一次
防静电鞋，穿防静电鞋在防静电地板上行走时产生的人体电压	方法 4	100V 人体峰值电压	每 6 个月一次

表 10.4　以表格形式整理 EPA 设备符合性验证测试方法、合格判据和测试周期示例

防静电项目	测试方法	合格判据	测试周期
工位或机柜台面	方法 5	R_g<1GΩ	每 6 个月一次
地板	方法 5	R_g<1GΩ	每 6 个月一次
椅子	方法 5	R_g<1GΩ	每 6 个月一次
腕带接地点（临时）	方法 6	R_g<5MΩ	每天使用前
腕带接地点（长期）	方法 6	R_g<5MΩ	每月一次
防静电服	方法 7	$R_{p\text{-}p}$<100GΩ	每 6 个月一次
防静电工具	方法 8	R_g<1GΩ	每 6 个月一次
离子化静电消除器衰减时间	方法 9	<5s	每 6 个月一次
离子化静电消除器残余电压	方法 8	±35V	每 6 个月一次

这部分标准涉及防静电设备检测中日常必备的测试方法标准。这些测试可以直接参考符合性验证的过程，一般会被用户标记为简单测试。第 11 章将给出这类测试方法的实例。测试流程通常被写在其他文档中——这些文档会在符合性验证计划中被使用。

如果用户希望使用有别于标准的测试方法，则必须证明该方法的结论可以由标准测试方法推导出。这里应提供可以证明相关性的测试报告作为参考文件。

符合性验证记录的存档事项必须明文规定。

10.5.12 ESD 控制程序的技术规范部分

10.5.12.1 技术要求文档

技术要求在 ESD 控制程序文件的方方面面都有体现（如在本节或产品认证及符合性验证章节中）。最好不要在多处位置赘述这些内容。因为一旦后期需要修订，如果某个出现该内容的位置被遗漏，文档可能出现相互冲突或模棱两可的要求。

10.5.12.2 防静电接地

所采用的 ESD 控制接地方式（如电源保护接地、功能接地或等电位接地）必须明确予以说明，以便用户识别。所有 ESD 控制措施项都需要通过该方式连接到一个公共接地点。接地应符合国家电气规范的要求。适用于防静电地的任何要求都可以在 ESD 接地部分中规定或引用。

必须强调的是，如果有可能，所有接触 ESDS 器件的导电物体和材料都必须连接到一个公共接地点。任何接触 ESDS 器件却由于某些原因不能接地的导体必须被看作孤立导体。

若在 EPA 中设置了不同电压的两个接地点，且二者没有相连，那就不是一个合格的解决方案。如果 EPA 中存在电气保护地，应尽量把它当作防静电地或将它与防静电地相连。

10.5.12.3 人体接地

1. 人体接地设备

人体接地是 ESD 控制程序的关键措施之一。IEC 61340-5-1:2016 给出了一些基本要求，建议在 ESD 控制程序文件中进行说明。

- 在操作 ESDS 器件时，所有人员必须按照程序要求进行接地。
- 坐着的人员必须通过腕带接地。
- 站着的人员可以通过腕带或鞋底接地。
- 人员通过鞋底接地时，双脚应穿防静电鞋。人体通过人、鞋和地板的系统对地电阻必须小于 $1G\Omega$，人体电压（通过行走测试进行测量）必须小于 100V（ESD 控制程序将受保护器件耐受电压降到 HBM 100V）。

人员操作 ESDS 器件的核心要求是人员接地。根据 ESD 控制程序的规定，可以选择用腕带或地板-鞋束系统接地，也可以两者兼用。有一种情况例外，那就是当操作人员坐在工作台前处置 ESDS 器件时，按照现行的 ESD 标准要求必须使用腕带。注意，通常会将防静电椅视为实现人体可靠接地的渠道，而不应作为一种人体接地方式（见第 7.9.8 节）。

ESD 控制程序中有时会定义其他接地方式，例如定制化设计的可接地防静电服或座椅。在现行标准 ESD 控制程序下使用类似的非标准接地方式，需要对其进行自定义，并提供该接地方式的基本原理说明文档与依据，以证明该接地方式符合人体接地要求。

在 ESD 控制程序中，应该严格定义接地设备实测参数的限值。IEC 61340-5-1:2016 中提供了一个数据表（见标准中的表 2），对这类产品认证和符合性验证进行了明确规定。

把防静电项目、测试方法和周检频率单独整理到一个表格中，将对工作带来很大帮助，如表 10.3 所示。方法 1～方法 4 应当详细记录并予以引用。经过对标准要求、设备与工艺适应性的综合考虑，应规定出合格判据和周检频率。在这个示例中，当人员穿着鞋子时，双手和脚底金属板之间的电阻经检测小于 $10MΩ$，远远小于标准的要求。这部分内容已经在标准的框架内，并不需要赘述自定义的理由和依据。

ESD 防护措施中关键的一项，是每天在开始工作前测试人体接地情况（腕带或鞋）。一些组织会要求员工在每次开始轮班或进入 EPA 时都测试人体接地情况。应当养成保存记录的好习惯，比如制作一个简单的日志（如签到表）来保存记录。失效的腕带应立即停用，及时取出进行修理或更换。

应定期到腕带使用处检查腕带接地点是否正常接地。如果这些接地是临时的（如通过市电插座接地的插头），则更应频繁进行检测，防止出现接地路径意外断开的风险。根据标准，腕带连接点的测试工作被收录于"EPA 设备"中。

2. 对在防静电地板上使用的防静电鞋进行随机抽检

操作人员的地板-鞋束系统对地电阻以及行走时产生的人体电压，与鞋和地板的类型有关。这些数据主要在产品认证时进行确认。因此在实践中，应该只允许使用产品资质中已经检测过的鞋和地板。如果要选用新的组合，需要在使用前进行产品认证。

然而，这些数值可能会受到地板或鞋底污染、环境湿度或其他因素的影响。推荐使用的策略是对其进行随机抽查，以确保这些影响因素没有使系统有效性发生变化。

3. 人体接地检测

有一个明显的细节经常会被忽视，那就是必须指定人体接地（手腕带或鞋子）综合测试仪，以便根据 ESD 控制程序中指定的参数阈值进行测试。在实践中，最简单的方法是先在 ESD 控制程序中指定合适的人体接地测试仪，然后规定它们所使用的参数范围。很多人体接地测试仪都会使用标准中规定的参数上限。大多数

（并非全部）人体接地测试仪还规定了下限。标准中没有规定下限，下限由用户自定义，通常以人体到大地的最小电阻为基准，以减少意外接触带电设备时的触电风险。在 250V AC 和 500V DC 的电力系统中，最小电阻一般选择 750kΩ 左右。

10.5.13 EPA 部分

10.5.13.1 ESDS 产品的处置和 EPA 出入控制

首先，应该明确无防护的 ESDS 器件只能在 EPA 中使用。这同样适用于由防静电包装保护的 ESDS 器件，以及那些平时被封装在设备中的 ESDS 部件。应当明确说明的是，除非进入了 EPA，否则不得将 ESDS 器件从防静电包装中取出。

其次，EPA 的边界必须被清晰地标识出来，让进出人员容易分辨。具体的样式应该在本部分进行定义和描述，并应提供典型标识的图例展现。

IEC 61340-5-1:2016 要求"只有完成 ESD 培训的人员才能进入 EPA。未经培训人员在 EPA 中应由有经验的人员全程陪同。"类似规定应该在本部分或 ESD 控制程序的其他合适位置明确提出。

10.5.13.2 绝缘体

绝缘体部分内容主要用于解释和定义在 EPA 中必需绝缘体和非必需绝缘体的识别和处理。类似的方法适用于处理其他已知的静电源。

必需绝缘体是产品或工序中必不可少的绝缘体，失去它们，工序就无法完成。非必需绝缘体是指不使用它们也可以完成这一过程的绝缘体。工作现场最常见的强静电源包括塑料包装（未加静电保护）中使用的绝缘体、文档资料（文件盒及盖子）、设备外壳和裸露的建筑构件，以及产品中其他部件。虽然静电场一般不会对 ESDS 器件造成直接损伤，但它们会在未接地的导体上产生感应电压，若该导体本身是 ESD 敏感的，或者该导体接触到了 ESDS 器件，会发生 ESD。在静电场中，ESDS 器件和金属之间的接触会引发带电设备的 ESD。在本部分或 ESD 控制程序的其他位置（如引言）对这种风险进行诠释是具有一定意义的。

在 EPA 中处置非必需绝缘体主要可以采取以下 3 种方法。组织可以根据不同情况决定采取何种方法，并编制相应的 ESD 控制程序。

方法一，用非绝缘（导电）材料取代绝缘体，并将其接地。

方法二，从 EPA 中移走或清除非必需绝缘体。这种方法简单直接，很容易通过管理和培训等手段实现。很多时候，防静电材料（静电耗散或导电）都可以取代 EPA 中的绝缘体。但在某些生产条件下和工艺过程中，由于种种原因，这个方法可能并不容易实现。操作难度的升级通常导致这一方法难以被贯彻与执行。

方法三，让非必需绝缘体与处理 ESDS 器件的工位保持最起码的距离。这种方法有时会作为实践应用中的一条捷径。例如，在操作 ESDS 器件的工作站附近放置的签字文件或计算机设备，要与工作站保持足够距离。该方法的缺点是，EPA 内的人员可能对操作规程了解不够，可能需要让人员接受更多的培训才能有效落实这种方法。粗心大意或不了解 ESD 控制程序的人员，可能会轻易将绝缘体或 ESDS 产品从规定的位置转移到可能造成 ESD 风险的区域。

应当在 ESD 控制程序计划中说明对静电场的要求或耐受电压限值。这些限值可以直接引用标准中的规定，也可以自定义。如果 ESD 控制程序中定义的静电场和耐受电压限值超出标准中给出的限值，则需要予以适当的说明和备案。本部分内容还应对发现超出限值后所采取的行动做出规定。

纸张和纸板都是高可变材料，它们的电气特性会随着湿度变化（或天气变化）出现跨量级的变化。因此，合理的管理要求是让这类材料远离 ESDS 器件。IEC 61340-5-1:2016 规定"所有非必需绝缘体和物品（塑料和纸张），如咖啡杯、食品包装和个人物品，应从工作站或任何操作无防护的 ESDS 产品旁移除"。在本部分 ESD 控制程序中，应该把这些要求明确提出来。

防静电包装所用到的粉色聚乙烯材料需要依赖一定湿度以保持其低充电特性。它经常在 EPA 中被用作普通塑料包装的替代品，例如封装非 ESDS 器件或文件。在低相对湿度（小于 30%）环境下，这种材料会失效并且可能像绝缘体一样携带大量电荷。

在实操中还会有其他一些常见的物品，例如 CRT 显示器（它会产生静电场，所以必须对其加强防护）。这些物品都应该被识别出来，并且应明确如何处理它们。

显然，没有办法将必需绝缘体从使用过程中移除。必需绝缘体的处置策略如图 10.1 所示。绝缘体在此过程中是否会对 ESDS 器件造成重大的 ESD 风险，可以通过判断它是否起电、是否会在 ESDS 器件可能出现的位置产生显著的静电场来评估。如果不会出现这些情况，则只需把评估结论记录在案。

如果必需绝缘体会在 ESDS 器件所处位置产生明显的静电场，下一步就要考虑如何处理这种情况。有的时候可以使用接地的静电耗散材料来代替必需绝缘体，比如量具或装配夹具上面有的部分就不需要使用绝缘材料。有的时候虽然必须保留绝缘体，但也可以将其移动到距离 ESDS 器件足够远的地方，从而把装置附近的场降到较低程度。如果这两个办法都不适用，那就必须使用离子化静电消除器或找到其他减弱静电场的方法。无论采用何种技术手段，都应在 ESD 控制程序中加以记录并备案。

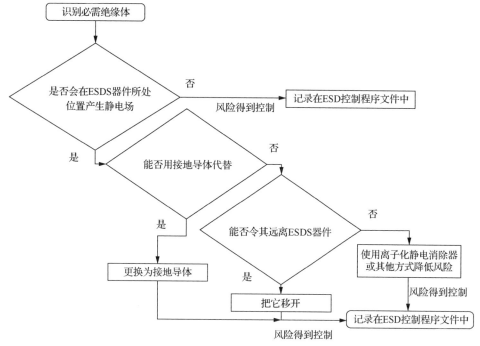

图 10.1　必需绝缘体的处置策略

10.5.13.3　孤立导体

IEC 61340-5-1:2016 标准中规定，"所有与 ESDS 器件接触并能够导电的物体必须接地或用导线将其与器件连接，以消除电势差"（见该标准的第 5.3.2 节）。

该标准还规定，"如果与 ESDS 器件接触的导体不能接地或与器件进行等电位连接，则该工艺流程应确保导体与 ESDS 器件接触点之间的电位差小于 35V。"在 ESD 控制程序中，很有必要纳入这种要求或类似的规定。

在具体的工作中，将这些细节完全落实是相当困难的。在理想情况下，所有接触 ESDS 器件的导体都应按标准的第 5.3.2 节的要求接地。有一个办法可以使 ESDS 器件和孤立（未接地）导体的电压基本趋于一致，那就是使用离子化静电消除器把二者携带的表面电荷中和到相同的水平。然而，很难精确测量和验证这种防护手段是否可以达到预期目标，尤其是在涉及较小的零部件以及自动化流程的时候。

标准中对孤立导体的概念并没有明文规定。有一个比较恰当（尽管有些含糊）的定义是："在正常操作过程中，静电荷可以在这类导体上积聚到一定水平，致使它在与 ESDS 产品接触时可能引起 ESD 风险。"这一定义意味着需要对孤立导体进行一些评估，以了解其在正常运行过程中是否会积聚电荷。

最简单的方法大概是规定从导体到地的最高电阻值。如果从导体到地的电阻大于这个限值,则可以判断该导体是孤立的。虽然本标准中没有规定这样的一个限值,但参考其他标准规范,对地电阻在 1GΩ 以下时一般可以认为导体是充分接地的。对于比较小的部件,由于电容变化而产生的电荷或电压的变化不会带来太大影响,因此对地 100GΩ 或许是一个可接受电阻。高于 100GΩ 时,基本可以认为对地电阻是孤立的,除非能找到可靠的证明,判定该导体的电压在使用过程中能够维持在 0V 不变。

如果识别出了孤立导体,由于它不便接地,且在正常运行时会出现电荷积聚现象,那么很可能需要根据具体情况制定防护措施。图 10.2 推荐了一些处理孤立(未接地)导体的策略。如果未接地导体不能接触到 ESDS 器件,也可能不会导致 ESD 风险。在这种情况下,只需把评估结论记录并存档即可。

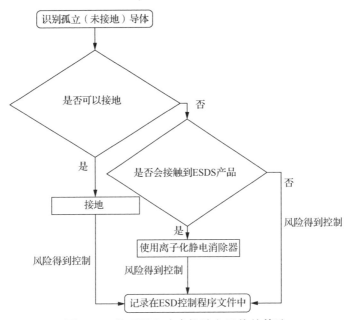

图 10.2　处理孤立(未接地)导体的策略

如果孤立导体会接触到 ESDS 器件,可以使用离子化静电消除器降低它的电压。如果 ESDS 器件和孤立导体在接触前可以在离子风中暴露足够长的时间,它们就有可能双双接近离子化静电消除器的残余电压。实现这一目标所需的时间取决于离子化静电消除器的自身特性和工作环境。为了证明这一措施的有效性,有必要用静电电压表来测量和比较 ESDS 器件和孤立导体上的电压。测量这些电压要用到一台能够测量小器件电压的静电电压表。这项工作有一定难度,特别是在快速移动的自动化生产线上。

10.5.13.4 防静电设备

1. 防静电设备的选型

在 EPA 中使用的防静电设备和材料必须在认证与符合性验证两个方面满足要求,所以应当预设测试方法和合格判据。IEC 61340-5-1:2016 标准规定了工作表面、储物架和转运车、腕带连接点、地板、离子化静电消除器、座椅和服装的基本要求(见第 6 章)。标准中没有必要罗列出 EPA 中使用的全部物品,但应确保每个在用的设备都符合标准的要求。例如,ESD 控制程序不一定对防静电服做出要求。如果操作 ESDS 器件的人员保持腕带方式接地,可能也不需要对防静电鞋做出要求。但是,一旦存在相关要求,就应根据所使用的标准或由自定义标准要求所涵盖的规范来编制。

标准文件中没有规定到的其他物品(如手套、指套、工具和电烙铁等)也有可能需要说明具体要求。另外,还需要为它们规定出具体的测试方法和合格判据。

在有些情况下,我们需要制定一个与标准不同的限值。如果这个限值在标准划定的范围内,它并不代表是定制化的 ESD 控制程序。例如,组织可能选择了一种地板材料,安装后对地电阻不足 $10M\Omega$。此时,可以规定 $10M\Omega$ 为符合性验证的上限,以检测材料性能的偏移或其受到表面污染的影响。

如果规定的限值超出了标准给出的范围,那么应将它视为量身定制的要求。例如,许多组织在 IEC 61340-5-1 的早期版本指导下建立了 ESD 控制程序,规定对地阻抗的最大容忍限值为 $10G\Omega$。在 IEC 61340-5-1 的 2016 年的版本中,容忍上限被降为 $1G\Omega$。为了符合 IEC 61340-5-1:2016 的要求,组织可以根据新标准要求调整容忍限值,或者把 $10G\Omega$ 限值作为自己的定制化限值。如果选择定制化,这个决定应该得到一些测试的支撑,用来证明该规定不会带来额外的风险。

如果引用的标准没有明确做出说明,不要使用导电、抗静电或耗散等术语来对设备进行定义。与习惯用法相异,这些术语在许多产品中没有统一的标准化概念。更甚者,同一个术语对于同一产品在不同领域和不同任务中可能具有不同的含义。因此,如果在参数中使用了这些描述,可能会导致产品采购发生失误。

与之相比,最佳选择是采用通过标准测试方法容易获得的参数(如电阻)对各种产品进行约束。因为采用不同的测试方法可能会得出不同的测量结果,对测试方法予以明确规定十分重要。常见的可测量参数包括:各种防静电设备的对地电阻或对接地点的电阻,表面、材料或服装上的点对点电阻,包装表面电阻或体积电阻,以及离子化静电消除器的衰减时间和残余电压。

表 10.4 中给出了一个防静电设备的归纳案例,包括符合性验证测试方法、合格

判据和周检频率。合格判据和测试周期的规定应满足标准要求和现有设施与工艺的需要。必须编写方法 5~方法 9 并引用。这些事项都应以 IEC 61340-5-4（IEC, 2019）或 ESD TR53-01-15（EOS/ESD Association Inc, 2015）（见第 11 章）为基础。

2. 台垫和其他放置 ESDS 器件的表面

任何表面（如储物架和转运架）如果用于放置未经防护的 ESDS 器件，都应遵守与工作表面相同的要求。如果将器件放置于包装袋上，那么包装应遵守工作台表面的要求。

这些表面的符合性验证通常以表面和静电接地点（R_g）之间的电阻来定义和测量（见第 11.8.1 节）。

3. 防静电地板

防静电地板有助于打造一处包含多个工作站的 EPA。如果 EPA 中没有铺设防静电地板，那么实际上每个工作站只能是一个独立的小型 EPA，相互间的区域是 UPA。在工作站之间通过这些 UPA 运输 ESDS 器件时，必须考虑 ESD 风险，可能需要使用防静电包装。如果使用防静电地板，就不必考虑防静电包装这类方案了。

防静电地板的主要作用是便于穿着防静电鞋的人员或使用座椅、转运车、储物架和任何摆放在地板上的其他物品接地。

防静电地板的电阻应根据其用途来选择。标准规定的最大对地电阻为 1000MΩ。组织中通常会规定一个远比这个限值小的阻值。电阻低的地板更有利于为穿了合适鞋子的人员提供更低的可靠人体电压，或者为某些物品提供更低的系统对地电阻。

如果地板的对地电阻远低于标准值，那么 ESD 控制程序中的地板对地电阻上限最好设定为略高于实际预期最大值。符合性验证的测量会把由于污染或其他因素引起的地板电阻上升情况记录下来。

防静电地板的符合性验证通常是照章执行的，一般是测量地板表面与防静电地（R_g）之间的电阻（见第 11.8.1 节）。

4. 防静电椅

根据标准要求，如果需要在操作 ESDS 器件的工作站旁放置座位，必须使用防静电椅。防静电地板作为防静电椅最常见、最方便的接地媒介一般也必须配备。在没有防静电地板的情况下，有时可以通过接地扣把防静电椅接地，但这或许并不方便，而且连接很容易断开。在将防静电椅参数要求加入 ESD 控制程序计划之前，应进行详细的调查与研究。

防静电椅的符合性验证一般是通过管理文件以及测量防静电椅表面和防静电地（R_g）之间的电阻来进行的（见第 11.8.1 节）。

5. 手持工具

在处理 ESDS 等级很高的 ESDS 器件时,任何可能接触 ESDS 器件的工具(如刀具、钳子)都可能造成 ESD 损伤。这个问题可以通过规定防静电工具来解决,防静电工具上接触 ESDS 器件的部位通过使用者的身体接地。

工具的符合性验证可以通过多种方式来规定和测量。现行标准中没有对标准测试进行规定。一种定义是操作人员在手持工具时,工具触点与防静电地(R_g)之间的电阻(见第 11.9.5 节)。另一种定义是通过 CPM 测量到的最大电荷衰减时间(见第 11.9.8.1 节)。

6. 手套和指套

在 ESD 控制过程中,尤其是在操作 ESDS 器件或防静电工具时,会用到手套和指套。手套和指套的符合性验证可以通过多种方式来规定和测量。虽然 ANSI/ESD S20.20-2014 的附录 A 指出,ANSI/ESD SP15.1 可以用于测试手套和指套,但现行标准没有对这些项目的标准测试给出规定。

对于手套和指套的符合性验证测试,有两种可测试的参数。一种是操作人员佩戴手套时,手套接触面与防静电地(R_g)之间的电阻(见第 11.9.7 节)。另一种是使用 CPM 测量的最大电荷衰减时间(见第 11.9.8.2 节)。后一种方法也可以判断 CPM 平板接触手套材料后是否会显著带电。

7. 离子化静电消除器

如果评估发现了必需绝缘体或孤立导体的存在,且它们可能会带电并造成 ESD 风险,则可能需要使用离子化静电消除器(见第 4.6 节)。

使用 CPM 测量离子化静电消除器的电荷衰减时间和残余电压,测量结果用于符合性验证(见第 11.8.8 节)。

8. 防静电服(防静电外套)

不必在所有 ESD 控制程序中都对防静电服的使用进行规定。选择使用防静电服的人往往是那些对 ESD 损伤事故更关注的人,例如涉及敏感度高的 ESDS 器件操作或面向高可靠性市场的生产商。一些 ESD 协调员主动穿上防静电服来给访客留下深刻印象,让他们了解车间所做的工作,而在 EPA 中穿上一件特制服装有助于强化 EPA 纪律。

如果 ESD 控制程序要求穿防静电服,应选择符合该标准的产品。这些通常以服装材料的点对点电阻(R_{p-p})(见第 11.8.2.2 节)或静态接地服的接地点电阻(R_{gp})(见第 6 章)来指定。用户自定义的测试方法和合格判据同样适用。

有些类型的防静电服不易通过标准测试,这是因为它们不是由电阻材料制成的。如果要在标准(IEC 61340-5-1 或 ANSI/ESD S20.20)指导下的 ESD 控制程序中使用这些类型的防静电服,则需要对基本原理和理由进行自定义(见第 6.5.6 节)。需要制定恰当的测试方法和合格判据以认证和验证这些服装。

10.5.14 防静电包装部分

IEC 61340-5-1:2016 标准最先提出,在使用客户认可的包装时,组织机构应在 ESD 控制程序中包括这样的声明——"防静电包装及其标识应遵守客户合同、采购订单、图纸或其他文件要求。"

根据 IEC 61340-5-3,如果客户或其他文件中没有对防静电包装进行规定,则必须在 ESD 控制程序中为需要包装的环节明确防静电包装要求。在不需要包装的情况下,不必对其进行约束。

对于在 EPA 外的其他无防护的 ESDS 器件,包括在 ESDS 器件交付给客户时使用的包装,必须对防静电包装进行约束,从而在 UPA 中针对潜在的 ESD 风险提供充分保护。

EPA 内使用的包装物也必须遵守 IEC 61340-5-3 的规定。

防静电包装一般通过表面电阻(R_s,见第 11.8.4 节)、体积电阻(R_v,见第 11.8.5 节)来进行参数定义。对于防静电屏蔽袋,还要考虑在防静电屏蔽测试中测得的能量。由于后者比较复杂,许多用户往往不会亲自进行测试。有别于屏蔽包装袋,其他类型包装在评估静电屏蔽能力时,是形成一个屏障来防止静电电流传导到包装内部(见第 11.8.6 节)。

10.5.15 防静电标识部分

在客户已认可的情况下,组织的 ESD 控制程序对于防静电标识的规定应遵循 IEC 61340-5-1:2016——"ESDS 产品、系统或包装标识应与客户合同、采购订单、图纸或其他文件相一致"。

如果组织没有与客户约定防静电标识,也应该考虑防静电标识是否对工作有利或在 ESD 控制程序中已经应用。如果标识在工作中有需要或已经在实践中应用,则应将其记录下来。较常见的案例是在防静电包装和防静电设备上做的标识。一些组织还会将与 ESDS 器件相关的文件(如数据表或组件列表)进行标识,甚至在 ESDS 器件本身(如 PCB)打上标记以便识别。

10.5.16 参考资料部分

通常情况下,列出在编制文件时所引用的参考资料是有利的。这里的参考资料包括所使用的标准及其使用指南,以及任何内部程序、报告、测试程序或其他指定文档。

10.6 ESD 防护需求

评估 ESD 防护需求时,比较标准的做法是,根据经验使用防静电设备来处理最常见和普遍的 ESD 风险,但它们不一定能解决所有的 ESD 风险。ESDS 器件的每个操作步骤都应该仔细检查,以防 ESD 风险的发生。这些问题在第 9 章中已详细讨论。

10.7 ESD 控制程序的优化

10.7.1 ESD 控制的成本与收益

为了实现最优效果,现代 ESD 标准允许对 ESD 控制程序进行灵活优化,而对 ESD 保护工作只提供必要的设备和控制的实践规范。在 EPA 中,如果 ESDS 器件需要进行非常规操作,可以使用非标准或定制 ESD 防护手段。最终采取的 ESD 防护措施会直接影响到 EPA 的 ESD 防护成本以及 EPA 外的防静电包装成本。文档、培训和符合性验证程序也是 ESD 控制的重要组成部分。为了优化 ESD 控制程序,可以在这些成本之间进行权衡,当然,这可能需要较高水平的专业知识(Smallwood et al., 2014)。

ESD 控制程序有一个明显的优势,就是能在过程中保护 ESDS 器件,并将 ESD 损伤保持在一个可接受的低水平上。ESD 控制还可以带来其他一些额外的好处。将 ESD 控制程序按照公认的国际标准进行维护,是企业质量程序的重要组成部分。它甚至可能成为一些客户对于产品供应商的必审项目。如果客户对企业进行审核,他们对 ESD 控制的良好印象(无论客户是否全面了解该项目)可能会成为企业获得订单的关键因素。如果客户对 ESD 控制的可靠性产生不良印象和分歧,会严重阻碍他们对企业和产品的接受程度。

通常认为,如果 ESD 控制工作不完善,企业的主要成本损耗是工作过程中处理的 ESD 产品的损伤。对于许多企业来说,这一部分成本很难清晰量化,因为失效分析一般不会达到 ESD 故障检测的水平。还有一些成本可能很大,但经常会被忽视掉，例如生产失败、不可靠或特性漂移、额外的测试和返工支出、延迟发货，以及残次品积压等。最昂贵的一部分成本大概是与客户服务相关的——客户投诉和客户端失效、产品或公司名誉受损的衍生成本，以及可能导致的销售量下降等。

ESD 控制程序中的成本/收益平衡取决于各个方面所花费的时间和资源。优化 ESD 控制程序应该考虑所有期望收益和成本范围，并在二者之间寻求适当的平衡点。这便意味着可能必须对不同方面的投入进行权衡。

10.7.2 策略优化

10.7.2.1 EPA 最小化

尽量减少在无防护状态下操作 ESDS 器件，就是对 ESD 防护工作做出的重大贡献。除了让 ESD 损伤发生的概率降到最低，这样做还会带来其他好处。例如，较小的 EPA 需要较少的设备，也会减少符合性验证测试的支出。

10.7.2.2 EPA 边界的界定

如果在 EPA 中安排太多的工艺流程，可能会出现与 EPA 的 ESD 控制策略不兼容的问题，从而很难满足（甚至无法满足）ESD 控制程序的要求。

然而，要求所有涉及无防护的 ESDS 器件的操作活动都必须在 EPA 中进行。

因此，要对 EPA 的边界问题认真进行研判，EPA 要能囊括所有必要的活动，同时要尽量缩小 EPA 的规模，并排除不必要和不兼容的工艺流程。

10.7.2.3 ESD 控制程序的版本控制

为了尽量减少防静电设备，有的区域会在 ESD 防护措施中设置一些调整变量。即使在符合标准的 ESD 控制程序中，也完全有可能留出相当大的调整空间。

然而，考虑到各方面因素，最优解是将变量进行最小化处理，兼顾对文档、培训和符合性验证的影响。此外，客户参观 ESD 控制程序时倾向于结合他们自身思路来进行优劣评估。如果他们发现了内容的缺失或差异，可能会立刻认为该 ESD 控制程序存在不足，甚至会有所异议或对合作有所抵触。

在不同的 EPA 中使用不同的 ESD 防护措施，可能会导致 ESD 培训负担增加，即前往各个区域工作的人员都必须接受相应区域的特定培训。很多人在多个不同区域交叉工作时可能对纷杂的管理要求感到迷惑，以致出现过失违规的情况。

如果减少区域内规定的设备数量，那么区域中所需的防静电设备会发生变化，进而减少符合性验证的开销。

但是，如果在不同的区域中使用了相同的设备，却规定了不同的合格判据，一旦将符合某一个区域标准的设备误用到另一个区域就会导致混乱。然而这个问题在进行下一周期的符合性验证前很难被发现。

对于不同的 ESDS 器件，不建议由工作人员自行决定如何操作或者随意改变防静电指令，无论是针对不同灵敏度的设备，还是非 ESDS 的物品。因为这可能会导致管理混乱、决策错误，并衍生不良的操作习惯。在大多数情况下，最好的做法是根据敏感度最高的 ESDS 器件操作要求来设计和实施 ESD 控制程序，并将其广泛应用于简化培训和符合性验证，减少发生不合规操作的可能性。

10.7.2.4　ESD 控制的标准化与定制化

标准 ESD 防护措施提出了一套公认的方法论，在大多数情况下使用该方法论可以规避最常见的 ESD 风险。如果专业知识相对贫乏，那么实现 ESD 控制程序的最便捷途径是利用标准化 ESD 防护方法。

只要肯努力，就有可能设计出一套性价比更高、针对性更强、不墨守成规或者更精简的防护方法。有效的评估和合规的定制化防护策略对专业知识有很强的依赖性。如果专业知识相对贫乏，ESD 控制程序的制定就可能存在不完善的风险。

然而，这套方法可能增加文档和培训的开支，并在不同区域出现 ESD 防护策略的个性化调整。来访的客户可能会得出防护力度不足的结论。

10.7.2.5　便利化设计

如果设计的 ESD 防护措施易于实施，那么它很可能会被接受并遵守。如果设计的 ESD 防护措施实施难度较大，员工可能有抵触情绪，从而发生违规操作。

便利化设计不一定会降低设备、文档、培训或符合性验证成本，但它会在一定程度上降低违规操作的风险等级，并减少管理成本。

10.7.2.6　ESD 控制程序审核员

可以将 ESD 控制程序计划的审核任务委托给某个具有丰富专业知识的人员。一些组织会在内部任命，而另一些组织会将任务委托给第二方或第三方，甚至防静电设备供应商。

有时，委托审核会涉及利益冲突。例如，委托供应商进行审核可能会与他们的销售目标产生利益冲突。

然而，任命内部审核员主要会增加培训和符合性验证需求，这对小型组织是有一定难度的。符合性验证在这种压力下可能难以获得充足的资源，从而失效或被忽视。

10.8 特定区域的设施

10.8.1 不同区域中 ESD 防护要求的多样化

很多生产现场都包括几个典型的环节，如物品的仓储、装配、制造、测试和调度等。一些组织设有研发等区域。其中一些区域（如生产制造）很容易用公式化的 EPA 进行防护。其他活动（如装配）对 EPA 的需求不明显，但会在很大程度上受到所处 EPA 的合规性影响。还有一些环节（如入库、仓储、配送）可能需要 EPA 内外区域同时工作。研发区域也经常在 ESD 防护和 UPA 之间交叉，并且由于工作人员不完全认可等原因，可能难以建设成为标准 EPA。

10.8.2 仓储

仓储的一项基础工作是拆除运输过程中用于保护的非防静电包装（二次包装）。在即将接触到防静电包装和暴露出 ESDS 器件前，应立即停止二次包装的拆除，不应打开防静电包装。在防静电包装（如 PCB 包装袋）上，应印有明显的标识，以表明其防静电功能（见第 8.10 节）。这类包装不应该在 EPA 外打开。另外，二次包装不应该被带入 EPA。

如果 ESDS 器件被密封在设备内或被包装在防静电包装中，可以在普通的无防护的环境下存放。裸露的 ESDS 器件应在 EPA 中贮存。

如果需要对 ESDS 器件进行检查或测试，应在 EPA 中进行相应操作。应尽量避免其他无须防护的工作也在 EPA 中进行，以防引入不符合 EPA 要求的材料、致使 EPA 管理的放松。如果 EPA 工作台被用于处置其他物品或用于其他非防静电的工作，在其恢复 EPA 功能前应检查其合规性，并在重新检测合格后方可投入使用。

产品入库和仓储不一定要在 EPA 中。只有必须在不受保护的状态下打开防静电包装和处理（如计数或检查）ESDS 器件时才有必要在 EPA 中。如果可能的话，最好避免这种操作，从而减轻 EPA 负担。必要时可以把一个工作站配置成简易 EPA。

配置简易的 EPA 存在一个相当大的风险，即 EPA 工作站在入库和仓储时被二次包装和其他绝缘材料污染。为了将这种风险降到最低，EPA 工作站不得用于非 EPA 活动。使用这些设施的人员需要认真学习相关知识，以免出现违规操作和 ESD 风险。

EPA 工作站的放置位置应谨慎选择，要远离静电易发区（如二次包装）。例如，EPA 工作站在一个不受控的区域如果背靠着储物架，可能会因架上积累的静电荷而导致较大的 ESD 风险。

10.8.3 装配

装配工艺不一定需要在 EPA 处理无防护的 ESDS 器件。然而，任何在 EPA 中使用的工具都可能成为违规包装、材料或物品的来源，为避免发生这种情况，务必仔细加以说明。要携带工具包进入 EPA 时必须按照规定穿行 EPA 入口。工具包内的物品，包括器械、耗材或非 ESDS 器件，必须采用防静电包装材料。必须尽量减少或直接清除绝缘材料和物品。如果不能清除绝缘材料和物品，它们的操作过程和在 EPA 中的使用位置必须得到谨慎控制，以免 ESDS 器件受到 ESD 损伤。如果违规品是套件工具之一，那么整个套件工具将被视为不符合 EPA 规范，应当被清除。

10.8.4 收发

收发是在 UPA 进行的。收发区域一般会有大量的二次包装材料，包括绝缘包装胶带等很容易产生静电的物品。这些区域的许多管理要求都可以参考入库与仓储区域。

一个需要考虑的因素是，在处理包装材料时，可能会产生大量的纸屑或纸板灰尘、纤维和更大的颗粒物。这些可能会使附近某些类型的产品被污染。

10.8.5 测试

出于安全考虑，如果现场存在高压作业和手工操作，则需要对一些 ESD 防护措施进行严格测试。这意味着必须认真满足人体接地的要求，以最大限度地提高安全性，并将 ESD 风险最小化。

10.8.6 研发

研发工程师往往需要来回奔走了原理样机设计区、办公和仿真模拟等不同的工作区域，那么对他们的工作环境，就会考虑到"自由"还是"ESD 防护"哪一个因素更适合。一些组织认为，未交付客户的样品不需要在 ESD 防护条件下进行管理。然而，这忽略了 ESD 对 ESDS 器件的损坏会导致电路调试和返工进而浪费大量时间的事实，而且 ESD 可能会改变 ESDS 器件的特性，从而导致原理样机有异于最终产品。此外，对一些企业来说，产品实际上是在没有原理样机的情况下直接一次成型的。

通常可以通过为研发区域规定 ESD 控制程序解决这些问题。研发区域的 ESD

防护设计通常与生产线的有很大区别。事实上，技术能力很强的工程师只要"认可"ESD防护的需求，且该程序设计的目的是便于他们使用，这项措施就很容易推行。反之，他们就很难遵守ESD防护要求。

10.9　改进与完善

人们对ESD控制程序经常有一个误解，那就是它一旦经过审批，就应当固定下来不可更改。实际上，ESD控制程序应当接受定期审查，原因如下。

首先，研究表明模式偏差通常可以通过ESD控制程序的更新来简化操作从而得到解决。例如Snow和Danglemayer（1994）曾经列举了一个脚跟带误穿的案例，用防静电鞋取代脚跟带，就消除了一个重要不符合项。有时，ESDS器件的故障能够暴露出ESD防护的薄弱环节，必须通过更新ESD控制程序来解决。

其次，工艺和设备都可能会随着时间的推移而发生变化，这时需要对ESD防护措施的相应内容进行新增或补充修改。

再次，ESDS器件的类型有时会发生变化，这可能需要对相关ESD防护措施进行修订，引入新型的、ESD敏感度更高的ESDS器件可能会带来不一样的挑战。

最后，ESD防护标准的更新可能导致ESD控制程序有必要进行更新以符合标准的新要求。

基于以上原因，应当对ESD控制程序进行定期升级、更新并进行持续改进与完善。

参考资料

Dalziel. (1972). Electrical shock hazard. IEEE Spectrum: 41-50.

Danglemayer, G. T. (1990). ESD Program Management. Van Nostrand Reinhold.

EOS/ESD Association Inc. (2014). ANSI/ESD S20.20-2014. ESD Association ESD Association Standard for the Development of an Electrostatic Discharge Electrostatic Discharge Control Program for — Protection of Electrical and Electronic Parts, Assemblies and Equipment (excluding Electrically Initiated Explosive Devices). Rome, NY, EOS/ESD Association Inc.

EOS/ESD Association Inc. (2015). ESD TR53-01-15. Technical Report for the Protection of Electrostatic Discharge Electrostatic Discharge Susceptible Items — Compliance Verification Compliance Verification of ESD Protective Equipment and Materials. Rome, NY, EOS/ESD Association Inc.

International Electrotechnical Commission. (2016). IEC 61340-5-1: 2016. Electrostatics — Part 5-1: Protection of electronic devices from electrostatic phenomena — General requirements. Geneva, IEC.

International Electrotechnical Commission. (2019). IEC TR 61340-5-4:2019. Electrostatics — Part 5-4: Protection of electronic devices from electrostatic phenomena — Compliance Verification. Geneva, IEC.

Nave, C. R. and Nave, B. C. (1985). Physics for the Health Sciences, 3e. WB Saunders. ISBN: 0721613098.

Smallwood, J., Tamminen, P., and Viheriäkoski, T. (2014). Paper 1B.1. Optimizing investment in ESD control. In: Proc. EOS/ESD Symp EOS-36. Rome, NY: EOS/ESD Association Inc.

Snow, L. and Danglemayer, G. T. (1994). A successful ESD training program. In: Proc. EOS/ESD Symp. EOS-16. Rome, NY: EOS/ESD Association Inc. pp. 94-94-12.

第 11 章　ESD 测试

11.1　引言

　　选择和制造防静电材料和设施,应以实际用途为目标,使其具备特定的静电防护性能,并能在使用的过程中发挥作用。通常情况下会遵循以下原则:裸露的绝缘材料应替换为非绝缘材料;EPA 内的防护设施和材料均应建立良好可靠的接地,以使其表面所产生的电荷可以泄放至大地。此外,必需绝缘物品需要使用空气电离化装置(离子风机等)来中和其表面所带电荷,或使用其他方法控制 ESD 风险。

　　与静电防护设施、材料相关的标准遍布世界各地,这些标准中规定了静电防护设施和材料的性能要求,建立了符合性测试的指标要求及测试方法。本书中主要围绕 IEC 61340-5-1 和 ANSI/ESD S20.20(EOS/ESDA,2014a)两个标准展开讨论。IEC 61340-5-1 被很多国家直接采用为国家标准,在欧盟则被引用为 EN 61340-5-1,个别国家使用自己的版本,英国则颁布了 BS EN 61340-5-1(BS,2016)。

　　本章解释如何通过基本测试来评估设备是否符合标准要求。本章将是 ESD 协调员对设施进行的主要测量活动指南,在必要时提供一些实际指导和"变通办法",并提供一些非常规测试和非标准测试的信息(在标准测试没有规定或不适用的情况下可以使用非常规测试和非标准测试)。

　　为了清晰起见,我们选择采用 IEC 61340-5 系列术语,尽管 ESDA 系列测试方法在许多情况下几乎相同,并且有很多重叠的部分。当与 ESDA 系列标准有差异时,在文中会予以注明。

11.2　标准测试

　　IEC 61340-5-1 和 ANSI/ESD S20.20 使用多种基本测试方法来评估 ESD 防护

设施和材料的性能,具体如下:
- 点对点电阻;
- 表面对地电阻或表面对接地点电阻;
- 静电防护包装的表面电阻和体积电阻;
- 接地线端到端的电阻;
- 人体接地电阻测试;
- 静电场和电压;
- 地板-鞋束系统的行走测试;
- 屏蔽包装袋的静电屏蔽试验。

所谓"接地点"可以是多种形式的,例如,工作台或地垫上用于安装完成后连接到防静电地的螺栓。

具体测试方法将在后续的章节进行描述和演示。本书中将给出部分测试方法的简明测试程序,以易于理解。公司或组织可以在此基础上编制适用的作业指导文件。

截至本书(英文版)成稿之时,IEC 和 ESDA 发布了多种测试方法标准,它们被汇总在表 11.1 和表 11.2 中。IEC 系列标准中的测试方法在 ESDA 系列标准中可以找到相对应的内容,反之亦然。但是要注意,这里所说的"对应"并不代表"一致",因为这些标准存在着差异。在某些情况下,相对应的部分条件会有重叠,另一部分条件则可能存在差异。所以通常来说,当我们在执行一个标准时,有必要参考完整的标准信息以掌握最新和最完整的细节。

表 11.1 IEC 和 ESDA 所发布的测试方法系列标准汇总

测试项目	测试方法标准	
	IEC 标准	ESDA 标准
工作表面、架子	61340-2-3	STM4.1
地板	61340-4-1	STM7.1
座椅	61340-2-3	STM12.1
离子化设备	61340-4-7	STM3.1
手动工具	—	—
服装	61340-4-9	STM2.1
腕带	61340-4-6	S1.1
地板-鞋束系统	61340-4-3	STM9.1
脚跟带	—	SP9.2

续表

测试项目	测试方法标准	
	IEC 标准	ESDA 标准
地板-鞋束系统电阻	61340-4-5	STM97.1
地板-鞋束系统行走测试	61340-4-5	STM97.2
防静电包装表面电阻-同心环	61340-2-3	STM11.11
防静电包装体积电阻-同心环	61340-2-3	STM11.12
防静电包装表面电阻-两点电阻	61340-2-3	STM11.13
ESD 屏蔽包装袋	61340-4-8	STM11.31
手套和指套电阻	—	SP15.1
工具、手套和指套的电荷衰减	61340-2-1	—
手持电动焊接/脱焊工具	—	STM13.1
符合性验证测试方法（多种）	TR 61340-5-4	TR53-01

表 11.2 与防静电设施、材料和包装相关的其他 IEC 标准

IEC 标准	IEC 标题	相关 ESDA 标准
IEC 61340-2-1	材料和产品耗散静电的能力	—
IEC 61340-2-2	荷电率的测量	ESD ADV11.2

11.3 产品认证与符合性验证

产品认证和符合性验证是对 ESD 防护设备设施或材料进行测量的两个主要目的。

产品认证是指对 ESD 防护设备设施或材料本身进行的测试，主要以其特性为评价标准，以确定它们是否适合在 ESD 控制程序中使用。而符合性验证则是指检查设备设施或材料在其使用生命周期内是否仍然满足使用要求的常态化测试。在某些情况下，产品认证和符合性验证可以使用同一种测试方法进行。

11.3.1 产品认证的测试方法

在产品认证测试过程中，被测设备或被测材料的测试环境通常不是工作环境，

而是相对极端的实验室环境。因为产品认证测试主要是为了确定产品的基本特性是否符合要求，它需要确保产品可以在预期的环境条件变化下，仍能在使用生命周期内持续符合特性要求。

实验室环境条件可以设置成极端干燥的大气湿度条件，这种相对湿度代表了防静电工作区内的设备设施所可能面临的最极端环境。在 IEC 61340-× 系列标准中，许多测试方法规定的温湿度条件为 23℃±3℃、12%±3%，也有一些测试方法根据实际需求规定了其他的测试条件或让用户自己选择合适的条件。

当然，也可以模拟正常工作环境下的测试，采用与符合性验证相同的测试方法。

11.3.1.1 台垫的产品认证测试

例如，在采购或安装台垫之前，需要对其特性进行测试。可以参考如下测试项：

- 材料的基本性能测试；
- 确保极限低湿度环境条件下的性能符合使用要求；
- 给出被测样品之间所发生的差异。

IEC 61340-5-1:2016c 的表 3 中规定了台垫表面对地电阻应小于 $10^9\Omega$（1GΩ）。但是在很多 ESD 控制程序中针对台垫表面的点对点电阻给出了下限规定。众所周知，当带电组件与导体表面相接触时，组件表面会发生 ESD，存在 ESD 损坏的风险，所以同理可知，当带电组件接触电阻值过低的物体表面时，也同样存在放电风险，进而导致组件损毁。一般来说，我们通常会设置一个阻值下限，例如 $10^4\Omega$（10kΩ）。

因此，在产品认证中，标准还会规定以下测试项：

- 表面对接地点电阻［上限为 $10^9\Omega$（1GΩ）］；
- 表面点对点电阻［上限为 $10^9\Omega$（1GΩ）］；
- 试验方法标准参照 IEC 61340-2-3（IEC, 2016a）。

按照标准要求，这两项试验应在相对湿度为 12%±3%、温度为 23℃±3℃ 的实验室条件下进行，此时的温湿度条件可以代表可预知的最恶劣的干燥空气条件。在指定的预处理时间（按照 IEC 61340-2-3 规定）内对 3 个样品进行测试，以了解样品之间的变化。

11.3.1.2 地板-鞋束系统的认证测试

本节的例子复杂一些。地板-鞋束系统的认证测试是一个组合型产品的测试，以测试两种产品组成的系统是否能够达到 IEC 61340-5-1:2016 的要求。在地板-鞋束系统的组合中，要求穿着鞋束的操作人员在其人体电压不超过 100V 的前提下，其系统电阻的上限要求不超过 $10^9\Omega$（1GΩ）。标准中表 2 规定，地板-鞋束系统的认证测试方法标准参考 IEC 61340-4-5（IEC, 2004）。标准中规定：

- 首先对通过地板-鞋束系统的人体对地电阻进行测试，其电阻值不应超过 $10^9 \Omega$（1GΩ）；
- 电阻值符合要求后，通过"行走测试"测出行走过程中所产生的人体电压（上限为 100V）。

需要注意的是，在进行测试时，鞋和地板要与实际使用时的相同，即需要结合使用，以此来最大限度地还原使用时的场景，这是因为鞋和地板的组合性能往往受鞋底与地板之间产生的接触电阻和电荷等因素主导。

除了这些测试外，我们更应注重日常的符合性验证，也就是在进入 EPA 前的常规测试——检测员工人体通过鞋底到测试仪金属极板的电阻值来判定鞋束系统是否符合进入 EPA 的标准要求。

11.3.2 符合性验证的测试方法

符合性验证测试往往比较简单且易于操作，主要用于检查 EPA 内的设备设施或材料是否符合使用要求。符合性验证测试通常在工作环境条件下进行，不改变设备设施的使用状态。符合性验证测试应定期进行，遵循快速、简单、有效的原则，从而在一定时间内进行多项、全面的测试，尽可能减少测试所占用的时间和资源。验证测试是在实际 EPA 的环境条件下进行的，因此在测试期间应做好详尽的记录。IEC 61340-5-1 和 ANSI/ESD S20.20 标准中均有相关的专用标准，即 IEC 61340-5-4（IEC, 2019）和 ESD TR53-01（EOS/ESDA, 2018a），其中集合了由很多产品测试标准改编而成的符合性验证测试方法并规范化。

11.3.2.1 台垫的符合性验证

在对 EPA 中使用的台垫进行符合性验证测试时，只需要测试台垫表面对接地点的电阻值（见第 11.8.1 节）。通过这种方式，我们可以在一次测试中同时得到台垫的性能以及接地系统两个参数的测量结果。

11.3.2.2 地板-鞋束系统的符合性验证

对于地板和鞋子，虽然可以使用组合测试的方法来进行验证（见第 11.3.1.2 节），但通常我们选择使用更加简单的方式。例如在人员穿着鞋子的情况下测量人体-鞋束系统，地板则进行单独的符合性验证测试。

人体-鞋束电阻是指人体通过鞋束到鞋底所接触的金属极板的电阻（见第 11.8.3.3 节）。这个电阻的测试使用专用仪器来完成。而地板的符合性验证则通过定期测试单独进行，主要测量地板对接地点的电阻（见第 11.8.1.1 节）。

11.4 环境条件

符合性验证测试通常在正常工作环境温度和湿度下进行。如果环境条件不是恒定的,而是会随着季节或其他因素的变化而变化,那么此时需要在尽可能的低湿度条件下进行测试,因为在低湿度条件下更容易产生静电荷,低湿度条件也就代表了正常工作中最恶劣的环境条件。

应详细记录测量时的环境条件,因为在测量高电阻(大于 1GΩ)材料时,湿度影响尤为重要。相对湿度的变化(特别是低于 30%时的变化),会对结果产生很大的影响,在较低湿度下,衰减时间会增加,电阻也会增加。

对于 ESD 控制产品的符合性验证测试,可以在实验室所设定的低湿度和温度条件下进行预处理和测量。干燥的环境条件通常表示最坏情况,在这种条件下测量能够得到材料在极限条件下的最大电阻值,因此许多标准会将测试条件规定为相对湿度为 12%,环境温度为 23°C。

11.5 标准测试方法的应用概述

IEC 61340-5-1:2016c 的表 1-3 提出了几种标准测试方法。本书表 11.1 总结并对比了这些标准方法及其在 ANSI/ESD S20.20 系列标准中所对应的标准条文。表 11.2 则给出了一些额外的测试方法标准,可用于防静电设备设施、材料和包装的认证测试。

11.6 测试设备

11.6.1 高电阻测试的电阻表选择

在防静电设备和材料上进行的许多测量都涉及高电阻测量。如果按照标准要求进行这些操作,需要一个合适的高阻计。

ESD 防护设备设施的电阻值都处于高电阻测量的范围内,因此在采购电阻表时需要考虑两个参数:测试电压挡和电阻测量范围。按照 IEC 61340-5-1 规定的标准方法,要求测试设备能够在 10V 和 100V 两挡标准测试电压下进行测量(见

表 11.3）。电阻测量范围则应覆盖被测量最低电阻极限的 10 倍到被测量最高电阻极限的 10 倍。在标准中，大部分 ESD 防护设备设施的上限电阻值都规定为 1GΩ，因此要求电阻表的测量范围上限至少要达到 10GΩ。而防静电包装和服装的电阻上限为 100GΩ（10^{11}Ω），此时则需要电阻表的测量范围上限至少要达到 1TΩ（10^{12}Ω）。

电阻测量结果通常随测试电压变化而变化，测试电压越低，电阻测量结果越大。按照 IEC 61340-5-1 和 ANSI/ESD S20.20 中使用的标准测试方法的要求，当电阻值在 1MΩ 范围内时，使用 10V 挡标准测试电压进行测量，如果在测试时发现被测电阻值超过了 1MΩ，则需要将测试电压增加到 100V。

表 11.3　IEC 61340-5-1 与 ANSI/ESD S20.20 标准中规定的测试电压和电阻范围

使用	测试电压	电阻范围	参考标准
一般电阻测量	10V 100V	≤10MΩ 100kΩ～10GΩ	IEC 61340-2-3 ESD STM11.11
包装及服装	10V 100V	10kΩ～10MΩ 100kΩ～1TΩ	ESD STM11.12 ESD STM11.13
地板-鞋束系统测试	10V* 100V*	10kΩ～10MΩ 100kΩ～1TΩ	IEC 61340-4-5 ESD STM97.1
佩戴的腕带	7V～30V*	50kΩ～100MΩ	IEC 61340-4-6 ESD S1.1
使用过的鞋	9V～100V*	50kΩ～1GΩ	IEC 61340-5-1 附录 A

*当测量涉及人体时，电阻表的电流应限制在 0.5mA 以内（见第 10.1.3 节）。

在使用高压进行测量时，应考虑测试安全问题，并在危险评估后采取适当的安全预防措施。即使大多数手持测试设备不太可能产生过大电流进而对人产生危害，但仍然需要在测试前对设备进行安全性检查。

11.6.2　低电阻烙铁头接地测试仪

对于烙铁头的接地测量，需要使用低电阻的测量设备，以便测量 0～100Ω 的电阻。而大部分万用表都可以连续覆盖这个电阻范围，因此可以选择万用表来进行测量。

11.6.3　电阻测试电极

IEC 61340-5-1 所规定的方法中，将 IEC 61340-2-3 和 IEC 61340-4-1（IEC，2015b）中规定的电阻测试电极作为基准。

在市场上可以找到很多符合现行标准和历史标准的电极,也有一些不符合标准的非常规电极。使用不同的电极对同一设施进行测量时,可能会得到不同的结果,这些差异有时比较微弱,有时可能会很显著。表 11.4 和图 11.1 所示的 2.5kg 电阻测量电极(简称 2.5kg 电极)符合 IEC 61340-2-3、IEC 61340-4-1、ESD STM2.1、ESD STM4.1(EOS/ESD Association Inc., 2017)、ESD STM7.1(EOS/ESD Association Inc., 2013c)和 ESD STM12.1(EOS/ESD Association Inc., 2013d),因此在参考这些标准中所规定的测试方法时,该电极都是适用的。虽然 ESDA STM2.1、ESDA STM4.1、ESDA STM7.1 和 ESDA STM12.1 把电极规定为 2.27kg,但 2.5kg 没有超出 IEC 所规定的公差范围,因此 2.5kg 电极仍然适用。为了方便起见,这些标准的电极在本章中均称为 2.5kg 电极。

表 11.4 不同标准 2.5kg 电极的特性比较

特性	IEC 61340-4-1	IEC 61340-2-3	EN 100015-1	ESDA STM2.1/4.1/7.1/12.1
质量(kg)	2.50±0.25 或 5.00±0.25①	2.50±0.25	2.50±0.50	2.27±0.06
直径(mm)	65.00±5.00	63.50±1.00	75.00	63.50±0.25
电极表面硬度(邵氏 A 硬度)	60±10②	50~70	—	50~70
电阻(电极置于金属片上)(kΩ)	<1③	<1②	—	<1③

注:① 根据 IEC 61340-4-1:2003,2.5kg 电极用于测量硬度不合格的表面,5kg 电极将用于测量所有其他表面,第一种方法适用于 IEC 61340-5-1 下的大多数应用情况;
② 导电橡胶垫的测量不需要使用类似材料(如纺织品);
③ 在 10V 下测量放置在金属表面的两电极间电阻。

图 11.1 2.5kg 电极示例(根据 IEC 61340-2-3 和 ESD STM11.11)

在欧洲,很多企业在多年前已经建立了 ESD 控制程序,这些组织通常会使用 EN 100015(CENELEC, 1992)电极。由于 EN 100015 电极的直径不同,且底部缺少导电橡胶材料，因此它的测试结果并不稳定，在多次测量时可能会出现不同的结果。如果电极底部没有导电橡胶材料，在对硬质材料进行测试时，电极底部可能无法与被测表面完全接触，导致测量结果不准确，因此，在参照 IEC 61340-5-1 的方法进行测量时，不建议使用此种电极。

11.6.4 用于包装表面电阻与体积电阻测量的同心环电极

根据 IEC 61340-5-3（IEC, 2015d）和 ANSI/ESD S541（EOS/ESDA, 2018c），测量包装表面电阻或体积电阻时，应选用同心环电极（见表 11.5、图 11.2 和图 11.3）。它由一个内环电极和一个围绕内环电极的外环电极组成。当电极放置在被测表面上时，我们所得到的测试结果是内环电极和外环电极之间的表面电阻。在使用标准电极时，表面电阻大约为材料表面电阻率的 $\frac{1}{10}$。

要测量体积电阻，应将被测材料放置在一个平坦的金属极板上，然后将同心环电极放置在被测材料上。此时，电阻是通过金属极板和内环电极之间的材料测量的。外环电极可作为保护环，防止表面泄漏电流影响测量结果。

表 11.5 不同标准同心环表面电阻测量电极的比较

特性	IEC 61340-2-3:2016	ESDA STM11.11-2015b
质量（kg）	2.5000±0.2500	2.2700±0.0567
电极表面硬度（邵氏 A 硬度）	50～70	50～70
内电极直径（mm）	30.50±1.00	30.48±0.64
外电极内径（mm）	57.00±1.00	57.15±0.64
外电极宽度（mm）	3.00±0.50	3.18±0.25
软导电材料体积电阻率（Ω·cm）	—	<10

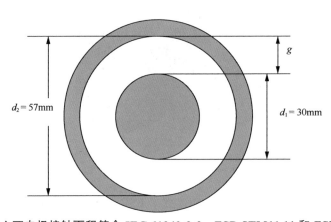

图 11.2 同心环电极接触面积符合 IEC 61340-2-3、ESD STM11.11 和 ESD STM11.12

图 11.3 同心环电极示例

11.6.4.1 同心环电极表面电阻率的转换

有些标准引用的参数是材料表面电阻率而不是表面电阻。如果需要得到表面电阻率，则表面电阻读数必须乘与电极几何形状有关的因子。对于 IEC 61340-2-3 和 ESD STM11.11 的同心环电极来说，该因子为 10，表示材料表面电阻率为表面电阻的 10 倍。

确切地说，同心环电极的转换由 IEC 61340-2-3 给出：

$$\rho_s = \frac{R_s \pi (d_1 + g)}{g}$$

其中，ρ_s 为表面电阻率（单位为 Ω），R_s 为表面电阻（单位为 Ω），d_1 为内电极直径（单位为 m），g 为内外电极间隙（单位为 m）（见图 11.2）。

对于 IEC 61340-5-1 中指定的电极，我们已知 $g = 0.0135\text{m}$ 和 $d_1 = 0.03\text{m}$，通过计算可知：

$$\rho_s = 10.1 R_s$$

但是对于使用微型两点探针或使用 2.5kg 电极进行点对点电阻测量，转换为表面电阻率的因子仍未确定。

11.6.4.2 体积电阻到体积电阻率的转换

对于厚度为 h（单位为 m），电极直径为 d_1（单位为 m）的均质片状样品材料，其体积电阻 R_v 可按 IEC 61340-2-3 折算为材料的体积电阻率 ρ_v。

$$\rho_v = \pi R_v d_1^2 / (4h)$$

ESD STM11.12（EOS/ESD Association Inc., 2015c）给出了等效的转换公式，其中内电极面积 A 指定为 7.1cm^2，试样厚度为 t（单位为 cm）：

$$\rho_v = R_v A / t$$

11.6.5 用于包装表面电阻测量的探针式电极

可手持的探针式电极（见图 11.4）在 IEC 61340-2-3 和 ESD STM11.13（EOS/ESD Association Inc., 2015d）中有所规定。它由两个直径为 3.2mm 的弹簧加载探针组成，两个触点间隔 3.2mm，它借助弹簧作用与被测表面接触，按压的接触压力为 4.6N±0.5N。探头表面采用邵氏硬度为 50～70 的导电橡胶触点材料。与同心环电极相比，该电极系统获得的结果与表面电阻率的相关因子不确定，因此无法通过表面电阻来计算表面电阻率（见第 11.8.4 节）。

图 11.4 符合 IEC 61340-2-3 和 ESD STM11.13 的两点探针式电极

11.6.6 鞋束测试电极

在测试鞋子时，应将鞋子放置在一块面积足够大的金属极板上，让鞋底与金属极板接触并保证接触良好。金属极板的面积至少要大于鞋底的面积，可以把整只鞋放置在上面（见图 11.5）。一些标准中可能会规定金属极板的尺寸。在金属极板的边缘应该装有连接器或便于连接导线的装置，以通过测试导线将极板连接到测试系统中。对于鞋子的专用测试设备，测试电极通常会集成到测试设备中。

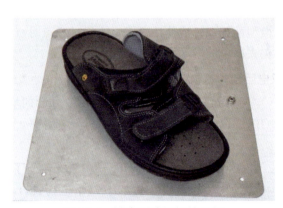

图 11.5 鞋类测试极板的示例

11.6.7 手持电极

手持电极主要适用于人员接地的几种测量方法（见第 11.8.3.2、11.8.3.3 和 11.8.3.4 节），也可用于手套或手持工具的系统测量（见第 11.9.7.1、11.9.7.3 节）。地板-鞋束系统测试中人体电压的行走测试也使用手持电极（见第 11.8.9 节）。

金属板形式的手持电极通常内置在测试设备中，例如简易腕带测试仪或鞋类测试仪，这类仪器通常用来判定腕带或鞋类穿戴之后与人体的组合系统是否符合进入 EPA 的要求，判断结论只有通过和不通过两种情况。手持工具的测试电极（见第 11.6.8 节）也能以这种方式使用。

IEC 61340-4-5、IEC 61340-4-9（IEC，2016b）、ESD STM97.1（EOS/ESDA，2015f）、ESD STM97.2（EOS/ESDA，2016c）和 ESD STM2.1 中规定的手持电极是直径约为 25mm、最小长度为 75mm 的金属棒或金属管，并装有用于连接测试设备的连接器（见图 11.6）。在大多数情况下，只要测试电极与手部皮肤的接触面积足够大，那么手持电极的尺寸和形状对测量结果影响很小。

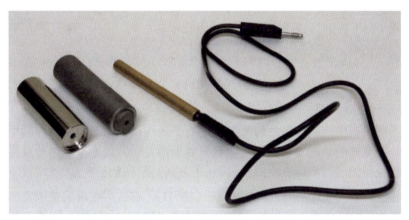

图 11.6　标准手持电极（右）和非标准手持电极（左）的示例

11.6.8 工具测试电极

工具测试电极可用于测试工具的电阻（见第 11.9.5 节）和烙铁头（见第 11.9.6.2 节）的对地电阻。

工具测试电极是一块简易金属板，可以连接到测试设备上（见图 11.7）。该简易金属板除了与测试设备相连接外，应与其他任何接地路径绝缘。因此，在测试时需要把它放置在绝缘板上或在它上面安装绝缘材料的支撑柱。

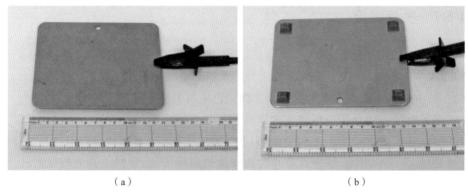

图 11.7 工具测试电极的绝缘柱示例
(a) 工具测试电极　(b) 工具测试电极底部

11.6.9 金属板电极

金属板电极用于测量包装材料的体积电阻（见第 11.8.5 节）。金属板电极的极板面积应足够大，至少要大于被测包装材料的面积，且极板的材料应性能稳定、不易氧化（如不锈钢）。铝材就不适合作为极板的材料，因为铝氧化后所形成的氧化铝面层会影响测量结果。

11.6.10 绝缘支撑

在一些测试中需要安装绝缘支架或绝缘平板，以防止金属极板与其他传导路径接触。所使用的绝缘支架或平板应有足够大的尺寸，以完全支撑被隔离的极板和被测物体，且其材料电阻应比被测物体本身的最大预期电阻高 10 倍以上。因此，如果一种包装材料电阻可能超过 100GΩ（10^{11}Ω），那么所使用的绝缘支撑的材料电阻至少要达到 1.1TΩ（10^{12}Ω）。绝缘支架或平板通常可以方便地由普通绝缘塑料或橡胶片制成。表面电阻和体积电阻应按照第 11.8.4 和 11.8.5 节所介绍的方法进行验证。

11.6.11 防静电接地连接器

在对地电阻测试中，必须将测试仪表的一端与防静电接地连接。我们需要根据防静电接地的定义来选择合适的接地连接装置。在选择市电保护地作为防静电接地的情况下，可以使用一些特制的专用连接器将其他设施或设备连接到接地引脚上（见图 11.8）。

图 11.8　0Ω 接地装置示例

11.6.12　静电场仪与静电电压表

11.6.12.1　静电场仪

许多静电电压表本身就是一个静电场计[①]，将测试表面固定在一个较大的目标导电平面上，并与目标平面保持一定距离，读取校准后的电压。对于较大物体，测试结果比较准确，而对于较小物体，电压读数会偏低，并可能受到附近带电物体或电场的影响。

如果仪器靠近被测表面，则显示的电压读数增加。如果仪器与被测表面的距离固定且已知，则可以对被测值进行修正，但通常最方便的方法是将测试设备（电压表或电场仪）保持在校准的距离上进行读数。一些测试仪通过聚光灯或支柱来保证与被测表面的距离，以使在此固定距离上的读数准确。

这些仪器通过测量静电场在电容式传感器板上感应的电荷来工作。进行测量时，仪器必须正确接地。

有些类型的感应式仪器（见图 11.9，左边）结构更简单，且成本更低廉。它们通过简易金属板上感应的电荷来感应电场。但这些仪器的测试结果往往会受到漂移的影响。在每次测量之前，必须先将仪器调零，或直接通过表面接地或屏蔽来达到调零的目的。

场磨式仪器（见图 11.9，中间和右边）有一个可旋转的机械屏蔽体，它可以将静电场阻断到传感器。这类仪器是可以自校归零的，不会像简易平板式电场仪一样受到漂移的影响。

[①] 行业内，特指仪器本身时惯称静电场计，泛指时惯称静电场仪。具体如何称呼也与不同情境和作者习惯有关，故本书未做统一。——译者注

图 11.9 静电场计示例（左边为感应式仪器，中间和右边为两个场磨式仪器）

IEC 61340-5-1 和 ANSI/ESD S20.20 中规定的用于测量绝缘表面电压的静电场计或静电电压表，是以读取距离被测表面 2.5cm（1in）处的电压值为判定标准的。在其他距离下进行测量，会得到不同的电压读数。

11.6.12.2　非接触式静电电压表

真正的非接触式静电电压表会经常被使用到，它们基于振动簧片传感器技术工作（见图 11.10）。非接触式静电电压表在使用时通常要保持在距离被测表面几毫米的特定范围内。

图 11.10　手持非接触式静电电压表（敏感的尖端由一个振动簧片传感器构成）

在这个距离内，电压读数不受与表面距离的影响。该仪器以一个有较小感应面积的电压传感器来接近被测表面。它们可以用来测量中等大小的物体或大约方圆 1cm 区域的表面电压。

11.6.12.3 接触式静电电压表

超高输入电阻和超低输入电容的接触电压表已经被广泛使用（见图 11.11）。它们可用于测量小的导电或绝缘物品及表面上的电压。在测试时，传感器尖端与被测表面接触以进行测量。

图 11.11　传感尖端具有极高阻抗的接触式静电电压表

11.6.13　充电平板监测仪

充电平板监测仪（CPM）可用于空气电离化装置（离子风机）的测试。除此之外，CPM 还可以用于测量电荷衰减（如工具或手套）、行走测试中的人体电压，以及用来估计带电物体电荷量。

CPM 有一块可以充电的金属材质的充电板，在测试时，充电板可以加载上千伏的高电压。通过内置的静电电压表来监测充电板上的电压（见图 11.12），一般情况下，充电板充电电压略高于 1000V。

对离子化静电消除器进行测试时，CPM 的处置位置模拟 PCB 或 ESDS 器件的正常处置位置。当充电到规定的初始电压后，测量充电板上的电压被静电消除器电离出的离子中和所花费的时间。在电压中和时间之后，CPM 监控器通常仍会显示残留读数。这是离子化静电消除器本身的残余电压造成离子输出不平衡导致的，因此，这种残余电压是空气电离化装置的一个重要特性。

目前市面上有许多不同类型的 CPM，包括夹式测量仪、静电场仪，以及具有内置衰减时间和偏移测量能力的复杂测量仪器等。

在根据 ESD STM3.1 或 IEC 61340-4-7（IEC, 2017）进行测量时，需要使用根

据这些标准的要求设计的 CPM。要求测试仪必须有一个尺寸为 15cm×15cm 的充电板，且电容为 20pF±2pF（见图 11.13）。

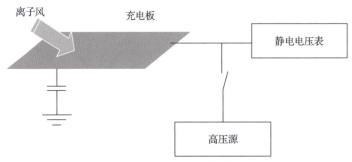

图 11.12　CPM 工作原理

截至本书（英文版）成稿之日，常见的 CPM 大都不是根据这些标准的要求设计的，并且具有较小的板尺寸和电容。它们通常比标准 CPM 更小、更轻，仅用于空气电离化装置的功能性验证和比较测量。它们所测出的结果通常与标准 CPM 所测出的有一些差异，所以在进行空气电离化装置的符合性验证测试时，仍需要使用标准 CPM 进行测试。

在实践中，大多数组织将使用非标准 CPM 对空气电离化装置进行比较和功能性测量，且测试可以在实际操作的工作台或工作位置上进行。在某些情况下，较小尺寸的非标准 CPM 平板可以更好地模拟 ESDS 器件。

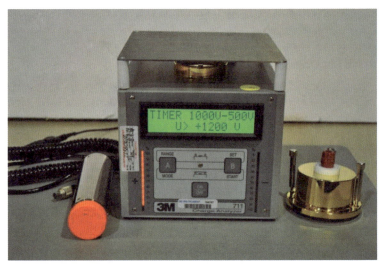

图 11.13　IEC 61340-4-7 和 ESD STM3.1 规定的标准 CPM 示例（图中包含手持电极、电压表附件以及尺寸为 15cm×15cm 的充电板）

11.7 测试中的常见问题

11.7.1 湿度

在进行静电测量时,应先测量环境的相对湿度。过高的环境湿度会导致绝缘材料表面电阻偏小,甚至小于 $10^{11}\Omega$（100GΩ）。此时,电阻表测量到的电阻可能包含吸附在材料上的水层电阻。如果对测试结果有疑问,应在相对干燥（相对湿度<30%）的环境条件下重复测量。

11.7.2 平行传导路径的影响

在测试时,如果有其他电阻较低的路径,很容易意外地造成被测对象"短路"。例如,我们经常会见到的错误——将测试探针和/或被测物体握在手中,此时,测量路径通过了人体,而人体则充当了低电阻的平行传导路径。

有些物体（如服装）必须放置在高度绝缘的表面上进行测试,以避免支撑表面影响测试结果。在使用之前,需要使用异丙醇湿巾等材料对表面进行清洗,去除污染物。乙醇的挥发速度较快,但仍然需要等乙醇挥发完全后进行测试,以保证测试表面的干燥。

一些测试导线和探针的绝缘表皮的绝缘性能并不理想,如果将这些绝缘部件拿在手里或放在耗散表面上,由于电流的少量泄漏,可能会影响测量结果。这通常只是在进行 $10^{10}\Omega$（10GΩ）以上的高电阻测量时才会出现的问题,但如果此时的环境湿度高,则测量结果的偏差会更大。因此,在测量条件比较恶劣时,会采用将测试线穿入聚乙烯管的方法做好进一步绝缘隔离,从而保证高电阻测量的准确性。

在测量对地电阻时,需要在测试仪的一侧使用长引线,通过接地连接来减少泄漏所产生的问题。

11.8 IEC 61340-5-1 与 ANSI/ESD S20.20 中的测试方法

11.8.1 对地电阻

测量对地电阻是在许多情况下用于评估电荷是否能够快速耗散到大地的基本测量方法。使用电阻表对对地电阻进行测量,电阻表的一端连接至被测表面的 2.5kg 电极,另一端则连接至防静电接地点（见图 11.14）。

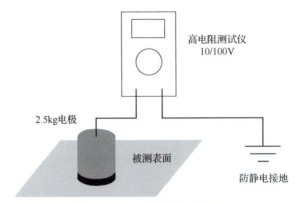

图 11.14　对地电阻测试示意

11.8.1.1　工作表面或地面的对地电阻

图 11.15 所示为工作表面的对地电阻测试示意。同样的方法可用于测试地板、转运车或储物架等设施。

图 11.15　工作表面的对地电阻测试示意

设备要求：

- 一个 2.5kg 电极；
- 防静电接地点连接装置（0Ω 电阻）；
- 10/100V 两挡可调节的高电阻测试仪和测试导线；
- 被测工作表面或地面。

测试程序：

- 连接电阻表，并将 2.5kg 电极放置在被测表面上；
- 调节测试电压至 10V；
- 如果电阻值大于 1MΩ，则切换测试电压到 100V 挡；

- 记录测试结果。

常见问题：

防静电接地通常是用于保护电气安全的主保护地，但有些情况下会接入独立埋设的其他功能地。在进行连接时，应确认正确的防静电接地。防静电接地应在 ESD 控制程序计划中规定。

如果防静电地是市电保护地，通常可以直接测量电极到接地端的电阻。如果在防静电设施端接入了 1MΩ 电阻，则应在测试结果中将接入电阻减去。如果被测物体的电阻远大于 1MΩ，则可以忽略这一增加的电阻。

在测试前应该对接地点进行验证，以检查接地点是否与大地连接良好。在以往的测试中发现，有些接地线在总端被损坏或断开，此时则无法进行测试。

如果被测表面的电阻过高，可以检查一下是否是灰尘、污垢或其他污染物积聚在表面导致的。

如果表面有灰尘，可以先用干布或纸巾擦拭表面，再进行测量。如果接触表面污染比较严重，则需要先使用清洁剂将污染物清洗干净再进行测试，清洗后应等被测表面完全干燥后再进行复测，否则会影响测量结果。即使表面有少量的水分也会降低电阻的测量结果。

11.8.1.2 EPA 内座椅的符合性验证

座椅的对地电阻测试非常简单，这种测试方法主要用于 EPA 内座椅的符合性验证。座椅的接地测试应在防静电地板上进行（见图 11.16）。

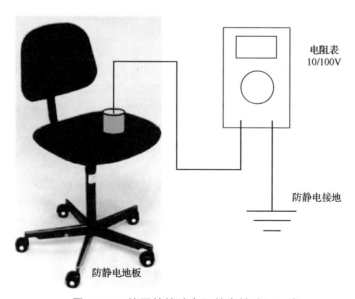

图 11.16 椅子的接地电阻符合性验证示意

测试设备：
- 一个 2.5kg 电极；
- 防静电接地点连接装置（0Ω 电阻）；
- 10/100V 两挡可调节的高电阻测试仪和测试导线；
- 被测工作表面或地面。

测试程序：
- 连接电阻表，并将 2.5kg 电极放置在座椅表面上；
- 将电阻表另一端连接至接地点；
- 调节测试电压至 10V；
- 如果电阻值大于 1MΩ，则切换测试电压到 100V 挡；
- 记录测试结果。

11.8.1.3 座椅的产品认证测试

在座椅的产品认证测试中，我们仅对座椅本身的防静电特性进行判定，而不对与地板相结合的系统进行测试。在进行测试时，不仅要测量座椅的接触表面，还应对其他相关部分（如靠背和扶手等）是否适合 ESD 控制使用进行测量。因此，电阻测量是对可接地点进行的，例如，座椅的脚轮可以作为可接地点，那么我们首先在脚轮下放置电极（见图 11.17），然后依次对几个脚轮到被测表面的电阻进行测试。

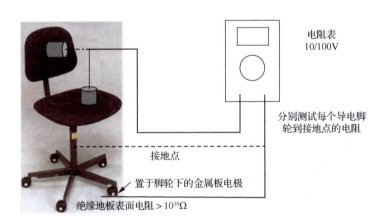

图 11.17 座椅的产品认证测试

测试设备：
- 一个 2.5kg 电极；
- 10/100V 两挡可调节的高电阻测试仪和测试导线；
- 绝缘支架电阻＞10^{10}Ω；
- 金属极板（置于脚轮下）；

- 待测座椅。

测试程序：

- 先将座椅放置于绝缘支撑板上，再将金属极板置于一个座椅脚轮下；
- 另一个电极放置于座椅表面，将电阻表连接至两电极之间；
- 连接高电阻测试仪；
- 调节测试电压至 10V；
- 如果电阻值大于 1MΩ，则切换测试电压到 100V 挡进行复测。

常见问题：

在测试时，座椅的靠背或扶手这些部分常常不是水平的，而且它们的可接触面积很小，电极很难平稳地放置在上面。这时，我们则需要一些技巧来解决这个问题。如果椅子有一个容易连接到接地点的部分，那么问题就简化了。从座椅靠背到接地点的电阻可以通过将椅子平放在绝缘支撑板上来测量。

如果椅子的底面有暴露的金属部分，并且确认该金属部分与接地点可靠连接，则在后续测试中可以直接测量扶手和靠背对该金属部分的电阻。

11.8.2 点对点电阻

近年来，点对点电阻已经取代了表面电阻率，一般通过对点对点电阻的测量来评估工作台垫、板架、转运车、储物架等防护设施的操作表面是否符合静电防护要求，甚至服装等织物表面电阻的测量也参考点对点电阻来进行判定。点对点电阻测试方法通过放置在表面上的两电极之间的电阻测量来完成（见图 11.18 和图 11.19）。

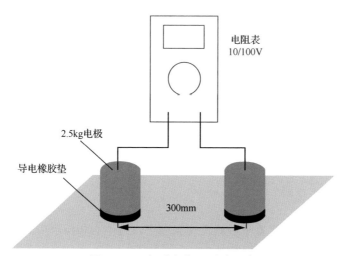

图 11.18　点对点电阻测试示意

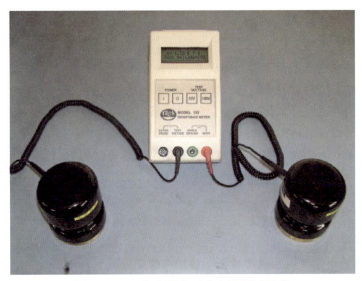

图 11.19　工作表面点对点电阻测试示意

在测试时可以选取多个位置和不同的方向进行测量，以评估材料表面电阻特性是否存在区域变化或方向性。一般来说，有污染或磨损的表面以及材料不均匀的表面都更容易存在方向性的电阻值差异。如果被测表面不是一个完整的平面，如服装表面的接缝处等，则需要将电极放置于接缝处的两侧，以检测被测表面的电气连续性。

11.8.2.1　工作表面的点对点电阻测试

在工作表面的产品认证测试过程中，材料表面的电阻特性通常选择点对点电阻测试来评估（见图 11.19）。ESD 控制程序中规定了表面电阻的下限，以预防带电器件或带电设备所带来的 ESD 风险。测试电极应选择放置在不同位置和方向上，并进行多次测量，以检测表面电阻是否存在可变性以及是否具有方向性。IEC 61340-2-3 中规定，两电极中心应至少相距 250mm。但有一些特殊表面的测试例外（如服装表面）。

测试设备：

- 两个 2.5kg 电极；
- 10/100V 两挡可调节的高电阻测试仪和测试导线；
- 被测工作表面。

测试程序：

- 将两电极分别放置于被测工作表面上，且中心相距至少 250mm；
- 将电阻表连接至两电极之间；
- 调节测试电压至 10V，开始测试；

- 如果电阻值大于 1MΩ，则切换测试电压到 100V 挡进行复测；
- 记录测试结果。

应选取不同的位置和方向重复测量，以检测材料是否随着位置或方向发生显著变化。

11.8.2.2 防静电服的点对点电阻测试

防静电服的产品认证和符合性验证可以通过对纤维和结构的点对点电阻测试同时进行。IEC 61340-4-9 和 ESD STM2.1 规定了防静电服的测试方法。其中，通过对接缝点的测量，可以验证织物导电纤维在接缝处是否连接良好（见图 11.20）。而袖口到袖口的测量是通过袖口之间的材料和接缝来验证服装材料整体的连接是否良好。

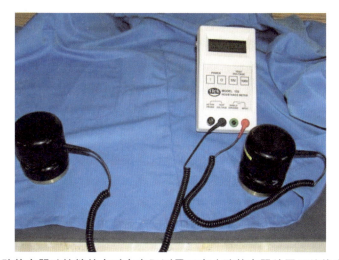

图 11.20 防静电服跨接缝的点对点电阻测量示意（防静电服放置于绝缘支撑板上）

11.8.2.3 服装材料的点对点电阻测量

被测的服装材料必须放置在绝缘支撑板上，支架表面电阻至少是服装材料上限电阻的 10 倍。

有些服装带有接地端子，用于连接接地线。在这种情况下，应测量服装表面对接地端子的电阻。

测试设备：

- 两个 2.5kg 电极；
- 10/100V 两挡可调节的高电阻测试仪和测试导线；
- 被测服装样品；
- 绝缘支撑板。

测试程序：

- 先将绝缘支撑板放置在操作表面上，再将被测服装放置于绝缘支撑板上（如果可能的话，尽量将服装展开平铺，对单层服装材料进行测量）；
- 两电极放置于服装的不同区域（进行跨接缝测量）；
- 连接电阻表至两电极之间；
- 调节测试电压至 10V，开始测试；
- 如果电阻值大于 1MΩ，则切换测试电压到 100V 挡进行复测；
- 记录测试结果。

应选取不同的位置和方向重复测量，以检测材料是否随着位置或方向发生显著变化。

常见问题：

服装材料的点对点电阻通常会超过 $10^{10}Ω$（10GΩ），在高阻测试时的测量结果往往不可靠，尤其是服装这类强烈依赖湿度的材料。

如果绝缘垫不能充分绝缘，也可能会影响测量，导致电阻测量结果偏低。因此，必须在测试前检查绝缘支撑板的点对点电阻，确保它至少是服装电阻上限的 10 倍。

1. 服装袖口到袖口的测试

袖口到袖口的测量主要是为了通过测试服装袖子和服装本体面材料间的电阻来检验它们之间作为一个系统的连接是否有效（见图 11.21）。这个连接可以由袖筒内表面开始，包括与操作人员手臂皮肤接触的部分。这种测量方法适用于通过袖口与穿着服装的操作人员皮肤接触来泄放电荷的服装。当然，可以连接到袖口的外侧（见图 11.22）。

图 11.21　两袖口之间的电阻测试

（a） （b）

图 11.22 用 2.5kg 电极接触袖口（衣服放在绝缘支架上。与袖口外侧接触时使用绝缘隔板）
（a）接触袖口内侧 （b）接触袖口外侧

测试设备：

- 两个 2.5kg 电极；
- 10/100V 两挡可调节的高电阻测试仪和测试导线；
- 被测服装样品；
- 绝缘支撑板；
- 绝缘的袖口内侧插板（可以使用绝缘支撑板的材料制作）。

测试程序：

- 先将绝缘支撑板放置在操作表面上，再将被测服装放置于绝缘支撑板上；
- 将两个电极放置于服装的不同区域上（进行跨接缝测量）；
- 连接电阻表至两电极之间；
- 调节测试电压至 10V，开始测试；
- 如果电阻值大于 1MΩ，则切换测试电压到 100V 挡进行复测；
- 记录测试结果。

2. 使用吊夹测量服装袖口到袖口的电阻

服装袖口到袖口的电阻的另一种测试方法是通过悬挂在绝缘框架上的夹子来测量（见图 11.23）。

测试设备：

- 两个悬挂于绝缘框架上的夹式电极；
- 10/100V 两挡可调节的高电阻测试仪和测试导线；
- 被测服装样品。

测试程序：

- 将两个袖口分别连接到夹式电极上；

- 连接电阻表至两电极之间；
- 调节测试电压至10V，开始测试；
- 如果电阻值大于1MΩ，则切换测试电压到100V挡进行复测；
- 记录测试结果。

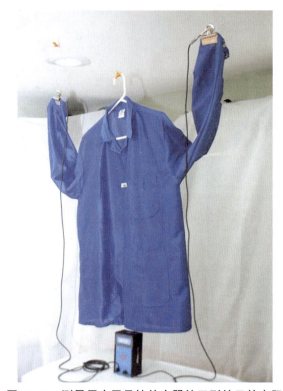

图11.23 测量用夹子悬挂的衣服袖口到袖口的电阻

3. 服装的接地电阻测量

对于有接地端子并与防静电地相连的服装，应分别测量放置在袖口和面板上的2.5kg电极与接地点之间的电阻。如果袖口的设计是通过与穿着服装的操作人员身体的接触使衣服接地，则应将袖口与身体接触的区域视为接地点，并测量放置在面板上的2.5kg电极与袖口内表面之间的电阻（见图11.21和图11.22）。

11.8.3 人体接地设备

11.8.3.1 接地线的端到端电阻测试

端到端电阻是一种简单的电阻测量方法，用于腕带的接地连接线等绳状物品的测量（见图 11.24）。这类物品的测量需要使用合适的连接方法，且测量程序非常简单。

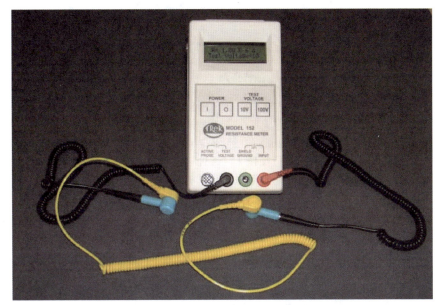

图 11.24 腕带的接地连接线的端到端电阻测试

测试设备：

- 10/100V 两挡可调节的高电阻测试仪和测试导线；
- 被测接地线。

测试程序：

- 将电阻表测试线的两端分别接入被测腕带连接线的两端，连接处可使用适合的连接器使连接牢固且接触良好；
- 记录测试结果。

常见问题：

在测试时，不要用手指接触两个被测端。一些测试人员为了方便会将被测端用手攥住，此时人体可能会形成一个平行路径并接入测试电路，对测试结果产生影响。同理，应确保所使用的连接装置不接触任何导体，如防静电工作台的表面。

11.8.3.2 腕带和腕带连接线的损耗测试

腕带和腕带连接线的损耗测试通常使用腕带测试仪来进行，利用"通过/不通过"的指示灯来判定人体和腕带系统电阻是否符合要求（见图 11.25）。使用手持电极和电阻表也可以很容易地完成测试（见图 11.26）。

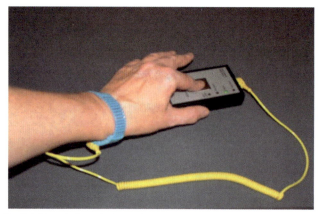

图 11.25 腕带测试仪可轻松进行操作("通过/不通过"的电阻限值设置应符合 ESD 控制程序的要求)

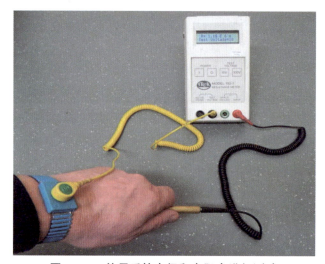

图 11.26 使用手持电极和电阻表进行测试

测试设备:

- 手持或手触电极;
- 10/100V 两挡可调节的高电阻测试仪和测试导线;
- 被测腕带和腕带接地连接线。

测试程序:

- 操作人员佩戴被测腕带,腕带应与操作人员的皮肤紧密接触;
- 将待测腕带的接地线连接到电阻表的一端;
- 电阻表的另一端连接至手持或手触电极上(专用于测量腕带的测试仪的手触电极集成在测试仪上);

- 操作人员手触电极，记录测试结果。

常见问题：

如果使用腕带测试仪进行测试，测试仪的"通过/不通过"的电阻限值必须和 ESD 控制程序中的规定限值相符，或根据标准中所规定的限值来设定。

如果被测腕带的系统电阻小于最小值，腕带测试仪会显示"low"而判定"不通过"。因此"low"的限值必须与 ESD 控制程序中的下限电阻对应。

应该注意的是，当前版本的 IEC 61340-5-1 和 ANSI/ESD S20.20 没有指定腕带的电阻下限（见第 7.5.3 节），但是在实际使用时，由于工作场合的供电系统或其他原因，为确保操作人员的人身安全，通常会规定一个人体-腕带系统的最小电阻作为下限。

11.8.3.3 脚触电极板对人体-鞋束系统的人体接地测试

人体-鞋束系统的测试是测量在穿着防静电鞋后，从人员身体通过鞋底到金属板电极的系统接地电阻。这种测试通常在 EPA 入口处使用鞋类测试箱进行，也可以使用专用的电阻测试仪进行，这种测试方法更简单、方便。

测试设备：

- 手持或手触电极；
- 10/100V 两挡可调节的高电阻测试仪和测试导线；
- 防静电鞋；
- 脚触电极板，尺寸应大于被测人员双脚的尺寸；
- 绝缘支撑板。

测试程序：

- 脚触电极板放置在绝缘垫上，并连接至电阻表的一端，电阻表的另一端则连接至手持或手触电极上；
- 被测人员应正确穿着防静电鞋；
- 被测人员一只脚站在脚触电极板上，另一只脚站在绝缘垫上；
- 被测人员手握住手持电极或与手触电极相接触；
- 记录测试结果；
- 一只脚测试完成后，换另一只脚复测。

常见问题：

如果使用专用的人体-鞋束系统测试仪，"通过/不通过"的电阻限值应与 ESD 控制程序中的规定限值相符。

11.8.3.4 人体接地电阻测试

人体接地电阻这种测量方法主要用于检查人体的接地通路是否良好。在实际操作中，人体可以通过已安装好的地板，或通过腕带系统（见图 11.27）、鞋子和可接地服装（见图 11.28）进行接地，测试方法参照 IEC 61340-4-5 和 ANSI/ESD STM97.1 中的规定。测试可以由操作人员在工位上进行。测试时被测人员处于正常工作状态，不需要停工即可完成测试（见图 11.27）。测试的主要目的是检查人员的对地电阻是否在限值要求的范围内，此时被测对象是人体和地板或人体与其他可接地的点组成的一个系统。该测试也可以使用便携式腕带测试仪（见图 11.29）或人体综合测试仪进行，但测试仪器必须有符合 ESD 控制程序要求的"通过/不通过"阈值。

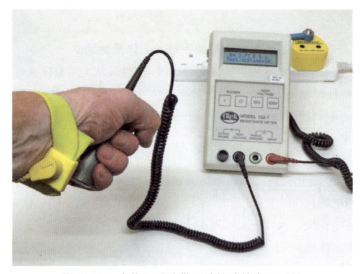

图 11.27　人体通过腕带系统接地的电阻测量

图 11.28　人体通过可接地服装接地的电阻测量（来源：D. E. Swenson）

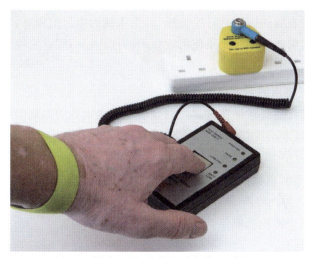

图 11.29 使用便携式腕带测试仪对人体对地电阻进行测试

测试设备：

- 手持或手触电极；
- 10/100V 两挡可调节的高电阻测试仪和测试导线；
- 防静电接地连接器（0Ω）。

测试程序：

- 被测人员应正确穿戴好接地设备（腕带或防静电鞋），测试时，腕带应与操作台上的接地孔或接地端连接（如果人体系统通过地板-鞋束系统实现接地，则测试时被测人员应该站立在防静电地板上）；
- 电阻测试仪的一端连接至防静电地板的接地点上；
- 电阻测试仪的另一端连接至手持电极或手触电极上；
- 被测人员手握电极，记录测试数据。

常见问题：

本测试给出了一种简单的方法来检查人体与其他接地设备作为一个系统整体是否符合要求。但是在测试前应确认与电阻测试仪相连接的防静电接地端是否接地良好。

如果人体同时通过一种以上的方式接地（例如，通过腕带和鞋、地板同时接地），在测试时不需要对每种方式逐个进行测量，只需测量人体接地系统的电阻即可。

皮肤干燥的人佩戴腕带时腕带与皮肤不易紧密连接，可能会导致测试不合格，而在佩戴一段时间后手腕和腕带之间形成了汗湿层后测试时显示合格，因此，在测试前如果皮肤状态不好，可以使用皮肤保湿乳等增加水分层。

鞋底或地板表面的污染会导致地板-鞋束系统的电阻值偏高。如果必要,应清理地面或鞋底后重新测试。如果使用液体清洁剂进行清理,应等清洁表面完全干燥后再进行测试。

11.8.3.5 接地点的对地电阻测试

在操作台或其他处置位置时,应测量该位置接地点的对地电阻,例如工作站上的接地。

测试设备:

- 手持或手触电极;
- 10/100V 两挡可调节的高电阻测试仪和测试导线;
- 0Ω 防静电接地插座;
- 被测接地点。

测试程序:

- 电阻测试仪的一端通过 0Ω 防静电接地插座连接至大地;
- 电阻测试仪的另一端连接至接地连接点上;
- 记录测试数据。

常见问题:

这是个非常简单且直观的测试方法。

11.8.4 包装材料的表面电阻

静电防护型的包装材料的表面电阻通常可采用 3 种方法进行测试。这里需要说明的是,我们所测量的是表面电阻,而不是电阻率,因为对于包装,我们无法规定确定规格的测试电极,无法对电极的影响因子进行修正。3 种方法包括:

- 使用同心环电极;
- 使用针式电极(点对点探针);
- 使用两个 2.5kg 电极进行点对点测试。

这 3 种方法中采用的电极系统在测试时通常会得到不同的测试结果。ESD 包装材料的电阻在不同位置测量时有较大的可变性,每种电极对这些变化的响应也不同。例如,如果使用同心环电极进行测试,得到的测试结果一般是周围较低的那个电阻值(Smallwood, 2017),而且不会给出方向性。

对于具有相同表面电阻率的均匀材料,点对点的针式电极测量结果比同心环电极测量结果约大 4 倍,因为点对点的针式电极的接触面积很小,电极的测试点上小面积内的材料电阻对测量结果影响很大,且这种现象是定向的。如果材料的电阻变化比较大,测量结果的变化会更大,因此它可能测量到材料电阻的上限。

在使用摆放相近距离的两个 2.5kg 电极进行点对点测量时，测试结果与同心环电极的测试结果相似，但是两电极测试都会存在定向响应的问题。

11.8.4.1 使用同心环电极进行包装表面电阻测试

大尺寸平面包装的表面电阻可以使用同心环电极进行测量（见图 11.30）。

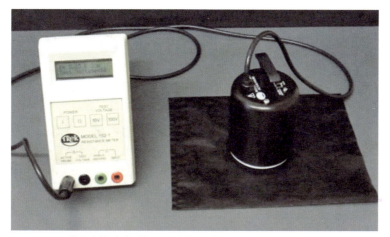

图 11.30 测量防静电包装材料的表面电阻，样品放置在绝缘支撑板上

测试设备：

- 同心环电极；
- 10/100V 两挡可调节的高电阻测试仪和测试导线；
- 被测静电防护型包装材料样品；
- 绝缘支撑板。

测试程序：

- 将包装材料（也可以是独立的包装）样品放置在绝缘支撑板上；
- 将同心环电极放置在包装材料的表面上；
- 将同心环电极连接至电阻测试仪的坏电极接口；
- 调节测试电压至 10V，开始测试；
- 如果电阻值大于 1MΩ，则切换测试电压到 100V 挡进行复测；
- 记录测试结果。

常见问题：

在实际测试中，高电阻材料的测量读数不能在短时间内完全稳定。在这种情况下，应在适当的加电时间后进行读数，例如在施加测试电压 15s 后，待读数稳定后记录测试结果。

使用同心环电极进行测试需要一个比电极接触面更大的平面。所以对于型材、不规则曲面或微小物体，由于电极接触面较小，表面电阻的测量结果不准确。

11.8.4.2　使用针式电极进行包装表面电阻测试

对于型材、不规则曲面或微小物体，通常根据 IEC 61340-2-3 或 ESD STM11.13 使用针式电极进行测量（见图 11.31）。

图 11.31　对于微小尺寸或不规则形状的包装使用针式电极进行测试

测试设备：

- 针式电极（双探针点对点电极）；
- 10/100V 两挡可调节的高电阻测试仪和测试导线；
- 被测静电防护型包装材料样品；
- 绝缘支撑板。

测试程序：

- 将针式电极连接至电阻测试仪的电阻测量接口；
- 将包装样品放置在绝缘支撑板上；
- 对针式电极的探针施加压力，使其与包装材料紧密接触；
- 调节测试电压至 10V，开始测试；
- 如果电阻值大于 1MΩ，则切换测试电压到 100V 挡进行复测；
- 记录测试结果。

常见问题：

由于 ESD 防护包装材料不是均匀材料，在不同位置测试时其表面电阻测量结果可能有很大差异。在使用同心环电极或 2.5kg 点对点电极进行测量时，测量结果也会有差异，但差异不会很大，而针式电极的测量结果是其接触探针的接触点上材料的最高电阻（Smallwood, 2017, 2018）。因此，相对于使用另外两种电极的测量结果来说，使用针式电极的测量结果很不稳定。这个特点在测量中可能是优势，也可能是劣势，应该根据测试的目的来选择合适的测试方法。

对于均质材料，针式电极的测量结果可能比同心环电极的高 2.5～5 倍。

11.8.4.3　使用 2.5kg 电极进行包装表面电阻测试

大型包装物品可用 2.5kg 电极测量其表面点对点电阻（见图 11.32），但是这种方法只适用于有较大平面的包装表面。

被测样品应放置在绝缘支撑板上。支撑板材料的点对点电阻应至少为被测样品电阻上限的 10 倍。

两电极靠近放置，但是不可互相接触，否则可能会测得与同心环电极相同的结果。

图 11.32　使用两个 2.5kg 电极进行包装表面电阻测试

测试设备：

- 两个 2.5kg 电极；
- 10/100V 两挡可调节的高电阻测试仪和测试导线；
- 被测静电防护型包装材料样品；
- 绝缘支撑板。

测试程序：

- 将两电极连接至电阻测试仪的电阻测试接口；
- 将包装样品放置在绝缘支撑板上；

- 将两个电极近距离放置在包装材料的表面上；
- 调节测试电压至 10V，开始测试；
- 如果电阻值大于 1MΩ，则切换测试电压到 100V 挡进行复测；
- 记录测试结果。

常见问题：

这种测量方法并不可直接等同于同心环电极或两点探针测量方法，它会测得不同的结果，且结果随电极之间的距离变化而变化。当两个电极几乎互相接触时，其测试结果与同心环电极的最相似。

11.8.5　包装材料的体积电阻

包装材料的体积电阻主要是指材料外表面对内表面的电阻。体积电阻的测量可以选择同心环电极测试方法。在这种情况下，利用包装材料下表面的金属板电极施加测试电压（见图 11.33）。包装材料上表面通过同心环电极的内环来测量。此时，电极的外环可起到接地保护的作用，以消除表面的传导电流或阻断其他干扰连接。

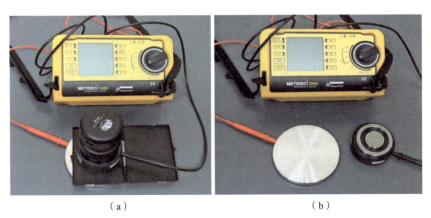

（a）　　　　　　　　　　　（b）

图 11.33　使用同心环电极测量体积电阻
（a）测量体积电阻　（b）两个测试电极

测试设备：

- 同心环测试电极；
- 10/100V 两挡可调节的高电阻测试仪和测试导线；
- 金属板电极；
- 被测静电防护型包装材料样品；
- 绝缘支撑板。

测试程序：

- 将金属板电极放置在绝缘支撑材料上；
- 将被测包装样品放置于金属板电极上；
- 将同心环电极放置于材料样品的表面上；
- 将电阻表的两端分别连接到上下两电极上（输出电压端连接到金属板电极，电流感应端连接内环电极。如果有条件的话，外环电极可连接到电阻表的保护地端）；
- 调节测试电压至 10V，开始测试；
- 如果电阻值大于 $1M\Omega$，则切换测试电压到 100V 挡进行复测；
- 记录测试结果。

常见问题：

在实际测试中，高电阻材料的测量读数不能在短时间内完全稳定。在这种情况下，应在适当的加电时间后进行读数，例如在施加测试电压 15s 后，待读数稳定后记录测试结果。

11.8.6 ESD 屏蔽包装袋

ESD 屏蔽包装袋可以限制 ESD 电流和能量透入包装内，它可以使包装外部发生 HBM 1000V 放电时，包装内部所透入的能量低于 IEC 61340-5-3 或 ESD S541 规定的限值。本测试是通过在包装外部施加标准 HBM 1kV ESD 进行测试，测量 ESDS 器件在包装内部的实际位置上的瞬态电流（见图 11.34）。

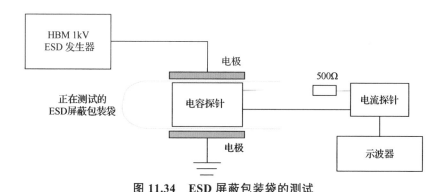

图 11.34　ESD 屏蔽包装袋的测试

屏蔽能量的测试是相当专业的，一般的使用方不具备能量测试的能力。它通常是包装袋制造商对产品的型式试验。

电容式传感器探头被放置在被测袋的中心位置。传感器通过 500Ω 宽带宽电阻连接到电流传感器探头和示波器上。包装袋的其中一面放置在接地的下电极上，上电极放置在电容传感器顶部的袋子另一面。上电极连接至标准 HBM 1kV ESD 发生器。测试波形的特征与用于测试元件 ESD 耐受电压的波形的相似。

当 HBM ESD 作用于上电极时，电容探针会检测到一个小脉冲。瞬态电流流过电阻和电流探针，由示波器抓取波形，并记录下来。检测瞬态中的能量 W 是由覆盖波形持续时间的数字模拟电流样本 I/n 个样本计算得出的。

$$W = 500 \sum_{0}^{n} i^2 \mathrm{d}t$$

11.8.7 ESD 屏蔽包装系统

目前，屏蔽能量测试只能用于包装袋，由于其他材料或其他形式的包装系统的形状、材料、规格尺寸等因素变化很大，很难设计出适用于所有包装类型的测试仪器，因此，还没有用于除包装袋以外的其他包装系统的屏蔽测试。

其他形式的 ESD 屏蔽包装系统可以通过图 11.35 所示的程序进行评估。包装内、外表面的表面电阻以及体积电阻可以使用第 11.8.4 节和第 11.8.5 节介绍的方法进行测量。

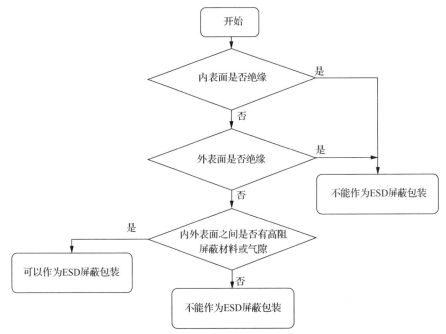

图 11.35 ESD 屏蔽包装系统的评估流程

11.8.8 电离化设备的衰减时间与残余电压

进行电离化设备的认证测试,主要是为了验证和测量工作现场的离子化静电消除器性能是否符合使用要求。在测试时,电离化设备和 CPM 测试仪的放置位置是有标准规定的。CPM 测试仪应放置在操作台经常摆放需要消电处理的物品的位置,用来模拟这些物品正常工作环境下的状态(见图 11.36)。标准 ANSI/ESD SP3.3(EOS/ESD Association Inc., 2016a)和 ANSI/ESD SP3.4(EOS/ESD Association Inc., 2016b)中规定,CPM 充电板应面向离子化静电消除器的气流方向。

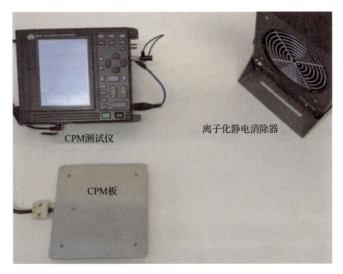

图 11.36 测量离子化静电消除器的衰减时间(CPM 平板的位置模拟需要中和的物品的正常位置)

标准测试方法规定,CPM 平板上应加载大于 1000V 的初始电压,并测量从 1000V 衰减至 100V 所需的时间(见图 11.37)。衰减一定时间后,所测得的板上所带电压趋于稳定,此时的电压为离子化静电消除器的正负电荷输出不平衡导致的残余电压,也就是我们所测量的残余电压。残余电压出现一些波动是正常的。

测试设备:
- 充电平板监测仪;
- 被测空气电离器。

测试程序:
- 将被测空气电离器摆放至正常的工作位置;
- 将平板监测仪摆放在需要消电处理的物品的标准位置;

- 将充电板充电至初始电压,对电压衰减情况进行监测;
- 测量初始电压衰减至终止电压的时间;
- 检查稳定后的残余电压,并记录。

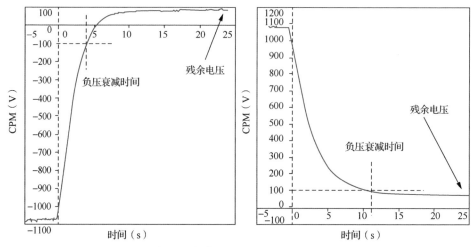

图 11.37　离子化静电消除器的衰减时间和残余电压

常见问题:

离子化静电消除器的效果取决于离子化静电消除器相对于 CPM 的位置、气流大小和方向。应将 CPM 放置于离子化静电消除器气流范围内的不同位置和方向,并分别评估每个位置和方向上的效果。

ANSI/ESD SP3.3 和 ANSI/ESD SP3.4 中规定,CPM 平板应面向来自离子化静电消除器的气流方向。在很多情况下,将 CPM 平板放置于需要消电处理的物品经常摆放的位置上,更能反映出操作中的真实环境。例如,位于某表面上的 PCB 需要被来自侧面的电离气流中和,此时,与使用垂直于气流方向的 CPM 平板相比,使用平行于气流方向的 CPM 上的平板能更好地模拟 PCB 的处置状态。

11.8.9　地板-鞋束系统

人体行走电压测量是一项主要用于防静电地板-鞋束系统整体性能评价的测试。

人体电压可以使用 CPM 或专用行走电压测试仪来进行测量(见图 11.38)。不可使用普通的万用表或电压表,因为输入电阻过低(通常为 10MΩ),仪器的测试结果可能是通过人体直接接地的测量结果。如果有条件,最好将 CPM 或行走电压测试仪连接到计算机上,从而在计算机上清晰显示可记录测试结果,并存储详细的数据,以便在将来的分析和参考中提供有效信息。在测试时,被测人员应握住手持电极，再将电极通过导线连接至 CPM 或人体电压测试仪上。

测试设备：

- 平板电荷监测仪或人体电压测试仪；
- 手持电极和长导线；
- 计算机和记录设备（可选）。

测试程序：

- 将 CPM 放置于一个方便连接和容易观察的位置；
- 通过导线将手持电极连接到 CPM 上；
- 让被测人员手持电极四处走动（注意，使用 ESD STM97.1 中要求的特定步伐模式）；
- 监测电压读数并记录正向或负向的"峰值"；
- 记录 5 个峰值电压，并计算平均值（如果需要）。

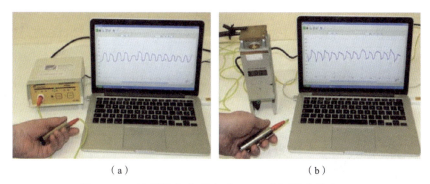

图 11.38　使用静电电压表或 CPM 来测量人体电压
（a）使用静电电压表测量人体电压　（b）使用 CPM 测量人体电压

常见问题：

如果没有图表记录设备、计算机或其他图形记录和显示的手段，就很难观察电压的波峰和波谷。一些测试设备的衰减曲线计时功能是集成在设备中的。数字仪器通常每 0.5s 或 1s 更新一次显示。在对显示曲线进行监视时，很容易忽略峰值。

11.9　IEC 61340-5-1 与 ANSI/ESD S20.20 中未规定的测试方法

本节所归纳的测试方法虽然符合标准的要求，但在当前版本的 IEC 61340-5-1

和 ANSI/ESD S20.20 中并未做出严格的规定，也不是用于测量静电防护设备设施以及防静电材料的标准方法。尽管如此，这些方法在 ESD 控制的管理工作中还是非常有效且实用的，特别是在标准测量方法不适用的情况下，它们可以用来提供有关设备或材料性能的信息。

11.9.1 静电场与静电电压

静电场与静电电压的测量是检查所有防静电措施是否有效运行和探测任何不可预见的静电源的重要方法。最常用的仪器是静电场计，它通常用于监测暴露面积较大的物体的表面电压（见第 11.6.12.1 节）。其他类型的电压测量仪器包括非接触式和接触式静电电压表（见第 11.6.12.2、11.6.12.3 节）。

11.9.2 ESDS 设备所在区域的静电场强

静电场计可以用来测量 ESDS 设备所在区域的静电场（见图 11.39）。

图 11.39 测量 ESDS 设备所在区域的静电场（手持静电场计从不同的位置和方向探测静电源和测量电场强度）

测试设备：
- 静电场计；
- 接地导线（如果有要求）；
- 需要评估的工作站位置。

测试程序：
- 将静电场计接地（许多现场仪表只需由接地人员手持即可接地）；

- 在 ESDS 设备所在区域的不同空间位置上移动,通过读数来监测周围电场;
- 注意电场强度大的位置以及引起电场变化的因素。

当出现较大的电场读数时,需要通过静电场计或其他设备对场源进一步评估。

常见问题:

许多测试设备不能直接显示电场读数,而是设备经过自校准后,测试面与被测平面保持一定距离时的表面电压。当然,这种测试设备可以用于测量静电场,并评估电场强度是否在所要求的强度水平范围内。例如,我们要求电场强度水平为 $5kV·m^{-1}$,以通过设备自校准的仪表仍然可以用于检测静电场,并确定静电场强是否大于或小于所需的水平,例如 $5kV·m^{-1}$。要判断当前的电场强度与 $5kV·m^{-1}$ 的大小关系,就必须知道 $5kV·m^{-1}$ 电场强度下,保持一定距离时的电压值是多少。

我们可以计算一个近似值,通过静电场计的测试距离 d 和测出的该位置上的电场强度值,就可以简单计算出该点位置上的电压值,相当于电场 E 的电压读数 V_E 由以下公式得出:

$$V_E = Ed$$

所以,通过这个例子,可知图 11.41 所示的静电场计(型号 JCI 140)要对距离静电源 10cm 位置上的点或表面进行电压测试,若要求电场强度限值为 $5kV·m^{-1}$,则对应的电压值应为 0.1×5000=500(V)。在测量静电场时,如果读数小于该值,我们就可以判定此处的静电场小于 $5kV·m^{-1}$。

对于测试距离不同的其他设备,等效于电场极限的电压读数会有所不同。例如,对于测试距离为 2.5cm 的非接触式静电电压表,$5kV·m^{-1}$ 电场强度所对应的电压值应是 $0.025m×5000V·m^{-1}=125V$。

11.9.3 使用显示电压的静电场计测量大型物体的表面电压

许多静电电压表或"静电探测器"实际上都是静电场计,经过校准,它们在与表面保持一定距离时,可以读取在平面上测量的电压值(见图 11.40 和图 11.41)。

这些测试设备的测量结果主要反映出了大面积平面上的电荷影响,对面积较小的平面或曲面来说,测试的结果小于真实值。

在测试时,必须知道测试设备与被测表面之间的距离。在图 11.40 中,静电场计有两个引脚固定在被测平面上,以确保测试设备与被测平面保持正确的距离,且每个位置上的测试都可以保持这个距离。

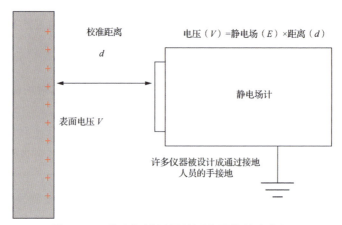

图 11.40　静电场计测量被测表面的静电电压

图 11.41　用电压表测量带电物体上的表面静电电压

测试设备：
- 静电电压表；
- 接地导线（如果有要求）；
- 被测物体或被测材料。

测试程序：
- 将静电场计接地（许多现场仪表只需由接地人员手持即可接地）；
- 保持静电电压表与被测表面的测试距离正确；
- 读取测试结果。

常见问题：

静电电压表必须接地，否则测量出的电压值可能会受到干扰而产生偏差，因此测试仪表自身和来自周围环境中的任何带电物体的电压，都有可能被叠加显示到静电电压表的读数上。如果静电电压表的测试表面（或探头）与被测表面的距离不正确，读数会发生变化，当距离过近时，电压值偏高。

测量时，不可将样品拿在手里，因为如果样品是可导电的，样品上所带的电荷就会转移至你的身体上，如果此时你没有进行接地处理，你身上所带的电荷也会转移至样品上。

体积较小的物体、弯曲物体、绝缘体或小型孤立导体上的电压更容易出现测不准的问题。由于测试仪的存在，绝缘体和小型孤立导体上的电荷会随着电容的增大而变化。

11.9.4 小型物体的表面电压

小型物体的表面电压可以使用非接触式静电电压表（见图 11.42）或高阻抗接触式静电电压表（见图 11.43）进行测量。

图 11.42 使用非接触式静电电压表测量小型物体的表面电压

图 11.43 使用高阻抗接触式静电电压表测量小型物体的表面电压
（来源：D. E. Swenson）

11.9.4.1 非接触式静电电压表测量

非接触式静电电压表可用于测量小型物体的表面电压。

测试设备：

- 非接触式静电电压表；
- 接地导线（如果有要求）；
- 被测物体或被测材料。

测试程序：

- 将非接触式静电电压表接地（许多现场仪表只需由接地人员手持即可接地）；
- 保持电压表与被测表面的测试距离准确；
- 读取并记录测试结果。

11.9.4.2 接触式静电电压表测量

接触式静电电压表可用于测量物体的表面电压，且测试时没有明显放电现象。

测试设备：

- 接触式静电电压表；
- 接地导线（如果有要求）；
- 被测物体或被测材料。

测试程序：

- 将接触式静电电压表接地（许多现场仪表只需由接地人员手持即可接地）；
- 将电压表倾斜至与被测表面接触；
- 读取并记录测试结果。

11.9.5 工具的电阻

11.9.5.1 工具与 ESDS 器件接触的表面对工具手柄的电阻

本节主要测量工具与 ESDS 器件接触的表面对工具手柄的电阻（见图 11.44）。

测试设备：

- 10/100V 两挡可调节的高电阻测试仪；
- 测试导线和测试夹具；
- 被测工具样品；

测试程序：

- 将测试导线和测试夹具连接至电阻表上；
- 其中一根导线连接至工具的接触面上；
- 另一根导线连接至工具的手柄上；

- 调节测试电压至 10V，开始测试；
- 如果电阻值大于 1MΩ，则切换测试电压到 100V 挡进行复测；
- 记录测试结果。

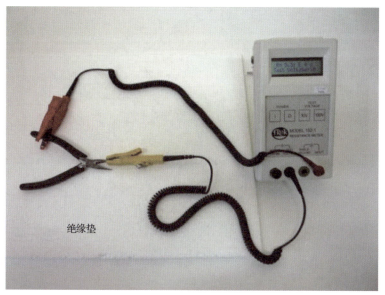

图 11.44　工具的电阻测量

常见问题：

这种测试方法的问题是，如果工具手柄是由硬度较高的材料制成的，那么导线和金属夹具直接夹在手柄上时，很难和手柄接触良好。我们可以通过缠绕铜箔或其他导电胶带的方式来增加接触面积，改善测试结果不准确的情况。如果在测试时可以让操作人员手握工具，则可以解决这个问题。

11.9.5.2　手持工具的接地电阻

我们可以让己接地的操作人员手持工具手柄来进行工具的对地电阻测试（见图 11.45），这种方法更加简便。电阻表的接地端良好接地，另一端则连接至接触平板上。为了测试工具的对地电阻，操作人员戴好腕带并确认接地后用手握住工具手柄，工具的另一端（与器件接触的一端）放置到接触平板上，此时电阻表上的读数表示工具通过人体接地的对地电阻。操作人员通过手握工具手柄，可以与手柄更紧密地接触。测试电极可以是任何形式的金属制品，但是应使用绝缘物品将金属电极与其他可导通的路径隔离。要注意的是，手不可接触工具与器件接触的一端，以避免工具手柄短接，测试结果不准确。

上述测试方法是一种更加简单的系统测试，它不需要专用的测试环境，操作人员在工位上即可完成，也可以直接确认工具的接地电阻是否符合标准要求。但测试结果的电阻值不是单一的工具对地电阻，它还包含地板-人体的系统电阻。

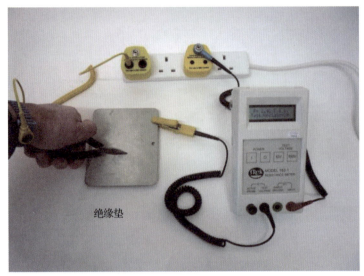

图 11.45　手持工具的接地电阻测试

测试设备：

- 10/100V 两挡可调节的高电阻测试仪；
- 腕带和通过地板-鞋束系统接地的操作人员；
- 金属电极（板）。

测试程序：

- 将电阻表的一端接地；
- 将电阻表的另一端连接至金属电极上；
- 佩戴已接地的腕带，并握住被测工具的手柄；
- 将工具的尖端与金属电极接触；
- 调节测试电压至 10V，开始测试；
- 如果电阻值大于 1MΩ，则切换测试电压到 100V 挡进行复测；
- 记录测试结果。

常见问题：

如果操作人员的手意外接触到工具的尖端（与器件接触的一端），那么手柄段会被人体短接，此时得到的电阻读数只是人体接地电阻，而不是工具通过人体的接地电阻，从而造成测试结果偏小。

11.9.6 电烙铁的电阻

11.9.6.1 烙铁头到电烙铁接地点的电阻

在不使用电烙铁时，可测量烙铁头到电烙铁的接地点（如电源插头上的接地针）的电阻（见图 11.46）。测量用的电阻表应能够覆盖低电阻测试范围。

测试设备：

- 低电阻表；
- 测试导线和测试夹具。

测试程序：

- 将电阻表的一端连接至电烙铁的接地点上；
- 将电阻表的另一端连接至烙铁头；
- 记录电阻测试结果。

常见问题：

在该测试中，如果烙铁头表面有磨损或腐蚀的情况，测量结果会和光滑表面的有所不同，但是，正可以利用这个特点，测出烙铁头上腐蚀的区域。

图 11.46　烙铁头到电烙铁接地点的电阻测试

11.9.6.2 烙铁头的对地电阻

在使用电烙铁时，我们可以通过金属电极（板）测得烙铁头的接地电阻（见图 11.47）。但是由于烙铁头接地相当于导体接地，所以要求使用的电阻表必须能够进行低电阻测量，且在测量时应使用 0Ω 接地连接器连接到 EPA 接地。

测试设备：

- 低电阻测试仪；
- 测试导线和 0Ω 接地连接器；
- 金属电极（板）。

测试程序：

- 将电阻表的一端连接至 EPA 地；
- 将电阻表的另一端连接至金属电极；
- 将电烙铁的尖端与金属电极相接触；
- 开始测试并记录结果。

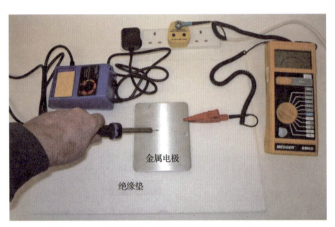

图 11.47　使用中的烙铁头的对地电阻测试

11.9.7　手套与指套的电阻

操作人员戴上手套（或指套）之后是否可以达到让操作人员手持的物品与接地隔离的目的，可以通过对手套电阻的测量来判定。本节介绍几种比较简单的方法。ANSI/ESD SP15.1 中规定了一种标准测量方法，即使用恒定面积和压力电极（Constant Area and Force Electrode，CAFE）来测量 CAFE 和手持电极之间的电阻（见图 11.48 和图 11.49）。手套可以使用 CPM 进行测量（见第 11.9.8.2 节）。

图 11.48　手持电极（左）和 CAFE（右）（来源：D. E. Swenson）

第 11 章 ESD 测试

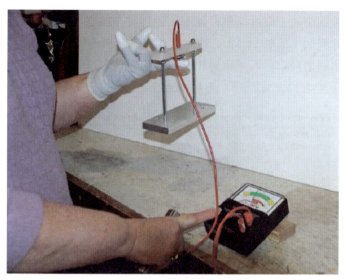

图 11.49 通过 CAFE 测试手套系统电阻

11.9.7.1 手持电极的电阻测量

操作人员可以在佩戴手套和腕带的情况下，通过电阻表测量腕带-人体-手套的系统电阻，如图 11.50 所示。这种方法与腕带系统的测量方法相同（见第 11.8.3.2 节），不同的是，在这种情况下，被测对象是操作人员所佩戴的手套。

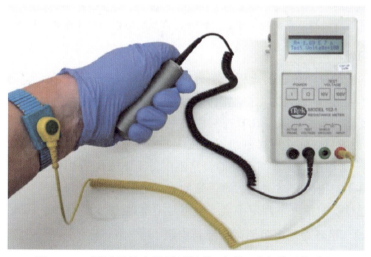

图 11.50 通过手持电极测试腕带-人体-手套的系统电阻

11.9.7.2 腕带测试仪的电阻测量

如果手套的电阻足够低，当其通过人体和腕带系统后的串联后，系统电阻仍

411

然未超出腕带系统的上限电阻值，就可以通过腕带测试仪对整个手套-腕带-人体系统电阻进行测试（见图 11.51）。这种方法在实际操作中可以仅根据"通过/不通过"的测试结果来判定，而不用测出具体的电阻值。这种方法也与腕带系统的测量方法相同（见第 11.8.3.2 节），但被测对象是操作人员所佩戴的手套。

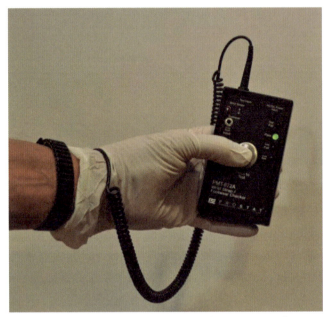

图 11.51 通过腕带测试仪对整个手套-腕带-人体系统进行测试（来源：D. E. Swenson）

常见问题：

一般的腕带系统测试的上限电阻为 35MΩ，当电阻超过该值时，腕带测试仪会判定"不通过"。设定的上限电阻必须与 ESD 控制程序中对佩戴手套后的系统电阻值的要求一致。如果 ESD 控制程序中要求的手套的合格上限高于测试仪的"不通过"设定值，那么在显示"不通过"的情况下判定手套不合格是不准确的。如果 ESD 控制程序中要求的手套的合格上限低于测试仪的"不通过"设定值，如果在测试时系统电阻合格，但此时手套的实际电阻值高于控制程序的要求，那么在显示"通过"的情况下判定手套合格也是不准确的。

11.9.7.3　手套对地电阻测试（手持电极）

腕带-人体-手套系统的对地电阻的测试可以由佩戴腕带、穿好防静电鞋且良好接地的操作人员完成（见图 11.52）。所测得的电阻值是手持电极和接地端间的系统电阻，测量方法与腕带系统的测量方法相同（见第 11.7.8.4 节）。

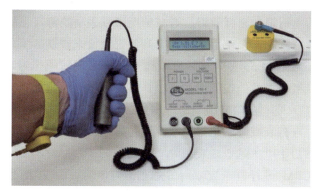

图 11.52　手持电极测试手套-腕带-人体系统的对地电阻

11.9.8　电荷衰减

要想知道物体表面的电荷是否能够迅速消散以防止静电荷积聚，需要进行电荷衰减测试。电荷衰减的测试方法有很多种类型，需要根据不同的测试目的设计不同的测量方法。每种测试方法所使用的设备和测试原理并不相同。

在撰写本文时，电荷衰减的测试方法并没有纳入 IEC 61340-5-1 和 ANSI/ESD S20.20 中作为常规的标准测试。IEC 61340-2-1（IEC, 2015a）的第 4.4 节给出了使用 CPM 测量电荷衰减的接触测试方法。该项测试为工具、手套或指套提供了可参照的方法，如第 11.9.8.1～11.9.8.3 节所示。

在这些测试中，CPM 充电板被加压至 1000V 的初始水平（用 V_i 表示）。在测试过程中，我们将看到充电板上的电压在接触导电物体后衰减至 0，电压曲线如图 11.53 所示。通常，电压衰减到 100V 时（称为终止电压，用 V_f 表示）所花费的时间为电荷衰减时间。

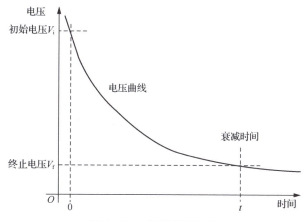

图 11.53　电荷衰减时间

有些物品的电荷消散速度较慢，衰减情况可以手动监测，但有些物品的电荷消散速度快，衰减情况需要使用示波器或其他记录仪来辅助测量。一般来说，我们将初始电压（见图 11.53 中的 V_i）衰减到 V_f 所花费的时间作为衰减时间。

使用者可以根据物品的实际用途来选择终止电压，通常会指定将初始电压的一部分（如 $0.1V_i$）或"危险阈值电压"作为终止电压（如 100V）。

一般来说，电荷衰减时间结果将取决于初始电压，在某些情况下可能会出现数量级的差异。初始电压越低，衰减时间越长。

使用商用 CPM 进行电荷衰减测试是非常方便的，CPM 的测试方法是根据空气电离器的指标要求来设计的，因此很容易达到 1000V 初始电压和 100V 终止电压。

大部分电荷衰减测试方法实际上都是间接比较被测物体对地电阻的方法。物品接地后从极板电容 C_p 中释放电荷。当用手持工具触碰充电板时，工具的接地电阻 R_t 与充电板电容 C_p 并联。电压衰减的时间常数为 R_tC_p。从 1000V 到 100V 测量的衰减时间约为 $2R_tC_p$。在电阻非常高的情况下，这种测试方法比使用直接电阻测量方法更具可重复性。

11.9.8.1 工具的电压衰减测试

由已接地的操作人员手持的手持工具的电荷衰减时间可以使用 CPM 进行测试（见图 11.54）。这种方法适用于电阻较大的工具手柄电阻测量。

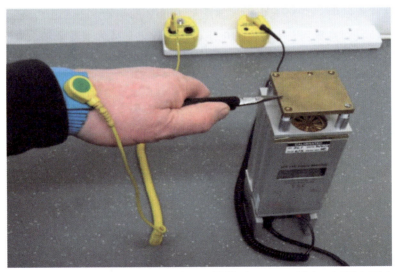

图 11.54 测量工具的电荷衰减时间（将该工具接触到 CPM 平板上，测量电压衰减时间。操作人员和 CPM 都应接地）

测试设备：
- 平板电荷监测仪；
- 操作人员通过腕带或鞋束-地板系统接地；
- 被测工具样品。

测试程序：
- 操作人员必须接地；
- CPM 充电至 1000V；
- 操作人员先将工具握在手中，不要触摸到工具的金属部分（与器件接触的部分），再将金属部分与 CPM 接触；
- 观察并记录衰减至终止电压 100V 所用的时间。

记录衰减曲线对于监测和分析被测物体的真实电荷衰减特性是很有帮助的，且可以用于产品测试合格的记录。图 11.55～图 11.57 给出了一些典型波形的例子。

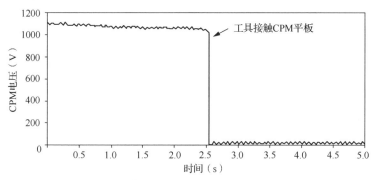

图 11.55　低电阻材料的工具手柄衰减时间曲线

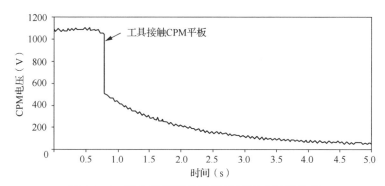

图 11.56　低电阻材料的工具手柄衰减时间曲线

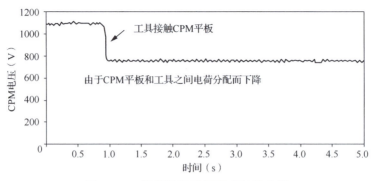

图11.57 绝缘工具手柄衰减时间曲线

如果工具的电阻很小，那么充电板上的电压会快速降至 0（见图 11.55）。而如果被测工具的手柄材料的电阻较高，那么会呈现出更平缓的曲线，衰减时间更长（见图 11.56）。在这种情况下，由于工具的金属部分接触 CPM 平板时电容增加会分散一部分电荷，所以初始状态的曲线实际上是呈快速下降趋势的。

如果工具手柄是绝缘的，那么充电板上的电压几乎不会降为 0，且衰减时间很长。同样，在金属部分接触 CPM 平板时电容增加会分散一部分电荷，因此会有一个阶梯的下降曲线，但随后的曲线则不再下降（见图 11.57）。

常见问题：

在测试时，不可用手触摸工具的金属部分，否则会由于手的短接，电荷无法通过手柄的电阻而耗散。典型的 CPM 上的数字显示器可能每 0.5s 左右才刷新一次。如果不使用示波器来监测衰减曲线，在电阻较小的情况下，衰减时间会由于太短而无法测量。

11.9.8.2 手套和指套的电荷衰减

类似于使用 CPM 对工具进行电荷衰减测试的方法也可以用于手套和指套（见图 11.58）。

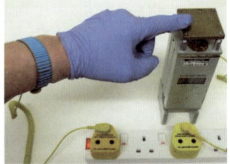

图11.58 手套的电压衰减测试

测试设备：
- 平板电荷监测仪；
- 已接地的操作人员；
- 被测手套或指套样品。

测试程序：
- 操作人员必须接地；
- CPM 充电至 1000V；
- 操作人员接地后，穿戴好手套或指套，然后触摸 CPM 板；
- 观察并记录衰减至终止电压 100V 所用的时间；
- 从充电板上将手指移开，观察平板是否因与手套材料接触而带电。

常见问题：

典型的 CPM 上的数字显示器可能每 0.5s 左右才刷新一次。如果不使用示波器来监测衰减曲线，在电阻较小的情况下，衰减时间会由于太短而无法测量。

当戴手套的手指从 CPM 平板上移开时，CPM 板可能会带电。这可能说明手套材料对充电板的充电是不可接受的。

11.9.8.3　手套和手持工具的系统测试

可以利用第 11.9.8.1 节中的工具电荷衰减测试方法，通过戴手套的手对手持工具进行接地系统测试（见图 11.59）。衰减曲线如图 11.55 或图 11.56 所示，衰减时间如果没有超过防静电材料的标准要求，则说明手套的材料性能符合要求。

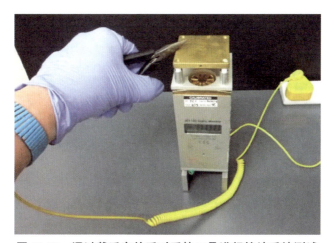

图 11.59　通过戴手套的手对手持工具进行接地系统测试

常见问题：

手指不可与工具金属部分接触，以避免手柄部分被短接。

11.9.9 使用法拉第桶测量物体的电荷量

11.9.9.1 法拉第桶

法拉第桶最简单的形式是一个与地面隔离的金属桶，它可以与库仑计或静电电压表一起使用，来测量放置在桶内的物体的电荷。法拉第桶的容积应大到足以完全容纳被测物体。桶上由感应产生的电荷等于桶内物品的总净电荷。在条件有限时，用普通的金属容器也可以制作一个简易的无屏蔽法拉第桶（见图11.60）。

图11.60　无屏蔽法拉第桶放置在 CPM 平板上

简单的无屏蔽法拉第桶很容易由于附近带电绝缘体、人员或电压源的电场引起的感应电荷而产生误差。这种误差可以通过将测量桶隔离在接地的金属筛网中来减少（见图11.61）。

图11.61　与库仑计一起使用的可屏蔽法拉第桶

当法拉第桶与库仑计一起使用时,电荷直接由库仑计测量。

当法拉第桶与 CPM 或静电电压表一起使用时,电荷在桶上产生电压上升。进行比较测量(例如,比较用两种不同类型的手套处理一个物品时的电荷)时,比较桶上产生的电压(用电压表或 CPM 测量)可能就足够了。如果需要得到实际的电荷值 Q,可以从关系式中计算出桶在测量布置时的电容 C_p 和电压结果 V。

$$Q=C_p V$$

当与电压表或 CPM 一起使用时,法拉第桶通常必须通过瞬时接地,从而将桶的电压降为 0。当与库仑计一起使用时,每次测量前库仑计必须调零。

11.9.9.2 手套或指套与手持的物品进行静电起电测量

在佩戴手套或指套时测量静电防护物品的电荷是很有必要的。IEC/TR 61340-2-2(IEC, 2000)提供了电荷起电量测试的指南。

这些测试的原理是,一个已接地的操作人员,先戴好被测手套或指套样品来处理物品,然后将物品放在法拉第桶内(见第 11.9.9.1 节)或 CPM(见第 11.9.9.3 节)。

如果使用无屏蔽法拉第桶,附近的带电衣物、手套或其他绝缘物品产生的静电场会对测量结果产生很大影响。在这种情况下,应将所有可能带电的物品从该法拉第桶附近移除,并且操作人员在测量结果稳定前不可移动。如果使用可屏蔽法拉第桶,则测量结果受附近静电场的影响要小得多。

测试设备:

- 连接到电压表或电荷测量仪器的法拉第桶;
- 接地的腕带;
- 被测手套或指套样品。

测试程序:

- 操作人员佩戴腕带并保证接地;
- 操作人员按照标准步骤处置手中的物品;
- 必要时,将法拉第桶和测量仪器调零;
- 将物品放置到法拉第桶中;
- 将手从法拉第桶中移开;
- 记录电荷量读数。

常见问题:

接触法拉第桶会使测试结果由于接触桶的充电/放电而不准确。

由于附近静电源(如带电衣物、操作人员身体或绝缘体)的感应电荷,无屏蔽法拉第桶容易产生误差。靠近操作人员的手、身体或其他导体会使电容增加,从而导致测试的电荷量值偏小。

将带电的静电防护器件放在金属法拉第桶或金属 CPM 平板上，会引起带电设备 ESD，从而损坏静电防护器件。这可以通过在法拉第桶或 CPM 平板内置表面电阻大于 10kΩ 的静电耗散材料来防止这类问题的发生。

11.9.9.3 使用 CPM 平板对物体电荷量进行测量

使用 CPM 平板可以对一个物体的电荷量进行指示性和比较性评价。在这种情况下，被测物体被放置在 CPM 平板上而不是法拉第桶中（见图 11.62）。CPM 平板在放置带电物体之前应通过接地放电。将被测物体放在 CPM 平板上后，CPM 平板上的电压表示产品上的电荷量。不同的手套可以通过处理同一物体的重复测试来进行比较。

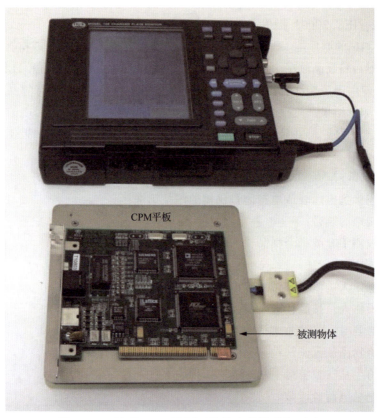

图 11.62 使用 CPM 平板对物体电荷量进行测试

在 CPM 平板上感应的电荷是被测物体上电荷的未知分数 K。如果已知 CPM 平板电容 C_p，则可以根据 CPM 板电压 V 的关系来估计被测物体上的电荷 Q。

$$Q=KC_pV$$

通常必须假定未知因子 $K=1$，除非它能以某种方式被计算出来。

常见问题：

在测试中如果接触到 CPM 平板，可能会引起感应带电或板上的电压泄放，进而导致测量结果不准确。

由于附近静电源（如带电绝缘体）的感应电荷的影响，CPM 平板也容易产生误差。靠近操作人员的手、身体或其他部位会使导体电容增加，此时测得的电荷量值偏低。

将带电的 ESDS 器件放在金属 CPM 平板上，会引起带电器件 ESD，进而导致器件损坏。这可以通过在 CPM 平板内置静电耗散材料来防止。

11.9.10　ESD 事件

ESD 事件探测器会对附近 ESD 发射的射频电磁辐射产生反应。它们可用于探测附近发生的 ESD 事件，包括工作中的 AHE。一些探测器可以切换设置，以区分带电设备和人体 ESD。手持 ESD 事件探测器的实物示例如图 11.63 所示。

图 11.63　手持 ESD 事件探测器的实物示例

测试设备：

- ESD 事件探测器。

测试程序：

- 打开 ESD 事件探测器，并将其放置在被测物体处置区域附近；
- 在此过程中观察 ESD 事件探测器的响应，寻找 ESD 事件与导体和 ESD 系统之间接触的瞬间。

常见问题：

ESD 事件探测器通常可以检测到附近几乎任何来源的 ESD 事件。这些 ESD 事件可能来自设备中的接触器或开关、被开关的房间照明或其他来源。这些来源大多与静电防护系统的潜在损害无关。很难区分潜在的破坏性 ESD 事件和不相关的 ESD 事件。在 ESD 过程中可以观察到发生 ESD 事件的位置，寻找 ESD 事件与

ESD 设备、导体接触之间的巧合。如果在注意 ESD 的过程中无法看到 ESD 事件，则可能有必要在不运行时检查工艺步骤。

参考资料

British Standards Institution. (2016). BS EN 61340-5-1. Electrostatics — Part 5-1: Protection of electronic devices from electrostatic phenomena — General requirements.

EOS/ESD Association Inc. (2013a). ANSI/ESD S1.1-2013. ESD Association Standard for the Protection of Electrostatic Discharge Susceptible Items — Wrist Straps. Rome, NY, EOS/ESD Association Inc.

EOS/ESD Association Inc. (2013b). ANSI/ESD STM2.1-2013. ESD Association Standard for the Protection of Electrostatic Discharge Susceptible Items — Garments. Rome, NY, EOS/ESD Association Inc.

EOS/ESD Association Inc. (2013c). ANSI/ESD STM7.1-2013. ESD Association Standard for the Protection of Electrostatic Discharge Susceptible Items — Floor Materials — Resistive Characterization of Materials. Rome, NY, EOS/ESD Association Inc.

EOS/ESD Association Inc. (2013d). ANSI/ESD STM12.1-2013. ESD Association Standard Test Method for the Protection of Electrostatic Discharge Susceptible Items — Seating — Resistance Measurement. Rome, NY, EOS/ESD Association Inc.

EOS/ESD Association Inc. (2014a). ANSI/ESD S20.20-2014. ESD Association Standard for the Development of an Electrostatic Discharge Control Program for — Protection of Electrical and Electronic Parts, Assemblies and Equipment (excluding Electrically Initiated Explosive Devices). Rome, NY, EOS/ESD Association Inc.

EOS/ESD Association Inc. (2014b). ANSI/ESD STM9.1-2014. ESD Association Standard for the Protection of Electrostatic Discharge Susceptible Items — Footwear — Resistive Characterization. Rome, NY, EOS/ESD Association Inc.

EOS/ESD Association Inc. (2015a). ANSI/ESD STM3.1-2015. ESD Association Standard for the Protection of Electrostatic Discharge Susceptible Items — Ionization. Rome, NY, EOS/ESD Association Inc.

EOS/ESD Association Inc. (2015b). ANSI/ESD STM11.11-2015. ESD Association Standard for Protection of Electrostatic Discharge Susceptible Items — Surface Resistance Measurement of Static Dissipative Planar Materials. Rome, NY, EOS/ESD Association Inc.

EOS/ESD Association Inc. (2015c). ANSI/ESD STM11.12-2015. ESD Association Standard for Protection of Electrostatic Discharge Susceptible Items. Rome, NY, EOS/ESD Association Inc.

EOS/ESD Association Inc. (2015d). ANSI/ESD STM11.13-2015. ESD Association Standard Test Method for the Protection of Electrostatic Discharge Susceptible Items — Two-Point Resistance Measurement. Rome, NY, EOS/ESD Association Inc.

EOS/ESD Association Inc. (2015e). ANSI/ESD S13.1-2015. Provides electrical soldering/desoldering hand tool test methods for measuring current leakage, tip to ground reference point resistance, and tip voltage. Rome, NY, EOS/ESD Association Inc.

EOS/ESD Association Inc. (2015f). ANSI/ESD STM97.1-2015. ESD Association Standard Test Method for the Protection of Electrostatic Discharge Susceptible Items — Floor Materials and Footwear — Resistance Measurement in Combination with a Person. Rome, NY, EOS/ESD Association Inc.

EOS/ESD Association Inc. (2016a). ANSI/ESD SP3.3-2016. Standard Practice for the Protection of Electrostatic Discharge Susceptible Items — Periodic Verification of Air Ionizers. Rome, NY, EOS/ESD Association Inc.

EOS/ESD Association Inc. (2016b). ANSI/ESD SP3.4-2016. Standard Practice for the Protection of Electrostatic Discharge Susceptible Items — Periodic Verification of Air Ionizer Performance Using a Small Test Fixture. Rome, NY, EOS/ESD Association Inc.

EOS/ESD Association Inc. (2016c). ANSI/ESD STM97.2-2016. Standard Test Method for the Protection of Electrostatic Discharge Susceptible Items — Floor Materials and Footwear — Voltage Measurement in Combination with a Person. Rome, NY, EOS/ESD Association Inc.

EOS/ESD Association Inc. (2017). ANSI/ESD STM4.1-2017. ESD Association Standard for the Protection of Electrostatic Discharge Susceptible Items — Worksurfaces — Resistance Measurements. Rome, NY, EOS/ESD Association Inc.

EOS/ESD Association Inc. (2018a). ESD TR53-01-18. Technical Report for the Protection of Electrostatic Discharge Susceptible Items — Compliance Verification of ESD Protective Equipment and Materials. Rome, NY, EOS/ESD Association Inc.

EOS/ESD Association Inc. (2018b). ANSI/ESD STM11.31-2018. ESD Association Standard Test Method for Evaluating the Performance of Electrostatic Discharge Shielding Materials — Bags. Rome, NY, EOS/ESD Association Inc.

EOS/ESD Association Inc. (2018c). ANSI/ESD S541-2018. Packaging Materials for ESD Sensitive Items. Rome, NY, EOS/ESD Association Inc.

European Committee for Electrotechnical Standardization (CENELEC). (1992). EN 100015-1. Basic specification. Protection of electrostatic sensitive devices. Harmonized system of quality assessment for electronic components. Basic specification: protection of electrostatic sensitive devices. General requirements. Brussels, CENELEC.

International Electrotechnical Commission. (2001). IEC 61340-4-3:2001. Electrostatics — Part 4-3: Standard test methods for specific applications — Footwear. Geneva, IEC.

International Electrotechnical Commission. (2000). IEC 61340-2-2:2000. Electrostatics — Part 2-2: Measurement methods — Measurement of chargeability. Geneva, IEC.

International Electrotechnical Commission. (2004). IEC 61340-4-5:2004. Electrostatics — Part 4-5: Standard test methods for specific applications — Methods for characterizing the electrostatic protection of footwear and flooring in combination with a person. Geneva, IEC.

International Electrotechnical Commission. (2014). IEC 61340-4-8:2014. Electrostatics — Part 4-8: Standard test methods for specific applications — Electrostatic discharge shielding — Bags. Geneva, IEC.

International Electrotechnical Commission. (2015a). IEC 61340-2-1:2015. Electrostatics Part 2-1: Measurement methods — Ability of materials and products to dissipate static electric charge. Geneva, IEC.

International Electrotechnical Commission. (2003 and 2015b). IEC 61340-4-1:2003+ AMD1:2015 CSV. Electrostatics — Part 4-1: Standard test methods for specific applications — Electrical resistance of floor coverings and installed floors. Geneva, IEC.

International Electrotechnical Commission. (2015c). IEC 61340-4-6:2015. Electrostatics Part 4-6: Standard test methods for specific applications — Wrist straps. Geneva, IEC.

International Electrotechnical Commission. (2015d). IEC 61340-5-3:2015. Electrostatics Part 5-3: Protection of electronic devices from electrostatic phenomena — Properties and requirements classification for packaging intended for electrostatic discharge sensitive devices. Geneva, IEC.

International Electrotechnical Commission. (2016a). IEC 61340-2-3:2016. Electrostatics. Part 2-3: Methods of test for determining the resistance and resistivity of solid materials used to avoid electrostatic charging. Geneva, IEC.

International Electrotechnical Commission. (2016b). IEC 61340-4-9:2016. Electrostatics Part 4-9: Standard test methods for specific applications — Garments. Geneva, IEC.

International Electrotechnical Commission. (2016c). IEC 61340-5-1:2016. Electrostatics Part 5-1: Protection of electronic devices from electrostatic phenomena — General requirements. Geneva, IEC.

International Electrotechnical Commission. (2017). IEC 61340-4-7:2017. Electrostatics Part 4-7: Standard test methods for specific applications — Ionization. Geneva, IEC.

International Electrotechnical Commission. (2019). IEC TR 61340-5-4:2019. Electrostatics Part 5-4: Protection of electronic devices from electrostatic phenomena — Compliance Verification. Geneva, IEC.

Smallwood, J. (2017). A practical comparison of surface resistance test electrodes. J. Electrostat.88: 127-133.

Smallwood J. (2018). Paper 4B3. Comparison of surface and volume resistance measurements made with standard and nonstandard electrodes. In: Proc. EOS/ESD Symp. EOS-40 Rome, NY, EOS/ESD Association Inc.

延伸阅读

EOS/ESD Association Inc. (2012). ANSI/ESD STM4.2-2012. ESD Association Standard for the Protection of Electrostatic Discharge Susceptible Items — ESD Protective Worksurfaces — Charge Dissipation Characteristics. Rome, NY, EOS/ESD Association Inc.

EOS/ESD Association Inc. (2016). ESD TR20.20-2016. ESD Association Technical Report Handbook for the Development of an Electrostatic Discharge Control Program for the Protection of Electronic Parts, Assemblies and Equipment. Rome, NY, EOS/ESD Association Inc.

EOS/ESD Association Inc. (1999). ESD TR15.0-01-99. Standard Technical Report for the Protection of Electrostatic Discharge Susceptible Items-ESD Glove and Finger Cots. Rome, NY, EOS/ESD Association Inc.

EOS/ESD Association Inc. (2019). ANSI/ESD SP15.1-2019. ESD Association Standard Practice for the Protection of Electrostatic Discharge Susceptible Items — In-Use Resistance Measurement of Gloves and Finger Cots. Rome, NY, EOS/ESD Association Inc.

EOS/ESD Association Inc. (2019). ANSI/ESD STM9.2-2019. ESD Association Standard for the Protection of Electrostatic Discharge Susceptible Items — Footwear — Foot Grounders Resistive Characterization. Rome, NY, EOS/ESD Association Inc.

International Electrotechnical Commission. (2018). IEC TR 61340-5-2:2018. Electrostatics — Part 5-2: Protection of electronic devices from electrostatic phenomena — User guide. Geneva, IEC.

Smallwood, J. (2005). Standardization of electrostatic test methods and electrostatic discharge prevention measures for the world market. J. Electrostat. 63 (6-10): 501-508.

Vermillion R. (2016). Testing methods for ESD control packaging products. Controlled Environments. [Accessed: 6th June 2019].

第 12 章　ESD 培训

12.1　为什么要进行 ESD 培训

ESD 控制程序的所有干系人都有必要接受培训，以具备足够的知识和能力去履行各自的职责。为了有效控制 ESD，已经充分接受 ESD 培训的人员才被允许单独进入 EPA，以确保他们可以根据自己的职责去维护 ESD 控制程序。

Snow 和 Danglemayer（1994）认为，大部分违规情况都是由未经训练的人员造成的，而在经过培训的人员之中，违规情况则很少发生。经过培训的人员在工作岗位上的不规范行为数量会大幅减少。

出于多种可能的原因，需要对人员进行某种形式的 ESD 培训，比如他们需要：
- 学习如何识别 ESDS 器件、EPA、防静电包装和防静电设备；
- 掌握所应用的防静电设备、材料和程序；
- 理解为什么需要使用它们；
- 知道在何时何地使用它们；
- 知道如何测试腕带、鞋和其他防静电设备；
- 识别并尽可能预防常见的违规事例；
- 知道如何避免出现违规情况；
- 掌握安全事项（如预防高压措施）或正确使用 PPE；
- 知道当设备发生故障时应该怎么办；
- 知道向谁求助；
- 掌握新技术、新工艺和新设备；
- 掌握在特殊 EPA 中或异常情况下的针对性 ESD 防护要求及非常规实践；
- 具备日常所需的静电学基础和 ESD 知识。

很少有组织可以提供文件化的 ESD 故障数据，能够将故障追溯到具体的 ESD 控制问题的组织就更少了。如果没有 ESD 控制，ESD 损伤将成为一种风险，而非必然发生。只有当 ESDS 器件受到的静电作用具有足够强度，且来自潜在风险源时，才会对器件造成损伤。相关 ESDS 器件中只有一小部分会出现故障，并可能会在后续测试阶段被识别出来。

当 ESD 控制缺失并导致了 ESD 事故时，我们很难掌握第一手反馈信息。除非达到相当剧烈的程度，否则静电和 ESD 很少可以通过视觉或听觉发现和感觉到。此外，静电并非一直大量存在——它可以随着材料的操作和移动而出现和消失，甚至会受到天气的影响！在真正带来损伤之前，静电荷可以通过许多无害的方式被释放掉；只有在诸多因素的共同作用之下，静电荷难以释放时，ESD 才会发生。

ESD 损伤通常在事件发生很久以后的测试阶段才会被检测到。即使被识别为 ESD 故障，造成故障的操作或失效的 ESD 防护也很难被找到。

这些因素往往会让人怀疑 ESD 损伤是否真的是一个实际问题，ESD 防护措施是否有存在的必要，以及它是否真的有效。

ESD 培训似乎不断在试图说服学员去相信一个几乎难以理解的情景，而过度夸大很可能会适得其反（McAteer，1980）。然而真正的挑战在于，向学员传授需要在何时、何地以及如何有效地使用防静电设备和 ESD 控制程序。他们要明白自己为什么要这样做，并坚信这件事的重要性。在人工操作过程中，未接地的人可能是最大的静电源。一个经过培训的员工，能够正确使用防静电设备和程序，并有意识地对违规行为做出防范，就是控制 ESD 风险最有效的第一道防线。

12.2　培训计划

IEC 61340-5-1 和 ANSI/ESD S20.20 都提出，要把 ESD 培训计划以文件形式列入 ESD 控制程序的培训需求。即使不考虑标准规范，也最好制定一套文件化、全方面覆盖的 ESD 培训计划。

Snow 和 Danglemayer（1994）指出，教育培训的目标是将偏差降至最低或归零。他们发现，如果培训的时机和内容恰到好处，大多数员工将愿意遵守程序。他们在培训活动中采用了心理学的 3 个原则：
- 培训只影响工作中可衡量的改变；
- 激励学生提高学习效果；
- 兼顾那些由于使用频率少而容易被遗忘的信息和技能。

针对扮演不同角色的人员，培训内容和难度随着岗位职责而有所不同。培训计划应记载如下内容：
- ESD 培训的受众范围；
- 不同人群的培训类型和内容；
- 操作 ESDS 前的岗前培训；
- 培训内容的更新频率；
- 培训记录的维护要求以及存放位置；
- 检查学员是否理解并掌握培训内容的测试手段和方式。

12.3 培训受众

ESD 控制程序所涉及的所有岗位，以及需要进入 EPA 的人员，都可能需要接受一定形式的 ESD 培训。培训内容可能很简单（如访客守则与禁忌事项清单），也可能很深入（如面向 ESD 协调员的 ESD 控制原理和实践、标准合规）。

一条基本原则就是，所有接触 ESDS 产品的人员必须接受充分的培训，以确保他们理解并掌握所关联的设备和程序，以防 ESD 损伤发生。培训的时间应该前置到这些人员进入 EPA 和操作 ESDS 器件之前。

员工需要定期接受常态化复训。一方面，复训能够强调必须落地的 ESD 防护措施；另一方面，复训有助于增进对 ESD 防护措施的理解、提高程序可靠性。而且，复训是更新、解释和传达自前一次培训以来任何对 ESD 防护措施进行修订的机会。

扮演特定角色的人员可能需要根据其角色参加特定培训。这种特定培训可能比 ESD 基础课程更简单（例如，对于访客可能只需要对他们进行简单的指导，比如要做什么、不要做什么，以及如何穿戴和测试个人接地装备），也可能更复杂（例如，对 ESD 协调员或审核员的培训），或者可能完全不同（例如，对清洁人员的培训）。从众多方面考虑，除了那些进入 EPA 或操作 ESDS 器件的人员，其他人可能也需要结合自身岗位参加一定形式的 ESD 培训。下文提供了一些特定角色的 ESD 培训示例。

在 ESD 防护原理和实践及 ESD 控制合规的深入培训过程中，ESD 协调员和其他参与制定 ESD 控制程序的人员可能会有很多收获。更新培训可以包括标准更新的审查、ESDS 威胁发展趋势、ESD 控制技术和实践发展趋势，或者参加会议与研讨。

对于负责检查、测试和审核 ESD 控制程序的人员，可能需要有针对性地开展 ESD 测量以及审核实践方面的培训。

清洁人员在进入 EPA 前应接受专项培训，培训内容包括他们必须规避的动作，以及在对地板、工作台表面或其他防静电设备等进行清洁时所必须使用的指定清洁方式和材料。

对于负责 ESD 防护预算的主管领导以及可能需要进入 EPA 的管理人员，需要针对他们的角色定位展开特定培训。为了成功实施 ESD 控制，必须让管理员相信 ESD 是真实存在的问题，并且有必要对 ESD 采取控制措施（McAteer, 1980）。遗憾的是，在 McAteer 的论文发表近 40 年后的今天，这可能依然是一项挑战。

如果管理员临时需要进入 EPA，可能需要向其简要说明如何使用脚腕带、防静电服以及在 EPA 中用到的其他防静电设备，并告知他们必须避免的所有活动或行为（如触摸 ESDS 产品）。如果他们陪同访客进入 EPA，还需要提醒他们如何监督这些访客。

如果一名培训师希望设计和提供一套行之有效的 ESD 培训，可能需要基于组织现行的 ESD 防护实践。为了应对培训过程中学员的提问，他们也需要全面掌握 ESD 控制原理和实践。他们可能还要学习如何将静电学和 ESD 控制程序相关的演示有效地展示出来。

采购 ESD 相关物品的采购员可能需要简略学习 ESD 防护实践，并了解其对产品规格和采购活动的影响。如果 ESD 控制程序是基于符合某标准规范形成的，他们可能还需要了解该标准中关于防静电设备采购的相关要求。

对于要进入 EPA 的外协人员，应当根据其活动范围对其开展特定培训，或者明确告知他们应当回避的区域和被杜绝的行为。

访客进入 EPA 通常应由受过培训的人员陪同，以确保他们不会做出任何可能影响 ESD 防护的行为。尽管有人员陪同，访客仍可能需要简要掌握如何在 EPA 中正确使用脚带、服装或其他防静电设备，以及了解各项禁止活动或动作（如接触 ESDS 产品）。

在推进 ESD 防护措施的过程中，对 ESD 控制持怀疑态度的工程师将是最抗拒执行 ESD 防护措施且最不可靠的一类人。他们的态度可能对他们周围的人员产生负面影响，降低这些人员对 ESD 控制必要性的信心。相反地，工程师如果对 ESD 问题和防护措施有出色的理解，就可以成为施行 ESD 控制程序的重要角色，能够协助制定有效的 ESD 控制程序，帮助他人理解防静电设备的重要性并掌握如何使用防静电设备。

可以通过矩阵列表把有培训需求的人员及对应的培训内容表示出来（见表12.1）。这个列表有助于规划培训课程、设计培训内容，以及安排培训对象。

表 12.1 ESD 培训矩阵和人员角色示例

角色	培训类型				
	ESD 防护意识	EPA 设备操作	EPA 设备测试	ESD 控制原理与实践	ESD 控制管理
操作员	√	√			
监测员	√	√	√		
管理员					√
审核员与测试员	√	√	√		
ESD 协调员	√	√	√	√	√

12.4 培训的形式与内容

12.4.1 培训目标

培训应着眼于可视化结果，才能助力参与者更好地完成工作。例如，培训时应教会大家正确佩戴防静电手腕带或脚腕带的方法，并掌握测试方法（Snow et al., 1994）。其他培训目标可以包括解释 ESD 如何破坏设备、如何识别可能携带电荷的材料。培训效果可以用参与者完成任务的水平或回答问题的成绩来衡量。

培训的参与者如果理解了培训的目的，并且看到培训与自己工作的相关性，会更有动力学习。激励学习的动机包括：
- 打造更优质或更可靠的产品；
- 因工作出色而得到表扬；
- 避免当设备出现未明故障时的挫败感和指责；
- 降低返工率；
- 避免不合格品造成的成本损失。

对 ESD 的怀疑和不信任是一个很让人感到消极的因素。相反地，通过各种形式把 ESD 问题的真凭实据显示出来，可以极大地激励参与者，激发大家寻找问题解决方案的兴趣和欲望。条件允许的话，案例演示应与参与者的工作角色相呼应。

各种演示将在第 12.6 节和第 12.7 节进一步讨论，当然最佳的做法是培训师根据课程和参与者的角色和工作场所来设计。

Snow 和 Danglemayer（1994）发现，如果把培训目标告知参与者，将促进他们更好地发挥，他们会打造更优质的产品，呈现更积极的工作动力。当目标实现时参与者也更有成就感。

培训内容应尽可能地以满足参与者的需求为设计目标，并兼顾设备的使用和工艺流程。有的培训主题可能对大部分人都有吸引力，而有的培训主题则只有特定岗位人群会感兴趣。

人们可能会普遍感兴趣的话题包括：

- 如何识别 ESDS 产品；
- 如何识别 EPA；
- 如何识别可能包含 ESDS 产品的防静电包装；
- ESD 控制的必要性认知；
- 了解 ESD 协调员名单；
- 掌握工艺中使用的 ESD 控制程序；
- 防静电设备的需求和操作；
- 腕带和鞋的测试方法；
- 常见的不合规行为及如何规避这些行为；
- 如果发现故障或不合规行为应如何处置（或者如何上报）；
- 对出现的新技术、新流程和新设备的应对手段；
- 静电学基础和 ESD 知识（与岗位相适应）。

面向特定职位或特定区域的 ESD 培训可能包括以下主题：

- 管理员的 ESD 防护意识，包括 ESD 损伤和 ESD 控制可能带来的财务成本/收益和其他影响；
- 适用于检查防静电设备和 EPA 内人员的 ESD 测试程序；
- 在高电压或其他存在特殊安全问题的区域中，工作人员的 ESD 控制、安全操作和特殊规程；
- 审核方法和面向 ESD 控制程序的审核；
- ESD 协调员的培训、知识拓展以及标准规范的更新；
- EPA 内清洁人员的保洁制度、清洁材料和操作规范；
- 访客的注意事项和禁止事项，以及陪同人员的教育提醒；
- EPA 外协人员的行为准则；
- EPA 中进行设施维护活动的说明事项。

12.4.2 入门级培训

ESD 入门级培训一般会讲授与 ESD 控制程序规范、EPA 纪律和个人工作职责相应的主题。对于需要进入 EPA 操作 ESDS 产品的学员,入门级培训可以侧重以下内容。

(1)静电是什么?
(2)ESD 产生的时机和诱因是什么?
(3)静电和 ESD 会引发哪些问题,为什么需要避免这些问题?
(4)认识并正确使用防静电包装。
(5)了解和判断二次包装。
(6)理解 EPA 概念,学会识别 EPA。
(7)了解禁止将二次包装带入 EPA。
(8)了解禁止在 EPA 外打开防静电包装。
(9)人体静电是手工搬运过程中 ESD 的主要来源,人体接地是重要的 ESD 防护措施。
(10)防静电腕带和防静电鞋的使用和测试。
(11)了解什么是非必需绝缘体,如何识别非必需绝缘体,以及为什么不希望它们出现在 EPA 中。
(12)不能把非必需绝缘体带入 EPA,如果在 EPA 中发现它们,请即刻带离。
(13)防静电设备的识别和使用。
(14)防静电便携式设备(如工具、手套)的选用,强调不得将非防静电设备带入 EPA。
(15)强调不将个人物品带入 EPA,阐释这些物品可能带来的未知风险。
(16)不得将衣物置于未受保护的 ESDS 器件附近。
(17)EPA 规定的其他必要安全措施。

12.4.3 进阶级培训

ESD 进阶级培训致力于加强 ESD 控制的关键环节,尤其是已察觉到的那些易出错的环节。它还提供了一个深入研究 ESD 控制程序中可能遇到的问题、修订或更新程序的机会。在进阶级培训中,可以鼓励学员积极反馈或讨论问题,并提供改进建议。

利用进阶级培训,可以很方便地回顾并分析已经出现的常态化违规事件。然而,不能寄希望于通过更多或更完善的培训来解决不断出现的违规行为。这可能预示着现行 ESD 控制程序不合理或难以使用，或者至少不是最佳解决方案。以 Snow 和 Danglemayer（1994）的调研报告为例，他们发现通过使用防静电鞋，可以从根本上消除与使用脚腕带有关的大量违规行为。

12.4.4 培训形式

ESD 培训不拘泥于某一种形式，可以选择集体观看视频或进行一对一的实践训练等。培训形式的选择主要应考虑是否能有效地传达相应的学习主题。

12.4.4.1 视频、计算机或在线课程

培训视频、纪录片、计算机或基于互联网的在线课程对于培训大规模或小规模人群，甚至单个员工，都有效且经济实惠。例如，在新员工入职培训时就可以应用这一手段。

网络视频等在线资源，可以为培训内容提供一些有价值的材料，但它们在质量、准确性以及与组织设施和流程的相关性方面不一定很完善。

商业化培训存在一个弊端，即培训内容相对笼统，与受训者实际工作中所从事的活动和过程是脱节的。如果常规培训与具体工作毫无关系，受训者无法产生共鸣，就可能收效甚微。课程内容应真实、可信，避免夸大其词。

ESD 控制措施的细节经常会随组织的 ESD 控制程序的调整而变化,因此在通识培训中最好避免讨论太过于详细的控制措施，相反，可以介绍一些像如何正确使用腕带、防静电鞋等普适性的知识和常规措施。

短视频是传授基本技能的有效手段，例如，可以通过短视频演示如何佩戴和测试腕带或防静电鞋，然后让学员进行实操练习（Snow et al., 1994）。

12.4.4.2 专家讲座

无论是群体授课还是一对一教学，最有效的培训方式可能还是在教师的引导下学习。基于课堂或教具的实践培训对于群体学员非常有效，而在职培训对于单个或少数学员可能也会有很好的效果。

作为教师，应具备出色的 ESD 控制理论和实践知识，并具备组织的 ESD 控制程序和实践经验，起码应高于所教学课程的水平。如果组织内部缺乏必要的专业知识，则应考虑从外部获取，比如聘请相关领域的专家前来开展对应的授课。

外聘专家的商业化课程具有一定的优点，它可以提供常规的基础意识培训，还可以传授一般性专业知识，例如静电检测、ESD 协调员级的培训等。其不足之处是可能无法与组织自身的 ESD 控制程序、流程和设备相匹配。

无论是内部教师还是外聘专家,把组织的 ESD 控制程序和设施融入内部课程并呈现出来,是非常出彩的授课形式,并且可以涉及很多具体的细节内容。

面向 ESD 协调员等岗位的更高级别培训,只能引进外部课程。参加研讨会、报告会或专题讨论会应当被视为更新当前标准、发展趋势、ESD 控制技术、有效设备、行业知识和专业知识的途径之一。

12.4.5　资料支撑

可以收集一定规模的 ESD 知识、标准规范和培训材料等相关资料,这些资料既有助于 ESD 控制程序的制定,也可满足培训所需。这些资料应当妥善保存,并及时为组织内的人员提供支持。可以收集到的资料包括:

- ESD 课程口袋书、光盘、视频资料、电子课件;
- 成文的规程和说明;
- 组织 ESD 控制程序的副本;
- ESD 防护相关标准的复印件;
- 图书、会议记录或文件、其他白皮书;
- 杂志或文献;
- 组织内部或第三方为调查 ESD 问题、事故或支持 ESD 控制程序发展而做的研究报告;
- 防静电产品数据表;
- 元器件的 ESDS 敏感度数据。

相关人员应该熟知这些资料的存放位置和获取方式,以便按需查阅。

12.4.6　培训的注意事项

根据 Snowand 和 Danglemayer(1994)的研究结论,在培训过程中应该考虑 5 个阶段的事项:

- 准备阶段;
- 实施阶段;
- 教学演示;
- 实操实践;
- 后续评估和培训。

很多教材都在探索如何成功制作和展示一套主题鲜明的课堂教学。最好的讲座效果是将文字与视觉元素相辅相成地展示出来,根据逻辑顺序一一列出知识点。

每一个知识点都可以引出后面的知识点，或者建立在前面知识点的基础之上。我们还发现播放短视频、进行现场演示或与观众互动（开展讨论或活动）都是高度保持课堂吸引力的有效方法。

12.4.6.1　讲座的前期准备

在准备讲座时，应该先考虑几个基本问题：讲座的受众是谁？他们拥有什么程度的背景知识？他们应当从讲座中学到什么？包括课件在内的讲座材料可以基于这些问题来设计。讲座材料应该聚焦一些大家感兴趣的主题、技术内容，并在难度水平以及深度等方面与受众相匹配。

许多讲者都知道，估算出讲述一张幻灯片的内容耗时几分钟，就能估算出整个讲座的持续时间。对个别章节而言，讲述每张幻灯片的内容需要占用更多的时间。然而不能忽略的是，要为演示、视频、讨论或与其他与会者的互动预留出时间。

如果讲座受众对场地环境和讲师都比较陌生，讲座就需要从一些背景介绍（包括讲者简介、设备设施的位置、紧急火警出口位置，以及是否会安排警报测试等）开始。建议要求与会者关闭个人手机（这一点在讲座前是一个有用的提醒，能够让讲者也记得关闭个人手机）。对于与会者较少的课程，让与会者通过简短的话语介绍自己也会对讲座起到一定帮助作用。

倘若课程的持续时间比较长，可以按具体的主题或话题对其内容进行拆分。尽可能多地借助演示和活动来丰富讲座形式、吸引与会者的注意力。可以鼓励大家积极提问和参与讨论，针对与会者在工作中所出现的问题和情况进行讨论将有助于提高讲座的针对性，可以提供有趣的实践要点并帮助与会者对这些要点进行理解与掌握。然而，如果控场没有做好，这可能也会是把双刃剑，即容易导致讲座超时。

一门较长的课程可以划分为具体的主题。在可能的情况下，通过演示和参与来改变演示和吸引与会者是很好的。可以鼓励提问和讨论。讨论与会者工作场所中出现的问题和情况对于展示相关性、提供有趣的实践学习点和帮助他们理解是有价值的。然而，这可能是一件喜忧参半的事，如果不仔细控制，就会导致超载！

当发现授课时间较长时，应考虑是否需要安排中场休息和提供茶点。中场休息期间也可以让讲者有机会同与会者进行一对一的交流。这有助于评估与会者是否能充分接受和理解到前一阶段的内容。与会者通常会在休息时间询问一些在课堂上没有勇气提出的问题。

虽然做好充足的准备并熟悉授课材料是一个好习惯，但如果进行过度机械化的排练或背稿会适得其反。

12.4.6.2 讲座与课堂互动

讲者的表达技巧对观众的参与度有很大的影响。如今,有许多关于演讲技巧的畅销书可以提供这方面的指导和思路。穿着得体非常重要,能让讲者和观众都感到舒适(以管理员为主体的观众可能希望看到讲者穿着西装,但对 EPA 工作人员来说,"休闲正装"会更亲切)。尽量避免任何会让观众分心或阻碍沟通的东西,努力使这场讲座对观众和讲者自己都是一次尽可能有趣和愉快的经历。图 12.1 所示为笔者(译者注:本书原作者)正在做课程介绍时的照片。

图 12.1 笔者正在做课程介绍时的照片

在讲座过程中,眼神交流或制造一种眼神交流的假象很有必要,但持续不自然的眼神接触可能会让对方感到不适。在小组讨论时,可以偶尔也有必要随机与每个与会者进行轻松的眼神交流。在较大规模的群体交流中,现场通常会有几个与会者表现出更明显的投入和参与感。与一些人保持眼神交流可以给人制造一种正在与全部观众保持眼神交流的错觉。可以让视线在现场来回移动,避免让任何人感到不舒服!如果讲者自己不习惯眼神交流,可以通过看向观众后方不同焦点的方式来给人制造这种错觉。

讲者应尽可能面向观众,避免背对大家。当显示屏在讲者身后时,因为讲者可能需要指着显示屏呈现的部分内容,这会有些不便。如果条件允许,讲者应避免遮挡屏幕或观众观看演示时的视线。为了实现这一目标,在准备讲座时,可能需要在房间布局和讲座区域的布置方面进行一些考量。在讲座开始之前,讲者应在房间里走动,从整个现场观众的视角去观察讲者所在的区域,并在选定的位置坐下,以观众视线的高度进行观察。

能够参与互动、讨论和交流的课程更有可能让学员感兴趣并且给他们留下深刻记忆。如果再让观众参与到课程中来，演示将更具有价值。由于人们最容易通过不断练习来掌握知识，让大家练习将要用到的技能将很有成效。如果能立刻在工作中练习这些技能，复习效果会达到最佳。令人意想不到的是，即使演示出现失败，也可以给观众带来欢乐，同时使这门课程更加难忘。由于静电演示的不可预测，我会在实验开始时声明可能至少有一次会失败，但我也不知道是哪一次。这让人产生了一个期待的兴奋点！当其中一次实验出现故障时，这次失败往往可以强化其他知识点！

小组形式的协作和讨论通常可以对学习形成良性促进作用。笔者注意到，观众经常会结合亲身经历提出一些有趣的观点。这表明他们正在深入思考所学到的内容，并尝试将其应用到自己的具体工作中。

如果课程不是太短或观众规模不大，笔者更倾向于开场先做一下自我介绍，然后让每位与会者简要介绍自己和自己负责的工作。这个模式有利于"破冰"，让大家开始表达并积极参与。这个环节也有助于讲者对听众有初步了解，便于后续以恰当的方式和相应的知识水平解答问题。

在早期的 ESD 通识课程中，笔者曾提出这样一个问题："哪位同学在平时经历过静电的电击？"紧接着笔者会询问他们感受到电击的典型现象，并解释电击属于 ESD 的形式之一。很少有人认为自己从来没感受过静电的电击。这个话题的互动可以实现以下目标：

- 一般来说，每个人都会或多或少地经历过 ESD，并且都会出现应激反应，这一点有助于让观众主动参与进来；
- 引起大家的兴趣；
- 这表示观众自己曾亲身经历 ESD，具备生活经验；
- 方便笔者向大家说明，对大多数人来讲，当人体电压超过 2000V 时才会有电击感，但在人体电压较低、无法感知静电的时候，很多器件或许已经被 ESD 所损伤（接下来的人体电压演示可以证明这一点）。

具体的知识点可以通过借用生活中的真实案例来解释，如果与会者恰好有亲身经历的故事，就可以更加强化知识点并让与会者产生共鸣。如果与会者在现场讨论时可以分享一些有关 ESD 损伤的证据就更好了。

在准备 PPT 的过程中，选择的视觉风格、字体、颜色等应保证清晰可辨。慎用过渡特效，避免分散大家注意力。设计风格一致的 PPT 有利于打造专业的讲座形象。应确保所有受众都能看到幻灯片下方的文字和信息。

12.4.6.3 实操练习

对于某些学习内容，参与者的动手实践是不可替代的。例如，腕带的佩戴和测试、符合性验证过程中的 ESD 测量和测试等。实操练习通常先由讲者向大家演示具体步骤，然后学员开始尝试操作练习直至熟练掌握。在练习过程中可以评估学习者的熟练程度。

具体的个别实例（如测试腕带和鞋），最好放在工作现场进行学习与实操。另外，借助培训教具，实操可以作为课程的一部分。

12.4.6.4　培训效果评价

在培训过程中或培训结束后，评价学员对所学内容的理解或掌握效果是非常重要的。这也是现代 ESD 防护标准的要求。培训效果评价可以包括以下任何一项：

- 实操评估（如腕带的佩戴及测试是否正确，工作站的检测与数据记录）；
- 问答谈话（面对面交流或书面答卷）；
- 问卷调查；
- 其他形式的评价。

12.4.7　开源课程与教材

开源课程与教材可以从很多途径获取，如 ESDA、IPC、行业团体和组织，以及 ESD 控制专家顾问、培训讲师和设备供应商。其中一些课程，例如与 ESDA 专题讨论会相关的教程，可以用作资格认证的辅导教材。

这些课程的难度级别可以从入门级的 ESD 通识和控制实践，到进阶级的 ESD 从业者级别。许多专业供应商的课程是面向技术员水平的基础 ESD 知识和控制技术。有的供应商会在官网上提供公开教程，还有的供应商可以面向 ESD 协调员（项目经理）提供包括测量和审核在内的进阶级课程。

12.4.8　资质与认证

有一些机构可以提供 ESD 相关的资质与认证。截至本书（英文版）成稿之时，ESDA 可能是提供各级 ESD 控制人员认证的主要机构。

许多独立培训公司也能提供 ESD 培训，还可以出具课时证明。这类证明不应与认证混淆——课时证明的授予仅表示这个人已经参加了课程，而往往不对他的知识和理解水平进行测试。

认证可以用来佐证持有人具备一定水平的知识和解决问题的能力（Newberg，2017）。获得认证一般需要参加一些拓展培训和测试。对经过认证的专业人士来说，证书可以作为行业背书，证明持有人具备相应水平的知识、经验和能力。这是一种职业发展类型，有助于提升工作动力和信心。证书还可以作为具备相关技能人员与未经认证人员的划分依据，有机会助力职业晋升和增加收入。在一些组织的竞聘活动中，证书持有人会比未经认证人员更具优势。

在本书撰写时（2017 年），ESDA 提供以下认证项目：
- TR53 技术人员认证；
- ESD 专业项目经理认证；
- 设备应力测试认证；
- ESD 能力认证（设计专业）。

每个认证项目都要求认证人员参加一定时长的全日制或半日制课程，课程一般由世界各地的 ESDA 专委会联名提供。例如，ESD 专业项目经理课程涵盖以下主题：
- ESD 基础知识；
- 工厂 ESD 审核和测量评价的操作指南；
- 电离问题与解决方案；
- 包装规范；
- ESD 标准综述；
- 设计工艺和失效分析概述；
- 静电学相关计算；
- 洁净室注意事项；
- 系统级 ESD/EMI，包括原理、设计、故障排除和演示；
- ESD 控制程序开发和评价（ANSI/ESD S20.20 专委会）。

完成课程学习后，学员可以参加专委会组织的考试，如果考试成绩达标，就可以获得认证证书。

另外，还可以参加国际无线电与电信工程师协会（iNARTE）的考试并获得证书。iNARTE 能为电信、电磁兼容/电磁干扰（EMC/EMI）、产品安全（Product Safety, PS）、ESD 控制和无线系统安装等领域成绩合格的工程师和技术人员提供认证。

iNARTE 的 ESD 认证计划是 iNARTE 在 20 世纪 90 年代与 ESDA 联合实施的。认证包括工程师或技术人员级别（iNARTE, 2017）。评定过程包括候选人提供相关经验的记录以及通过 iNARTE 考试。

IPC 是一个为电子行业提供纽带的贸易协会。除了常规事务外，它还为电子行业提供标准规范和教育培训，并且这些标准规范在全球范围内得到广泛应用。

IPC 通过在线 IPC 学习管理系统 IPC Edge（IPC, 2017）提供 ESD 控制认证课程。这些课程由 IPC 与 ESDA 联合开发，旨在为技术员和培训师提供 ESD 控制和最佳实践方面的培训。这个在线 ESD 认证项目通过基于 ESD 原理的考试，验证考生的知识和技能。

12.4.9 ESD 机构与静电学术团体

许多国家都设有国家级的 ESD 或静电学组织。此外，全球各地也有 ESDA 的分支机构，例如在美国得克萨斯州、菲律宾、印度和韩国。一些国家或地区的 ESD 服务机构如表 12.2 所示。

表 12.2 一些国家或地区的 ESD 服务机构

机构	国家或地区	业务范围（语言）
美国静电放电协会（ESDA）	北美及其他部分国际地区	企业或个人会员、标准、研讨会、会议、教程、白皮书（英语）
ESDA 韩国分会	韩国	会员、专题研讨会、会议、讲座（韩语）
STAHA	斯堪的纳维亚	会员、专题研讨会、会议、讲座（芬兰语和英语）
ESD 论坛	德国	会员、专题研讨会、会议、讲座（德语和英语）
意大利静电放电协会	意大利	会员、专题研讨会、会议、讲座（意大利语和英语）
荷兰静电放电/电磁兼容协会	荷兰	会员、专题研讨会、会议、教程（荷兰语和英语）
中国电子仪器行业协会防静电装备分会	中国	会员、培训（中文）
日本静电放电协会	日本	专题研讨会、展览会、出版物（日语）
ESD 相关的行业委员会	国际	邀请行业会员，白皮书（英语）

一部分机构热衷于工业领域的静电学，而另一部分机构更专注于学术研究（见表 12.3）。这些机构通常也热衷于电子制造中的 ESD 控制、测量以及其他静电相关领域，它们经常会在自己的学术会议或出版物中收录 ESD 控制相关话题。

表 12.3 部分静电兴趣团体

机构	国家或地区	业务范围
美国静电学会	北美及其他部分国际地区	会员、专题研讨会、（通信）刊物
工业静电工作组	欧洲及其他部分国际地区	工业和学术委员会，每四年一次专题研讨会
物理研究所	英国及其他部分国际地区	会员、材料学、静电工作组，每四年一次专题研讨会

12.4.10 会议

表 12.2 和表 12.3 列出的一些机构在全球范围内组织会议，其中可能会收录

一些与 ESD 相关的论文。这些机构的即时活动可以通过各自的官网查询到。

表 12.2 所列机构最有可能召开与 ESD 控制相关的学术会议，并在会议报告中收录该类论文。

12.4.11 图书、文章及在线资源

ESD 相关领域的图书有很多，其中许多主要讨论芯片抗 ESD 设计，代表作者有 Amerasekera 和 Duvvury（2002）、Wang（2002）和 Voldman（2004）。也有关于制造环境中 ESD 控制的图书，代表作者如 Danglemayer（1999）、McAteer（1990）和 Welker 等人（2006）。遗憾的是，即便这些图书中的很多内容仍然适用现在的情况，但这些图书本身都过于久远。由于它们成书时间太早，大都不再符合最新的 ESD 防护标准。Welker 等人在 2006 年发布的成果主要关注洁净室环境中的 ESD 控制。

一部分在线刊物有时会发布有关这个主题的高质量文章（见表 12.4）。其中也列出了一些可能会收录 ESD 相关文章的学术期刊。

表 12.4　部分收录 ESD 相关文章的杂志、期刊、线上资源

出版物	类型
InCompliance	电子期刊
Interference Technology	电子期刊
Controlled Environments	电子期刊
Evaluation Engineering	电子期刊
Microelectronics & Reliability	同行评议期刊
IEEE Transactions on Device and Materials SReliability	同行评议研究期刊
IEEE Transactions on Electron Devices	同行评议研究期刊
IEEE Transactions on device and materials Reliability	同行评议研究期刊
Journal of Electrostatics	同行评议研究期刊

12.5　静电学与 ESD 理论

12.5.1　ESD 理论的两面性

对于具备一定知识基础的人来说，一些静电学和 ESD 原理以及简单的电路图可能是有帮助的信息。然而在没有知识基础的人看来，理论知识可能会让人畏手

畏脚、难以接受,并且可能会降低他们掌握知识的信心。因此,理论知识和电路图必须谨慎地、适度地使用。

在许多课程中,学员有着不同的背景且来自不同的工作岗位。虽然笔者上课时有许多人甚至看不懂简单的电路,但也通常会有少数人理解并且欣赏这种形式的解释。一般情况下,笔者会在简单的非行业术语解释过程中夹杂一定量对理论知识的介绍。除了基础知识内容,笔者还经常用一个简单的电路来解释静电充电和电荷耗散,以便匹配课程的水平和观众。结合现场观众表现出来的兴趣程度,以及在课前介绍中收集到的学员背景情况,笔者可能会花费更多或更少的时间在理论知识方面。如果有必要,使用白板展示和互动讨论的方式也可以进一步补充核心知识点。

12.5.2 ESD 的专业化与非专业化解释

在电子学中,图 2.1 和图 2.2 所示的简单电路对于具有一定电路知识(包括欧姆定律)基础的学员来讲是不难理解的。产生的电荷由电流发生器 I 表示,通过对地电阻 R 流向大地。使用欧姆定律计算出产生的电压 V,即 $V=IR$。显然,电阻越高,产生的电压越高。在进阶级课程中,这向我们解释了为什么要通过确认对地电阻的上限,来掌握静电起电产生的最大电压。电容 C 代表电荷存储。在没有电流发生的情况下,电容中存储的电荷通过电阻消耗掉,电压随着 R 和 C 相乘得到的电荷衰减时间特征而下降。

对于电阻 R 非常高的材料(比如绝缘材料),即使是很小的电流 I 也足以产生相当高的电压。这就解释了为什么我们要规定电阻的上限来抑制电压的积累。大电阻的衰减时间常数 RC 很高,这代表着电荷和电压将要维持很长时间。

在非技术人员面前,可以水池模型来解释静电起电现象(见图 12.2)。在这个模型中,把水看作电荷,水池代表电荷存储,水池的容量类比于电路的电容,水在池中的高度类比于电荷产生的电压,水的流入和流出表示静电起电和电荷耗散过程中的电流运动。水池有一个排水口,可以让水流出,还有一个水龙头用于注水。排水口的作用类似于对地电阻。就像高电阻在电路中的作用一样,小排水口只允许水缓慢流出。

显然,当水没有注入,并且排水口是开着的时候,池中水位为 0。大多数人可理解这样的现象:当注入水的速度给定,水位高低将取决于排水口的大小和水的排放速度。如果把插销放入排水口中(就像用绝缘体阻挡电荷耗散),即便是微弱的水流(如滴水的水龙头)也能产生并长时间维持相当高的水位。

如果电量一定,池中水位高低取决于水池的形状。底面积小的水池会产生较高的水位，而底面积大的水池会产生较低的电压。这样容易理解等量电荷为什么会在小电容上产生更高的电压。

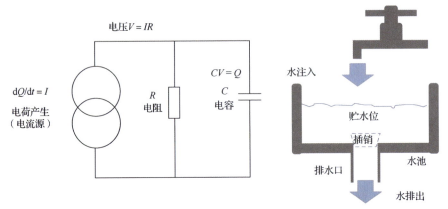

图 12.2　水池模型是一个简单的静电荷模型，易于非技术人员理解

12.6　ESD 控制相关问题的演示

12.6.1　演示的作用

演示可以有效地展示 ESD 相关现象和问题，提醒人们注意 ESD 控制的必要性。为了获得更大收益，演示应该聚焦观众最感兴趣的问题。例如，管理员可能更关注 ESD 损伤和返工的成本、潜在的投资回报以及对产品质量、产量、可靠性或声誉方面的影响；生产人员则希望了解对返工需求的影响。

大多数人对静电产生和 ESD 的演示很感兴趣。如果演示中使用了工作环境中常见但不受控制的材料，效果会更佳，例如使用包装材料、工程塑料、胶带以及绝缘导体等。这些演示直观地展现了为什么这些材料应该尽可能被排除在 EPA 外。

12.6.2　ESD 损伤实例展示

McAteer（1980）发现，为了让人们相信 ESD 损伤，需要使他们亲眼见到设备被损坏的情况。通过展示与组织相关的 ESD 损伤实例，可以让人更加信服 ESD 损伤的真实性。

McAteer 使用了不同类型的 ESDS 产品来演示 ESD 损伤现象，包括金属封装的运算放大器、MOS 器件以及包含 MOS 器件的小型组件。他使用了曲线跟踪器来显示试验过程中由 ESD 引起的器件参数变化。他点评道，这种类型的演示可以使管理员相信 ESD 问题真实存在，随后便有兴趣认真研究和对比静电失效成本与预防成本。

有一种方法能间接显示 ESD 控制对故障的影响，那就是查看产品产量变化与 ESD 防护措施合规性的关系。Snow 和 Danglemayer（1994）发现，以图表形式展现的下降的不合格率和因 ESD 控制而增加的产量数据，可以作为令人信服的证据。有的时候，产品不合格率的增加可能与大气湿度下降有关，特别是在 30%以下的相对湿度条件下更严重。如果出现这种情况，就可以有力证明 ESD 损伤正在发生。

遗憾的是，许多组织无法进行充分的故障分析工作，来有效识别受到 ESD 损伤的设备。在这种条件下，对于组织的零部件、组件或产品是否遭受 ESD 损伤，很难（甚至毫无可能）提供令人信服的第一手证据。

不过，很多文献都有 ESD 损伤案例的记载，比如 EOS/ESD 研讨会论文集、《微电子可靠性》(*Microelectronics Reliability*) 或 IEEE 汇刊（Transactions）系列等（见表 12.4），以及 Danglemayer（1999）和 McAteer（1990）等作者所著的图书。可以选择其中的一些案例来作为 ESD 培训素材，并作为 ESD 控制重要性的论据。

然而很可惜，由于有些人并没有在自己的工艺过程中遇到 ESD 损伤的直接证据，他们仍对 ESD 损伤的风险、真实性以及 ESD 控制的重要性持怀疑态度。

在 ESD 控制课程上，有时会有学员介绍自己企业的 ESD 损伤经历。这类分享具有非常大的价值，因为来自其他学员的"真实"的趣闻比来自教师、其他组织或研究资料的"二手"（甚至过时的）描述更具说服力。

12.6.3 ESD 损伤的成本

不幸的是，很少有人真正了解组织中 ESD 损伤的失效等级和成本。这在一定程度上是由于开展充分的 ESD 损伤失效分析需要高昂的成本。据笔者了解，大多数组织都不会开展这种水平的失效分析，因此也不具备估算 ESD 损伤成本所需的基本信息。关于这个主题，有一些已经发表的研究材料，可能可以提供一定的参考价值。这些研究材料也可以为课程提供有用的信息。

关于估算失败成本和 ESD 控制投资回报的问题，Helling（1996）提出了一种有趣且有用的思路。他的数据和案例可以用来阐明这个主题。这些数据佐证了以下这些具有实用价值的常见观点：

- 失败成本往往随着产品经过生产过程的各个阶段而不断增加；
- 成本最高的故障通常发生在客户现场；

- 有效的 ESD 控制程序的成本/收益比可以超过 1∶10。

在面向管理员或质量保证人员等关系人的课堂上，笔者经常会提出一个假设性问题——你的产品在客户现场发生故障或不可靠性的成本大概是多少？这个话题总是能让大家展开一场有意思的讨论。很多时候，仅是这个问题的答案就值得让大家慎重看待 ESD 控制。

很多人并不相信其他工厂对发现 ESD 损伤成本的描述，尤其在个别资料已经过时的情况下。毫无疑问，如果可以掌握或了解他们自己公司当前 ESD 损伤成本的真实数据将更具说服力。在没有这些数据的情况下，虽然无法分析和证明一些元器件故障是由 ESD 引起的，但如果 ESD 控制得到改进后发现失效率变低，那么这样的案例同样具有参考价值。

12.7 静电演示

12.7.1 静电演示的价值

静电只有在达到相当高的水平时才会被人感知到，因此我们很难真正理解它大部分时间都在我们周围发生作用。使用仪器来直观显示静电，可以让观众以全新的方式真实感受静电的存在，而不用通过语言描述去想象。

静电电压和静电场强分别可以通过静电电压表或静电场仪来显示。这些可以作为许多简单演示的基础，并可以帮助揭示静电是如何产生的。

12.7.2 演示的利与弊

利用几个策略，可以使演示成为有效的培训方式，尤其是在讲授静电作用和防静电产品有效性时效果尤为明显。如果静电演示中所选用材料和物体能代表在疏于管控的工作区中的常见物品，那么这个演示将非常有效。一个成功的演示不仅能展示静电是如何起作用的，还有助于让观众认识到哪些材料会导致静电问题。即使是有丰富经验的人也会发现，一个优秀的演示可以帮助他们真正理解静电作用和 ESD 问题。设计一套可靠的静电演示方案也是讲师培养的一种绝佳途径！笔者手中的一些最可靠的演示就是经历过重大挑战或不可控的成功率时设计的。图 12.3 所示的演示是在上海的高湿度条件下，当其他演示都失败的时候被迫发明的！

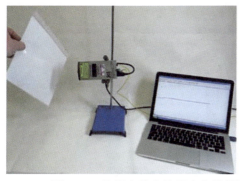 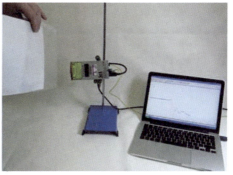

图 12.3　使用文件夹演示当文件被取出和放回时，电压的产生和消失

现场进行静电演示的一个问题就是不稳定，可能会意外失败或产生令人惊讶的结果。这种情况在高湿度条件下尤其严重，如果有可能，最好在中等温度或干燥的空气条件下进行静电演示。当然，即使在 70% 相对湿度下，通过加强练习和选择合适的材料，也可以找到很可靠的演示手段。作为预防，笔者通常告诉学员们可能至少有一个演示会失败，并且我事先不知道会是哪一个。这有助于营造一种具有吸引力和让人期待的氛围！

根据属于管控范围的工作区中常见的材料来设计的演示，往往是最具说服力和相关性的。因此，笔者一般会避免使用诸如气球（笔者曾在一个 EPA 工作站看到过气球——据说那天是操作人员的生日！）或范德格拉夫起电机这样的非常规道具。以下是笔者在静电学课程中使用过的一些演示示例。

12.7.3　示范用具

对于成功的静电演示，其核心是一个精确的静电场仪或静电电压表，它将用于显示静电场和静电电压的存在和大小。场磨式仪器比感应式仪器更实用，因为它可以避免漂移问题，并且不需要调零。请注意周围的带电绝缘材料，它们可能会导致意外结果。

单独的静电电压表或静电场仪在一对一互动或小团体范围内的效果很好，但如果班级较大，最好使用一个具有输出功能的仪器，将其数据传送到适当的显示器中（见图 12.4）。PC 式示波器（如 Picoscope）可以用来显示场强或电压随时间变化的情况，并将形状投影到大屏显示器或数字投影仪上。

把金属板安装在优质绝缘手柄或支架上，就可以用来演示摩擦起电、导体感应电压、等电位连接和许多其他效应。

应收集一些绝缘材料和已知可靠的静电发生器，特别是那些在工作场所中常见的不合规物品。

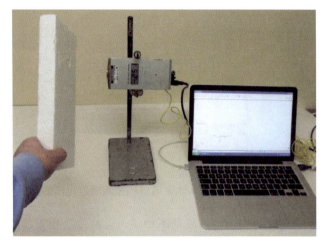

图 12.4　带电绝缘体（如一块膨胀的聚苯乙烯泡沫板）演示

由于会受到来自双手上的油渍、盐和汗水的污染，材料起电和保持电荷的特性往往会随着操作的进行而减弱，因此可能需要定期更换材料。

防静电包装的选择具有实用意义。低起电材料（如粉色聚乙烯塑料）应该单独放在一个包装中，与其他演示材料分开。这是因为它们的抗静电剂容易污染其他材料，使静电起电的演示不可靠。

在演示套件中放置一个电吹风机或热风枪可能很有用，可以用它在高湿度条件下烘干材料。可以将这个操作当成教学重点，演示湿度如何影响静电起电和静电活动。

ESD 监测仪可以用来证实试验过程中的 ESD 事件。应选择能在发生 ESD 时发出足够响亮的报警声的探测器，以便所有培训人员都能轻松听到。

12.7.4　静电荷产生的演示

静电荷产生的演示的主要知识点是许多绝缘材料都很容易起电并产生强静电场。高度绝缘的材料在操作过程中往往会起电，并且长时间保持带电。这个现象可以使用放置在支架上的静电场仪来展现（见图 12.4）。

笔者经常使用一个塑料文件夹进行这个演示。塑料文件夹开始只是静置在一堆演示材料里面或上面，在需要演示的时候，将塑料文件夹拿起并放在静电场仪前面，就可以看到它已经起电。许多塑料包装材料都可以用于这个演示。只要选用合适的材料，且不在最潮湿的环境中进行，这个演示都是可行的。

另一个可行的演示是将普通胶带（如包装胶带）从卷筒上剥离时产生的高压。可以从卷筒上剥离一段胶带后，将其放在静电场仪前面来展示这个现象。

12.7.5　初识静电场

图 12.4 所示的演示可以用来展示静电场随着与电场源的距离变化而变化。当带电体靠近静电场仪时,仪器读数会增大,而当带电体远离静电场仪时,仪器读数会急剧减小。

根据课程的不同水平,讲师随后可以解释一些知识要点,举例如下。

- 静电场仪校准为读取表面电压,但只有在一定距离内的大平面上读数才能得到正确结果。
- 随着与静电源的距离增加,静电场迅速减弱。
- 静电源离 ESDS 产品越近,我们就越应该关注它。
- 如果发现绝缘体的电压水平高于规定的风险阈值,可以通过使之与所有 ESDS 产品保持足够的距离来降低风险。这是标准规范中提出的限制场和电压的基本操作。

12.7.6　初识电荷与电压

人们总是误认为电压是产生静电的根源,并且除非物体继续充电或发生电荷泄漏,否则电压会保持恒定。这里介绍的演示可以告诉大家产生静电的根源是电荷,而电压会随着材料的移动而改变、产生或消失——即使所带的电荷没有变化。

在这个演示中,笔者经常使用一本带有透明绝缘塑料封面的培训手册(见图 12.5)。当手册在合起状态被拿到静电场仪前时,只显示出带有低电压或零电压。讲师可以向大家解释,封面已经通过接触而起电,但由于封面和纸张上的电荷处于平衡状态并且距离非常近,在效果上相互抵消,所以没有看到电压。

图 12.5　使用一本带有透明绝缘塑料封面的培训手册演示电压如何随着封面开合而出现和消失

当封面被打开时，封面材料上会出现高电压（纸张上不会出现高电压，因为纸是一种导电性强的材料，可以让电荷逃逸到其他地方）。再次合起封面后，由于电荷恢复平衡，大部分电压会消失。

封面材料高度带电的现象也可以用来演示静电吸引力。由于电荷的引力，手册的第一页经常会黏附在封面上。

还有一个有意思的演示可以通过放在绝缘塑料文件夹中的文件来进行（见图12.3）。当文件放在文件夹中时，静电场仪几乎测不到电压或电场。如果将文件从文件夹中取出一部分，取出的部分会产生电压。如果重新放回文件夹，电压又会消失。

这些演示可以支撑如下教学要点：

- 在塑料和纸张之间已经存在电荷分离，但在它们分离并将各自电荷分开之前，不会显示出电压；
- 当纸张和塑料重新靠近到一起时，电压消失。

为了尽量避免混淆，笔者通常忽略这些实验中存在的另外两个因素。首先，附近如果存在导电材料，可以令电荷产生的电压减弱。这也是当文件重新插入文件夹时电压消失的原因之一。其次，纸张通常具有很强的导电性，这使得它上面的任何电荷都会在演示时移动到演示者的身上。

笔者偶尔会戴着高度绝缘的橡胶手套进行这些实验。在这种情况下，通常可以从显示屏看到分离时纸张带有正电荷，而塑料带有负电荷。

12.7.7 摩擦起电

摩擦起电可以使用导体或绝缘材料来进行演示。由于许多人（甚至是对静电学比较熟悉的人）都认为导体不能产生电荷，因此演示导体的摩擦起电是很有必要的。有一种方法是使用安装了高度绝缘手柄的金属板（见图12.6），将静电场仪放在合适的位置以展示读取的电压。

也可以选用合适的带电平板监测仪进行这些实验。然而对学员来说，金属板更容易与工作中使用的金属物品和PCB联系起来。讲师可以指出，带电平板上出现的情况也会出现在不接地PCB的导体上。

在这个设计中，金属板可以通过与各种材料发生摩擦等动作而起电。笔者通常使用以下方法：

- 使用羊毛布轻弹金属板使其带负电荷；
- 使用橡胶手套轻弹金属板使其带正电荷；
- 通过撕去先前贴在金属板上的胶带使其带电。

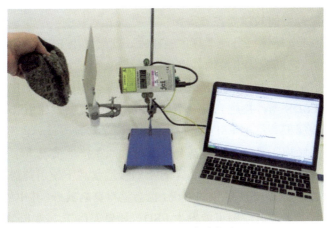

图 12.6　金属板的摩擦起电

笔者还曾使用这个设计来演示一些过程的起电效应，例如冷却喷雾罐的使用。

在湿润的空气环境中，绝缘手柄上会凝结出大量的水汽层，从而使得金属板可以缓慢放电。在这种情况下，可以用电吹风机或热风枪临时烘干绝缘体，以防止发生放电。这本身就可作为一个有用的教学要点，告诉大家平板与绝缘体之间的放电是表面上的水分在风干的过程中被带走而导致的。

12.7.8　ESD 的产生

当金属板处于带电状态时，使用基于 EMI 的 ESD 监测仪（见图 12.7）可以轻易进行 ESD 产生演示。这些仪器通过 ESD 产生的辐射 EMI 进行监测。有些仪器还会发出声音信号，并在每次监测到 ESD 时更新计数。

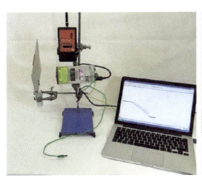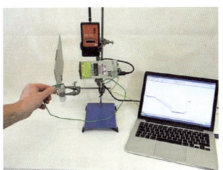

图 12.7　ESD 产生演示

金属板带电后，可以通过触碰接地线来放电。在 ESD 发生的同时，可以看到金属板上的电压瞬间降到 0。

本演示可能包括的教学要点有：
- 当一个带电导体被另一个导体触碰时，就会发生 ESD；
- 即使触碰它的导体未接地，也是同样结果；
- 金属板的作用类似于 PCB 或其他 ESDS 器件中的导体的作用。因此，如果一个带电的 ESDS 器件接触到另一个导体或接地，就会发生 ESD。

用于触碰金属板并产生 ESD 的导体不一定要是接地导线，也不必接地。ESD 也可以通过用手触摸工具来演示，甚至可以由讲师在接地情况下手持接地的 ESD 教具来演示。即使是经验丰富的学员，对正确接地状态下使用防静电工具处理或操作 ESDS 产品时发生 ESD 现象的情况，也会觉得莫名其妙。其中的理由当然是，如果 ESDS 产品本身带电，则可能发生 ESD。如果人体带电或 ESDS 产品带电，或者两者兼有之，那么当人触及 ESDS 产品时也可能发生 ESD。

12.7.9 等电位连接与接地

从第 12.7.8 节介绍的演示中可以看到，当因接触产生 ESD 时，通过等电位连接可以防止 ESD 发生（见图 12.8）。首先，如果一个人用 ESD 工具接触金属板，就会发生 ESD，因为这时人体和金属板处于不同的电压。ESD 会被 ESD 监测仪记录。

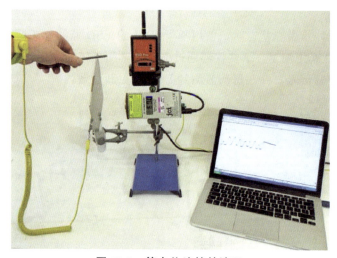

图 12.8 等电位连接的演示

然后，演示者可以将自己通过腕带连接到金属板上，而不接地。一般而言，当演示者四处移动并产生人体电压时，金属板上会显示一些电压。尽管如此，当演示者用工具触摸板时，却并不会发生 ESD。这是因为演示者和金属板处于相同的电压水平。这个实验支持以下教学要点。

（1）当两个导体接触并且存在电位差时，会发生 ESD。

（2）当两个导体接触并且不存在电位差时，不会发生 ESD。

（3）一旦建立了等电位连接，相互连接的导体之间就不会发生 ESD。然而，在建立连接的那一刻，由于导体间可能处于不同电压，很可能会发生 ESD。

这个演示可以带动一次讨论，解释接地是等电位连接的一种形式，其中所有导体都与大地相连。还可以解释在无法接地的情况下，等电位连接可以用于控制静电源。当前的 ESD 防护标准通常将等电位连接和接地都视为可接受的接地形式。

12.7.10 感应起电

安装了绝缘手柄的金属板可用于演示导体由于静电场而产生的感应电压。在没有任何静电场的环境下，金属板先被放电至 0V。当带电绝缘体靠近时，导体上的电压会发生变化，并可能达到惊人的高压水平（见图 12.9）。

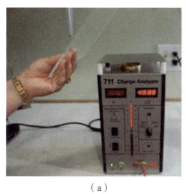 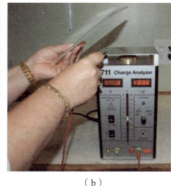 

（a） （b） （c）

图 12.9 通过 CPM 演示感应充电（来源：D. E. Swenson）
（a）用带电绝缘体靠近感应平板电压，准备进行 ESD （b）发生 ESD 时，电荷从平板转移到接地端
（c）当绝缘体被移开时，平板留下极性相反的电荷，准备进行另一次放电

可以使用接地线触碰金属板来诱发 ESD。可以使用带声音报警器的 ESD 监测仪来探测 ESD 的发生。断开接地线后，移开绝缘体，可以看到金属板的电压和极性发生了改变。

这个演示支持以下教学要点。

（1）孤立导体上的电压会随着附近静电场的变化而变化。感应电压会随着绝缘体的接近或远离而变化。尽管处于高压状态，但金属板不一定带电。

（2）带电绝缘体不需要接触导体就能产生感应电压。

（3）如果绝缘体保持足够远的距离，感应电压可以忽略不计。

（4）当导体在不同电压状态下与另一个导体或接地线接触时，将会发生 ESD。与接地线接触后，虽然此时金属板没有电压，但此时板上已经带电，直到电场源被移开。

（5）在接地线断开、绝缘体移开后，可以看到金属板携带有很高的相反极性的电压。

12.7.11　ESD 刚需——永久型 ESD 发生器

一旦证实导体在静电场中感应出电压，就可以通过演示发现只需移动导体并将它与另一个导体接触就可以反复产生 ESD。

使用带电绝缘体，可以令隔离金属板上出现感应电压（见图 12.10，金属板的电压随静电场变化而升高，导体接触金属板会引起 ESD）。当金属工具等物品接触到金属板时，ESD 监测仪监测到静电，并在仪表上显示出金属板的电压变化。

每次放电后移走绝缘体，金属板上的电压随之发生变化，准备进行下一次与工具的接触并放电。即使演示者接地并使用 ESD 工具触碰金属板，ESD 仍会发生。

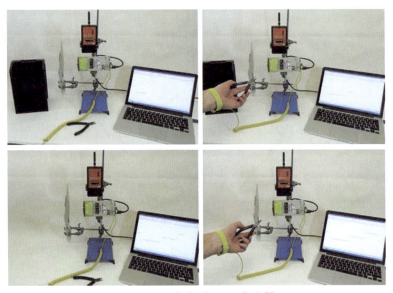

图 12.10　永久型 ESD 发生器

这个演示支持以下教学要点。

（1）孤立导体上的电压会随着附近静电场的变化而变化。电压也会随着绝缘体的移动变化。

（2）当电压不同的两个导体相互接触时，ESD 就有可能出现。

（3）如果电场强度发生变化，例如通过调整金属板和绝缘体间的相对位置，电压随之变化，ESD 可能再次发生。

（4）工作现场中如果存在静电场，ESDS 器件或 PCB 上的导体被金属工具或其他物品触碰，就可能发生这种情况。

第 12.7.10 节和第 12.7.11 节中显示的效应通常是在 EPA 中控制静电场和绝缘体的主要原因。当 ESDS 产品接触另一个导体时，静电场为 ESD 创造了便捷条件。静电场越强，ESD 损伤的风险就越大。

12.7.12　人体电压与人员接地

人在行走时产生的人体电压可以采用与前面相同的金属板结构部署来演示，并使用静电电压表测量金属板电压。演示者用一根长导线和手持电极将自己连接到金属板上。也可以使用 CPM（见第 11.6.13 节）进行演示（见图 12.11）。CPM 除了具备与金属板和静电电压表相同的物理结构，还具有校准性能。

图 12.11　使用 CPM 显示行走时的人体电压（计算机显示了人体电压波形）

当演示者的身体连接到金属板时，在身体上产生的电压都直接显示到静电场仪上。对于大多数普通鞋类和地板的组合系统，可以立即明显地从静电场仪上看到人体产生了显著的电压，尽管我们意识不到它们的存在。

有些课堂现场的地板是低起电材料，在人行走时不会产生太多电荷。因此，明智的做法是另外准备一种已知的高起电材料（如尼龙地毯样块），以便与课堂的地板材料进行比较。这样做也会产生一种课堂效果，即可以演示人体产生电压会随着地板材料不同而发生变化。

如果班级人数足够少，可以要求每个学员亲自体验，让他们拿着手持电极四处走动。笔者曾尝试在课程进行到一半的时候进行这个演示，让所有学员都能缓解一下坐着听讲的疲劳，让大家都能活动起来。大多数人即使穿着防静电鞋也会显示出一定程度的电压（只要地板不是防静电地板或非绝缘材料，而且空气湿度不是太高）。

笔者通常会请产生电压最高的学员协助演示如何使用腕带接地（也可以借助防静电地垫和脚腕带演示如何通过鞋和地板接地）。首先让学员确认他们在行走测试中产生了高电压，然后要求他们佩戴接地腕带并以相同的方式移动。佩戴腕带后，人体电压显示为 0。在学员移动过程中断开腕带来演示腕带失效的现象——当腕带断开时，人体电压重新出现。

这个演示支持以下教学要点。

（1）在 UPA 中进行行走等活动通常会产生数百伏的人体电压。除非这些电压高到足以带来触电感，否则人们不会意识到它们的存在。不同的地板-鞋束系统会产生不同的人体电压。

（2）佩戴腕带可以将人体电压降低到 100V 以下。

（3）如果腕带连接失败，人体电压将重新出现。因此控制人体电压需要保持腕带连接。

如果使用防静电地板和防静电鞋进行类似的演示，人体电压通常会大于使用接地腕带时的电压。通过使用不同的地板和鞋组合，可以看到不同组合条件下的人体电压通常各不相同。在更高阶的课程中，可以针对这个问题展开一次关于鞋和地板组合对于产生人体电压的合规性讨论，并分析行走测试的必要性。可以看到，如果只使用防静电鞋而不使用防静电地板，或者只使用防静电地板而不使用防静电鞋，通常都无法有效控制人体电压。

12.7.13　电荷的产生与静电屏蔽袋

在 ESD 控制活动中，人们往往对防静电包装缺乏足够的理解。许多人无法意识到不同类型的包装材料可能具有迥异的属性组合。他们经常错误地认为所有的防静电包装都能为 ESDS 器件提供足够的 ESD 保护。

通过简单的演示，可以看出静电屏蔽袋的静电荷和静电场屏蔽性能的差异。可惜，想在课堂上展示静电屏蔽性能的差异绝非易事。笔者通常会把普通聚乙烯、粉色聚乙烯、黑色聚乙烯袋和金属类静电屏蔽袋的样品放一起比较。通过测试普通聚乙烯包装袋来介绍防静电包装袋的测试知识（需要提前挑选一个具有良好的强静电荷响应性能的样品）。

将静电场仪当作 ESDS 器件装在防静电包装袋中，就可以看出这种差异。静电场仪上的响应显示了包装袋内静电荷的产生和静电场的情况（见图 12.12）。这个演示用"静电场仪"类型的设备来进行的效果最好。

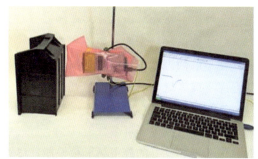 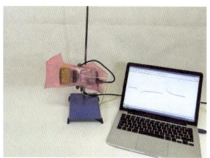

图 12.12　将静电场仪放在防静电包装袋内，可以直观地显示静电荷产生和静电场屏蔽的差异

如果使用聚乙烯包装袋进行演示，将静电场仪放置在袋子内部就可以马上显示出强静电场。

将静电场仪放置在包装袋内部后，可以操纵并移动袋子。静电场仪可以显示出产生静电场和电荷的各种趋势。

之后，可以让携带高电荷的绝缘体靠近。如果该类型包装袋的静电场屏蔽效果不好，那么静电场仪会显示强烈的电场指示；如果静电场屏蔽效果良好，那么静电场仪会显示比较微弱的电场指示。

如果随后将静电场仪从袋中取出，并再次将带电绝缘体靠近，可以显示其确实带电并产生强烈的静电场，对比的效果会更加令人信服。

在干燥（相对湿度<30%）的空气条件下，如果使用粉色聚乙烯袋进行演示，袋子通常会表现出强烈的静电起电和很微弱的静电场屏蔽现象。可以向学员解释，这种材料的低电荷性能高度依赖大气中的水分。在干燥条件下，粉色聚乙烯袋的性能可能与普通聚乙烯袋的相差无几。随着老化和防静电添加剂的损耗，它的性能也会下降。

在潮湿（相对湿度>50%）的空气条件下，粉色聚乙烯几乎不会产生静电，看起来可以提供良好的静电场屏蔽。演示结束后,可以使用电吹风机或热风枪将袋子吹干后,再进行演示,会发现袋子表现出强烈的静电起电和很弱的静电场屏蔽。

在演示过程中,黑色聚乙烯袋几乎不产生静电,并且会表现出良好的静电场屏蔽性能,这可以证明其防静电和屏蔽性能与湿度无关。

金属类防静电屏蔽袋在这个演示过程中基本不产生静电。在静电场屏蔽测试中,它们内部经常会出现小的残余静电场。严重褶皱的袋子可能会导致静电场屏蔽效果变差。

这个演示支持以下教学要点。

(1)不同类型的防静电包装具有不同的静电起电和静电场屏蔽性能。

(2)普通聚乙烯袋会产生强电荷,并且对静电场是不屏蔽的。

(3)粉色聚乙烯袋的性能是可变的。在足够的湿度下,它们会产生低静电起电,能够提供良好的静电场屏蔽。在低湿度下或者老化后,它们与普通聚乙烯袋几乎没有区别。

(4)黑色聚乙烯袋表现出低静电起电和良好的静电场屏蔽性能。

(5)金属类防静电屏蔽袋显示出低静电起电和良好的静电场屏蔽性能,尽管袋子内部经常会出现小的残余静电场。

12.7.14 不可接地的绝缘体

人们常认为绝缘体是可以接地的,其实很容易证明绝缘体接地没有效果(见图12.13)。

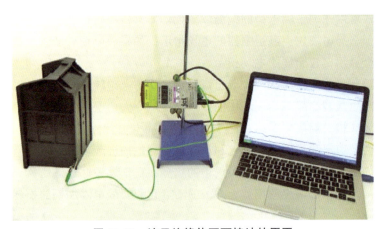

图12.13 演示绝缘体不可接地的原因

将一个刚性带电绝缘体（如塑料托盘）放在静电场仪前面，以显示由其电荷产生的电场。将接地线夹在托盘上，静电场并不消失。演示者可以向学员解释，电荷不能在绝缘体上移动，因此无法通过接地线到达大地。

这个演示支持以下教学要点：
- 电荷在绝缘材料上不能快速移动，更不能转移到接地线上；
- 绝缘体无法成功接地。

12.7.15 电荷中和：离子化静电消除器的电荷衰减与电压偏移

对于带电的必需绝缘体，通常需要采取措施来降低它的静电场和电压。离子化静电消除器通过中和作用消除产生电场的电荷，实现了这一目标。

在前一个绝缘体无法接地的演示（见第 12.7.14 节）之后，可以自然衔接本演示。一个带电绝缘体被放置在静电场仪前面，表现出强静电场或高电压（见图 12.14）。随后，将一个台式离子化静电消除器对准绝缘体，可以看到静电场强逐渐减小至 0。经过一段时间，表面电压达到了基本恒定的水平。

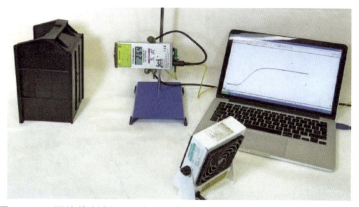

图 12.14 用绝缘材料展示离子化静电消除器的电荷衰减和残余电压

从绝缘体不可接地的说明（见第 12.7.14 节）可以很自然地得出这个说明。首先，在静电场仪前放置带电绝缘体，显示强静电场或高电压（见图 12.14）。然后，将工作台风扇型离子化静电消除器指向绝缘体，可以看到静电场强逐渐减小到 0。经过一段时间后，表面电压已达到一个接近恒定的水平。

如果在这个演示中使用图表型示波器记录仪或类似的显示设备，可以测出将电压降低到较低水平所需的时间，还可以测量残留在绝缘体表面上的残余电压。可以向学员阐明，这个残余电压是由离子化静电消除器产生的负离子和正离子数量不平衡造成的。

这个演示还可以展示电荷衰减所需的时间可能会受到诸多因素的影响，比如与离子化静电消除器的距离、离子化静电消除器的方向等。

可以使用安装了绝缘手柄的金属板作为目标进行重复演示。金属板可以通过感应或来自电压源的电荷而起电。利用金属板可以进行两个更进一步的演示。

第一个演示首先使用离子化静电消除器来中和带电平板上的电压，显示出残余电压。用一根导线将金属板临时接地，演示残余电压并显示出可检测的 ESD。移除这根导线，可以看到金属板上的电压再次上升到残余电压。然后可以向大家解释，离子化静电消除器周围的任何物品都会携带残余电压。如果这个残余电压太高，可能会带来 ESD 风险。残余电压可能会随着离子化静电消除器的寿命和状态的变化而变化，因此需要对设备进行定期校准和维护，以确保其性能维持在可接受的水平。

第二个演示是让带电绝缘体在金属板附近移动（见图 12.15）。可以看到金属板可以通过感应电压的变化来响应这个绝缘体。如果静电场或起电条件产生电压的速度比离子化静电消除器的中和速度更快，那么离子化静电消除器并不一定能将孤立导体上的电压保持在可接受的水平。

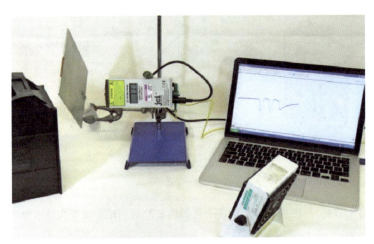

图 12.15　当存在快速变化的静电场或电荷时，离子化静电消除器无法将金属板保持在低电压

这个演示支持以下教学要点：

● 离子化静电消除器需要一定时间来中和电荷与电压，使用它来将电压降低到可接受的水平可能需要等待一段时间；

● 许多类型的离子化静电消除器中和后的电压接近 0，但由于残余电压的存在，实际电压不会达到 0；

- 离子化静电消除器将物体的残余电荷维持在残余电压水平；
- 在快速变化的环境下，中和不一定能保证孤立导体上的电压保持在低水平。

12.8 评价

12.8.1 评价的必要性

确保学员理解并记住关键的培训要点是很重要的。确保他们能正确使用关键设备也很重要，在某些情况下，如个人接地的情况下，要正确进行测试。这意味着需要某种形式的测试（笔试或实操测试）来覆盖重点。IEC 61340-5-1 和 ANSI/ESD S20.20标准要求将此作为ESD培训计划的一部分（IEC, 2016; EOS/ESD Association Inc, 2014）。

12.8.2 实操测试

评估某些操作的能力是否达标，最好通过实际操作或"在岗"观察进行。例如，测试个人接地（腕带和/或鞋）并正确记录结果。如果测试值为"不合格"，还应该考察后续要采取的操作。

12.8.3 笔试

笔试可以有很多种形式，例如采用比较简单的多选题试卷。试卷中的问题应针对培训中的每个教学要点。

对一些与会者的表现进行评估可以形成有价值的反馈，以了解哪些知识点通常不太容易被理解。如有必要，可以对培训课程内容进行修改，以增强对相应领域的理解。

进阶级课程（如认证）一般包括正式的笔试。笔试可以是开卷考试，也可以是闭卷考试。

基于计算机或网络的课程通常有内置的测试来评估学员的理解程度。

12.8.4 通过准则

无论采用何种测试方法，都必须确定合格判据。这可以是在笔试中取得及格分数线以上的成绩，也可以是在实操测试中成功完成某个动作或程序。应保存所有测试记录，并将其存放在合适的地方，以备将来参考和佐证。

参考资料

Amerasekera, A. and Duvvury, C. (2002). ESD in Silicon Integrated Circuits, 2e. Wiley. ISBN: 0471498711.

Danglemayer, T. (1999). ESD Program Management, 2e. Clewer. ISBN: 0412136716.

EOS/ESD Association Inc. (2014). ANSI/ESD S20.20-2014. ESD Association Standard for the Development of an Electrostatic Discharge Control Program for — Protection of Electrical and Electronic Parts, Assemblies and Equipment (excluding Electrically Initiated Explosive Devices). Rome, NY, EOS/ESD Association Inc.

Helling, K. (1996). ESD protection measures — return on investment calculation and case study. In: Proc. EOS/ESD Symp. EOS-18, 130-144. Rome, NY: EOS/ESD Association Inc.

INARTE. (2017). Electrostatic Discharge Control Certification. [Accessed: 7th Dec. 2017].

International Electrotechnical Commission. (2016). IEC 61340-5-1: 2016. Electrostatics — Part 5-1: Protection of electronic devices from electrostatic phenomena — General requirements. Geneva, IEC.

IPC. (2017). IPC Announces New ESD Control Certification Courses on IPC EDGE Courses provide professional credentials for Certified ESD Trainers (CETs) and ESD Certified Operators (ECOs). [Accessed: 7th Dec. 2017].

McAteer, O. J. (1980). An Effective ESD awareness training program. In: Proc. EOS/ESD Symp, 189-191. Rome, NY: EOS/ESD Association Inc.

McAteer, O. (1990). Electrostatic Discharge Control. San Francisco, CA: McGraw-Hill. ISBN: 0070448388.

Newberg C. (2017). Certification. [Accessed: 5th Dec. 2017].

Snow, L. and Danglemayer, G. T. (1994). EOS-16 94.1-94.12. A successful ESD training program. In: Proc. EOS/ESD Symp. Rome, NY: EOS/ESD Association Inc.

STAHA Association. [Accessed: 5th Dec. 2017].

Voldman, S. H. (2004). ESD Physics and Devices. Wiley. ISBN: 0470847530.

Wang, A. Z. H. (2002). On-Chip ESD Protection for Integrated Circuits. Kluwer Academic Publisher.

Welker, R. W., Nagarajan, R., and Newberg, C. (2006). Contamination and ESD Control in High-Technology Manufacturing. Wiley-Interscience, IEEE Press. ISBN: 978-0-471-41452-0.

延伸阅读

Baumgartner, G. ESD demonstrations to increase engineering and manufacturing awareness. In: Proc. EOS/ESD Symp. EOS-18, 156-166. Rome, NY: EOS/ESD Association Inc.

第 13 章 展望

13.1 总体趋势

未来，特别是在快速发展的领域（如电子行业），有希望做更多比 ESD 更令人惊讶的工作，对其进行精准预测似乎注定是不可能的。当前静电专业的发展也是最开始发现 ESD 损伤的工程师在当初所难以预料到的。许多持续关注这一领域的人都难以相信，直到今天，该行业仍然充满怀疑和不确定性。然而，尽管永远无法准确预知未来，但仍可对短期或中期发展方向进行推测。当然，新技术的发展随时可能打破局面。本章未来的读者可能会对笔者的预测和其所处的现实情况之间的差异感到惊讶，甚至觉得好笑！

电子元器件内部的特征尺寸将持续变小，这将使其愈发容易受到 ESD 损伤。新的设备及技术持续发展，其中一些更容易受到 ESD 的影响，而另外一些则可能不太容易受到 ESD 的影响。

新的器件封装和电路组装技术应用将更加广泛，甚至可能取代当前的技术，就像通孔插装技术被表面安装技术广泛替代一样。

ESD 控制程序也将持续发展，相关标准亦是如此。随着对低 ESD 耐受电压（超敏感）部件的处置越来越普遍，需要开发对应的 ESD 控制程序（包括人工操作流程和自动操作流程）。

笔者希望 ESD 耐受电压数据能够公布在器件数据表中，或根据需要提供给 ESD 控制专业人员。然而遗憾的是，许多器件制造商似乎不愿意提供这些数据。

知识和理解将更加重要——这就使得高水平的 ESD 培训、审核以及某些特定方面（如 ESD 相关测量）的需求更大。

接下来将对一些主题进行更深入的讨论。

13.2 ESD 耐受电压趋势

13.2.1 IC ESD 耐受电压趋势

ESDA 会不定期发布"ESD 技术蓝图"（EOS/ESD Association Inc, 2010, 2013, 2016c）。蓝图会回顾并预测未来几年 IC 行业的发展趋势及其对 ESD 防护措施和器件测量趋势的影响。蓝图侧重于 IC 制造业，不包括 MR 磁头、LED、激光器和光电二极管以及薄膜晶体管液晶显示器等相关内容。2016 年的蓝图中还关注了新技术趋势（如 2.5D 和 3D 的 IC、微凸块以及 I/O 封装）的影响。随着时间推移，这些趋势与技术发展的连接将愈发紧密。

通常，蓝图中的图表会给出自 20 世纪 70 年代中期以来，HBM 和 CDM 的 ESD 耐受电压范围，并预测其在未来几年内的变化（见图 13.1 和图 13.2，本书获 ESDA 许可，复制了 2016 年 5 月 ESD 技术蓝图中的图 1）。这一范围是由来自领先的半导体制造业的工程师预测得出的，最大值表示由于技术扩展可能出现的情况，最小值来自电路性能要求（该情况下往往需要减少 ESD 防护）。

这些图表显示，从 20 世纪 70 年代末 ESD 成为普遍问题到 20 世纪 90 年代中期，ESD 耐受电压总体呈现增大趋势。这是因为随着对 ESD 认识的深入，器件的设计会更具 ESD 鲁棒性，多数情况下还会内置 ESD 防护网芯片。

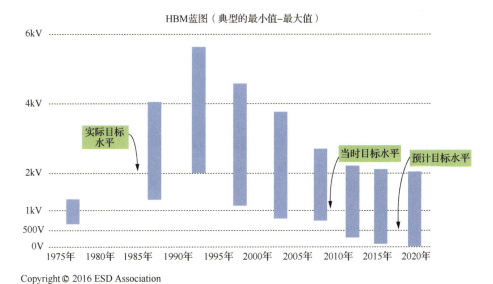

Copyright © 2016 ESD Association

图 13.1　HBM 耐受电压预测（ESDA, 2016c）

图 13.2 CDM 耐受电压预测（ESDA, 2016c）

从 20 世纪 90 年代中期开始，耐受电压开始下降，这是因为来自电子工艺技术的压力使得实现高 ESD 耐受电压变得越来越困难。

进入 21 世纪后，一些半导体制造商联合提出了新的 ESD 目标水平（Industry Council, 2010a, 2010b, 2011）。其动机是设定 EPA 内安全处置 IC 的 ESD 防护要求，同时应对在 IC 设计中面临的技术扩展和变化带来的越来越难以实现高 ESD 耐受电压的情况。新的 ESD 目标水平中建议将 HBM 耐受电压降至 1000V，将 MM 耐受电压降至 30V（Industry Council, 2011）；紧接着又建议将 CDM 耐受电压目标水平降至 250V（Industry Council, 2010a）。认为"基础"ESD 防护措施足以保护 HBM 耐受电压不低于 500V 的器件，而当处置 HBM 耐受电压低于 500V 的器件时，需要更"具体"的 ESD 防护措施。

ESD 目标等级行业委员会建议将 HBM 耐受电压目标水平降至 1kV。这也许只是第一步——HBM 耐受电压目标水平可能会进一步降至 500V，CDM 耐受电压目标水平也会相应地降低。当前 CDM 耐受电压目标水平已经降至 250V，蓝图认为未来这一目标将会是 125V。一些高性能器件的耐受电压已经低至 HBM 100V。

2016 年的蓝图对 2010—2020 年的 HBM 耐受电压和 CDM 耐受电压趋势进行了展开分析（见图 13.3～图 13.6）。结果显示，随着时间的推移，更大比例的 ESDS 器件的 ESD 耐受电压将处于 HBM 500V～HBM 100V，并且小于 CDM 200V（见图 13.5 和图 13.6）。图 3.3 和图 13.4 展示了符合 ANSI/ESD S20.20 的 ESD 控制程序能够达到的控制水平。如果目标低于这一水平（HBM 100V 和 CDM 200V），通常需要"定制"特殊的 ESD 防护措施。

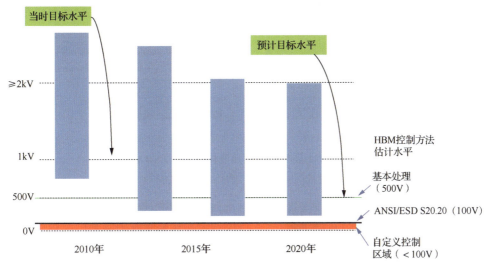

图 13.3 2010 年及之后 HBM 耐受电压预测蓝图（ESDA, 2016c）

注：本书获 ESDA 许可，复制了 2016 年 5 月 ESD 技术蓝图中的图 2。

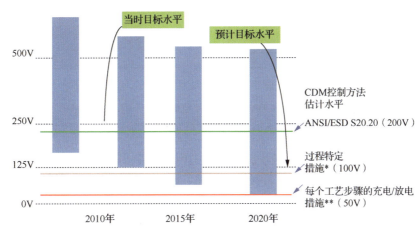

Copyright © 2016 ESD Association

图 13.4 2010 年及之后 CDM 耐受电压预测蓝图（ESDA, 2016c）

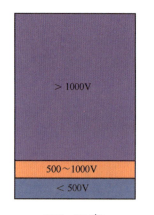
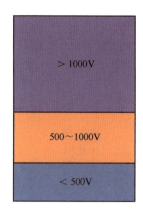

图 13.5 IC HBM 静电耐受电压变化预测（ESDA, 2016c）

注：本书获 EOS/ESD 协会许可，复制了 2016 年 5 月 ESD 技术蓝图中的图 3。

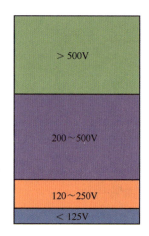
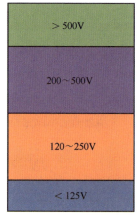

图 13.6 IC CDM 耐受电压变化预测（ESDA, 2016c）

注：本书获 ESDA 许可，复制了 2016 年 5 月 ESD 技术蓝图中的图 7。

从蓝图中可以看出，2020 年以后，HBM 耐受电压范围可能不会发生太大变化，但器件在范围内的分布可能发生变化，耐受电压在 500～1000V 和 100～500V 范围的器件占比会增大。同样地，CDM 耐受电压可能在 250～500V、125～250V 和<125V 范围内。

驱动耐受电压降低的根本原因是电子工艺技术的变革。器件内部尺寸已减小至 22～18nm，这就导致内部线路本身更加敏感。由于越来越多的器件需要在 10～30GB 的数据读写速度范围内工作，因而包含高速 I/O 引脚。射频电路正变得越来越普遍。如果不削弱器件性能的话，这些器件引脚通常只能承受 ESD 防护网增加的微小电容,而提高器件性能往往以降低 ESD 耐受电压为代价。

MM 耐受电压测试已逐步被淘汰,未来的 ESD 耐受电压特性正常情况下将采用 HBM 耐受电压和 CDM 耐受电压表征。

随着封装尺寸的增大,CDM ESD 敏感度逐渐降低。蓝图指出,在 22nm 高速 I/O 的平面网格阵列封装(Land Grid Array,LGA)或 BGA 中的 3000 引脚几乎无法满足 CDM 125V 的目标。

13.2.2 其他器件 ESD 耐受电压趋势

ESDA 蓝图研究的是 IC 的 ESD 耐受电压趋势,还有许多其他类型的易受 ESD 损伤的器件,如晶体管、二极管、表面声波器件、MEMS、MR 传感器等。这些器件属于电子系统制造过程中最敏感的器件,且通常很少或根本不内置 ESD 防护。ESDS 器件大多仍然最有可能是此类器件,其 ESD 耐受电压仍然取决于特定的器件和技术。

13.2.3 ESD 耐受电压数据的可用性

当前,在器件 ESD 耐受电压可用性和公布方面仍存在较大的改进空间。笔者希望器件制造商最终能够"理所当然"地发布这些数据,比如将它们公布在器件数据表中。

13.2.4 器件 ESD 耐受电压测试

常规的器件性能表征测试已经不包含 MM 耐受电压。研究认为 MM 测试提供的有用信息并不比 HBM ESD 提供的更多(Industry Council,2011)。

HBM 耐受电压和 CDM 耐受电压测量可能会持续发展,以更利于测量高引脚数和小引脚间距器件,并降低不断增加的测量时间和成本(ESD Assoc.,2016c)。统计抽样方法可能用于高引脚数器件。这些改变都需要定期更新相关 ESD 测量标准和测量设备。随着器件越来越敏感,还可能需要引入更低的电压测量能力。

此外,还将继续开发 HMM 测试,以用于测试可暴露于系统级 ESD 的器件引脚。提高该测试的重复性是当前的研究方向之一。还可进一步发展瞬态闩锁(Transient Latch Up,TLU)测试及其他测试。开发 TLP 技术,并将其用于表征 ESD 防护能力也是进一步发展的方向,同时需为此类测试制定标准。

13.3 ESD 控制程序开发与过程防护

13.3.1 ESD 控制程序发展策略

对有的企业而言，IEC 61340-5-1 和 ANSI/ESD S20.20 能够满足它们根据标准建立 ESD 控制程序、制定防护措施的需要，但也有企业认为有必要大幅度调整其 ESD 控制程序，原因可能包括：
- 需要处置低 ESD 耐受电压的 ESDS 器件；
- 所采用工艺过程的 ESD 风险不常见；
- 期望优化 ESD 控制程序，以获得最佳效果和投资回报；
- 期望 ESD 损伤风险极低（如开发高价值或高可靠性产品）。

即使没有上述原因，器件 ESD 耐受电压持续下降的趋势也证实了在处理这些器件的过程中需要持续改进 ESD 控制程序和合规判据。

ESD 目标等级行业委员会（Industry Council, 2011）认为，ESD 控制程序涵盖以下 3 个层级：
- ESD 防护措施很少或没有；
- 有基本的 ESD 控制程序；
- 有详细的 ESD 控制程序。

随着时间的推移，企业可能需要更严格的 ESD 防护，会有更多的企业步入"有详细的 ESD 控制程序"之列。

对于 ESD 防护措施很少或没有的企业，即使 ESD 耐受电压为 HBM 2kV 或更高，也很可能导致 ESD 损伤。如果人体接地不充分，人体电压很容易超过 2000V。即便有简单的 ESD 防护措施，这些企业的 ESD 培训和符合性验证往往很少或根本就没有。最新的 ESD 防护标准的关键要求包括 ESD 控制程序文件、防静电产品认证计划、符合性验证计划以及 ESD 培训计划，这并非偶然，因为缺乏任何一项都意味着 ESD 控制程序可能失效：
- 缺乏 ESD 控制程序文件意味着 ESD 防护措施将难以复制，关键措施可能会被忽略；
- 缺乏防静电产品认证计划可能导致设备的长期有效性无法保证；
- 缺乏符合性验证计划意味着可能无法及时发现防静电设备故障并采取补救措施；
- 缺乏 ESD 培训计划意味着人员可能对 ESD 防护流程和设备知之甚少。

随着低 ESD 耐受电压部件比例的增加，当前对 ESD 防护关注不够的企业的损失可能会持续增加。这证明了建立一个具有良好基本防护措施的有效 ESD 控制程序的必要性。

13.3.2 基础 ESD 控制程序

基础 ESD 控制程序实施的是常规的 ESD 防护措施，冗余很少或几乎没有冗余（Industry Council，2011）。它的 ESD 防护原理为：

- 仅在 ESD 风险可控的 EPA 内处置 ESDS 器件；
- 在 EPA 外，采用防静电包装保护部件。

EPA 内用于 ESD 风险防控的技术如下。

（1）所有导体，尤其是可能接触 ESDS 器件的人员，都应进行等电位连接，最好接地。

（2）将非必需绝缘体从 ESDS 器件附近移除。

（3）对工艺或产品所需的绝缘体进行 ESD 风险评估。通过某种方式将不可接受的风险降至可接受水平。通常根据静电场和电压来评估风险。

为了确保长期有效性，基础 ESD 控制程序必须包括 ESD 控制程序文件和实施、防静电产品认证计划、符合性验证计划以及 ESD 培训计划。

当前的 ESD 控制程序标准 IEC 61340-5-1:2016 和 ANSI/ESD S20.20-2014 旨在保护耐受电压低至 HBM 100V 和 CDM 200V 的设备。带电导体的 ESD 限值为 35V。

如果一个基础 ESD 控制程序能够很好地得到实施，防静电设备的任何故障都能够被快速检测并且得到修复，那么这个基础 ESD 控制程序是非常有效的。

13.3.3 详细 ESD 控制程序

详细 ESD 控制程序为 ESD 防护增加了冗余，并且可能采用连续监测系统确保能够快速检测到故障（Industry Council，2011）。冗余能够避免单一设备故障导致 ESD 损伤，因为增加的防护措施有助于 ESD 风险控制。

处理 ESD 耐受电压低于 HBM 500V 的器件通常需要更细致的 ESD 防护，因为防静电设备故障通常会迅速导致 ESD 事件的发生。处置 ESD 耐受电压低于 HBM 100V 的器件时，ESD 控制程序超出了诸如标准 IEC 61340-5-1 和 ANSI/ESD S20.20 的范围，需要更多具体的防护措施。

ESD 蓝图预测 ESD 防护将需要更严格的限制，并且可能需要更高频次的符合性验证。由于多芯片封装（如 2.5D 和 3D）技术在速度、封装尺寸和复杂度等方面的提高，预测 CDM 耐受电压会降低。

随着器件 ESD 耐受电压的降低，对更加细致、高级和非标准 ESD 防护措施的需求越来越多。应对工艺过程进行仔细评估以明确特定的 ESD 威胁，必要时需要采用专门设计的防护措施来应对。ESD 风险将不再通过具有固定限制的检查表来确定，而是更多由熟练的 ESD 协调员应用工程方法来确定（Jacob et al., 2012）。

随着低 ESD 耐受电压器件越来越普遍，当前标准的设计阈值（ESD 耐受电压 HBM 100V、CDM 200V，孤立导体 35V）可能需要降低。

13.3.4 人体的 ESD

使用腕带或防静电地板-鞋束系统对人体 ESD 进行防护的方案比较成熟且易于理解。此类防护方案能为用户提供正确实施标准的 ESD 防护需求，运行效果良好，方案内容应包括以下方面：

- 坐着操作时使用腕带；
- 对所使用的每种地板和鞋束组合，都应测量人体对地电阻，以认证地板和鞋束性能；
- 对每种地板和鞋束组合，通过人体行走电压测试认证其性能；
- 对所使用的每种地板和鞋束组合，通过测量人体对地电阻对地板-鞋束系统进行符合性验证。

在本书（英文版）成稿之时，许多用户尚未根据标准采纳合适的地板-鞋束符合性验证程序。在处置低 HBM 耐受电压器件时，行走测试尤为重要，因为 ESD 防护目标是维持人体电压低于所处置器件的 HBM 耐受电压水平。研究表明，对于某些地板-鞋束系统，单独的鞋束、地板电阻，甚至组合系统电阻都很难准确预测所产生的人体电压。

在处理低 ESD 耐受电压器件时，可能需要一些用户采纳较低的人体电压限值，以匹配他们所处理器件的 ESD 耐受电压。例如，当处置 ESD 耐受电压 HBM 50V 的器件时，可能需要设置人体电压上限为 50V。

13.3.5 ESDS 产品与导体间的 ESD

ESDS 产品和导体间的 ESD 包括带电未接地导体的"双引脚"ESD 以及 ESDS 产品和其他电压与之不同的导电部位间的"单引脚"ESD。"双引脚"ESD 事件是指 ESD 电流从一个引脚进入器件，然后从另一个引脚流出器件。MM 耐受电压测试能够表示带电未接地导体对双引脚 ESD 的敏感度。该测试现在被认为是冗余的，并且正在逐步停止使用，其中一个原因是该测试通常会出现与 HBM 测试类似的故障，但耐受电压约为 HBM 的 1/30 或更高。除此之外，HBM 1kV ESD 耐受电压预计通常会产生大于 30V 的 MM 耐受电压（Industry Council, 2011）。这在理论论证和实践经验中均得到了证实。

"单引脚"ESD 事件是指 ESD 发生于 ESDS 器件的一个引脚和另一个导电体之间，不涉及其他 ESDS 引脚。CDM ESD 敏感度测试代表了对"单引脚"ESD 事件的敏感性。

随着自动化装配比例增大，人体 ESD 威胁相应减小（涉及人工操作的工艺过程除外）。ESDS 器件和导电零部件之间的 ESD 威胁占 ESD 风险的比例更大。

当前的 ESD 防护标准中，带电导体的 ESD 威胁通过下面两个要求进行控制：
- 如果可能，与 ESDS 器件接触的导体必须接地；
- 对于可能与 ESDS 器件接触但无法接地的导体，必须将导体与 ESDS 器件之间的电位差限制在±35V。

上述要求同时解决了"单引脚"和"双引脚"ESD 威胁。通过限制 ESDS 器件附近的静电场，也可以解决带电装置的 ESD 威胁。也可以通过阻止 ESDS 器件和低电阻导体发生接触来避免产生上述两种类型的 ESD 损伤。

在实际操作中，很难测量和验证 ESDS 器件和未接地导体之间的电位差。这一般通过先测量 ESDS 器件上的电压和导体上的电压再计算电压的差值来实现。这些测量可能很难进行，尤其是对于设备正在运行的流程，因为 ESDS 器件和导体可能是很小的低电容产品，进行这些测量可能需要特殊的静电电压表。因此，上述要求在实际操作中的实用性还有待观察。标准中也尚未以可测量的方式定义未接地导体。

13.3.6 带电未接地导体的"双引脚"ESD

可以认为，将导体与 ESDS 器件之间的电位差限制在±35V 能够解决电容高达 200pF（MM 源电容）的导体的"双引脚"ESD 风险。这能够保护 MM 耐受电压低至 35V（相当于 HBM 耐受电压 1000V）的器件。然而，随着低 HBM 耐受电压零部件的使用越来越普遍，该限值电压可能不得不随之降低。

在实践中，导体真正的 ESD 威胁取决于导体的电容。实际环境中，许多导体的电容可能低于 MM 200pF，有些可能高一些。低电容产品能够耐受更高的电压，而高电容产品可能只能耐受比所处理器件最低 ESD 耐受电压更低的电压。ESD 威胁还可能取决于器件是否易受放电中传输的 ESD 电流、电荷或能量的影响（Smallwood et al., 2003; Paasi et al., 2003）。

13.3.7　ESDS 产品与其他电压不同导电部位间的"单引脚"ESD

在过去的大约 10 年间，人们对开发一种将工艺过程能力与设备 CDM 耐受电压数据关联起来的方法产生了极大的兴趣。这对自动化流程尤其有意义，同时有助于理解器件与金属物体（无论是否接地）接触产生的 ESD 风险。有研究者以当前的 CDM 耐受电压作为参数（如 Steinman, 2010, 2012），但有研究者认为，有必要记录峰值电流或其他 CDM 波形数据（而不是源电压），以与真实条件进行对比（如 Tamminen et al., 2007, 2017a, 2017b）。同时，已经证明了开展过程测量用于和 CDM 波形参数进行比较是非常困难的。特别是随着器件 CDM 耐受电压的降低，这一领域很大可能在未来 10 年内仍需持续开展研究。在取得进展之前，可能需要新的测量技术或方法（Tamminen et al., 2017a, 2017b）。器件 ESD 耐受电压测量操作可能需要修改以记录所需数据。

13.3.8　带电平板、模块和电缆 ESD

当 PCB 与导电物体接触或连接电压不同的电缆时，会发生带电平板和电缆放电事件。PCB、电缆或其他导体都可能带电。与带电器件 ESD 相比，带电平板和电缆放电事件释放的能量很高，这是因为与器件相比，PCB 或电缆的电容很高。由带电平板和电缆放电事件导致的损伤看起来更像是 EOS 过大，而不是 ESD（Olney et al., 2003）。

模块和子组件通常由塑料外壳封装或包裹，在处置过程中或与包装接触时，塑料外壳很容易因发生摩擦而带电。由于塑料外壳能够屏蔽直接 ESD，通常认为由塑料外壳封装的组件不受 ESD 的影响。然而，对附近带电材料的静电场而言，聚合物密封剂和外壳是"透明"的，即它们无法保护内部器件不受静电场影响。在不受控区域内，当手持物品时带电人体可能成为一个外部静电源。内部 PCB 和其他导体的电压能通过感应升到非常高，然后通过端子与另一导体接触发生放电。

电缆在卷轴上、包装内或在物体表面发生移动时，可因接触和摩擦而带电，也可因附近带电绝缘体（如包装材料）的静电场而发生感应带电。带电电缆电容可高达数百 pF 且可变，也就是说，带电电缆或配线机是能量非常高的静电源。在产品装配或系统安装过程中，放电通常会发生在 PCB 连接线路上。而连接到 PCB 的线路可能无法承受如此高的 ESD，特别是在这些线路是内部系统连接线路而不是外部连接线路的情况下（Stadler et al., 2017; Marathe et al., 2017）。

上述 ESD 风险并未明确涵盖在目前的 ESD 标准中，但将来可能会涵盖其中。

13.3.9 程序优化

从投资回报的角度来看，ESD 控制程序优化一直是某些 ESD 防护从业者的目标。然而，"遵从标准"往往凌驾其他一切目标，特别是对那些对 ESD 防护理解不够深入的企业而言。随着更多专业知识成功应用于 ESD 防护，相关专业知识将能够应用于程序优化中。更多的企业将能够在遵从标准的同时，实现 ESD 控制程序的改进和优化。

13.4 标准

在可以预见的未来，最重要的 ESD 防护标准 IEC 61340-5-1 和 ANSI/ESD S20.20 将继续完善和发展。这两个标准当前已经处于比较成熟的阶段，它们的预期完善和发展是渐进式的，而不会突然发生重大变化。但是，标准应用经验、低 ESD 耐受电压器件增加以及 ESD 防护方法开发将会反映在标准重新编写和更新的详细要求中。例如，IEC 61340-5-1:2007 中将静电场的阈值设置为 $10\,000\text{V}\cdot\text{m}^{-1}$，在更新后的 IEC 61340-5-1:2016 中，这个值降至 $5000\text{V}\cdot\text{m}^{-1}$。新版标准还增加了一些处理与 ESDS 器件接触的未接地导体的要求。ANSI/ESD S20.20 通常引领发展的方向，它的新版本通常会比 IEC 61340-5-1 早一年左右发布。新版用户指南 IEC 61340-5-2 和 ESD TR20.20 一般会随着新版标准的发布而更新（IEC, 2018a; EOS/ESD Association Inc., 2016b）。

此外，一些相关的测量方法及其他标准也会随着使用情况而发生变化。对于特定的应用场景，可能会出现新的测量方法。过程评估的方法也有可能得到改进和发展，并可能成为标准操作或一个完整标准。

13.4.1 对未来标准的影响

在未来，新版标准可能必须改变 ESD 控制程序开发和过程防护方法（详见第 13.3 节）。未接地导体的构成也需要根据可测量参数（如接地电阻）进行更明确的定义。

可能有必要将简单的"一刀切"要求转变为针对器件的敏感度和故障模式进行更仔细的测量并制定具有针对性的措施。例如，导体上的电压限值可能与导体的电容以及所处置器件的 HBM 耐受电压和 CDM 耐受电压有关。可能能够确定对于耐受电压高于给定值的器件，低于电容限值的小的未接地导体不会造成威胁。相反；对于超敏感器件，特别是电压敏感器件（如低栅电容低电压的场效应晶体管）或者那些可能被高瞬时电流损伤的器件，则需要非常小心地进行控制或避免其与未接地导体（尤其是低电阻的导体）的接触。

13.4.2 自动化操作中的 ESD 防护

截至本书（英文版）成稿之时，尽管 ESDA 已经编制了标准操作文件 ANSI/ESD SP10.1，但 AHE 中的 ESD 防护尚未实现标准化。部分原因在于很难为 AHE 和流程提供适当的标准化的 ESD 防护措施。标准适用于验证符合性所必需的要求，无论在特定情况下进行 ESD 防护是否需要这些要求。不适当的要求可能会导致无谓的成本增加，或者因技术原因难以在 AHE 上实现。

原则上，IEC 61340-5-1 和 ANSI/ESD S20.20 中给出的防护措施（导体接地、未接地导体处置以及绝缘体控制）适用于 AHE 内部 ESDS 关键路径。因此，自动化操作 ESD 防护的标准化可从以下 3 个方面突破。

（1）完善 IEC 61340-5-1 和 ANSI/ESD S20.20 文件，用于自动化系统。自动化系统应用指南可纳入 IEC 61340-5-2 和 ESD TR20.20 用户指南文件。

（2）制定单独的标准，涵盖适用于 AHE 的要求。

（3）进一步开发单独的文件[IEC 系列文件中的技术报告（TR）、技术规范（TS）或 ESDA 系统中的标准操作规程（SP）]，将它们用于提供指南，而不是符合性要求。

13.5 防静电材料与防静电包装

13.5.1 防静电材料

防静电材料的发展趋势有两方面。一方面，鉴于工艺控制要求不断提升，新的防静电材料将不断被开发出来并应用于 ESD 防护。另一方面，随着对 ESD 风险认识的提高，材料特性评估技术也将不断发展（Viheriäkoski et al., 2017）。

13.5.2 防静电包装

新型器件封装以及自动化操作技术的开发需要新的防静电包装和材料。IEC

编制了技术报告 IEC TR61340-5-5，在其中梳理了防静电包装及相关测量方法当前以及未来的要求（IEC，2018b）。常规防静电包装的类型以及材料的种类随着时间的推移而增加，从而需要新的、更好的防静电包装材料和系统评估方式，对防静电包装有效性的理解也有待普遍提高。这些可能会对防静电包装提出新的要求。例如，ESD 阻隔层性能可根据包装材料的体积电阻和击穿电压来定义。对于某些类型的器件，包装内 ESDS 器件上的转移电荷、感应电流以及能量衰减可能非常重要。

对采用自动化操作封装的小的器件而言，静电引力已经成为不容忽视的问题（D. E. Swenson 2017 年的私人信件）。由于非常小的器件的数量日益激增，这一趋势很可能会继续下去。

13.6 ESD 相关测量

13.6.1 防静电包装测量

要开发防静电包装和材料，就必须改进防静电包装材料和产品的测量方法。在本书（英文版）成稿时，就已经提出了开发用于小型非平面防静电包装材料的电阻测试电极的需求。随着对不同 ESDS 器件和应用的防静电包装要求理解越来越深入，可能需要开发新的测量方法。

13.6.2 ESDS 器件与未接地导体的电压测量

测量小的 ESDS 器件和未接地导体上的电压非常具有挑战性，尤其是在运行的 AHE 中。目前，行业内对电压测量设备的类型、测量能力以及局限性的了解不够透彻（专业从业人员除外），相关技术的理解和使用还有待进一步开展。

尽管已经认识到电压通常不是与 ESD 风险最相关的参数，但在一定的时期内，电压测量很可能仍然在 ESD 风险评估中占据核心位置。这一方面是由于缺乏可行的替代方案，另一方面是由于电压测量已成为行业内已经成型的思维模式，可能阻碍采用其他参数来评估 ESD 风险的进展。

13.6.3 AHE ESD 风险相关测量

AHE 运行状态下，AHE ESD 风险相关的测量是当前 ESD 防护工作最紧迫的问题之一。因此，笔者期待该领域在未来的几年中持续发展。但是对于 ESD 电流、电磁辐射或其他与 ESD 相关的参数，能否找到直接或间接测量的解决方案，尚难预测。

13.7 系统 ESD 抗扰度

尽管已经证实，系统 ESD 抗扰度通常与单一组件的 ESD 敏感度无关（Industry Council, 2010a, 2010b, 2012），但有研究提出了一种 SEED 设计方法，解决了与连接到外部接口［如通用串行总线（Universal Serial Bus，USB）接口］的器件引脚的高 ESD 相关的硬故障，以及 ESD 传导或辐射 EMI 导致的"软"故障（Stadler et al., 2017; Marathe et al., 2017）。未来，这种方法可能会得到更广泛的应用以及进一步发展。

13.8 教育与培训

ESD 相关行业已经走出了能够通过标准措施和方法实现有效 ESD 防护的时代，更多需要通过对工程原理的认识、理解和掌握来提升 ESD 防护效果。这意味着需要向从业人员提供更高水平的专业教育与培训，以及更多的高水平的行业相关课程，包括专业的持续发展课程。笔者希望更多大学以及专业机构能认识到在电子相关课程中教授不同层次 ESD 防护知识的价值。

参考资料

EOS/ESD Association Inc. (2010). ESD Association Electrostatic Discharge (ESD) Technology roadmap. Revised March 2010. [Accessed: 15th May 2017].

EOS/ESD Association Inc. (2013). ESD Association Electrostatic Discharge (ESD) Technology roadmap. Revised March 2013. [Accessed: 10th May 2017].

EOS/ESD Association Inc. (2014). ANSI/ESD S20.20-2014. ESD Association Standard for the Development of an Electrostatic Discharge Control Program for — Protection of Electrical and Electronic Parts, Assemblies and Equipment (excluding Electrically Initiated Explosive Devices). Rome, NY, EOS/ESD Association Inc.

EOS/ESD Association Inc. (2016a). ANSI/ESD SP10.1-2016. Standard practice for protection of Electrostatic Discharge Susceptible Items — Automated handling Equipment (AHE). Rome,NY, EOS/ESD Association Inc.

EOS/ESD Association Inc. (2016b). ESD TR20.20-2016. ESD Association Technical Report — Handbook for the Development of an Electrostatic Discharge Control Program for the Protection of Electronic Parts, Assemblies and Equipment. Rome, NY, EOS/ESD Association Inc.

EOS/ESD Association Inc. (2016c). ESD Association Electrostatic Discharge (ESD) Technology roadmap. revised 2016. [Accessed: 10th May 2017].

Industry Council on ESD Target Levels. (2010a). White paper 2: A case for lowering component level CDM ESD specifications and requirements. Rev. 2.0. [Accessed: 10th May 2017].

Industry Council on ESD Target Levels. (2010b). White paper 3: System Level ESD Part Ⅰ: Common Misconceptions and Recommended Basic Approaches. Rev. 1.0. [Accessed: 10th May 2017].

Industry Council on ESD Target Levels. (2011). White paper 1: A case for lowering component level HBM/MM ESD specifications and requirements. Rev. 3.0. [Accessed: 10th May 2017].

Industry Council on ESD Target Levels. (2012). White paper 3: System Level ESD Part Ⅱ: Implementation of Effective ESD Robust Designs. Rev. 1.0. [Accessed: 10th May 2017].

International Electrotechnical Commission. (2016). IEC 61340-5-1: 2016. Electrostatics — Part 5-1: Protection of electronic devices from electrostatic phenomena — General requirements. Geneva, IEC.

International Electrotechnical Commission. (2018a). IEC TR 61340-5-2:2018. Electrostatics — Part 5-2: Protection of electronic devices from electrostatic phenomena — User guide. ISBN: 978-2832254455, Geneva, IEC.

International Electrotechnical Commission. (2018b). IEC TR 61340-5-5:2018. Electrostatics — Part 5-5: Protection of electronic devices from electrostatic phenomena — Packaging systems used in electronic manufacturing. Geneva, IEC.

Jacob, P., Gärtner, R., Gieser, H. et al. (2012). Paper 3B.8. ESD risk evaluation of automated semiconductor process equipment — A new guideline of the German ESD Forum e.V. In: Proc. EOS/ESD Symp. EOS-34. Rome, NY: EOS/ESD Association Inc.

Marathe, S.,Wei, P., Ze, S. et al. (2017). Paper 3A.4. Scenarios of ESD Discharges to USB Connectors. In: Proc. EOS/ESD Symp. EOS-39. Rome, NY: EOS/ESD Association Inc.

Olney, A., Gifford, B., Guravage, J., and Righter, A. (2003). Real-world charged board model (CBM) failures. In: Proc. EOS/ESD Symp. EOS-25, 34-43. Rome, NY: EOS/ESD Association Inc.

Paasi, J., Salmela, H., and Smallwood, J. M. (2003). New methods of assessment of ESD threats to electronic components. In: Proc EOS/ESD Symp. EOS-25, 151-160. Rome, NY: EOS/ESD Association Inc.

Smallwood, J. and Paasi, J. (2003). Assessment of ESD threats to electronic components and ESD control requirements. In: Proc. Electrostatics 2003. Inst. Phys. Conf. Ser. No. 178 Section 6, 247-252.

Stadler,W., Niemesheim, J., and Stadler, A. (2017). Paper 3A.1. Risk assessment of cable discharge events. In: Proc. EOS/ESD Symp. EOS-39. Rome, NY: EOS/ESD Association Inc.

Steinman, A. (2010). Paper 3B3. Measurements to Establish Process ESD Compatibility. In: Proc. EOS/ESD Symp. EOS-32. Rome, NY: EOS/ESD Association Inc.

Steinman, A. (2012). Paper 2B.4. Process ESD Capability Measurements. In: Proc. EOS/ESD Symp. EOS-34. Rome, NY: EOS/ESD Association Inc.

Tamminen, P. and Viheriäkoski, T. (2007). Paper 3B.3. Characterization of ESD risks in an assembly process by using component-level CDM withstand voltage. In: Proc. EOS/ESD Symp. EOS-29, 202-211. Rome, NY: EOS/ESD Association Inc.

Tamminen, P., Smallwood, J., and Stadler, W. (2017a). Paper 1B.4. Charged device discharge measurement methods in electronics manufacturing. In: Proc. EOS/ESD Symp. EOS-39. Rome, NY: EOS/ESD Association Inc.

Tamminen, P., Smallwood, J., and Stadler, W. (2017b). Paper 4B.2. The main parameters affecting charged device discharge waveforms in a CDM qualification and manufacturing. In: Proc. EOS/ESD Symp. EOS-39. Rome, NY: EOS/ESD Association Inc.

Viheriäkoski, T., Kärjä, E., Gärtner, R., and Tamminen, T. (2017). Paper 4B.3. Electrostatic discharge characteristics of conductive polymers. In: Proc. EOS/ESD Symp. EOS-39. Rome, NY: EOS/ESD Association Inc.

延伸阅读

Fung, R., Wong, R., Tsan, J., and Batra, J. (2017). Paper 1B.3. An ESD case study with high speed interface in electronics manufacturing and its future challenge. In: Proc. EOS/ESD Symp. EOS-39. Rome, NY: EOS/ESD Association Inc.

Koh, L. H., Goh, Y. H., and Wong, W. F. (2017). Paper 1B.2. ESD Risk Assessment Considerations for Automated Handling Equipment. In: Proc. EOS/ESD Symp. EOS-39. Rome, NY: EOS/ESD Association Inc.

附录 A ESD 控制程序示例

A.1 引言

本附录参照第 10 章内容，为读者提供 ESD 控制程序的一个完整示例。

该示例并非"标准化"的 ESD 控制程序，也不是编写 ESD 控制程序所必须遵循的范本。它只是一个 ESD 控制程序的示例。每个组织都应根据自己的流程和场景需要来制定个性化的 ESD 控制程序。

标准目录被用来创建程序的结构，并确保所需的事项均被覆盖，还应考虑到场景的需要和预期的操作，以确认包括必要的设备和便捷的控制措施。标题顺序可能被调整，标题内容可能会被删减，因为它们在 ESD 控制程序中并不一定是必需的。

A.2 场景简介

本示例模拟一个简单的场景。在这个场景中，ESDS PCB 和组件在货物入库处被接收，然后从包装中取出，被重新单独包装在袋子中以便周转。有的工作站内可以利用市电进行有限测试。

在本示例中，大多数 ESDS 器件都按合同要求存放在防静电包装中，并按照合同规定进行标识。然而，在 EPA 内使用的一些防静电包装并没有类似规定。

在某些时候，操作人员会进入 EPA 并站着操作无防护的 ESDS 器件。在这种情况下，最方便的接地方式是穿上防静电鞋、站在防静电地板上。在其他时候，当操作人员坐在工作站的座椅上操作无防护的 ESDS 器件时，需要佩戴腕带。防静电椅应通过防静电地板接地。

假设存在这样一个典型的 EPA 场景，其中包括：

- 防静电工作站，上面可能会放置无防护的 ESDS 器件；
- 防静电地面，为人体（通过防静电鞋）和防静电椅提供接地；
- 防静电椅；
- 坐着的人员接地用的腕带，以及腕带接地连接点；
- 包装类，如手提袋；
- 防静电服（外套）。

A.3 试验与程序确认

ESD 控制程序包括防静电产品认证程序和符合性验证程序。这需要若干确认程序（Qualification Procedure，QP）和测试程序（Test Procedure，TP）。此处不赘述，但应将所需的测试设备、测试方法等细节以及简要测试过程进行定义和记录归档。

A.4 ESD 控制程序文件示例

A.4.1 介绍

本文件是基于 IEC 61340-5-1:2016 和 ANSI/ESD S20.20-2014 标准编制的 ESD 控制程序。

A.4.2 范围

本程序文件涵盖某公司制造、加工、组装、安装、包装、标识、维修、测试、检查、运输或以其他形式处理 ESDS 器件的所有活动。特别说明，这些活动还包括易受静电影响的 PCB 和组件的验收工作、从防静电包装中取出的检查工作、为方便周转而重新分装等行为。

具体某个 ESDS 器件的 ESD 耐受电压目前尚不明确。ESD 控制程序是为满足现行标准而设计的，能够适用于 ESD 耐受电压大于或等于 HBM 100V、CDM 200V 和孤立导体±35V 的电子电气元件、组件和设备。

A.4.3 术语及其定义

本程序中使用的主要术语及其定义如表 A.1 所示。

表 A.1　主要术语及其定义

术语	定义
CDM	带电器件模型。ESD 应力模型，近似于当一个带电器件快速向另一个具有不同电压的物体进行放电
EPA	防静电工作区。在这个区域内操作 ESDS 产品，可以有效控制 ESD 或静电场损伤产品的风险
ESDS	ESD 敏感（器件）。可能被静电场或 ESD 损坏的敏感器件、IC 或组件
HBM	人体模型。ESD 应力模型，近似于当器件的一个引脚接地时，人体指尖向另一个引脚发生放电
应	"应"表示 ESD 控制程序的强制要求。如果声明某个要求应该执行而没有执行，就构成了违规
定制	对每项要求的适用性进行评估后，对标准条款进行修订（可以是添加、修改或删除）。相应的基本原理、技术论证等决策文件应形成档案
静电耗散	根据 IEC 61340-5-3，静电耗散指包装材料或物体的表面电阻小于 100GΩ 并且大于 10kΩ
导电	根据 IEC 61340-5-3，导电指包装材料或物体的表面电阻小于 10kΩ
绝缘体	根据 IEC 61340-5-3，绝缘体是表面电阻大于 100GΩ 的物体或材料
导体	表面电阻小于 100GΩ 的物体或材料
静电屏蔽包装	符合 IEC 61340-5-3 标准的防静电包装材料，其内外表面都是静电耗散的，并且含有阻挡静电的阻隔或气隙，能够减弱从包装外部传入内部的 ESD 电流

A.5　人员安全

当地的安全法律、法规和政策的优先级应当高于 ESD 防护要求的优先级。

在需要使用 PPE 的情况下，应遵循安全规定，同时应尽量满足 ESD 防护要求。在 ESD 控制程序中应对所需的 PPE 进行明确规定。

为避免触电风险，应对有可能不慎接触到高压电的人员采取控制措施，将故障条件下的电流限制在 0.5mA 以下。人体到接地点（腕带）或金属平板（鞋子）的最小电阻应为 750kΩ（见本程序第 A.7.2 节），当佩戴者意外触碰到 250V AC 电力系统时，可限制电流并启动触电保护机制。

A.6 ESD 控制程序

A.6.1 ESD 控制程序内容

本程序应包括以下内容：
- ESD 控制程序要求；
- 防静电培训；
- 防静电产品认证；
- 防静电产品符合性验证；
- EPA 保护地、接地及其连接系统；
- 人体接地系统；
- EPA 管理要求；
- 防静电包装；
- 静电控制与防护标识。

A.6.2 ESD 协调员

应当任命一名 ESD 协调员负责 ESD 控制程序的落实，其职责包括建立、记录、维护和验证程序的符合性，以及根据实践、操作或设施的变化更新程序。必要时可任命其他人员协助 ESD 协调员执行这些任务。

A.6.3 定制化的 ESD 控制要求

必要时，标准中的要求可以忽略或修改，只需要在本程序中将它们的基本原理抄录下来并直接引用即可。在标准基础上增加的要求也应形成文件并引用。

本程序需要定制和调整的内容包括基本文件的使用和处理（见第 A.7.3.2 节）。

A.7 ESD 控制程序技术要求

A.7.1 防静电接地

防静电地可以使用市电保护地。

A.7.2 人员接地

所有人员在操作 ESDS 产品时均应接地,接地方式包括:
- 佩戴腕带并连接到腕带连接点;
- 双脚穿防静电鞋,并且站立在防静电地板上。

以坐姿操作 ESDS 产品的人员应通过腕带接地。腕带应与佩戴者的皮肤保持良好接触。

人员接地设备的要求和测试标准如表 A.2 所示。

表 A.2 人员接地设备的要求和测试标准

ESD 防护设备	测试程序	合格判据	测试频次
佩戴腕带时,测试人体到导线接地点的电阻	TP1	>750kΩ 且 <100MΩ	每天第一次使用前
穿着防静电鞋站在金属板上时,测试从人体到一只脚	TP2	>750kΩ 且 <100MΩ	每天第一次使用前
临时腕带连接点	目视检查	正确连接	每天第一次使用前
腕带连接点,漏电阻	TP3	<1MΩ	每月一次

A.7.3 EPA

A.7.3.1 EPA 的一般要求

只有在 EPA 内,才允许在没有防静电包装的条件下操作 ESDS 器件。

在 EPA 外使用时,ESDS 器件应始终置于符合标准要求的包装内。

EPA 的边界必须定义清晰,并在入口设置适当的边界和标识(见图 A.1)。

EPA 工作站不得用于与操作、处置 ESDS 产品无关的活动。

员工完成 ESD 通识培训并通过考核后,方可在无人陪同的情况下进入 EPA。没有完成培训的人员要进入 EPA 内,应由完成培训的人员全程陪同。

图 A.1 EPA 入口标识示例

A.7.3.2 绝缘体

一般认为以下物品是由绝缘的,仅在流程和操作中必要时在 EPA 内使用:

- 二次包装（非防静电）材料；
- 塑料制品；
- 个人物品；
- 服装；
- 纸张；
- 办公家具。

所有绝缘物理应排除在 EPA 外，除非该物品被指定为工艺或操作的必需品。

1. 纸质文件的特殊规定

ESDS 器件检查完毕后，记录的保存和签发必须执行严格的审核流程。所用到的纸笔等物品应在指定区域存放和使用，并确保与无防护的 ESDS 器件至少相隔 30cm。文件资料不使用时应置于静电耗散材质的文件夹中。

应杜绝在文件打印好后直接将文件带入 EPA 的行为，因为刚打印出的纸张会携带大量电荷。文件打印出来后应当在中等相对湿度（>30%）环境中至少放置 1h，待电荷耗散后再送进 EPA。

2. 静电场和电压

在工作站上操作 ESDS 器件时，使用 TP6 监测其静电场维持在低于 $5000V·m^{-1}$ 的强度。经 TP7 测量，绝缘体或静电源的表面电压大于 2kV 的，应与 ESDS 器件保持 30cm 以上的距离。使用 TP7 测量，绝缘体或静电源的表面电压大于 125V 的，应与 ESDS 器件保持 2.5cm 以上的距离。

A.7.3.3 孤立导体

任何对地电阻超过 100GΩ 的导体都可以视为孤立的。任何对地电阻小于 1GΩ 的导体都可以视为充分接地的。

除非经过 ESD 风险评估并且电压低于规定值，否则所有与 ESDS 器件接触的导体都应接地。允许使用不与 ESDS 器件接触的小型孤立导体（如手持设备的尖端）。当孤立导体与 ESDS 器件发生接触时，应对 ESD 风险进行评估，并在 ESD 控制程序中设计适当的 ESD 防护手段并记录。

除非确认电压可以控制在小于±35V，否则孤立导体不得与 ESDS 器件接触。

A.7.3.4 防静电设备

所有在 EPA 中使用的设备都应当经过 EPA 准入检测和批准。

A.7.4 防静电包装

如果在合同或其他文件中对防静电包装做出了明确要求，从 EPA 取出 ESDS

器件时应使用规定的包装对其进行保护。除此之外，应当使用静电屏蔽类包装。

EPA 内使用的防静电包装可以是静电耗散、导电或静电屏蔽的。表面绝缘的包装材料不得带入 EPA 中。

粉色聚乙烯袋的性能对使用寿命和环境湿度要求很高，不得带入 EPA 中。

防静电包装的标识应符合 A.7.5 要求。

A.7.5　ESD 相关产品的标识

A.7.5.1　一般规定

在合同或其他有关文件中对 ESD 防护产品标识做出特殊规定的，依照规定执行。

除此之外，认为有必要对防静电设备或产品进行防静电标识的，应当在本程序中予以声明。

A.7.5.2　防静电包装标识

在合同或其他文件中对防静电包装标识做出特殊规定的，依照规定执行。

除此之外，从 EPA 中取出 ESDS 产品时，必须使用静电屏蔽类包装。

ESDS 产品从 EPA 中取出时，应当在其防静电包装上使用防静电标识，如图 A.2 所示。包装的主要功能通过下列字母代码表示：

- S 表示静电屏蔽；
- F 表示静电场屏蔽；
- C 表示导电；
- D 表示静电耗散。

图 A.2　防静电包装标识（转载经 ESDA 授权）

A.7.5.3　EPA 中的防静电设备标识

在 EPA 内外使用的防静电设备（除包装以外），应当通过表明防静电特性的标记进行标识。ESD 标识宜优先采用图 A.2 中不带字母代码的样式。

A.8 符合性验证程序

ESD 防护所需涉及的所有产品都必须进行定期计量校准。根据 IEC TR 61340-5-4:2019，企业的测试程序中应对适用的测试方法和设备予以规定。

测试程序、合格判据和测试频次如表 A.2 和表 A.3 所示。实验过程中应记录当时的环境温度和湿度。原始测试记录应由 ESD 协调员保存两年以上。

如果条件允许，应在低相对湿度（<30%）条件下进行抽查。

表 A.3 EPA 设备要求和测试标准

ESD 防护设备	测试方法	合格判据	测试频次
工作台/储物架	TP4：测量表面的对地电阻	<1GΩ	每 6 个月
地板	TP4：测量表面的对地电阻	<1GΩ	每 6 个月
座椅	TP4：测量表面的对地电阻	<1GΩ	每 6 个月
防静电服	TP5：防静电服的点对点电阻	<1GΩ	每 6 个月
防静电包装	TP8：表面电阻	<100GΩ	每 6 个月

A.9 ESD 培训计划

A.9.1 ESD 培训计划的总体要求

需要接受 ESD 培训的人员及其培训类型（ESD 培训矩阵）如表 A.4 所示。应规定适当的考核，以评估学员对 ESD 控制程序的理解和执行能力。

表 A.4 ESD 培训矩阵

人员	ESD 通识	ESD 监视和测量	EPA 清洁	ESD 防护原理与实践
EPA 主要负责人	√			
操作 ESDS 产品或进入 EPA 的全部人员	√			
ESD 协调员				√
清洁人员	√		√	
ESD 内审员	√	√		

A.9.2 培训记录

ESD 培训记录应由人力资源管理部门保存。

A.9.3 培训内容与周期

A.9.3.1 ESD 通识培训

任何即将进入 EPA 工作的人员，都应当在首次进入 EPA 之前接受 ESD 通识培训。这里的"人员"不包括在 ESD 协调员或有经验人员陪同下的访客。

应当每年对相关人员进行一次 ESD 通识复训。

ESD 通识培训应覆盖以下内容：
- ESD 防护意识；
- ESD 防护基础演示；
- EPA 和 EPA 边界的识别；
- EPA 内材料和设备的标准符合性；
- ESD 敏感性的识别；
- 必需绝缘体（如纸张）的识别和正确处理；
- 在 EPA 中该做什么，不该做什么；
- 腕带和防静电鞋的使用和测试；
- 明确 ESD 协调员及其职责。

应对学员进行考核，例如：
- 涵盖 ESD 通识要点的试卷；
- 腕带和防静电鞋的使用和测试实操。

学员在进行 EPA 工作前，应达到 80%的及格分数，并能演示腕带和防静电鞋的正确穿戴及测试方法。

A.9.3.2 ESD 监视和测量培训

对于需要检查和测试防静电设备的人员，应开展岗前 ESD 监视和测量培训。ESD 协调员可自行决定是否需要复训。

ESD 监视和测量培训应覆盖以下内容：
- EPA 设备的符合性验证和测量工作实操经验；
- EPA 监视技术基础。

学员应当通过监视和测量工作实操考核，以确保他们在从事监视测量工作之前，能够遵循 ESD 控制程序、掌握设备的正确使用方法。

A.9.3.3　EPA 清洁培训

在 EPA 内进行清洁工作的人员，上岗前应接受 EPA 清洁培训。ESD 协调员可自行决定是否需要进行复训。

EPA 清洁培训应覆盖以下内容。
- 作为一名在 EPA 工作的清洁人员，应该做什么，不应该做什么；
- 清洁 EPA 地板、台垫所需的材料和技术。

应当对学员进行问卷调查和实习观察。

A.9.3.4　ESD 防护原理和实践培训

在 ESD 协调员开始介入 ESD 控制程序之前，应对其进行 ESD 防护原理和实践培训，并在工作中接受复训。

ESD 防护原理和实践培训应包括如下 4 个方面：
- 实用的外部课程资源；
- 阅读图书、文献和其他资料；
- 学习标准和相关用户指南以及其他标准化文件；
- 熟悉现有的 ESD 控制程序和设施。

在条件允许的情况下，应鼓励 ESD 协调员参加从业资格培训。

A.10　防静电产品认证

除非另有规定，所有用于 EPA 的防静电材料、设备和防静电包装均应符合 IEC 61340-5-1 或 ANSI/ESD S20.20 以及本 ESD 控制程序所提出的参数要求或其他规定。

ESD 协调员应将已批准在 EPA 中使用的产品和设备整理成清单并妥善维护。所列产品应按制造商、类型或其他具体参数进行标识。

对特定防静电产品进一步的检验程序和合格判据如表 A.5 所示。

用于日常监测腕带和防静电鞋的专用测试仪应符合表 A.2 所示的合格判据。

表 A.5　防静电产品的检验程序和合格判据

ESD 防护设备	检验程序	合格判据
防静电鞋（穿戴状态）	QP1：站在防静电地板上时的人体对地电阻	佩戴者的人体对地电阻大于 100kΩ 并且小于 1GΩ
	QP2：鞋子与地板系统的人体行走电压测试	电压峰值不大于 100V

续表

ESD防护设备	检验程序	合格判据
腕带	TP1	>750kΩ 并且<35MΩ
台垫	QP3：台垫的接地电阻	<1GΩ
座椅	TP4：椅面的接地电阻	<1GΩ
可放置ESDS产品的工作台	QP3：台面或台垫的接地电阻	<1GΩ
	QP4：台面的点对点电阻	<1GΩ
防静电服	TP5：防静电服的点对点电阻	<1GΩ
防静电包装	TP8：表面电阻	<100GΩ

参考资料

EOS/ESD Association Inc. (2014). ANSI/ESD S20.20-2014. ESD Association Standard for the Development of an Electrostatic Discharge Control Program for — Protection of Electrical and Electronic Parts, Assemblies and Equipment (excluding Electrically Initiated Explosive Devices). Rome，NY，EOS/ESD Association Inc.

International Electrotechnical Commission. (2015). IEC 61340-5-3:2015. Electrostatics. Protection of electronic devices from electrostatic phenomena. Properties and requirements classifications for packaging intended for electrostatic discharge sensitive devices. Geneva, IEC.

International Electrotechnical Commission. (2016). IEC 61340-5-1:2016. Electrostatics — Part 5-1: Protection of electronic devices from electrostatic phenomena — General requirements. Geneva, IEC.

International Electrotechnical Commission. (2019). IEC TR 61340-5-4:2019. Electrostatics — Part 5-4: Protection of electronic devices from electrostatic phenomena — Compliance Verification. Geneva, IEC.

主要术语表

英文全称	缩写	中文
Acceptance		验收
Air Ion		空气离子
Alternating Current	AC	交流
American National Standards Institute	ANSI	美国国家标准研究所
Antistatic Additive		抗静电剂
Assembly		组件
Automated Test Equipment	ATE	自动化测试设备
Ball Grid Array	BGA	球阵列封装
Bench Mat		台垫
Bending Life		弯折寿命
Bonding Point		连接点
Breakaway Force		分离力
Breakdown Voltage		击穿电压
Brush Discharge		刷形放电
Burn-In Test		老化试验
Capacitance		电容
Care		保养
Cart、Trolley		转运车①
Charge		电荷
Charge Dissipation		电荷耗散
Charge Decay		电荷衰减
Charge Level		电荷水平
Charge Neutralization		电荷中和
Charge Neutralization Rate		电荷中和速度
Charge Plate Monitor	CPM	充电平板监测仪
Charged Board		带电平板

① 转运车（Cart）与推车（Trolley）形式略有不同，但对本书内容而言无区分必要，因此本书统称转运车，以便读者阅读。——译者注

续表

英文全称	缩写	中文
Charged Cable		带电电缆
Charged Device Model	CDM	带电器件模型
Charged Device		带电器件
Charged Module		带电模块
Charged Object		带电体
Charging		充电
Circuit Breaker		断路器
Compliance Verification		符合性验证
Component		部件
Concentric Ring Electrode		同心环电极
Conductive Electrode		导电电极
Conductor		导体
Connector Pin		连接器引脚
Constant (Continuous) Monitor Wrist Strap System		腕带连续监测系统
Constant Monitoring System		连续监测系统
Contact Area		接触面（积）
Contact Charge Generation		接触起电
Contact Electrostatic Voltmeter		接触式静电电压表
Contacting Surface		接触表面
Cordless Wrist Strap		无线腕带
Corona Discharge		电晕放电
Corona Discharge Source		电晕放电源
Coulometer		库仑计
Decay Curve		衰减曲线
Decay Time		衰减时间
Dielectrophoresis		介电电泳
Discharge Circuit		放电电路
Discharge Current		放电电流
Discharge Path		泄放路径
Dissipation		耗散
Earth Rod		接地桩
Earthing Conductor		接地导体
Electrical Breakdown		电气击穿

续表

英文全称	缩写	中文
Electrical Overstress	EOS	过电应力
Electrical Safety		电气安全
Electromagnetic Compatibility	EMC	电磁兼容
Electromagnetic Interference	EMI	电磁干扰
Electronic Component		电子部件
Electronic Model		电气模型
Electrostatic Attraction	ESA	静电吸引
Static Charge		静电荷
Electrostatic Charging Current		静电充电电流
Electrostatic Damage		静电损伤
Electrostatic Discharge	ESD	静电放电
Electrostatic Discharge Protected Area	EPA	防静电工作区
Electrostatic Discharge Sensitive	ESDS	静电放电敏感（的）
Electrostatic Field		静电场
Electrostatic Field Meter		静电场仪
Electrostatic Source		静电源
End-To-End Resistance		端到端电阻
Environmental Condition		环境条件
EPA Boundary		EPA 边界
Equipotential		等电位
ESD Association	ESDA	静电放电协会
ESD Control		ESD 控制/防静电/ESD 防护/静电防护[①]
ESD Control Chair		防静电椅
ESD Control Earth		防静电地
ESD Control Equipment		防静电设备
ESD Control Floor		防静电地板
ESD Control Footwear		防静电鞋
ESD Control Garment		防静电服
ESD Control Measure		ESD 防护措施
ESD Control Precaution		ESD 预防措施

① ESD Control 在不同语境下的中文表意略有差别。为了更符合国内行业表达习惯，本书根据语境的不同采用了不同名称。——译者注

续表

英文全称	缩写	中文
ESD Control Procedure/Program		ESD 控制程序
ESD Control Standard		静电防护标准
ESD Control Technology		静电防护技术
ESD Coordinator		ESD 协调员
ESD Event		ESD 事件
ESD Event Detector		ESD 事件探测器
ESD Ground		防静电地
ESD Ground Connector		防静电接地连接器
ESD Immunity		ESD 抗扰度
ESD Protection Measure		ESD 防护措施
ESD-Protective Equipment		防静电设备
ESD Protective Packaging		防静电包装
ESD Risk		ESD 风险
ESD Sensitivity		ESD 敏感度
ESD Shielding of Bag		静电屏蔽袋
ESD Susceptibility		ESD 敏感性
ESD Threat		ESD 威胁
ESD Training		ESD 培训
ESD Withstand Voltage		ESD 耐受电压
ESDS Component		ESDS 部件
ESDS Device		ESDS 器件
Fan Ionizer		离子风机
Electric Field Line		电场线
Field Mill Type Instrument		场磨式仪器
Field Strength		（电）场强（度）
Finger Cot		指套
Flat Electrode		平板电极
Flat Metal Plate		金属平板
Floor Mat		地垫
Footwear		鞋束
Footwear And Flooring		地板-鞋束系统
Forklift		叉车
Functional Earth		功能地
Flying Lead		飞线

续表

英文全称	缩写	中文
Ground Cord		接地扣
Ground Fault Circuit Interrupter	GFCI	接地故障电路中断器
Ground Path		接地路径/接地通路
Ground Conductor		接地导体
Handheld Electrode		手持电极
Hand Tool		手持工具
Heel Grounder		脚跟带
Hollow Conductor		空心导体
Human Body Model	HBM	人体模型
Identification		识别
Induced Voltage		感应电压
Induction Charging		感应起电
Initial Voltage		初始电压
Insulating Support Plate		绝缘支撑板
Insulating Support		绝缘支撑
Insulator		绝缘体
International Electrotechnical Commission	IEC	国际电工委员会
Ion Cloud		离子云
Ion Concentration		离子浓度
Ion Current Flow		离子风
Ion Drift		离子漂移
Ion Mobility		离子迁移率
Isolated Conductive Object		孤立导电体
Isolated Conductor		孤立导体
Land Grid Array	LGA	平面网格阵列封装
Leakage Current		泄漏电流
Leakage Resistance		漏电阻
Leakage Voltage		泄漏电压
Low-Resistance Meter		低电阻表
Machine Model	MM	机器模型
Magnetic Field		磁场
Mains Socket		市电插座
Material Resistivity		材料电阻率
Measuring Equipment		测量设备

续表

英文全称	缩写	中文
Metal-Oxide-Semiconductor Field Effect Transistor	MOSFET	金属-氧化物-半导体场效应晶体管
MOSFET Gate Capacitance		MOSFET 栅极电容
Negative Polarity Voltage		负极性电压
Net Charge		净电荷
Neutralization		中和
Neutral Particle		中性粒子
Nonpermanent		非长效型
Ohm's Law		欧姆定律
Parallel Path		平行传导路径
Parallel Plate Capacitor		平行极板电容
Particle Contamination		颗粒污染
Parts of Test Jig		试验夹具
Paschen Minimum		帕邢最小值
Paschen's Law		帕邢定律
Pass Criteria		合格判据
PCB Substrate		PCB 基板
Peak Current		峰值电流
Permanent		长效型
Personal Grounding		人体接地
Personal Grounding Equipment		人体接地设备
Personal Protective Equipment	PPE	个体防护装备
Physical Barrier		物理屏障
Planeparallel Electrode		平行电极
Point Source		点源
Point-to-Point Resistance		点对点电阻
Polarity		极性
Positive Metal-Oxide-Semiconductor	PMOS	阳极金属-氧化物-半导体
Positive Polarity Voltage		正极性电压
Printed-Circuit Board	PCB	印制电路板
Process Capability Evaluation		过程能力评估
Product Qualification		产品认证
Production Paper		生产文件
Relative Humidity	RH	相对湿度